U0172469

国家科学技术学术著作出版基金资助出版

材料基因工程丛书

高通量多尺度材料计算和机器学习

杨小渝　著

科学出版社

北京

内 容 简 介

传统材料研发模式主要基于实验“试错法”，其研发周期长、效率低，人工智能驱动的科研范式变革和新材料数字化研发模式能有效地降低研发成本，缩短研发周期。本书基于计算、数据、AI 和实验“四位一体”的新材料集成式智能化研发理念，提出了基于材料基因编码的新材料智能设计范式，从企业级新材料研发和面向科研的材料计算视角，重点围绕高通量材料集成计算、多尺度材料计算模拟、材料数据库、材料数据机器学习、新材料研发制造软件等介绍了新材料数字化智能化研发和设计基本概念、方法、技术和应用。本书同时也介绍了国产的高通量多尺度集成式材料智能化设计工业软件 MatCloud+，并通过一些精选案例介绍了材料计算、数据和新一代人工智能等数字化研发方法技术在新能源、金属/合金、石油化工、复合材料、新型功能材料等重点材料行业或领域的应用。

本书内容源自原始文献和作者在本领域多年的积累，重点阐述基本概念、基本理念、方法和应用实践，适合于计算材料、计算物理、计算化学等领域和方向的研究人员、学生或教师参考，也适合于涉及新材料研发的企业、制造业和政策层面参考。

图书在版编目(CIP)数据

高通量多尺度材料计算和机器学习/杨小渝著. —北京：科学出版社, 2023.8

(材料基因工程丛书)

ISBN 978-7-03-076282-5

Ⅰ. ①高… Ⅱ. ①杨… Ⅲ. ①材料-计算方法②机器学习 Ⅳ. ①TB3②TP181

中国国家版本馆 CIP 数据核字(2023)第 169477 号

责任编辑: 周　涵　郭学雯／责任校对: 彭珍珍

责任印制: 赵　博／封面设计: 东方人华

科学出版社 出版

北京东黄城根北街 16 号

邮政编码：100717

http://www.sciencep.com

北京建宏印刷有限公司印刷

科学出版社发行　各地新华书店经销

*

2023 年 8 月第　一　版　　开本: 720 × 1000　1/16

2024 年 4 月第二次印刷　　印张: 21 3/4

字数：439 000

定价: 198.00 元

(如有印装质量问题, 我社负责调换)

杨小渝 博士，英国剑桥大学博士后，现为中国科学院计算机网络信息中心研究员，入选中国科学院“百人计划”A类，博士研究生导师，中国科学院大学岗位教授，英国雷丁大学访问教授。

在英国学习工作12年，获英国德蒙福特大学计算机硕士（2001）、系统工程博士学位（2006），后分别在英国剑桥大学、南安普敦大学以及英国雷丁大学开展研究工作，其间作为核心人员参与了10多个欧盟框架项目和英国国家政府项目的研发。

2012年回国后主要从事高通量材料集成计算、人工智能、多尺度模拟计算、材料数据库、材料信息学等研究。研发了我国首个高通量多尺度材料集成设计工业软件及平台MatCloud+，并实现了成果转化。回国后主持或参与了国家发展改革委、国家自然科学基金、“十三五”国家重点研发计划“材料基因工程重点专项”、北京市自然科学基金、云南省“稀贵金属材料基因工程”等项目和课题。发表学术论文50余篇，并著有3部英文学术著作。2011年获由教育部、科技部举办的第五届“春晖杯”中国留学人员创新创业大赛二等奖。2010年获香港特别行政区“香港优秀人才入境”身份。2012年放弃赴港，直接回到内地。

“材料基因工程丛书”编委会

丛书序

从2011年香山科学会议算起，“材料基因组”在中国已经发展了十余个春秋。十多年来，材料基因组理念在促进材料、物理、化学、数学、信息、力学和计算科学等学科的深度交叉，在深度融合材料理论-高通量实验-高通量计算-数据/数据库，系统寻找材料组分-工艺-组织结构-性能的定量关系，在材料从研发到工业应用的全链条创新，在变革材料研究范式等诸多方面取得了有目共睹的成就。材料基因组工程、人工智能/机器学习和材料/力学的深度交叉和融合催生了材料/力学信息学等新兴学科的出现，为材料、物理、化学、力学等学科的发展与教育改革注入了新动力。我国教育部也设立了“材料设计科学与工程”等材料基因组本科新专业。

高通量实验、高通量计算和材料数据库是材料基因工程的三大核心技术。包含从微观、介观到宏观等多尺度的集成计算材料工程，经由高通量计算模拟进行目标材料的高效筛选，逐步发展为人工智能与计算技术相结合的智能计算材料方法。在实验手段上强调高通量的全新模式，以“扩散多元节”“组合材料芯片”等技术为代表的高通量制备与快速表征系统，在材料开发和数据库建立上发挥着重要作用。通过对海量实验和计算数据的收集整理，运用材料信息学方法建立化学组分、晶体和微观组织结构以及各种物理性质、材料性能的多源异构数据库。在此基础上，发挥人工智能数据科学和材料领域知识的双驱动优势，运用机器学习和数据挖掘技术探寻材料组织结构和性能之间的关系。材料基因工程三大核心技术相辅相成，将大大提高材料的研发效率，加速材料的应用和产业化。同时，作为第四范式的数据驱动贯穿其中，在材料科学和技术中的引领作用越来越得到科学家们的普遍认可。

材料基因工程实施以来，经过诸多科技工作者的潜心研究和不懈努力，已经形成了初步的系统理论和方法体系，也涌现出诸多需要系统总结和推广的成果。为此，中国材料研究学会材料基因组分会组织本领域的一线专家学者，精心编写了本丛书。丛书将涵盖材料信息学、高通量实验制备与表征、高通量集成计算、功能和结构材料基因工程应用等多个方面。丛书旨在总结材料基因工程研究中业已形成的初步系统理论和方法体系，并将这一宝贵财富流传于世，为有志于将材料基因组理念和方法运用于材料科学研究与工程应用的学者提供一套有价值的参考资料，同时为材料科学与工程及相关专业的大学生和研究生准备一套教材。

材料基因工程还在快速发展中，本丛书只是抛砖引玉，如有不当之处，恳请同行指正，不胜感激！

"材料基因工程丛书"编委会

2022 年 8 月

序　一

该书概述了材料高通量计算的发展背景、意义和国内外现状，介绍了材料高通量计算融合数据和机器学习的新材料智能设计范式方法、技术、企业应用及典型案例，阐述了材料高通量计算、高通量计算环境、高通量计算驱动引擎、高通量结构建模，以及材料高通量计算促进科学发现、数据驱动的机器学习加速新材料研发、集成式材料设计工业软件等内容，并提出通过“计算、数据、AI 和实验”有机融合的新材料集成设计工业软件开发和云平台基础设施建设等措施，加速新材料研发和应用的研究发展思路，内容和学术思想新颖。

近 10 余年来，计算技术的快速发展与算力的迅速提升，有力推进了材料高通量计算方法和软件的发展，计算越来越成为新材料研究开发和工程应用的基础性和关键性技术。运用高通量计算技术，研究人员可快速筛选成分和工艺设计方案，获取大量候选材料的性质，解释成分和结构的物理化学机理，实现面向目标性能的材料理性设计。大规模高效计算也为数据的快速积累提供了重要的手段，为材料数据挖掘与新材料发现提供数据支持。未来材料计算设计将重点突破时空尺度界限，发展大规模计算、自主计算和跨尺度计算等变革性方法和软件。数据驱动的机器学习与大规模高效计算的融合，可望突破涉及材料成分、微观组织、宏观结构、性质、加工成形和服役行为的跨尺度建模与全流程计算设计的瓶颈难题，实现新材料在生产或新产品在制造之前的“事先优化”。该书的内容从一个方面展现了以上发展现状，论述了未来发展趋势。

该书作者杨小渝研究员曾在英国剑桥大学从事博士后研究，现为中国科学院计算机网络信息中心“百人计划”A 类研究员、中国科学院大学岗位教授，拥有 10 多年的高通量材料集成计算、多尺度计算模拟、材料数据库、材料信息学等软件和集成平台研发经验和成果积累。作者承担了“十三五”国家重点研发计划“材料基因工程重点专项”课题“高通量材料计算大数据处理技术”（2016YFB0700501），研发了高通量多尺度材料集成设计工业软件 MatCloud，并实现了开放应用，是我国在该领域的优秀科学家。

该书面向材料研究前沿，汇集了大量作者本人的研究成果和学界最新研究进展，提出了一些有创新性的学术思路，是一本对广大材料科技人员有重要参考意义的好书。

北京科技大学教授
中国工程院院士
谢建新
2023 年 7 月 16 日

序　二

杨小渝研究员早在 10 多年前就在英国剑桥大学从事材料计算与数据的方法和技术研究，2012 年回国后从事材料基因组高通量材料计算和数据库平台的研发，2015 年建成了一个线上高通量材料计算和材料数据库云平台 MatCloud+。为了让从事新材料研发和创新的研究人员把握高通量多尺度材料计算和机器学习，他历时 4 年独自撰写了“材料基因工程丛书”中的这一高通量材料计算专著。

该专著基于材料基因组研发新范式，基于高性能计算算力、数据传输能力、数据存储能力等信息技术的不断强大，基于大数据、云计算、人工智能以及各种智能算法和模型的发展，从高通量材料集成计算与材料设计的视角，面向基础科研及新材料应用研发需求，重点围绕计算与数据集成、高通量计算与多尺度模拟以及数据与 AI 技术，提出了基于计算、数据、AI 和实验“四位一体”的“理论设计优先，实验验证在后”的材料研发模式，从高通量材料集成计算、多尺度材料计算模拟、材料数据库、材料数据机器学习到软件技术等介绍了新材料研发的概念、方法和技术，并专门介绍了 MatCloud+ 高通量材料研发软件平台及数字化研发方法和技术在材料领域的应用。

该专著具有物理、材料、化学和计算机等多学科交叉的鲜明特点。作者从基本概念和基本理念讲起，提出了基于材料基因编码理念的材料智能设计新范式，阐述了高通量计算、高通量材料计算、高通量计算环境、高通量材料计算驱动引擎、材料基因数据库、材料基因编码挖掘、材料设计软件等内容，深入浅出，适合于有意向开展或了解高通量多尺度材料计算、材料数据和机器学习的高校、科研院所和企业等层面的读者群体。

中国科学院院士

张统一

2023 年 7 月 18 日

前　言

提到工业软件, 人们往往想到的都是基于宏观有限元的模拟仿真软件。然而, 很多时候, 新材料数字化研发, 仅需有限元尺度是不够的，还需要深入到电子、原子和分子尺度, 其理论基础主要包括量子力学和分子动力学，我们可称之为微介观尺度材料计算模拟。目前，在国内，微介观尺度材料集成计算软件基本被某国外软件所垄断，尽管该软件并不支持高通量多尺度自动化流程，但是国内大多数用户仍使用它进行建模并开展计算，据悉目前该软件已开始对我国一些单位禁用。

人工智能驱动的科研范式 AI for Science 给新材料数字化研发带来了新的机遇和挑战。尽管对“弯道超车”一词有不同的看法，就新材料研发而言，借助于不断强大且成本不断降低的高性能计算算力、数据传输能力、数据存储能力等，通过大数据、云计算、人工智能以及日益增多的围绕材料设计和性能预测的各种智能算法和模型，开展计算、数据、AI 和实验紧密结合的“四位一体”的“理论设计在前，实验验证在后”的材料数字化研究方法、业态和模式，可变革仅基于实验“试错法”的传统单一研发手段，进而有效降低成本，提高研发效率，实现对新材料研发的“弯道超车”。

以电极材料为例，目前锂电池负极材料，90%以上还是石墨材料，而石墨的电池容量，目前已接近极限值。我们需要寻找下一代锂电池负极材料。除了容量特性外，扩散势垒、平均开路电压、电导率、稳定性、电荷性质等，都会影响该负极材料的设计。这些负极材料的关键物性，大多可以直接或间接地计算出来。比如我们可以开发基于容量和扩散势垒筛选等的工作流模板，让这些模板从已知的晶体结构数据库中，选出合适的候选材料进行吸附等调控操作，生成大量的候选结构，形成搜索空间，通过高通量计算驱动引擎连接超算中心，借助强大算力，对搜索空间中的候选结构进行流水线式的自动筛选。基于得到的理论计算结果，构建相关人工智能模型，开展实验对接和验证，进行理性设计，可以加快材料的研发速度，降低成本，而所付出的代价只是机时成本。

美国 QuesTek 工程师采用集成计算材料工程 (integrated computing materials engineering，ICME) 方法研制 M54 钢，从研发设计到美国海军军用飞机的应用部署，只用了 6 年的时间，相较于从研发到应用平均 15 年的时间，研发周期缩短了 60%。他们基于该方法研究的 C64 新型高性能钢，可用于制造更耐用、更轻的变速器齿轮，增加功率密度。这种设计和商业化的成功，使它获得了 2021 年 ASM 国际工程材料成就奖。

然而，对于企业级新材料研发，面临着如何避免数据碎片化，整合、研发或改进新材料研发生命周期过程中的离散数据、代码、模型和算法等，从而实现团队共享的问题；面临着如何将高通量计算、高性能计算、机器学习等材料信息学方法和技术更好地与实验相结合加快新材料研发等问题。对于面向科研的材料计算，面临着如何不需要下载、安装、编译软件，不需要担心计算集群和机时，直接采用浏览器开展计算，计算完毕直接形成数据库的问题；面临着课题团队的机时、存储、作业、任务、数据等的集中统一管理问题。对于这些新材料数字化研究和开发的诸多问题，我国不仅缺少相关技术和平台，更缺乏专门的书籍进行介绍。

作者于 2000 年赴英国攻读计算机及应用专业硕士和博士，2005 年博士毕业后前往英国剑桥大学地球科学系开展 e-Science 博士后研究，在那里开始接触材料计算和材料信息学，其间发表了 10 余篇有关材料计算和数据基础设施建设的论文及 3 部专著。2011 年 6 月美国材料基因组计划的提出引领了新材料研发范式的变革，作者便于 2012 年回国带领团队从事材料基因工程高通量材料计算和数据库平台的研发。当时高通量材料计算尚属前沿技术，在中国科学院计算机网络信息中心的支持下，从“0”到“1”，我们研发了当时国内首个高通量材料计算和材料数据库云平台 MatCloud，并于 2015 年上线运行 (见中文核心期刊《科技导报》，2016, 34(24): 62-67)。2018 年 MatCloud 成功实现了成果转化 (MatCloud+)。经过 10 多年的持续研发和迭代，MatCloud 已 100%商业化落地，它以高通量、多尺度、云原生、图形化等为特点，实现了材料计算的“建模 → 计算 → 数据 →AI”全流程和云端自动化。截至 2023 年 6 月，全球注册用户已突破 6000，涵盖 300 多家高校、科研院所和企业，覆盖 10 多个国家和地区，已举办线上线下各类培训近 100 场，培训用户数累计近 3500 人次，取得了较好的社会与经济效益，得到北京市科学技术委员会的高度关注与支持。目前，国际上真正实现了高通量多尺度材料计算的云平台主要有美国的 Mat3ra (www.mat3ra.com) 和韩国的 Materials Square (www.materialssquare.com) 。作为中国高通量多尺度材料计算云平台的卓越代表，MatCloud(www.matcloud.com.cn) 的部分功能已超越 Mat3ra 和 Materials Square。

MatCloud 研发得到了国家自然科学基金项目“材料基因组计划高通量材料集成计算关键技术和服务平台研究”和科技部“十三五”国家重点研发计划“材料基因工程重点专项”课题“高通量材料计算大数据处理技术”的支持，也是“十三五”材料基因工程重点专项“材料基因工程关键技术与支撑平台”的代表性成果之一，取得的一系列研究及应用成果相继在 *Scientific Data*(*Nature* 子刊)、*Computational Material Science*(IF3.3, JCR Q1)、*Nanoscale* (IF 7.79，JCR Q2)、*Electrochim Acta* (IF 6.901, JCR Q2)、*Carbon* (IF 9.593, JCR Q1)、*Chinese Physics B* (IF1.494/JCR Q3) 等多个国际国内知名期刊发表。

为了让从事新材料研发和创新的研究人员更加清晰地把握高通量多尺度材料计算和机器学习，作者于 2016 年萌生了出版高通量材料计算专著的想法，2017 年开始撰写，历时 4 年，几经打磨，于 2021 年完成近 40 万字的初稿。2022 年获得国家科学技术学术著作出版基金的资助，经进一步修改和完善最终定稿。本书提出了基于材料基因编码的新材料智能设计范式，从企业级新材料研发和面向科研的材料计算视角，讲述了高通量材料集成计算与新材料智能设计。重点围绕如何通过计算与数据的集成、计算数据与实验数据的集成、高通量计算与多尺度模拟的集成以及数据与 AI 的集成，促进基于计算、数据、AI 和实验“四位一体”的“理论设计优先，实验验证在后”的新材料研发新业态、新模式和新文化。从高通量材料集成计算、多尺度材料计算模拟、材料数据库、材料数据机器学习、新材料研发制造软件等介绍了新材料数字化研发基本概念、方法、技术及国产的新材料研发集成设计工业软件 MatCloud+，并以一些案例介绍这些数字化研发方法和技术在重点材料行业的应用。

在本书的写作过程中，作者得到了丛书主编谢建新院士和张统一院士的大力支持和关心，两位院士在百忙中挤出时间为本书作序。谢建新院士为本书的撰写提出了建设性修改意见，张统一院士为本书的撰写进行了指导。本书的撰写，得到了科技部、工信部材料基因工程材料计算专家四川大学杨明理教授的支持，得到了材料基因工程标准规范领域专家上海交通大学汪洪教授的支持。同时，本书的撰写也得到了中国科学院计算机网络信息中心和北京迈高材云科技有限公司的大力支持，一并表示诚挚的谢意。

本书的出版，得到了科学出版社的大力支持和鼓励，得到了国家自然科学基金面上项目 (2014)、国家自然科学基金重点项目 (2015)、“十三五”国家重点研发计划“材料基因工程重点专项”(2016，2017，2018)、云南省“稀贵金属材料基因工程”重大科技专项 (2018)、国家自然科学基金专项“面向 2035 的材料设计制造工业软件战略研究”(2021)、国家科学技术学术著作出版基金 (2022) 的支持，在此一并表示衷心的感谢。感谢在本书撰写过程中给予过支持的所有人士。

该领域属典型材料、物理、化学、计算机领域跨学科交叉、融通、渗透，由于作者学识有限，时间仓促，书中难免存在不妥之处，敬请读者给予批评指正。

杨小渝

2022 年 12 月于北京，中国科学院

目　录

第 1 章

高通量多尺度材料计算：背景、意义和现状

传统的材料研发模式主要是以实验为主的“试错法”，其研发周期长、效率低，从新材料的最初发现到最终工业化应用一般需要 10~20 年。如作为目前移动电子设备所用的锂电池，从 20 世纪 70 年代中期实验室原型到 20 世纪 90 年代的晚期应用，前后花了近 20 年时间。随着计算技术和信息处理技术的发展，计算机科学逐渐与生物、物理、化学等学科相互交叉和渗透，形成了新的科学研究模式，即科研信息化 (e-Science)。科研信息化强调通过高速网络、超级计算、海量数据、人工智能或大科学装置等, 建立起合适的科学研究基础设施, 从而加快科研的产出。信息化技术与材料科学相融合的一个主要体现就是在材料计算模拟、材料数据以及机器学习的有效集成方面，通过计算求解物理问题，探讨哪些微观参量如何反映材料的宏观性质，进而定量描述材料结构、性能等，分析材料结构、组分与功能间的关系，理论上帮助引导材料的发现，缩短材料研发周期，降低材料研发成本。建立在材料计算模拟基础上的高通量多尺度材料计算与机器学习融合，已成为加快新材料研发的重要手段。

1.1 材料研发之计算

基于已知晶体结构，通过调控 (如掺杂、缺陷) 操作可设计出大量不同成分和配比的新材料，但在很多情况下用实验手段去获取它们的性质是比较困难的，这些理论设计出的材料是否稳定存在，如何实验合成等尚不清楚。但是材料计算 (如第一性原理计算) 却可以在不通过实验制备合成的前提下，仅通过计算便可较为准确地获取它们的一些性质，如弹性常数、介电常量以及能隙等，并结合经验/半经验模型，推导出更多的物理化学性质。基于这些第一性原理计算得到的数据，通过机器学习方法构建相关模型，可对材料的性质进行预测。

材料计算模拟被广泛应用在材料性质的预测中，从不同的尺度上对材料进行模拟计算，定性定量地描述材料的特征，从而帮助科研人员从多个角度了解材料。1932 年，物理学家已经得知量子力学方程能够主导电子系统，但不能准确地求解该方程。早期用于第一性原理电子结构计算的方法包括 Hartree-Fock 和量子蒙特卡罗 (QMC) 方法。Hartree-Fock 方法主要采用变分法求解，所得的近似结

果与实验结果有较大偏差，往往需要一些修正 (如 MP 微扰理论，Moller-Plesset perturbation theory，MPPT)，而量子蒙特卡罗方法采用蒙特卡罗方法对积分进行数值解析，非常耗时，但却可能是目前精确度最高的第一性原理计算方法。1964 年，Hohenberg 和 Kohn[1] 又提出了密度泛函理论 (density functional theory，DFT) 第一性原理计算的方法。DFT 用电子密度来描述波函数，比基于 Thomas-Fermi 模型的密度泛函有了更为坚实的理论基础。1965 年，Kohn 和 Sham 发表论文，描述了求解电子密度和能量的方法，其核心在于假设了能量和密度之间的泛函关系 [2]。Kohn 和 Sham 的主要贡献在于，给这种关系提供了一种简单的近似，即 Kohn-Sham 方程。1992 年 Pople 将基于 Kohn-Sham 方程的密度泛函加入了 Gaussian 程序，提高了精度和计算速度，因此这种方法引起了业界的普遍关注。1998 年，Kohn 和 Pople 因此获得诺贝尔化学奖，自此 Kohn-Sham 方程在 DFT 中获得广泛应用 [3]。基于 Kohn-Sham 方程的第一性原理计算从原子尺度上对材料进行计算，在预测材料性质方面具有比较好的精确度，它通过第一性原理计算，求解 Kohn-Sham 方程，迭代自洽得到体系的电子密度，然后求体系的基态性质。比如，Stefano Curtarolo 用第一性原理计算的方法计算了 80 个二元合金的 176 个晶体结构的 14080 个总能，并通过比较计算结果和实验数据，发现在计算得到的 176 个化合物晶体结构中，除去不稳定的结构，有 89 个化合物的结构是和实验数据一致的，展示了第一性原理计算的方法在预测材料的基态性质方面较高的精度 [4]。分子动力学计算 [5] 从分子尺度上计算物质的热力学性质也有非常广泛的应用，该方法主要依靠牛顿力学来模拟分子体系的运动，在由分子体系的不同状态构成的系统中抽取样本，计算体系的构型积分，并以构型积分的结果为基础进一步计算体系的热力学量和其他宏观性质。2013 年，Michael Levitt 和 Arieh Warshel 基于量子力学和分子动力学 (QM/MM) 解决复杂系统的多尺度方法又获诺贝尔奖 (与 Marbin Karplus 分享)[6]，其意义在于，计算模拟作为一种工具，将微观尺度上的基本认识转化为宏观尺度上的预测能力。在以计算模拟为方法加快功能材料设计方面，取得成功的例子较多，其中比较典型的有 Ceder 电池课题组从事的锂电池阴极材料筛选研究，利用高通量第一性原理计算从三万余种化合物中筛选出高效安全的锂电池阴极材料 $LiFePO_4$、$LiCoO_2$、$LiNiO_2$、$Li_3FePO_4CO_3$、$Li_3MnPO_4CO_3$ [7−9]。

通过对已有计算数据和实验数据的挖掘来发现一些模式，基于这些模式进而获得对材料性质的定量或者定性描述，也是一个加快材料研发的重要方法，这种基于数据挖掘的方法可称为数据驱动的方法 (以下称数据方法)。通过数据方法加快材料研发主要是从以下三个方面: 一是通过分析和推导有关材料数据库和材料知识库建立专家系统进而指导材料的设计；二是基于经验方程和数学公式推导材料的性质特征，即借助定量构效关系 (quantitative structure-activity relationship， QSAR)

研究材料的性质；三是用机器学习、统计学习等方法对已有数据进行学习，通过数据训练模型从而进行预测。数据驱动方法有别于有着因果关系和物理内涵的模型方法，它更强调基于大量的数据，寻找数据之间的关联。此外，量子力学和机器学习相结合的 QM/ML(quantum mechanics/machine learning) 方法自材料基因组计划提出后，更是得到了大家的关注。

丹麦科技大学物理系通过含有 64000 有序金属合金 (ordered metallic alloys) 的数据库，利用经济学里的帕累托优化 (Pareto optimal) 方法，寻找到了低压缩性、高稳定性并且低成本的合金优化方案 [10]。他们采用的方法是首先利用高通量的第一性原理 DFT，计算了 64149 种多达四种元素晶胞结构的面心立方和体心立方结构的合金状态方程，建立了数据库。然后利用该数据库并结合帕累托优化法进行多目标优化，建立起数据模型，寻找到了满足特定应用需要的优化合金方案。

美国西北大学 Wolverton 研究组基于第一性原理计算 OQMD 数据库，发展了巨正则线性规划 (GCLP) 的机器学习方法，其通过组分就可以实现材料稳定结构的预测 [11]，并将该方法成功应用于锂离子电池阳极材料 [12] 和镁基三元长周期堆垛有序 (LPSO) 结构 [13] 的预测，初步实现了材料的按需设计。

1.2　材料研发之 AI

人工智能的机器学习能有效地辅助新材数字化研发。机器学习是“一门人工智能的科学” (Langley)。其核心理念在于“从数据中学习” (learning from data)。机器学习在新材料研发设计中的应用，实际上最早可以追溯到 QSAR/QSPR 理念。QSAR 是在 1868 年门捷列夫发现元素周期表后，由 Crum-Brown 和 Fraser 提出的，他们认为分子的活性由其分子组成决定：$\text{Activity} = F(\text{structure})$。1937 年 Hammett 等提出了 Hammett 方程，进一步丰富了 QSAR/QSPR。20 世纪 50 和 60 年代，Taft 和 Hansch 等又分别为 QSAR/QSPR 方法做了大量的贡献。目前结合第一性原理计算帮助构建 QSPR 模型，也有越来越多的成功案例。

QSPR 模型是一种典型的利用有监督学习构建的材料“结构–性质”模型。它是基于大量可靠样本数据 (如实验数据、文献数据、材料数据库等)，利用统计学方法建立起的化合物结构与性质定量关系模型，从而用于预测材料物理化学性质的一种有效方法。QSPR 模型可有效辅助材料设计和筛选。如预测特定体系不同成分及配方化合物的关键物理化学性质 (如能隙)；根据需要的物理化学性质，寻找或筛选最佳成分及配方 (即材料逆向设计理念) 等。

Krishna Rajan 等在 2011 年，就通过 QSPR 模型，建立起了已知晶体结构中与电子结构相关的离散标量描述符和观察到的材料性能之间的关系，从而找到了决定高温压电钙钛矿关键性能的“结构–性能”表达式 (即“无机基因”)[14]。2012 年，Saad 和 Bobbitt 等利用监督学习方法以平均 95%的准确率实现了二元合金的结构预测 [15]。

Fayet 等 [16] 构建了一个 QSPR 模型用于预测丙二酸化合物的热稳定性，仅采用了 22 条实验室数据，然后通过密度泛函第一性原理计算，得到了 77 个丙二酸化合物的分解热。在此计算数据的基础上，构建出的 QSPR 模型可预测性达到 0.84 ($R^2 = 0.84$)(考虑到了替代元素的“正交”和“非正交”特点)。

Elton 等 [17] 采用了 109 个由 Huang 和 Massa 等 [18] 计算的高能有机化合物的计算数据，基于这些数据，Elton 等采用不同特征变量组合构建了多个机器学习模型去预测引爆压强、引爆速率、爆炸能量、生成热、密度和其他性质。

Huang 和 Massa 的研究采用了很多计算数据，如用密度泛函第一性原理在 B3LYP/6-31G(d,p) 条件下计算了气相生成热及升华热，然后用这两个数据去计算固态的生成热，又从晶体结构数据库中获取了密度。最后，Huang 和 Massa 基于获取的生成热和密度通过热化学相关的代码计算出了和爆炸相关的数据 (如引爆压强、引爆速率、爆炸能量)。

最近的研究也表明，如果样本数据达到 117000[19] 或 435000[20]，训练出的模型就可以基本重复 DFT 的计算结果，其偏差比 DFT 计算与实验值的偏差要小 [19,20]。可见通过一个训练好的 QSPR 模型预测材料性质，其精度要比依靠计算的精度高。

2017 年 10 月 AlphaGoZero 取得成功后，其研发公司 DeepMind 的创始人 Demis 说到类似技术可用于寻找革命性新材料，并且讲到人类知识是不完善甚至缺乏的 [21]。2020 年 1 月，DeepMind 公司证实了这一想法，他们基于 AlphaGoZero 理念，研发了 AlphaFold 人工智能机器人，它能通过学习 100000 个已知蛋白质的顺序和结构，自我构建出能预测蛋白质结构三维模型的预测模型 [22]。最新版的 AlphaFold 能根据氨基酸的顺序准确预测出蛋白质的形状。

QSPR 模型的构建，需要大量的实验数据。新材料研发中的一个突出问题就在于材料数据的稀缺，即人类材料知识的缺乏。如已知十万余种晶体中，知道弹性常数的仅 200 余种，知道介电常量的仅不到 400 种，知道能隙的仅 300 多种 (见特邀报告人 Matthias Scheffler 教授在 2017 年银川中国材料大会上的报告)。但是，第一性原理计算却能够较为准确地计算出晶体的弹性常数、介电常量以及能隙等，并结合经验/半经验模型，推导出更多的材料性质数据，从而可在一定程度上补充材料物性数据的缺乏。通过机器学习构建 QSPR 模型，已引起目前业界的普遍关注。该方法也被称作 QM/ML 方法 [23]，其核心理念在于，强调通过量子力学计算，产生大量的数据，然后从该数据中学习到一些模式，利用该模式来预测材料的性质。比如，北卡罗来纳大学的 Alexander Tropsha 研究组利用机器学习方法对 DFT 第一性原理计算数据库 AFLOW 中的结构和第一性原理计算结果进行深度挖掘，建立模型，根据输入的结构便可对材料分类 (金属/绝缘体)、能隙、体弹/切变模量、德拜温度和热熔等信息进行较为准确的预测 [24]。

除了用于材料“组分-结构-组织-性质”的模型构建外，机器学习可以有效地对耗时的材料计算进行加速。比如 Jia 等 [25] 报道了将机器学习和分子动力学结合，在保持计算精度的前提下，每天可以模拟 1 亿个原子 1ns 以上的轨迹，而大多数 AIMD 应用程序受计算成本的限制，系统最多能跑数千个原子的模拟。

除了机器学习外，人工智能的其他技术，如主动学习、迁移学习、图像识别、自然语言处理、深度学习等技术，同样可以赋能新材料的研发。薛德贞等将主动学习的方法成功用于寻找低热滞后的 NiTi 基记忆合金，发现了 $Ti_{50.0}Ni_{46.7}Cu_{0.8}Fe_{2.3}Pd_{0.2}$ 的热滞后仅为 1.84K。另外，通过主动学习进行 9 次迭代，从近 800000 的候选化合物中，筛选并制备出 36 个合金，其中 14 个合金比初始数据集中 22 个合金的热滞后都要小 [26]。卡内基梅隆大学化学工程系利用高通量计算和卷积神经网络，快速预测金属间化合物表面性质 [27]。作者计算了 3033 种来自 36 种元素和 47 个空间群的金属间化合物的解离能，利用这些数据训练一个晶体图卷积神经网络 (CGCNN)。该 CGCNN 模型能准确预测解离能，平均绝对测试误差为 $0.0071\text{eV}/\text{Å}^2$。而 3000 多条数据，模型训练耗时仅为 15min。

1.3　材料研发之数据

机器学习需要依赖材料数据和数据库，而材料数据库的构建，面临着诸多的挑战。材料数据呈“多源、异构、多模态、高维”特点 (图 1.1)。材料数据不仅有多种来源 (文件、数据库、网络、IO 设备等)、多种格式 (如通用格式 txt、word、pdf，专门格式 CIF、POSCAR、MOL 等)、多种模态 (计算数据、实验数据、模型数据、分析数据)、多种结构 (如具有不同的数据元定义、组成等)，更有材料数据维度高 (如能隙、能带、态密度、电荷密度)、不同材料体系所关注的物性不同、特征不同等问题。按材料数据属性分，材料数据又可分为：结构数据、物性数据、制备工艺数据、模型数据、分析数据等。材料数据的这些特点和属性，都给材料专用数据库的构建提出了挑战。

企业材料数据呈“碎片化、离散化”分布。许多新材料研发企业中，材料研发设计、制备以及测试表征分处于不同的部门，导致材料的制备工艺数据、测试表征数据以及材料研发设计数据离散化、碎片化，形成信息孤岛。测试表征人员进行测试时需要用到多种实验仪器来测量材料不同性能的数据，不同的实验仪器的实验数据输出的格式各不相同，并且仅分别保存在测试表征部门的电脑中。材料制备及工艺数据或者没有得到保存，或者保存在生产部门的电脑中。这种材料数据的存储方式不便于新材料研发的数据共享，更不便于借助 AI 方法开展新材料设计。此外，由于测试表征的多样性，数据的记录方式也有所不同，有的数据需要人工手动记录，有的数据则是电子数据，电子数据又存在格式的不同，并且对于同样的物性测试的设备又可能不同，这实际上就是实验数据的多样化。以测试表征为例，同一种材料同一种性能，都有不同的测试表征方法，比如电导率的测试表征方法就有涡流法、U 形管和平管三种方法，热导率的测试表征方法就有激光导热仪和导热系数测试两种方法，所用的仪器设备均不相同。

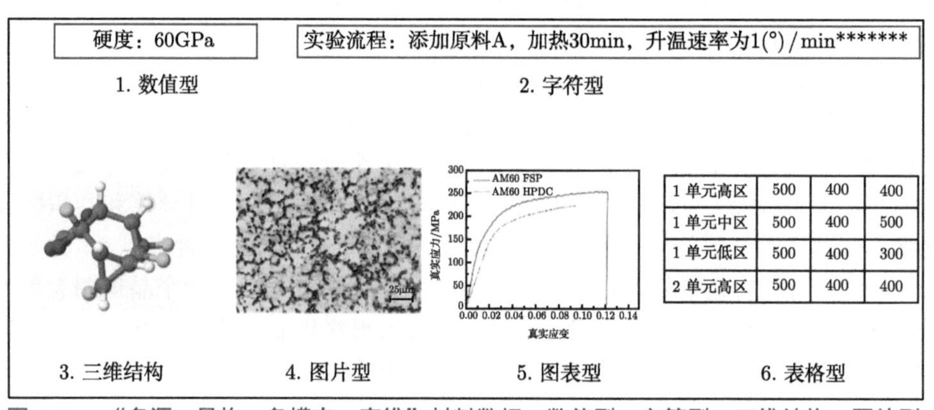

图 1.1 “多源、异构、多模态、高维”材料数据：数值型、字符型、三维结构、图片型、图表型、表格型

数据的标准化定义与“多源、异构、多模态”数据融合的标准化规范既是建立材料数据库的前提，也是确保平台数据、服务可扩展性和通用性的基础。这些标准规范包括：元数据规范、“多源、异构、多模态”数据融合规范、数据标识和互联等。

材料数据的多种数据搜索方式和安全管理，也给材料数据库建设提出了极大挑战。比如，材料数据检索除通过元数据检索、全文匹配检索、材料属性检索（如材料编码、材料牌号、材料名称、化学成分范围、机械性能范围、物理性能范围、工艺段名称、实验名称）等检索方式外，通过数值、字符串组合的检索模式，在数据库建设中，也必须考虑进去。此外，材料数据库建设涉及多用户统一管理、分级访问权限控制、不同权限下统一数据库访问界面 (如检索、浏览、多种形式呈现、数据导出、打包下载等)、用户账户权限设定、监测数据库用户的异常行为并跟踪告警、针对材料数据库的资源监控和数据备份恢复等数据安全管理技术，都需要考虑和设计。

材料专用数据库的建立，需要基于大量的中外文文献、专著、标准、手册、自有实验报告等材料，利用软件自动采集技术与人工校验相结合的方式，从沉淀已久的、分散的历史数据中，将对应的材料各性能参数提取出来，按照材料分类和材料种类的划分，对应具体各成分材料，经元数据格式标准化处理和集成，形成涵盖材料已有性能的数据条目。材料体系分类的复杂性和性能的各异性，使得这些数据技术开发需要定制化。材料专用数据库所涉及的数据技术包括海量半结构、非结构信息数据资源的提取技术、数据处理技术、数据清洗技术、数据筛选技术、数据整合技术等，将这些半结构化、非结构化的数据采集、加工及处理并入到材料专用数据库中。材料数据“多源、异构、多模态、高维”的特点以及材料数据呈“碎片化、离散化”分布的情况，给构建材料专用数据库的共性技术提出了挑战 (图 1.2)。

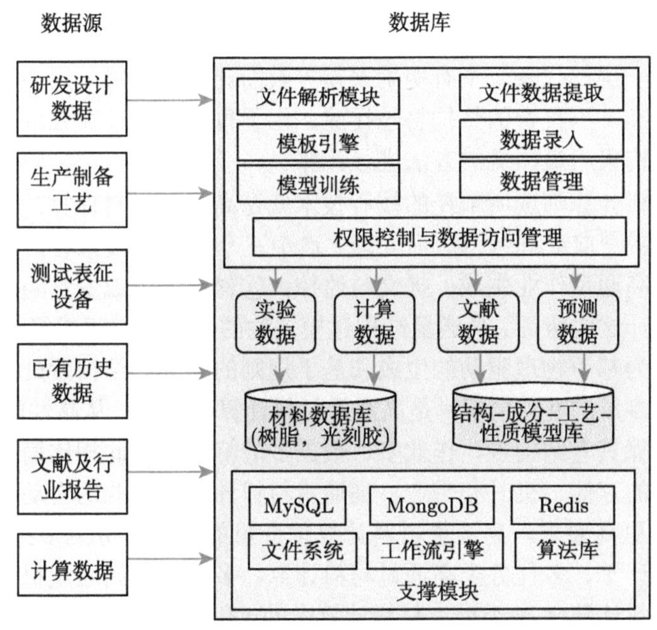

图 1.2　“通用”方法，构建材料“专用”数据库的架构

1.4　高通量多尺度材料计算：需要计算、数据、AI 融合的基础设施支撑

1.4.1　高通量多尺度材料计算：特点及挑战

“新材料设计是一个多维度、多尺度、多目标的复杂优化问题”[28]。随着高性能计算的不断普及和算力提升，高通量计算筛选，已成为新材料配方设计的重要手段。高通量计算筛选，可理解为对大量的晶体或分子，通过理论计算进行筛选的一种模式，也称高通量虚拟筛选。麻省理工学院对 2948 种候选的氮氧化合物

进行筛选（其中包括 68 种金属氮化物、1503 种三元金属氮氧化合物、1377 种四元金属氮氧化合物），按结构稳定性、能隙、带边位置分别进行筛选，找到了 16 种新的候选氮氧化合物光解水催化材料 [29]。韩国科技大学通过高通量计算筛选从 4350 种双金属结构中，找到 8 种具有与钯类似催化性能的候选材料 [30]。高通量计算筛选一般有如下 3 个准则：①时间准则。从大量的化学空间（chemical space）或搜索空间中，要在尽量短的时间内，找出“命中”。②自动化流程。人工进行高通量筛选不仅极具挑战性，而且也几乎不可能。高通量计算筛选涉及大量数据的生成、存储和查询，需要一定程度的自动化才能有效。尤其是，越来越多地使用结构组合技术来生成候选数据库，这使得创建数百万种候选分子的候选库成为可能，也使得采用人工筛选的方式变得更不可能。③计算漏斗。通常情况下，对于所有候选结构进行大规模计算太过昂贵，因此一般采用计算漏斗的方式进行筛选。漏斗的每一层都代表一个有明确误差界限的计算，在每一层中，根据误差界限定义选择标准，不符合的结构将被排除。由于每一级的计算强度逐渐增加，只有最可能的结构采用最昂贵的方法进行计算。

高通量材料计算筛选所依托的核心技术就是高通量材料计算。高通量材料计算从材料计算的“前处理–计算–后处理”这个三个核心阶段来看，具有①高通量结构建模；②高通量作业生成、提交与监控；③材料物性或变量随浓度、成分或结构等变化统计这些特征。高通量结构建模关注的是化学空间或组合空间的生成，生成算法可分为基于物理驱动的生成和基于规则的生成。结构后处理关注的是某变量随某系列参量的变化情况，是高通量材料计算的核心。从高性能计算角度看，高通量材料计算具有结构多、作业多、数据多的特征，因此相比简单的材料计算需要消耗更多的存储、机时和带宽。高通量材料计算对作业的自动调整、纠错和续算也提出了更高要求。高通量材料计算按变量的不同可分为多结构类/多通道类高通量材料计算、多任务类高通量材料计算、多参数类高通量材料计算以及复合型高通量材料计算 4 种类型。材料计算中的“高通量”还表现在以下三个方面：①一次作业提交针对一个结构的多个计算任务（如几何优化、静态计算）；②一次作业提交可以包含有多个结构的一个计算任务；③一次作业可以针对同一结构提交不同参数设置的计算任务。因此高通量材料计算需要一个适用于多任务同时运行的工作流机制，以满足材料计算的高通量特性。高通量材料计算也是高通量材料集成计算的基础。高通量材料集成计算是探讨如何将组合化学中的“构建单元”和“高通量筛选”理念用于材料计算模拟，通过材料计算寻找、筛选、替代或优化材料组成的基本构建单元，从而“构建”新的化合物，并计算其相关物性，同时结合材料信息学相关技术将数据、代码和材料计算软件进行集成，通过数据挖掘尽可能建立起材料组分、结构和性能的定量关系模型用于指导新材料设计。

高通量材料计算面临着计算精度和计算效率的挑战。基于密度泛函理论（density functional theory, DFT）的第一性原理计算，是目前开展高通量材料计算的一个主要方法。DFT 方法的核心在于描述材料内部电子交换与关联作用的密度泛函。尽管密度泛函理论上已证明是严格存在的，然而其精确的数学形式仍然未知。目前研究人员使用多种形式的近似泛函用于材料计算。然而，由于泛函形式的近似性，不可避免地导致了 DFT 计算结果与材料真实性能间存在着误差 [31,32]。这包括：①电子分布过度局（离）域化误差，它使得对材料的能带间隙、过渡态能垒、电场极化率、电子转移与电子输运等关键性质的预测存在较大误差；②静态电子相关性误差，它使得现有方法不能准确描述与能级简并相关的物理、化学性质，如过渡金属原子的局域 d,f 电子的强关联效应（近藤效应、莫特金属–绝缘体相变、多磁性、自旋阻挫等）；③非键相互作用误差，它使得现有 DFT 方法对材料内部的范德瓦耳斯作用、氢键作用、$\pi-\pi$ 堆叠，以及空间位阻效应等的计算存在较大误差。这些误差的存在使得材料计算精度不能达到“化学精度”的要求（能量误差小于 1kcal/mol）。同时，计算误差往往随着材料尺度的增长而增大，这使得模型计算应用于实验材料体系时存在相当大的不确定性。由此可见，如何改进现有的第一性原理计算方法，提升高通量计算精度，控制与消除计算误差，对定量预测材料性能有决定性作用。高通量材料计算是对大量候选空间的筛选，第一性原理计算虽然精度较高，然而计算周期较长，高通量计算筛选更加剧了这一现象，实际上，如何快速从大量候选结构空间中通过“筛选漏斗”快速地筛选出目标结构，时效性和准确性这对矛盾体，一直是高通量材料计算筛选的一个最核心问题。准确性高，筛选时间和计算成本就会变长和昂贵。因此如何开展高精度、高效率的高通量计算筛选，是高通量材料计算面临的一个主要挑战。

高通量多尺度材料计算是高通量材料计算与多尺度计算模拟的结合，在材料设计或全流程优化中，发挥着越来越重要的作用。多尺度材料计算模拟可包括空间尺度和时间尺度。材料的许多不同特性可由多尺度的结构层次和过程所决定，因此对所研究的系统进行有效的计算需要采用特定的模拟技术和计算方法。多尺度计算模拟可分为并发计算模拟和分层计算模拟。并发计算模拟是指在每个计算步中，多个尺度在相同代码和时间步内进行计算模拟。分层计算模拟是指每个计算在不同空间尺度上独立进行模拟，统计分析和同质化等优化方法为分层计算模拟的不同尺度间的信息交换提供基础支撑。高通量多尺度材料计算，可帮助提升高通量计算筛选的效率。比如，可采用分子动力学计算，对化学空间或搜索空间开展基于原子尺度的分子动力学计算，进行粗筛。在粗筛的基础上，再采用计算精度较高的基于量子尺度的第一性原理计算对候选空间进行精筛。分子动力学计算往往较快，因此多尺度计算模拟可实现高通量材料计算筛选效率的提升。由于原子尺度的分子动力学计算结果会传递给量子尺度的第一性原理计算，因此这种多尺度计算模拟可视为一种跨尺度计算。跨尺度材料计算，还可体现在如何将较低尺度的计算拓展到宏观尺度的计算（如量子尺度的计算去预测材料宏观尺度的性质）。这种情况下，物性衍生模型会起到重要的作用。跨尺度计算涉及空间尺度间的输入–输出转换和信息传递，跨尺度计算模拟的核心难点之一在于不同尺度计算模拟的桥接和参数传递的基本理论方法和框架。跨尺度计算涉及不同时空尺度间的误差传递，因此不确定性分析显得尤为重要。不同尺度间的跨尺度桥接以及不确定性量化分析是高通量多尺度材料计算的难点和研究热点。

高通量材料计算和人工智能的融合，是高通量材料计算的一个发展趋势，也能有效帮助解决高通量材料计算的精度和时效问题。比如，一个重要的提高精度的方法是结合机器学习改进密度泛函方法的交换-相关泛函近似。机器学习可用来学习电子结构，从而提高第一性原理计算的精度或加快第一性原理计算的速度 [33]。比如，机器学习可用于学习无轨道 DFT 的交换关联泛函，替代传统的交换关联泛函（如 LDA、GGA），提高计算的精度；机器学习还可用于学习动能（kinetic energy）的密度泛函 [33]。另一个旨在提高计算精度的方案，是将人工智能及机器学习方法与理论化学及计算材料方法相结合，通过对已有的计算数据进行分析，从而发掘计算误差与材料自身性质的潜在联系，以实现对新材料性质的准确预言。再如，基于量子尺度第一性原理计算的力和能量，通过机器学习或深度学习，构建机器学习势，用于分子动力学计算，解决开展分子动力学计算力场缺失问题，更好地进行高效率或高精度的高通量分子动力学计算。高通量计算筛选的结构候选空间的生成，一般按照指定的规则，依据组合的思路，生成给定分子或晶体片段的部分或所有可能的组合（如替代策略、连接策略、融合策略等），因此结构候选空间里的结构，往往具有一定的“同构”特点，也就意味着可用机器学习模型进行预测。因此采用“在线机器学习”先训练代理模型，进而在高通量计算筛选中，用该代理模型进行计算，也是加快高通量计算筛选的一种方法。我们还可以基于迁移学习理念，采用 Transformer 架构进行预训练，并结合微调，“离线”训练代理模型，进而用于高通量材料计算筛选中，实现高通量计算的加速。

1.4.2 高通量多尺度材料计算平台：新材料研发基础设施

采用人工智能技术辅助新材料设计的一个主要瓶颈在于材料数据的缺失和稀少。材料计算模拟在很多情况下可以弥补实验数据的不足、降低实验成本并加快研发速度，但材料计算模拟的高门槛阻碍了其使用。比如，用户不仅要熟悉材料计算软件 (如 VASP)，还要熟悉 Linux 系统的操作，并解决计算资源的问题；计算数据也需要及时集中并进行有效的管理，否则极易丢失；此外，跨尺度计算更是增加了计算的难度。上述种种问题需要一个有效的集网络化、图形化、集成化、流程化和自动化于一体的高通量多尺度材料集成计算和数据管理的信息化基础设施 (e-infrastructure) 即云平台的支撑。

建立高通量材料计算和数据学习云平台需要解决三个问题。首先，如何构建集大规模材料计算、数据自动采集、人工智能及计算资源于一体的材料智能计算大数据平台，并融合人工智能实现高效率、高精度的高通量材料计算？其次，材料实验数据匮乏，如何融合人工智能构建材料“结构-成分-工艺-性质”预测模型？再就是，如何结合多尺度材料计算模拟实现材料配方设计、性能预测和全过程优化？

实现新材料数字化研发，计算、数据、AI 和实验“四位一体”，不能是一种离散、分离、孤立的状态，而必须是呈现一种“整合、集成、串联、并发”特点，即集成式数字化研发的理念。无论是美国 2008 年提出的集成计算材料工程，还是 2011 年提出的材料基因组计划，“集成”的概念都贯穿其中。集成计算材料工程里面直接含有“集成”二字。美国在 2011 年 6 月提出了材料基因组计划，3 周年后又在 2014 年 6 月提出了“材料基因组计划战略规划”的报告，更是强调了“集成”的重要性。文中十几次地提到一个词：integration，强调实验、计算和理论的集成。2011 年美国材料基因组计划提出后，在中国科学院、中国工程院的推动下，我国 79 名科学家于 2011 年 12 月 21~23 日在北京召开了以“材料科学系统工程”为主题的香山科学会议。师昌绪院士提出会议主题应该叫“材料科学系统工程”(原先会议名称没有“系统”二字)，“系统”二字很好地阐释了新材料研发不能是“离散、分离、孤立”的状态，必须是一种“集成”和“系统”的模式。

集成式新材料数字化研发，“集成”可以体现在很多方面。比如计算与数据的集成、计算数据与实验数据的集成、高通量材料计算与多尺度模拟的集成、数据与 AI 的集成以及各种物性衍生模型的集成、不同空间尺度计算模型的集成等。“集成”的概念更多的是指通过连接算法、桥接模型、格式转化等计算机方法和手段，将上述环节和步骤，尽可能地“流程化、自动化、智能化”地去完成，尽可能地减少人工干预，提高效率。例如，高通量计算和筛选涉及的大规模计算作业提交、文件存储、物性数据的提取、物性数据的衍生、物性数据的入库等，更是需要这些步骤和环节“流水线”式地自动完成。

要实现新材料集成式数字化研发，其核心便是要建设其底层起支撑作用的基础设施 (infrastructure)。美国在 2014 年 6 月提出的“材料基因组计划战略规划”，也提出了“材料创新基础设施”(material innovation infrastructure) 的概念。2016 年初，美国国家自然科学基金委员会 (NSF) 下面的一系列研发计划 (如 CIF21、SI2、DMREF) 强调应重视支撑材料科学的科学软件基础设施/科学软件基础生态系统的研发。2016 年初，NSF“21 世纪科学和工程信息化基础设施框架”(cyberinfrastructure framework for 21st century science and engineering，CIF21)[34] 研究计划下的“可持续创新的软件基础设施”(software infrastructure for sustained innovation，SI2)[35] 研发计划“数学和物理科学”方向的材料专题中，再次强调了 SI2 与“设计材料以革新和设计我们的未来”(designing materials to revolutionize and engineer our future，DMREF)[36] 的结合，并资助了 DMREF 750000～1600000 美元。我们重点介绍美国在新材料研发基础设施的情况。

1. 21 世纪科学和工程信息化基础设施框架 (CIF21)

认识到信息化基础设施支撑当代科学研究的重要性，美国 NSF 自 20 世纪 80 年代就开始重视支撑科学研究的信息化基础设施 (cyberinfrastructure) 的建设，如 NSF 资助的超级计算中心计划、PACI 计划、TeraGrid 计划等。在这些计划下，美国开发了许多支撑科学研究的软件基础设施，如开放科学网格 (Open Science Grid)，国家虚拟天文台 (The National Virtual Observatory)，数据活动 (Data Activities)，以及相关的研究合作地震工程模拟网络 (Network for Earthquake Engineering Simulation，NEES)，国家生态观测站网络 (The National Ecological Observatory Network，NEON)，海洋观测站计划 (Ocean Observatories Initiative，OOI)，大型强子对撞机 (Large Hadron Collider，LHC) 等。在此阶段，英国设立了 e-Science 计划，欧盟设立了 ESRFI、EGI 等。

2010 年，NSF 又提出了更为长远的战略规划，即 CIF21。CIF21 旨在开发并部署全面、综合、可持续、安全的信息化基础设施 (CI) 以加快计算和数据密集型科学和工程的研究等，从而转化为有效应对和解决面对科学和社会许多复杂问题的能力。

2. 可持续创新的软件基础设施研究计划 (SI2)

SI2 是 CIF21 下的一个研究计划，主要强调研发支撑各学科领域研究的可持续发展的软件系统，或软件基础设施，也就是人们所说的领域信息学 (X-Informatics) 或科研信息化 (e-Science)。SI2 主要支持 3 类软件的开发：①科学软件元素；②科学软件集成；③科学软件创新研究院。SI2 强调学科的交叉。在其“数学和物理科学”方向中，又进一步分为材料、物理、化学、天文等。材料方向重点强调了与 DMREF 的结合，支持材料基因组计划下的软件开发和支撑技术研究。

3. 设计材料以革新和设计我们的未来 (DMREF)

DMREF 最初是 NSF 为响应材料基因组计划而设立的一个专项，着重强调支持那些能加快材料发现和研发的各种活动，比如通过构建需要的基础知识库来设计和制造由第一性原理预测出的材料功能或性能。实现这一目标涉及建模、分析和计算机模拟，通过样品制备、表征和设备进行验证；涉及新的数据分析工具和统计算法，充分利用机器学习、数据挖掘和稀疏逼近等发展预测模型；涉及与新设备功能相结合的材料性能模拟等。

这些都需要研发方便的、可扩展的、可伸缩的和可持续的数据基础设施；开发、部署和维护用于下一代材料设计的可靠、可互操作、可重复使用的软件基础设施；以及用于管理大规模、复杂、异构的分布式材料数据从而帮助材料的设计、合成及纵向研究协同创新能力的发展。

在当今数据密集型科学研究的背景下，计算机、信息科学和人工智能对当代科学研究正起着不可或缺的作用。谢建新院士指出，“大数据和人工智能技术的快速发展推动数据驱动的材料研发快速发展成为变革传统试错法的新模式，即所谓的材料研发第四范式。新模式将大幅度提升材料研发效率和工程化应用水平，推动新材料快速发展”[37]。上述美国 NSF 的 CIF21、SI2 及 DMREF 研发计划，甚至包括材料基因组计划本身，其共同点都是强调通过信息化基础设施，加快包括新材料在内的科学发现。科技部发布的“材料基因工程关键技术与支撑平台”重点专项，也体现了信息化基础设施建设的重要性。实际上，一些用于帮助新材料研发的理论方法和手段，如结构筛选、元素替代、性能与成分优化等，均涉及大规模、高并发的材料计算任务协同；材料计算数据的自动归档、数据典藏 (data curation) 和计算数据分析等，尤其需要信息化工具的支持。Ceder 小组的工作之所以能引起业界关注，就在于他们通过高通量第一性原理计算系列信息化工具的帮助，从 3 万余种化合物中理论上筛选出了高效安全的锂电池阴极材料。

1.4.3　高通量多尺度材料计算平台发展趋势

随着人工智能技术的快速发展和广泛应用，AI for Science 已成为科学发现的新范式，人工智能驱动的新材料智能研发如何更好地具有可通用性，进而形成共性的材料计算平台作为基础设施支持新材料研发（相对于那种“作坊式”单打独斗的研究），更是目前业界关注的一个焦点。我们需要融合人工智能开展可通用的高通量材料计算平台研究和开发，使得异地/异构/多尺度/多模态的算力资源、算法程序和材料数据/材料数据库可通用（如“可插拔”式使用）。通过剖析微软量子元素计划、Mat3ra、Materials Square（见 1.5 节），可以看到通量多尺度材料计算平台呈现如下的特点和发展趋势: 云平台架构、算力聚合、智算融合和量子计算。

1. 云平台架构

高通量多尺度材料计算平台，第一个特点就是它采用了云平台技术。正如巴斯夫研发团队所说：“开展高通量材料计算模拟，需要的软件和运行环境是公司和研究机构的重大障碍。借助云平台，可以立即获得具有一些最常见工具的完整环境。这降低了使用门槛，并将大大有助于这些工具的使用”[38]。

这里特别强调，云平台包括公有云和私有云。公有云指云平台部署在某个地方，对全球用户开放使用；而私有云部署在企业端，仅对企业内部使用，不对外公开。从用户角度，采用云平台技术，无须下载安装任何软件，通过浏览器就可登录使用。更为主要的是，计算完毕，会自动形成统一的材料计算数据库，实现整个团队的数据共享。从技术的角度，采用云平台的最大优点可以概括为：“算力自由、算法自由、数据库自由”。

“算力自由”是指可以灵活接入基于不同硬件的计算集群。基于云计算的“SaaS-PaaS-IaaS”架构，可为材料智算平台接入不同的计算集群算力资源提供保证。SaaS 指软件即服务（software as a service），终端用户通过网络租用的形式使用软件。PaaS 指平台即服务（platform as a service)，它主要面向开发者，提供软件运行的平台环境或以 API、SDK 的形式被客户调用。IaaS 是指基础设施即服务（infrastructure as a service）它主要面向用户提供基础资源支持，包括计算、存储、网络等。

“算法自由”是指用户可以选择使用不同的化学和材料求解程序包，开展同一尺度或不同尺度的材料计算。比如围绕第一性原理计算，用户可以选择使用 Quantum Espresso、CP2K 等；围绕分子动力学，用户可以选择使用 LAMMPS、GROMACS 等。为了实现这种算法自由机制，求解程序需要进行 SaaS 化（比如，基于 Quantum Espresso 内核、LAMMPS 内核等)，这就涉及云原生。云原生（Cloud native）理念最早由 Matt Stine 提出，微软将其定义为“云原生体系结构和技术是一种设计、构造和操作在云中构建并充分利用云计算模型的工作负载方法”[39]。云原生理念，其核心就是云计算的软件即服务机制（SaaS)。面向“云原生”的求解程序包 SaaS 化，还需要提供这些求解程序的参数智能推荐、自动前处理和后处理、功能组件化、图形化、云端拖拽式流程设计等功能，使用户通过浏览器在线开展第一性原理计算和数据的自动化采集和管理，极大地方便用户开展第一性原理计算以及高通量计算筛选。

“数据库自由”主要指用户可选择使用不同的晶体/分子结构数据库，以及“软件定义数据库”的方式，开展材料计算及与实验数据的融合。基于开放架构的下一代材料智能计算平台，拟采用关系型数据库和 NoSQL 无模式存储混搭架构，以及 OPTIMADE 数据访问规范，确保数据库自由。关系型数据库主要用于存储与平台本身相关的信息，如用户信息、权限管理、超算资源信息等。而 NoSQL 无模式存储，主要用于存储材料结构信息和物性信息（包括计算数据库和实验数据)，其中实验数据则采用“软件定义数据库”的方式，由用户通过模板自定义创建“我的数据库”。NoSQL 无模式存储，能较好地满足“软件定义数据库”的要求。

2. 算力聚合

在海量的搜索空间进行搜索，需要将离散的 HPC 算力进行聚合，以提供强大的算力资源。而基于这种云计算的分层架构，可确保化学和材料计算模拟与底层计算资源的逻辑区分，并可聚合各种硬件异构的计算集群。基于 IaaS，高通量材料计算平台的开放架构允许配置各种云服务器，对接各种超算集群，各种大小的存储，各种带宽的网络等，用户可选择使用，而不用操心诸如机房选址、设备采购、实体服务器、存储、网络等问题。高通量材料计算平台的这种架构，非常类似于华为提出的“算力网络”概念。算力网络是指“以网络为平台，连接多方、异构的算力等资源，将碎片化的闲散资源连接起来，实现统一调度，以提供计算、存储和网络等多维资源的一体化服务，可以满足智能业务的多样化需求，并能够在移动性等场景中保持服务体验的一致性。”

3. 智算融合

材料计算与机器学习的智算融合是高通量材料计算平台发展的一个明显趋势。基于 DFT 的第一性原理计算与人工智能的智算融合（QM/ML），目前主要有以下几种方式：①基于第一性原理计算的结果，通过机器学习，建立起结构/成分–性能的构效关系模型。②基于量子尺度第一性原理计算的力和能量，通过机器学习或深度学习，构建机器学习势，用于分子动力学计算；③机器学习可用来学习电子结构，从而提高第一性原理计算的精度或加快第一性原理计算的速度。比如，机器学习可用于学习无轨道 DFT 的交换关联泛函，替代传统的交换关联泛函（如 LDA，GGA），提高计算的精度；机器学习还可用于学习动能（kinetic energy）的密度泛函，即 KEDF。与 Kohn-Sham(KS) 方法相比，KE 算子作用于 KS 轨道，而数据驱动的机器学习 KEDF 允许人们完全忽略 KS 轨道，从而产生无轨道 DFT 方法（OF-DFT）。当 KS-DFT 以 O（N_e^3）规模缩放时，OF-DFT 以准线性缩放。再比如，在 DFT 计算中，量子张量，如哈密顿矩阵 H 和波函数系数 C_e，可以描述物理系统的量子态，并确定各种关键物理性质，包括总能量、电荷密度、电极化等。为了加速 DFT 计算，各种深度学习模型已被提出直接预测量子张量。利用预测的量子张量以合理的精度推导出物理性质，从而加速电子结构计算的优化过程 [33]。

分子动力学方法弥补了基于电子结构理论的第一性原理计算和宏观结构模拟如有限元分析的空白领域，能够以较少的自由度模拟复杂的系统，非常适合于微观尺度体系的研究。但目前分子动力学存在的问题包括：缺少建模技术，缺少力场（势函数），势能函数匹配和参数设置复杂，计算数据结果分散不便于收集整理等，由此产生的计算成本和资源浪费也非常多。通过多尺度模拟与自动化流程手段，实现机器学习势能函数的自动化训练和优化，进而实现高效率、高精度、大尺度分子动力学计算，也是高通量材料计算平台发展的一个趋势。

4. 量子计算

正如微软所说，解决化学和材料科学问题将是量子计算的第一个“杀手级应用”。量子计算机可以精确地模拟最复杂的分子，它能解决最大的经典计算机也无法解决的任务。目前，微软量子元素计划还未真正地实现通过量子超级计算机来实现分子模拟。微软目前只是实现了量子超级计算机 6 个里程碑中的一个，同时提出了一个性能指标用于客观理解量子超级计算机的速度和性能：每秒可靠量子操作数（reliable quantum operations per second，rQOPS），它用于衡量量子计算机在一秒时间范围内可以准确、一致地执行多少可靠操作。微软的目标是要第一台量子超级计算机实现 100 万的 rQOPS。但目前，“每台已知的量子计算机都以相同的 rQOPS 值运行：零”[38]。

从技术架构来看，目前 Google、IBM 等企业着力研发的是通用量子计算架构，即希望用量子比特来构建逻辑门，进而实现图灵完备的通用计算机。目前为止通用量子计算的实现方案有多条技术路线，如超导、离子阱、拓扑量子计算等，但都由于巨大的技术难度，还处于实验验证阶段，环境要求苛刻，运行费用高昂，且仅能运行演示性算法，离实用化还较远。第二条路线是以 D-Wave 公司为代表的专用量子计算架构，目前已经有商业化客户，但由于仅能解决单一退火问题，使用场景有限。量子计算还可以采用第三条道路：经典计算机 + 量子 AI 架构。有观点认为这一混合计算架构将是行业未来发展方向（如玻色量子）：在这样的架构中，经典计算机负责传统的通用计算部分，而量子计算仅负责对需要极大算力或是经典计算机难以求解的问题进行加速，如 AI 里面的深度学习、组合优化等。

1.5 国外高通量多尺度材料计算平台现状

高通量多尺度材料计算云平台，国外主要有美国微软的 Azure 量子元素，美国 Mat3ra, 以及韩国的 Materials Square。

1.5.1 美国微软的 Azure 量子元素

2023 年 6 月 21 日，美国微软宣布了名为“Azure Quantum Elements”量子元素智算一体云平台计划，旨在通过高性能计算、人工智能和量子计算，“将未来 250 年的化学和材料科学进步压缩到未来 25 年”[38]。化学直接涉及 96% 以上的制成品，化学的大部分内容可以看成是分子间的“组合”。当原子聚集在一起形成新分子时，它们的电子会重新排列，以建立或打破它们之间的成键。科学家们每天都在寻找新分子，研究人员必须对自然界中无数的元素组合进行筛选，以找到最佳解决方案。“可能的稳定分子和材料的数量远远超过了宇宙中已知原子的数量”[38]。

为了帮助科学家探索更广阔的搜索空间，微软发布了 Azure Quantum Elements 云平台。这是一个新材料研发基础设施，旨在通过 Azure 高性能计算和人工智能来加速当今的化学和材料科学。“化学家面临的挑战是必须搜索数万亿个潜在的候选结构，他们没有时间学习复杂的新工具。而云平台技术可让化学家快速上手使用。研究人员可以利用 Azure Quantum Elements 工作流技术、算力资源等寻找更多材料，有可能将候选材料从数千种扩展到数千万种，并将某些化学模拟速度提高 50 万倍”。

Azure Quantum Elements 云平台技术已在巴斯夫（BASF）和庄信万丰（Johnson Matthey）等行业领先企业采用。但是想要算得越准，计算就越慢，成本就越高。因此计算资源可能是创造新材料和化合物的瓶颈，庄信万丰公司通过将本地集群转移到 Azure HPC 云中，可获得更多的算力，并且在某些量子化学计算中可实现两倍的加速，进而加快了他们向实验室团队提供新见解和认知的速度。除了速度的提升外，团队现在可以模拟更大的化学系统，因此也更逼真。这有助于他们直接研究催化转换器装置，在将有害气体从汽车排气管逸出之前就能进行有害气体的处理。庄信万丰正在探索某些分子如何改善催化剂的性能。但是添加多种类型的分子会使得它们对催化剂以及彼此的影响越来越难以模拟。凭借云的规模，他们现在可以了解这些复杂的相互作用。

另一化学巨头巴斯夫也正在利用 Azure Quantum Elements 云平台进一步扩展其研发能力，使创新能加速，更快地将更多可持续产品推向市场。强大的算力将有助于获得庞大而复杂的各种化学反应或材料成分–性能之间复杂关系的更细粒度的构象，加速催化剂和电池材料等产品的开发。“但所需的软件和运行环境是公司和研究机构的重大障碍。借助云计算平台，可以立即获得使用这些最常见工具的完整环境。这降低了使用门槛，并将大大有助于这些工具的广泛使用”[38]。

1.5.2　美国 Mat3ra

Mat3ra (www.mat3ra.com 以前叫 Exabyte), 是美国硅谷的一家材料集成计算云平台，2015 年成立 [40]。支持多尺度计算、材料数据库和机器学习。其材料计算主要支持第一性原理计算和分子动力学，采用的计算资源主要是微软的 Azure 和亚马逊的 Amazon 云计算资源。支持用户通过网页浏览器和命令行方式提交计算作业，并进行材料计算的数据管理。它同时也集成了机器学习功能。Mat3ra 帮助全球 2000 强公司加快了材料研发的速度，获得了美国空军技术孵化器 AFWERX 的资助。AFWERX 是一项竞争激烈的项目资助，鼓励美国小企业参与具有商业化潜力的联邦政府资助项目研究。Mat3ra 获得了 AFWERX 第二阶段的资助，用于研发和调整其软件，以解决空军感兴趣的应用领域和材料。

1.5.3 韩国 Materials Square

Materials Square（www.materialssquare.com）是韩国的一家材料集成计算云平台，支持“pay-as-you-go”模式 [41]。目前支持晶体建模、分子建模、SQS 建模（主要用于无序合金建模）。第一原理计算主要支持 Quantum Espresso 和 GAMESS。分子动力学计算主要支持 LAMMPS。相图计算主要支持 CALPHAD。CALPHAD 可计算各种材料的热力学信息。机器学习部分支持晶体图卷积神经网络（crystal graph convolutional neural network，CGCNN）。采用 CGCNN，用户仅需输入晶体结构，就可开展分类和回归。Materials Square 的用户已遍布全球 10000 多个材料研发课题组。

1.6 MatCloud+ 材料云：国产高通量多尺度材料计算平台

1.6.1 MatCloud+高通量多尺度材料智能设计云平台简介

MatCloud+材料云是我国首个上线运行的高通量材料集成计算和数据管理平台 (2015 年)[42]，也是我国“十三五”材料基因工程重点专项“材料基因工程关键技术与支撑平台”的代表性成果之一 [43]，且成功地实现了商业化。由中国科学院“百人计划”A 类、中国科学院计算机网络信息中心杨小渝研究员牵头研发。

MatCloud+秉承了材料基因工程高通量材料集成计算的理念，认为高通量材料集成计算可以借鉴组合物理、化学和材料信息学的一些理念和思路，通过一种并行、系统、反复地组合不同结构或组分的“构建单元”(building block)，迅速得到大量化合物, 从而进行高通量筛选。材料信息学 (material informatics) 是“运用计算的方法来处理和解释材料科学和工程数据”，它可以与材料计算相结合，通过已知的可靠实验数据，用理论模拟去尝试尽可能多的真实或未知材料，建立其组分、结构和各种物性的数据库，通过数据挖掘探寻材料组分、结构和性能之间的关系模式，用于指导新材料设计 [44,45]。材料组分、结构和性能之间的关系模式，就是一种材料基因编码。MatCloud+材料云就是通过高通量多尺度材料计算模拟，融合机器学习，寻找材料基因编码。

目前 MatCloud+材料云已历经 7 次大的版本迭代，是一个综合、全面、从计算跨越到实验的材料智能设计大数据平台，主要业务功能包括如下 (图 1.3)。

(1) 高通量结构建模：提供晶体/非晶体基础建模工具箱和高通量建模工具箱。基础建模工具箱包括：超胞构建工具、晶格对称性解析工具、变形晶胞工具、晶胞/原胞转换工具等。高通量建模工具箱包括固溶/掺杂工具、表面结构剖切工具、表面吸附结构构建工具、团簇结构构建工具等。

(2) 多尺度计算：同时支持自研和第三方的第一性原理计算和分子动力学计算程序包，如 MatCloud-QE、MatCloud-MD、VASP、Gaussian、LAMMPS、ABINIT

公有云：www.matcloud.com.cn

工作流设计

- 灵活定制计算流程：拖拽计算组件 (如几何结构优化、能带计算、弹性常数计算等) 并进行自由组合
- 提供完成复杂模拟任务的工作模板，用户可直接复用

高通量、高并发

- 高通量建模、高通量模拟计算
- 高通量的数据生成
- 利用集群和网格技术的分布式并行计算机制实现高通量高并发计算
- 接入各大超算资源
- 跨地域调用自有集群等计算资源

跨尺度模拟

- 多种量子力学方法软件
- 多种经典分子力学、动力学方法软件
- 为软件提供可视化操作界面和后处理
- 可定制个性化程序接口，形成用户专属材料设计平台

机器学习

- 全面的算法调用 (如随机森林、支持向量机、逻辑回归、深度神经网络等)
- 利用生成的“结构–性质”QSPR 模型进行性质预测，加速材料设计筛选
- 对实验数据进行数据挖掘

云计算

- 采用浏览器–服务器架构 (B-S架构)，通过网页登录进行科研和教学工作
- 终端用户无需安装软件即可进行模拟
- 作业共享、机时共享
- 手机端随时查看任务进度

材料数据治理

- 结构数据库，可供用户直接调用
- 自动提取材料的关键性质数据入库
- 个性化数据库定制，方便团队成员共享

图 1.3　MatCloud+材料云主要功能一览

等。其中 MatCloud-QE 第一性原理计算程序包和 MatCloud-MD 分子动力学程序包，是迈高科技基于开放内核而独自研发、自主可控的具有“云原生”特点的量子力学和分子动力学程序包。其他商业软件程序的使用需要用户自带版权。

(3) 高通量自动流程：支持可达万量级的高通量并发式自动流程计算。

(4) 图形化界面的流程设计：用户可自由拉取第一性原理计算基本单元 (几何结构优化、静态计算、能带计算、态密度计算、介电函数计算、弹性常数计算等) 进行组合，从而设计复杂计算流程，开展材料成分设计、预测实验难以获取的材料性质及机理解释等。

(5) 高性能计算资源池：MatCloud+公有云整合了国家超算中心、省级地方超算中心及各行业超算中心的高性能计算资源，聚合了可达万量级的计算节点算力资源。

(6) 结构数据库：提供晶体结构库和分子结构库，共计约 90000000 条的材料数据。

(7) Pauling File 数据库访问：提供了对世界上最大晶体结构数据库之一 Pauling File 的访问。

(8) 计算物性数据库：支持各类用户对不同材料体系的物理化学性质数据库 (计算物性库) 的快速构建，提供到机器学习的无缝接口。

(9) 势函数库：势函数/力场一直是分子动力学计算的一个难点。MatCloud+材料云搜集和整理了业界常用的几乎所有势函数，支持机器学习势函数开发，提供计算时的力场自动匹配。

(10) 性质预测：预测材料的电子结构、力学、热力学、光学、声子等多种物理化学性质。

(11) 从计算到实验：MatCloud+材料云的 MatFusion 模块, 提供了对制备工艺和测试表征数据库的快速构建和电子实验记录，支持“多源、异构、多模态、高维”材料数据的快速融合。

(12) 可视化数据分析：对计算模拟结果方便直接地进行可视化分析和展示。

(13) 机器学习：针对材料数据的专有特点，开发了各种数据处理、特征工程、模型训练、模型评价和模型存储的机器学习算法，并与各类数据库实现快速对接。

(14) 材料垂直行业的支持：提供对电池材料、催化材料、热电材料、集成电路材料等材料垂直行业从计算、数据、AI 到实验环节的支持。

(15) 不同材料体系的数字化研究和发现：提供各种软件接口和规范，针对不同材料体系的需求，快速定制开发各类“插件”，提供对不同材料体系从计算、数据、AI 到实验的支持。

(16) 成员、机时、存储、模型、计算数据等的不同权限和级别的管理和访问控制。

1.6.2 高通量、多尺度、SaaS 化、流程化、智能化、自动化、图形化

MatCloud+支持高通量、多尺度、并发式、自动流程材料计算，支持 10000 量级的高通量作业吞吐，一个工作流可支持多达数十个机器学习算法同时调用，且能自动寻找最优超参数 (图 1.4)。尤其支持晶体和分子的高通量结构建模，支持高通量筛选各层级漏斗的协同工作，支持高通量过渡态筛选。经测算，可提高材料计算效率 30%以上。比如，和北京大学开展二维层状电极材料的研究合作，与传统方式相比，MatCloud+能将高通量材料计算筛选的人工干预减少近 90%。尤其是，对于高通量计算筛选而言，供筛选的结构越多 (即候选空间越大),MatCloud+效率提升越为明显;筛选过程越为复杂,MatCloud+效率提升越为明显。

目前 MatCloud+材料云已用于碳纤维增强复合材料、电池材料、涂料、光刻胶、芯片基因工程、红外材料、COF 材料、抗老化密封材料、储氢材料等的研究。用于云南省科技厅“云南省稀贵金属材料基因工程”，帮助云南建成全国首个稀贵金属新材料高通量计算平台 (http://www.cecc.org.cn/news/202201/563279.htm)，此外，MatCloud+材料云还用于科技部材料基因工程理念数据库系统 [44]。MatCloud+材料云的研发也得到北京科学技术委员会的高度关注和重视,并专门到公司调研,希望 MatCloud+材料云能更好地基于“互联网 + 大数据 + 科技服务”理念，打造在线就能开展材料建模、计算、数据及 AI 操作的新材料数字化研发基础设施“新基建”(http://kw.beijing.gov.cn/art/2020/6/10/art_2330_637848.html)。

MatCloud+材料云的主要创新在于,对材料计算模拟的操作进行了重新定义,

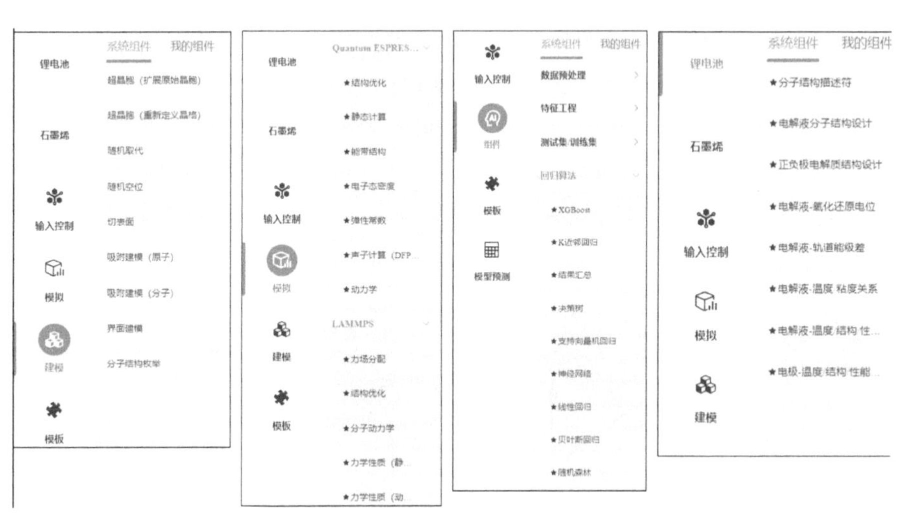

图 1.4　MatCloud+高通量材料计算和机器学习功能

通过自动流程的方式，实现高通量材料计算和筛选。MatCloud 将材料计算的模型搭建、高通量建模、各处理间数据流动 (如几何优化、静态计算)、参数设置、赝势/势函数处理、计算数据后处理、计算数据持久化等关键环节，基于图形化和组件化的思路，通过“拖拽”方式设计工作流，能自动流程地实现材料计算的建模、计算、数据与云端高性能计算和数据库一体化，从而解决了材料计算参数设置复杂、赝势/势函数处理烦琐、数据后处理易出错、计算数据易丢失等问题，开创了业界集成云计算模式和工作流方式，开展高通量材料计算的先河，且在国内首个提出并实现了通过浏览器“拖拽”方式设计工作流 [43]。

MatCloud+的核心理念在于，通过多尺度材料计算数据库，同时结合实验数据和人工智能，通过数据挖掘来探索决定材料关键性能的“材料基因”(“材料显微组织及其中的原子排列决定材料的性能，就像人体细胞里的基因排列决定人体机能一样”，因此无机功能材料的“材料基因编码”可看作“组分–结构–性能”关联关系)，从而用于指导新材料设计。

该新材料设计方法涉及三个主要环节：①高通量材料计算。采用“模块构建法”，通过大规模的并发计算，预测某目标体系不同组分，或不同掺杂或缺陷的新物质的电子态以及晶体结构、物性等。②建立动态数据库。③利用数据挖掘技术，探索决定材料关键性能的“组分–结构–性能”关联 (即“材料基因编码”)，用于指导材料设计和预测具有特殊功能的物质组成、原子空间排布等。如针对新型无机功能材料的探索流程，可以从已知的晶体结构库中 (如 ICSD)，选择出已知功能模块的化合物，在此基础上筛选出“匹配”的化合物，然后搭建新的化合物，并在此基础上进行结构优化，对材料进行电子结构、总能量、态密度、电荷分布及其能带的计算模拟，从不同层次分析其结构、成键状态并预测其相关宏观性质及稳定性。由此可见，①化合物的筛选、匹配和搭建的不断探索式、增量式反复；②不同层次的分析及预测；③数据挖掘和“材料基因编码”的发现，需要一个良好的高通量材料集成计算平台，以及能自动地进行材料数据的计算、解析、归档和入库，并从相关材料信息数据中发现“材料基因编码”的关键方法和技术 (图 1.5)。

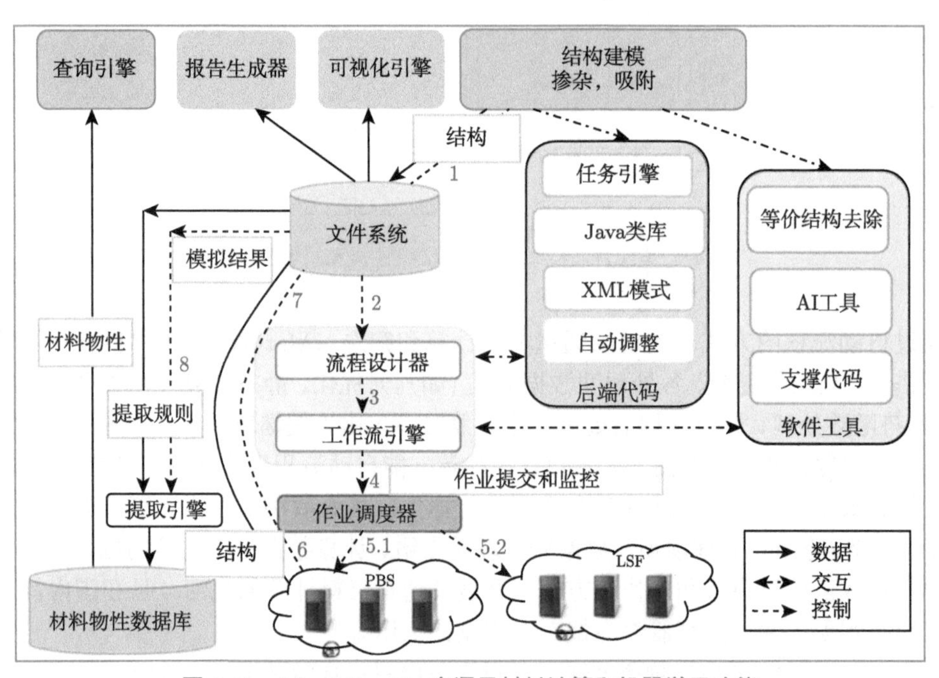

图 1.5　MatCloud+ 高通量材料计算和机器学习功能

与业界的高通量材料计算软件如 Materials Studio、Mat3ra、Materials Square、MedeA 等相比，MatCloud+的主要特点在于：不仅支持以云计算的模式开展高通量多尺度材料建模、计算、数据和 AI，并且云端支持以图形化“拖拽”方式进行高通量多尺度作业设计，可通过计算快速地构建材料计算数据库，实现“建模 → 作业设计 → 作业提交 → 作业监控 → 数据提取 → 数据库 →AI”的“端到端”闭环 (图 1.6)，同时提供从计算到实验的桥接和融合。

MatCloud+支持在线、远程开展大规模第一性原理计算和分子动力学计算，它本身就连着计算集群和材料计算结果数据库，并聚合了大量的计算资源。用户仅需一个浏览器，无须下载任何软件，就可在线开展多尺度材料计算、数据管理和机器学习。支持图形化建模、复杂计算流程设计等，实现了计算作业在线提交和监控、结果分析、数据提取和数据管理自动化。主要特点可概括为：高通量、多

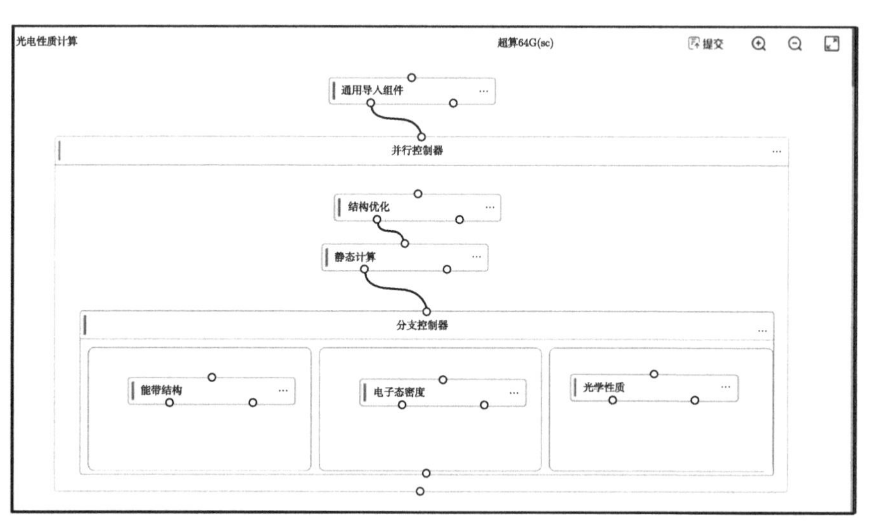

图 1.6　MatCloud+云计算模式下的“拖拽”式工作流设计

尺度、高并发、网络化、图形化、集成化、流程化、自动化。

MatCloud+面向材料高通量计算平台自动化数据的协同采集，开发了基于标准规范和特定材料物性特征值的自动解析/抽取等数据预处理算法，构建了通用于不同类型材料的数据存储结构，以满足结构化和非结构化材料大数据存储和检索。

MatCloud+计算数据库包括：通用数据库、专用数据库。通用数据库存储所有用户通过 MatCloud+材料集成计算平台计算产生的数据以及用户上传的计算数据。经专人准确性、可靠性校验后，从通用数据库中提取信任度比较高的物理化学性质数据，可形成专业应用数据库，如单质、钙钛矿专用数据库等。数据库同时支持对材料计算数据的检索，可以通过化学式或者组成元素进行简单检索，还支持通过晶体结构、能带结构、电子态密度、弹性性质、光学性质、静态能量这些物理化学性质来进行特定需求的高级检索。

1.6.3　10 年研发历程和项目资助

2013 年 3 月，MatCloud 获国家发展改革委高技术服务业专项资助 (科发计函字〔2013〕8 号)。2014 年 8 月，MatCloud 又成功获得国家自然科学基金的资助 (批准号：61472394)，是首个获得国家自然科学基金支持的材料基因组项目。2015 年，高通量材料计算集成计算与数据管理材料云 MatCloud+正式上线，是国内第一个具有自主知识产权的且正式上线运行的高通量材料集成计算云平台，实现了“计算、数据、HPC”一体化云端集成 [45,46]。2016~2017 年，MatCloud 又获得两个“十三五”国家重点研发计划“材料基因工程重点专项”的资助。2018 年，MatCloud 成功地实现了成果转化 (MatCloud+)，进行了全面的重构和二次开发，功能更加强大、稳定和健壮，步入了快速发展的阶段。

MatCloud 的一些重要进展里程碑如下。

2013 年 3 月，MatCloud 获国家发展改革委高技术服务业专项资助 (科发计函字〔2013〕8 号)。

2014 年 8 月，MatCloud 成功获得国家自然科学基金的资助 (批准号：61472394)。

2016 年 7 月和 2017 年，MatCloud 获得国家重点研发计划“材料基因工程重点专项”的资助 (课题编号：2016YFB0700501 和 2017YFB0701702)。

2018 年 2 月，MatCloud 成功实现成果转化。

2018 年 4 月，迈高科技在成果转化的基础上，开始 MatCloud+的重构和二次开发。

2018 年 6 月，MatCloud 作为中国唯一代表，参加第二届材料数据库互操作规范 OPTIMADE 规范的研讨。

2018 年 9 月，MatCloud 参加在日本举办的第 9 届多尺度材料建模大会 (mmm2018)。

2018 年 11 月，第二届材料基因工程高层论坛上，MatCloud 被列为中国“材料基因工程”的标志性成果，获谢建新院士点名褒奖。

2018 年 12 月，MatCloud 作为我国材料基因工程重点专项的代表性成果之一，写进了工业和信息化部材料基因工程中期报告里 (此报告目前暂未对外公开)。

2019 年 7 月，MatCloud 经国内专家推荐，参加了由美国 TMS 组织的第 5 届集成计算材料工程大会 (ICME2019)。

2019 年 11 月，迈高科技 MatCloud+ 在经不断完善和重构后，正式上线。

2021 年，MatCloud+与 Pauling File 开始密切合作。

2021 年 8 月，MatCloud/MatCloud+ 参与的 OPTIMADE 规范研究，在 *Nature* 子刊发表 [47]。

1.6.4 在欧盟、美、英、日、中东等的影响力

作为国产的材料集成计算与设计工业软件，MatCloud+材料云在国际上已有一定的知名度和影响力。MatCloud 的开发与国际上高通量材料计算和数据管理系统 AFLOW 和 NOMAD 等都有密切的联系。

杨小渝研究员与 AFLOW 的研发者 Curtarolo 教授一直有密切沟通和交流。2015 年 2 月在欧盟 CECAM/Psi-K 组织的“第一性原理计算前沿：材料设计和发现”的学术会议上，双方就高通量结构推演发现新的晶体结构方法和技术及晶体结构原型数据库建立进行了深入探讨。同年 6 月在瑞士洛桑联邦工学院举行的“原子层次自动模拟的未来技术”研讨会上，双方又就第一性原理计算数据库的建

立进行了深入交流。2016 年 7 月，在新加坡举行的 IUMRS-ICEM2016 国际学术会议“材料理论/计算设计”分会上，双方再次对高通量计算和第一性原理计算数据库建设展开讨论，进一步表达了合作意向。7~8 月，双方又进行了密切的邮件沟通，Curtarolo 教授表示愿意提供更多的中间数据、关键技术和解决方案，合作开展课题研究。

2017 年杨小渝研究员又和欧盟材料计算和数据库项目 NoMad 建立起了合作关系，并推进相关人员赴德国访问交流。

2018 年 6 月和 2019 年 6 月作为中方唯一代表应邀赴瑞士参加了欧盟 CECAM 资助的国际材料计算数据库互操作规范 OPTIMADE 建设的会议，参加单位包括来自美国、欧盟和日本的 AFLOW、Material Project、AiiDA、NoMAD 等。材料设计开放数据库集成 (OPTIMADE) 联盟旨在制定一个通用应用程序编程接口 (API)，使材料数据库可访问和互相操作，这一接口的开通对全球新材料的研发将发挥巨大的作用。OPTIMADE 已在 *Nature* 子刊 *Scientific Data* 上发表 [47]。

2019 年，MatCloud 应邀在 CODATA2019 大会上，给第三世界国家的学员培训。MatCloud 的方法和思路，收到学员的好评。

2021 年 5 月，MatCloud+与 Pauling File 开始密切合作。

2021 年 8 月，MatCloud/MatCloud+ 参与的 OPTIMADE 规范研究，在 *Nature* 子刊发表。

此外，还不断有来自印度、沙特阿拉伯，阿联酋等的用户注册 MatCloud+ 材料云，或咨询如何基于 MatCloud+ 开展研究合作。

1.6.5　在国内的应用及影响力

1. 企业级应用

我国目前微观尺度的材料集成计算软件，基本被国外某软件所垄断。据悉目前该软件已对我国有关单位禁用，在一定程度上制约了我国新材料的研发。经过 10 年持续的迭代研发，MatCloud+具有了该软件的大多数主要核心功能，并且有进一步创新和突破，打破国外软件在该领域的垄断。截至 2023 年 6 月注册用户突破 6000，涵盖 300 多家单位，10 多个国家和地区，举办线上线下各类培训近 100 场，培训用户累计近 3500 人次，并且有用户从国外专门赶来参加。

截至 2023 年 6 月，MatCloud+和中国核工业集团、中国海洋石油集团、中国有色矿业集团、某新能源、云南稀贵金属材料基因工程、芯片基因组、中国石油化工集团、某集成电路研究院、南方电网、某部队等 10 多家企业和项目开展合作。MatCloud+也正和某科学城、材料园区、纳米城、新材院、某复合材料公司等正在商谈基于 MatCloud+建立新材料数字化研发大数据平台。

2. 在高校科研院所中的应用

越来越多的高校和科研院所也采用 MatCloud+开展基础研究和应用研究，取得的一系列研究及应用成果，相继在 *Scientific Data*(*Nature* 子刊)，*Computational Material Science*(IF 3.3, JCR Q1), *Nanoscale*(IF 7.79，JCR Q2), *Electrochim. Acta* (IF 6.901, JCR Q2), *Carbon* (IF 9.593, JCR Q1)，*Chinese Physics B* (IF 1.494, JCR Q3) 等多个国际国内知名期刊发表。

MatCloud+和北京大学合作，研发了基于容量和扩散势垒筛选等工作流模板，能从已知的晶体结构数据库中选出合适的候选结构，进行吸附等调控操作，生成大量的候选样本，然后通过 MatCloud+自动将大量计算作业提交到国家超算中心，借助强大的超级计算机算力，进行自动筛选。西安交通大学材料学院的一个课题组，借助 MatCloud+, 从材料计算模拟零基础开始，半年内，就发表了 8 篇 SCI 论文。中国工程物理研究院的一个课题组，采用 MatCloud+材料云的高并发、网络化、集成化、流程化、自动化的第一性原理高通量计算和数据管理，开展国家项目的研究。

除此之外，不断有香港、台湾的用户注册 MatCloud+材料云，或咨询如何基于 MatCloud+开展研究工作。

参考文献

[1] Hohenberg P, Kohn W. Inhomogeneous electron gas. Physical Review, 1964, 136 B: 864-871.

[2] Kohn W, Sham L J. Self-consistent equations including exchange and correlation effects. Physical Review, 1965, 140(4): 1133-1138.

[3] Pople J. Nobel lecture: Quantum chemical models. Review of Modern Physics, 1999, 71: 1267.

[4] Curtarolo S, Morgan D, Ceder G. Accuracy of *ab initio* methods in predicting the crystal structures of metals: A review of 80 binary alloys. Calphad, 2005, 29(3): 163-211.

[5] Allen M P. Introduction to molecular dynamics simulation in computational soft matter: From synthetic polymers to proteins. NIC Series, 2004, 23: 1-28.

[6] Warshel A, Levitt M. Theoretical studies of enzymic reactions: Dielectric, electrostatic and steric stabilization of the carbonium ion in the reaction of lysozyme. Journal of Molecular Biology, 1976, 103(2): 227-249.

[7] Kang B, Ceder G. Battery materials for ultrafast charging and discharging. Nature, 2009, 458: 190-193.

[8] Hautier G, Jain A, Ong S P, et al. Phosphates as lithium-ion battery cathodes: An evaluation based on high-throughput *ab initio* calculation. Chemistry of Materials, 2011, 23(15): 3495-3508.

[9] Kang K, Meng Y S, Bréger J, et al. Electrodes with high power and high capacity for rechargeable lithium batteries. Science,2006, 311(5763): 977-980.

[10] Bligaard T, Jo'hannesson G H, Ruban A V, et al. Pareto-optimal alloys. Applied Physics Letters, 2003, 83(22): 4527-4529.

[11] Aykol M, Meredig B, Wolverton C. Materials design and discovery with high-throughput density functional theory: The open quantum materials database (OQMD). JOM, 2013, 11(65): 1501-1509.

[12] Kirklin S, Meredig B, Wolverton C. High-throughput computational screening of new Li-ion battery anode materials. Advanced Energy Materials, 2013, (3): 252-262.

[13] Saal J E, Wolverton C. Thermodynamic stability of Mg-based ternary long-period stacking ordered structure. Acta Materialia, 2014, 68: 325-338.

[14] Balachandran P V, Broderick S R, Rajan K. Identifying the'inorganic gene'for high-temperature piezoelectric perovskites through statistical learning. Pro. Math. Phys. Eng., 2011, 467(2132): 2271-2290.

[15] Saad Y, Gao D, Ngo T, et al. Data mining for materials: Computational experiments with AB compounds. Physical Review B, 2012, 85(10): 104104.

[16] Logan W, Alexander D, Alireza F, et al. Matminer: An open source toolkit for materials data mining. Computational Material Sciences, 2018, 152: 60-69.

[17] Elton D C, Boukouvalas Z, Butrico M S, et al. Applying machine learning techniques to predict the properties of energetic materials. Scientific Reports, 2018, 8: 9059.

[18] Saal J E, Kirklin S, Huang L, et al. Applications of energetic materials by a theoretical method (discover energetic materials by a theoretical method). Int. J. Ener. Mat. Chem. Prop., 2013, 12: 197-262.

[19] Faber F A, Hutchison L, Huang B, et al. Prediction errors of molecular machine learning models lower than hybrid DFT error. J. Chem. Theo. Comp., 2017, 13: 5255-5264.

[20] Ward L, Liu R, Krishna A, et al. Including crystal structure attributes in machine learning models of formation energies via Voronoi tessellations. Phys. Rev. B, 2017, 96(2): 024104.1-024104.2.

[21] Hassabis D, Silver D. AlphaGo zero: Learning from scratch. https://deepmind.com/blog/alphago-zero-learning-scratch/[2020-2-14].

[22] Senior A W, Evans R, Jumper J, et al. Improved protein structure prediction using potentials from deep learning. Nature, 2020, 577: 706-710.

[23] Peterson A A, Zhang Y. A Hybrid quantum-mechanics/machine-learning scheme. Conference Meeting: AIChE Annual Meeting, Proceeding: 2017 Annual Meeting, Session: Data Mining and Machine Learning in Molecular Sciences II, 2017.

[24] Isayev O, Oses C, Toher C, et al. Universal fragment descriptors for predicting properties of inorganic crystal. Nature Communications, 2017, 8: 15679.

[25] Jia W, Wang H, Chen M, et al. Pushing the limit of molecular dynamics with *ab initio* accuracy to 100 million atoms with machine learning. SC20, 2020, 12: 9-19.

[26] Xue D, Balachandran P V, Hogden J, et al. Accelerated search for materials with

targeted properties by adaptive design. Nature Communications, 2016, 7: 11241.

[27] Palizhati A, Zhong W, Tran K, et al. Toward predicting intermetallics surface properties with high-throughput DFT and convolutional neural networks. J. Chem. Inf. Model., 2019, 59(11): 4742-4749.

[28] Xu D, Zhang Q, Huo X, et al. Advances in data-assisted high-throughput computations for material design. Materials Genome Engineering Advances Volume 1, Issue 1，Sept., 2023, https://onlinelibrary.wiley.com/doi/full/10.1002/mgea.11.

[29] Wu Y,Predrag L,Hautier G, et al. First principles high throughput screening of oxynitrides for water-splitting photocatalysts. Energy & Environmental Science, 2012, 6(1): 157.

[30] Yeo B C, Nam H, Nam H, et al.High-throughput computational-experimental screening protocol for the discovery of bimetallic catalysts. Npj Computational Materials, 2021, 7:137

[31] Cohen A J, Mori-Sánchez P, Yang W. Challenges for density functional theory. Chem. Rev., 2012,112: 289.

[32] Cohen A J, Mori-Sánchez P,Yang W. Insight into density functional theory. Science, 2008, 321: 792.

[33] Zhang X, Wang L, Helwig J, et al. Artificial intelligence for science in quantum. Atomistic, and Continuum Systems，arXiv: 2307.08423.

[34] Cyberinfrastructure Framework for 21st Century Science and Engineering (CIF21) [EB/OL]. http://www.nsf.gov/funding/pgm_summ.jsp?pims_id=504730[2021-12-26].

[35] Software Infrastructure for Sustained Innovation (SI2) [EB/OL]. http://www.nsf.gov/publications/pub_summ.jsp?ods_key=nsf11539[2021-12-26].

[36] Designing Materials to Revolutionize and Engineer our Future(DMREF) [EB/OL]. https://www.nsf.gov/funding/pgm_summ.jsp?pims_id=505073[2021-12-26].

[37] 谢建新，宿彦京，薛德祯, 等. 机器学习在材料研发中的应用. 金属学报, 2021, 57(11): 1343-1361.

[38] Microsoft Azure Quantum Elements. https://news.microsoft.com/source/features/innovation/azure-quantum-elements-chemistry-materials-science/ [2023-10-25].

[39] Microsoft.https://docs.microsoft.com/en-us/dotnet/architecture/ cloud-native/definition (Accessed: 2022-05-13).

[40] 玻色量子.https://www.36kr.com/p/1239917465364098 [2023-10-25].

[41] 美国 Mat3ra.www.mat3ra.com [2023-10-25].

[42] 韩国 Materials Square. https://www.materialssquare.com/ [2023-10-25].

[43] 杨小渝，任杰，王娟，等. 基于材料基因组计划的计算和数据方法. 科技导报，2016, 34(24): 62-67.

[44] 宿彦京, 付华栋, 白洋, 等. 中国材料基因工程研究进展. 金属学报, 2020, 56(10): 1313-1323.

[45] 杨小渝，王娟，任杰，等. 支撑材料基因工程的高通量材料集成计算平台，计算物理, 2017, 34(6): 8.

[46] Yang X, Wang Z, Song J, et al. MatCloud: A high-throughput computational infrastructure for integrated management of materials simulation, data and resources. Computational Materials Science, 2018, 146: 319-333.

[47] Andersen C W, Armiento R, Blokhin E, et al. OPTIMADE, an API for exchanging materials data. Sci. Data, 2021, 8: 217.

第 2 章 企业级新材料研发之材料计算、数据、AI

2.1 概 述

随着材料基因工程理念的提出，也随着科学研究范式从“第一范式”到“第四范式”的发展 (更进一步地，随着 AlphaFold 的成功，“第五范式”的概念也已出现)，新材料研发手段也从传统的基于实验“试错法”朝着数字化、智能化方向发展。然而，面向企业级的新材料研发和面向高校科研院所的新材料研究和发现，还是呈现着诸多不同的关注点。本章重点介绍企业级新材料智能研发典型案例，以及材料计算、数据、AI 在企业级新材料研发中的作用，指出我国在新材料研发中所面临的困境和思考。

2.2 企业级新材料数字化研发典型案例

我们以美国知名的新材料数字研发公司 QuesTek Innovations (简称 QuesTek) 公司为例，来说明新材料数字化研发所带来的价值，以及他们的数字化研发方法。QuesTek 是全球最知名的利用集成计算材料工程 (ICME) 技术研发新材料的公司，他们提出的“材料理性设计”(materials by design) 理念，将材料快速设计、测试、表征、定性合格并将高性能材料投入工业用途，融为一体。比如他们利用这种先进理念和方法，研发的 Ferrium C64 这种新型高性能钢，可以用于制造更耐用、重量更轻的变速器齿轮，增加功率密度。这种设计和商业化应用的成功，使它获得了 2021 年 ASM 国际工程材料成就奖，并且在要求苛刻的美国海军飞机起落架上开展了应用，被白宫和国家标准与技术研究所 (NIST) 强调为美国材料基因组计划的成功案例。Ferrium C64 的研发始于 2005 年，以回应美国海军无法解决的问题：如何提高直升机的性能和安全性。Ferrium C64 高强度钢，延长了变速箱寿命，提高了功率重量比，并降低了生产、运营和支持成本。它的独特性能——高表面硬度、高淬灭硬度、高强度和韧性、长时间疲劳寿命和耐高温性能，获得美国海军的青睐。

美国 QuesTek 公司通过计算、数据、AI 驱动的方法为美国海军设计了两种用于飞机的材料：M54 钢和 S53 钢。M54 钢从成分设计到取得应用资格，时间为

6 年；S53 钢从成分设计到取得应用资格，时间为 8 年。相比传统方法的 15 年，两种钢的研发周期分别缩短 60%和 47%。QuesTek 基于 ICME 方法和“材料理性设计”理念，可概括为：预测组分和工艺参数对微观结构的影响，并将微观结构与关键属性联系起来。因此可在短时间设计和部署新材料 (合金、涂料、增材制造原料等)，而成本远远低于传统实验“试错法”，在新材料设计、工艺优化和材料系统建模等方面，发挥着重要作用。

在工艺优化方面，QuesTek 强大的计算工具也为制造过程带来了基于物理的理解，从而降低了无效试用和错误方法的时间和成本。我们以如下 3 个案例，说明数字化研发在工艺优化方面的价值。

(1) 铸铝合金热加工优化。QuesTek 利用材料工艺–微结构建模工具，优化汽车铸铝部件制造商的热处理周期，帮助识别允许缩短浸泡时间的温度窗口，从而使得制造商可以采用最优的制造路线，降低生产组件的风险并增加产量。

(2) 锻造合金钢的成分调整。一家大型锻造制造商在其一种合金钢产品中，发现其断裂韧性出现较大变异。QuesTek 使用计算建模工具，采用制造商的工艺参数 (如退火、温度) 模拟合金钢产品产生的微观结构，以识别任何对韧性有害的环节。最后，QuesTek 确定了合金钢的理想组合范围，减少了断裂韧性的变异性。

(3) 增材制造的镍基超合金热处理。与锻造的部件 (如焊接池、拉长颗粒等) 相比，增材制造生产的部件通常具有独特的微结构特征，因此，必须调整后续的热处理工艺以实现具有和锻造工艺所一致的性能。例如，增材制造生产的 Inconel 718+ 部件需要不同的热处理和寿命参数。QuesTek 利用其一套计算建模工具来模拟热处理周期，并预测了增材制造生产的 Inconel 718+ 的微观结构，以及采用增材制造模式生产所得到的属性。

在材料系统建模方面，二十多年来，QuesTek 一直在开发和改进其专有的计算技术及审核过的元素属性热力学和动能数据库。QuesTek 校准基于物理的性能预测模型，用以确定能满足关键物性和确保提高性能所需的微观结构。在各种材料体系 (如铁、铝、铜、钴、镁、硅、镍、钛、镍、钨) 的物性预测 (如屈服、断裂、疲劳、蠕变、腐蚀和氧化) 中积累了丰富经验。这些模型和经验可用于设计、发现和 (或) 优化材料和热过程以及评估材料的使用性能。QuesTek 在材料系统建模的主要技术手段包括：原子尺度模拟、计算热力学、力学模型和机器学习。

(1) 原子尺度模拟。密度泛函理论 (DFT) 计算可为 CALPHAD 评估和 ICME 模型开发提供关键输入。DFT 计算也为 ICME 模型提供了关键数据。如扩展 Fe-X-Y 混合数据库，用于高熵合金设计。

(2) 计算热力学。材料微观结构的演化建模是构建基于处理工艺参数和成分的函数来实现的，可以采用计算热力学工具 (如基于 CALPHAD 的工具) 进行构建。例如，通过构建基于成分范围和热处理的函数，来预测物相组成。沉淀相大小演变可基于老化时间和温度，构建一个函数进行预测。

(3) 力学模型。QuesTek 开发并利用了力学模型，增强了对控制材料特性和行为的基本机制的理解，并使 QuesTek 能够设计新材料。模型能模拟跨越多个空间和时间尺度的复杂机制，并创建可靠和有用的工具来执行材料设计。

(4) 机器学习。QuesTek 使用机器学习模型进行各种研究和 ICME 辅助材料设计工作流程，包括但不限于贝叶斯不确定性定量量化 (UQ)，贝叶斯优化 (BO)，以及基于神经网络 (NN)、随机森林 (RF) 和 SISSO 的回归模型。

2021 年，QuesTek 又获得了 2 个 SBIR(小企业创新研究) 计划项目。这 2 个 SBIR 计划项目均涉及材料数字化软件的开发。

(1) 美国海军资助的 SBIR 项目：开发一种软件工具，利用基于集成计算材料工程 (ICME) 的建模框架，优化一种镍基合金，使其更适用于增材制造。该软件将更好地开展合金成分的个性化研发，更好地适应在增材制造中提高可打印性，减少缺陷，并改善增材制造中镍基组件的力学性能。该软件的力学计算模型将使用最先进的实验技术进行校准，以验证预测模型，解释增材制造过程产生的复杂现象。开发的软件工具有望提高对增材制造技术的理解，并利用它为喷气发动机、工业燃气轮机和其他苛刻条件下的应用设计新一代先进的镍基合金和组件。

(2) 美国能源部资助的 SBIR 项目：QuesTek 将应用其 ICME 工具开发基于机器学习的开源软件包，为多个电子显微镜系统和数据类型提供可重复的数据分析，将特别解决目前缺乏专为金属材料数据量身定做的开源软件包问题。提出的基于 CALPHAD 热力学计算和动力学建模框架的机器学习模型，将提高对合金相识别的准确性。这种工具能够有效分析在研究机构、大学和公司中电子显微镜所产生的海量数据。采用 ICME 开展材料和部件的协同设计，加速先进材料在各种材料系统和应用中的发展。

2.3 新材料数字化研发的核心技术：以美国 QuesTek 公司为例

从 QuesTek 的新材料数字化研发可以看到，第一性原理计算、计算热力学、材料数据库、预测模型、机器学习等是新材料数字化研发的重要技术手段，我们将对这些技术做进一步的展开。尤其是，20 世纪 90 年代以来，基于计算材料物理与量子化学方法的不断发展以及计算机技术和软件开发的不断进步，材料计算在材料科学与物理、化学、应用数学以及工程力学等多学科交叉中发挥着越来越重要的作用。计算材料学目前已获得广泛发展，包括电子–原子层次上的第一性原理计算、分子动力学、介观尺度的计算模拟、多尺度计算、工程过程模拟与仿真、材料数据库建立等。以下我们重点概述 QuesTek 材料理性设计数字化研发所提到的 4 种核心技术：第一性原理计算、计算热力学、材料数据库和机器学习以及物性衍生模型。多尺度计算、工程模拟仿真会有专门的章节介绍。

2.3.1　第一性原理计算

计算材料的基本科学内涵在于根据材料科学和相关学科基本原理，通过建模与计算实现对材料成分设计、不同尺度结构预测、加工制备以及服役行为和过程的定量描述，揭示材料化学因素和结构因素与材料性能和功能之间的相关机制和内在规律，为创新材料、实现按需设计材料提供科学基础。

作为计算材料的重要基础，电子–原子层次上的第一性原理计算为揭示和发现材料电子结构和量子效应以及多化学元素协同效应和复合缺陷电子行为等科学问题提供了科学源头和方法。密度泛函理论成功建立了一种可计算模型。伴随着计算机与计算技术的发展，第一性原理计算基本上不依赖于经验参数，在探索和发展新材料中具有特别的优势，是材料计算和设计中的一个主要工具，具有较高的计算精度和准确性。在材料学研究中，采用第一性原理计算得到体系电子结构 (能带、电子态密度、电荷分布等信息)，并基于此可计算或预期物质原子结构、电磁性质、光学性质、力学性质和热学性质等。例如，在结构材料设计中，根据杂质–缺陷 (界面、位错、裂纹、空位等) 复合体的电子效应可以分析材料的偏聚、脆塑行为以及断裂和抗蚀特性。在功能材料设计中，根据第一性原理计算电子和光学性质，可提出调制材料能带特性和光电性质的方案，进而发现新材料 (能源材料、催化剂、光电材料等) 和设计新器件 (场效应管、场发射器、传感器等)。电子具有自旋、轨道和电荷自由度，在发现新奇量子效应、发现新型量子材料方面具有本征的意义。

第一性原理计算已经被成功用于新材料的预测、设计和发展。例如，1989 年 Cohen 等通过第一性原理计算首次预言 β-C3N4 或类似结构材料是很有前途的超硬材料，并在 1993 年，实验室成功人工合成了这种新材料。美国麻省理工学院和西北大学等较早开展了合金元素作用的第一性原理计算，促进了高强钢及核材料等多种新合金的研制，已成功应用于航天飞机发动机主轴、飞机起落架及下一代核反应堆等。英国剑桥大学和牛津等大学从第一性原理计算研究金属间化合物的相稳定性、变形机制，直至航空发动机叶片的浇铸成型，并与英国罗罗公司合作，结合大规模计算和实验，开展航空发动机材料及器件的设计优化。

近些年来，我国科学家在材料计算领域也取得了一些国际上具有重要影响的研究进展。例如，在第一性原理材料计算方面，中国科学院物理研究所方忠等基于第一性原理计算对强关联电子体系进行了系列研究。清华大学段文辉、顾秉林等利用第一性原理计算研究了石墨烯材料，提出了发展新型电子材料的设计方法。复旦大学龚新高基于第一性原理计算，在四元合金中成功预测了一种新型的太阳

能吸收材料 (Cu_2ZnSnS_4 和 $Cu_2ZnGeSe_4$)，澄清了该体系的晶体结构，预言了相关体系的能带带隙、合金中的缺陷特性、光学特性以及热力学特性等。1990 年王崇愚研究组 [1] 为揭示材料中微量元素作用机制问题，基于第一性原理及位错理论，提出固态物性参量解析传递多尺度序列算法，揭示了微量元素影响材料性质的微观机制，该算法是固态多尺度序列算法中的早期工作。

2.3.2 计算热力学

材料与加工工艺设计都需要可靠的热力学数据。材料的热力学性能主要通过实验手段获得 (如差热分析、化学分析、X 射线衍射和能谱分析等)。随着材料组元数的增多，实验测定热力学数据变得更加困难，且周期更长。而基于 CALPHAD 方法的热力学计算正是解决这一难题的较好办法。CALPHAD(calculation of phase diagram) 来源可最早追溯到计算机耦合相图和热化学 (computer coupling of phase diagrams and thermochemistry)。它从早期的以计算不同成分、温度、压力等条件下材料的热力学性质和相图、相平衡为主，逐渐向动力学领域扩展，目前已建立起有机集成热力学计算理论的以扩散相变模拟、形核析出模拟和相场模拟为特色的计算动力学方法 [2]。同时，结合实验数据、第一性原理计算、统计学方法及经验/半经验理论，运用 CALPHAD 优化评估技术，可建立适用于多元多相材料的热力学、扩散动力学、体积等材料设计基础数据库 [2]。其核心价值在于：它可以从低组分材料体系的热力学数据来计算多组分体系的热力学性能，或者通过实验容易准确测定的实验数据来推测极端条件下 (高温、高压和放射性等) 或者实验难以准确测定的热力学数据。

CALPHAD 方法基于热力学基础理论建立热力学模型，描述材料体系中的各组成相 (包括气相、液相、固溶体相以及化合物) 的热力学性质, 根据由实验、第一性原理计算、统计学方法及经验/半经验公式等获得的不同类型的数据, 优化拟合模型参数, 可构建适用于多元多相真实材料并达到工程精度的数据库。CALPHAD 方法的大部分工作集中于优化评估在一定温度、压力条件下多组元体系中每一相的 Gibbs 自由能、焓、熵、热容、活度和化学势等热力学数据, 以及实测的相图和相平衡数据。建立 CALPHAD 数据库的首要任务是确定能被广泛接受的包含主要晶体结构的纯元素热力学数据库, 即晶格稳定性参数数据库。目前 CALPHAD 领域普遍采用 1991 年公布的标准晶格稳定性参数 [2]。

一般来说, CALPHAD 和计算热力学方法这两个名词的含义基本相同, 在很多场合二者可以通用, 但也有细微的区别。“CALPHAD”更是一种方法，一种理念，强调的是对实验、第一性原理计算或经验公式等多种途径得到的数据进行优化拟合, 获取自洽的模型参数, 进而建立多相多组元数据库。而计算热力学 (如 ThermoCalc 软件) 强调的是运用 CALPHAD 方法优化得到的数据库进行热力学计算, 应用于实际过程的相平衡计算, 以及发生速度很快的相变, 如凝固过程、高温扩散相变等。同时, 计算热力学方法本身既作为多尺度模拟的一环, 又为其他尺度的模拟提供热力学数据。目前，计算动力学利用 CALPHAD 技术优化而来的扩散系数、界面能以及弹性常数、晶格常数等物理性质数据库, 结合计算热力学的相平衡计算可以模拟材料的相变和组织演变过程 [2]。

典型的热力学计算软件包括：ThermoCalc、PANDAT 和 FactSage 等，以及能进行热、动力学计算和提供物理性质数据的 JMatPro。开源共享的热力学计算软件包括：Open Calphad。

2.3.3　材料数据库和机器学习

AlphaGoZero 取得成功后，其研发公司 DeepMind 的创始人 Demis 便说到类似技术可用于寻找革命性新材料，并且讲到人类知识是不完善甚至缺乏的。其原话如下：“人工智能的一个问题在于它依赖人类知识。而人类知识可能会昂贵，不可靠，甚至在一些情况下是不存在的。如果类似的技术可应用于其他结构化问题, 如蛋白质折叠、降低能源消耗或寻找革命性的新材料，由此产生的突破有可能对社会产生积极影响。”[3]2020 年 1 月，DeepMind 公司证实了这一想法，他们基于 AlphaGoZero 理念，研发了 AlphaFold 人工智能机器人，它能通过学习 100000 个已知蛋白质的顺序和结构，自我构建出能预测蛋白质结构三维模型的预测模型 [4]。最新版的 AlphaFold 能根据氨基酸的顺序准确预测出蛋白质的形状。

新材料数字化研发的一个难点就在于材料数据的稀缺，且呈碎片化。因此，构建材料数据库，能有效地支撑材料的新数字化研发。目前，材料数据库已经跳出了存储、查询和展示的范畴，更是和机器学习紧密地绑定在一起。通过机器学习，构建预测模型，去预测未知。通过有监督学习构建模型，预测新材料的性质其实很早就有了。定量结构–性质关系 (quantitative structure-property relationship, QSPR) 方法就是一种典型的利用有监督学习构建材料“结构–性质”模型的方法。它是基于大量可靠样本数据 (如实验数据、文献数据、材料数据库等)，利用统计学方法建立起化合物结构与性质定量关系模型，从而用于预测材料物理化学性质的一种有效方法。QSPR 模型可有效辅助材料设计和筛选。例如，预测特定体系不同成分及配方化合物的关键物理化学性质 (如能隙)；根据需要的物理化学性质，寻找或筛选最佳成分及配方 (即材料逆向设计理念) 等。QSPR 模型的构建，需要大量的实验数据。然而由于材料实验数据获取不易，以及材料性质数据的稀缺和碎片化，通过高通量第一性原理计算产生数据，并基于部分实验数据，通过机器学习构建 QSPR 模型，已引起目前业界的普遍关注。该方法也叫作 QM/ML 方法，其核心理念在于，强调通过量子力学计算，产生大量的数据，然后从该数据中学习到一些模式，利用该模式来预测材料的性质。

尽管 QM/ML 方法可以帮助构建 QSPR 模型，然而通过第一性原理计算获取材料性质数据，要付出较高的人工成本。而且，由于其所涉及的跨学科交叉 (如机器学习、材料数据表征、第一性原理计算)，构建 QSPR 模型本身就有较高的技术门槛。这些均成为通过 QM/ML 方法构建 QSPR 模型的技术壁垒，阻碍了 QSPR 的进一步普及。

2.3.4 物性衍生模型

材料工程应用中所关注的性能，在一些情况下，并不能通过材料计算直接获取。比如，由于缺乏力场的原因，不便通过分子动力学计算熔点，因而想通过第一性原理计算获取熔点。然而第一性原理计算并不直接支持熔点的计算。但是有一种办法是：如果我们能建立起弹性常数和熔点的经验模型，那么通过第一性原理计算，就可获取不同组成成分的熔点。尽管这种方式获取的熔点与真实值相比，有一定的误差，但是我们通过这种理论计算的方式，能看到如不同成分的变化对其熔点变化的影响，对其机理研究或实验有很好的指向性作用。

物性衍生模型是指基于能够直接获取的量 (也称源数据，如弹性常数)，通过模型衍生出其他物理化学性质。2019 年提出的 CSTM 材料基因数据通则 [5] 把数据分为了源数据和衍生数据。源数据是指样品经过实验表征或计算直接得到的数据 (如弹性常数)，衍生数据是指对源数据进行分析处理后得到的数据 (如熔点)。对源数据的分析处理大部分情况下会通过模型或一定的算法获取，我们在这里可把它们定义为物性衍生模型。物性衍生模型主要用于从直接获取的物性数据，衍生出更多的物性。QuesTek 在材料系统建模中用到的各种力学模型，便是物性衍生模型。

物性衍生模型可主要分为两类：理论模型 (theoretical model) 和经验模型 (empirical model)。理论模型主要基于理论或假设，是可以解释的。如从弹性常数衍生出剪切模量、杨氏模量等，都是典型的理论模型。经验模型的构建指不基于已经建立的理论，而是从经验中学习来的，也就是从数据中学习得来，因此经验模型有时也称数据驱动模型，或者“黑盒模型”。还有一种半经验模型 (semi-empirical model), 从字面上也很好理解，既有理论部分，也有经验部分。

材料物性数据的匮乏与底层凝聚态理论模型不够丰富，或许也有一定的关系。与 20 世纪 30~40 年代凝聚态物理的快速发展相比，进入 21 世纪以来，凝聚态物理基础理论并没有太大的突破。因此物性衍生模型的构建，可以多从经验模型入手。随着人工智能技术不断进步，数据驱动模型越来越引起重视，且也有着较好的预测效果。尽管经验模型缺乏可解释性，并且可能会很复杂，但是这些模型确实有着较好的预测效果。基于机器学习得到的模型，实际上可以帮助我们进一步思考影响目标参量的关键因素，是一个从“机器学习”到“向机器学习”的过程。Galit Shmueli

在评价理论驱动的解释型模型和数据驱动的预测型模型时说道，一个“过于复杂”的解释性模型可能会是一个“精致简单”的预测模型 (an “overly complicated” model in explanatory terms might prove “sophisticatedly simple” for predictive purposes)[6]。传统的经验模型构建方法一般基于数理统计的数据拟合、回归等居多。目前经验模型的构建更多是朝着机器学习的方向发展，我们会有专门的章节详述。

2.4 我国新材料数字研发化：困境、思考和破局

我国新材料数字化研发，无论是面向企业级的新材料研发，还是面向高校科研院所的新材料研究和发现，存在以下的问题。

(1) 尽管我国先进材料已获得迅速发展, 但新材料研究多以跟踪为主，关键技术和材料受制于人，缺乏自主知识产权和创新体系，特别在融合计算、测试表征和数据库方面急需建立新的研究模式。另外，计算研究与国家重大需求尚欠紧密结合。

(2) 材料研发模式长期依赖于传统“试错法” (trial and error)，尚未建立高通量计算平台以及与之匹配的材料基础数据获取、分析、服务的软件及平台的有效支撑；材料计算局限于单个作业提交和监控以及单一性的模拟和性能数据预测，计算处于分散状态的离线计算模式，算法程序未能有效集成，耗时，效率低，限制了开展基于大规模、多流程、高通量的材料设计。

(3) 高通量计算在实现洞察材料物性与工程设计相衔接的计算理念和计算能力上，以及在建立普适通用的集成驱动软件上仍具极大的挑战性。高通量计算平台需要极高的计算精度以及实现适应数据动态增长和多元需求的快速自动流程集成计算，在计算物理和应用数学方面也存在需要解决的基础性问题。

(4) 目前我国微尺度材料集成设计软件基本被跟国外软件所垄断，并且该软件已向我国涉及军工的单位禁用，已对我国新材料研发关键领域构成威胁。我国在新材料设计制造软件领域方面与国外差距很大，无论是单一尺度的计算模拟代码 (如量子尺度的第一性原理计算软件 VASP，分子动力学 LAMMPS)，材料集成计算软件 (如 Materials Studio, MAPS, MedeA)，还是材料和器件宏观有限元模拟仿真软件 (如 ANSYS，ABAQUS) 等方面均处于落后局面，已成为我国实现材料强国“脖子中的脖子”，短板中的短板，关键中的关键。

(5) 材料数据库是材料基因组计划关注的另一核心内容，包括材料信息数据库和材料设计基础数据库，目前我国尚缺乏这两类通用成熟的数据库。前者是利用信息化技术对大规模材料数据进行收集、整理和挖掘分析，是新材料设计的出发点；后者是在建立物理模型的基础上，利用计算模拟方法优化评估实验数据获得，是计算模拟的专用数据库。在高通量计算材料中自主开发高质量的材料设计

基础数据库直接支撑着新材料设计。

(6) 新材料研发中的人工智能方法的可解释性问题。人工智能方法的可解释性问题是目前业界的关注点，大多都是围绕模型的可解释性层面。实际上，对于人工智能方法的可解释性，还有另外一个层面，就是为什么采用人工智能方法的问题。如果不能从理论上更好地阐明为什么选用人工智能方法，往往也会限制该领域人工智能方法的推广和使用、通用方法体系的构建以及更加通用的技术和平台研发。以新材料的数字化研发为例，尽管基于人工智能方法构建材料“结构–性能”或“成分–工艺–组织–性能”模型能够有效驱动新材料研发，已得到绝大多数人的共识，但是这种构效关系模型的构建方式缺乏系统性理论和方法指导，导致该方式的可解释性较差和推广性较弱。尽管“理论，计算，数据，实验”紧密融合研发新材料理念被广为接受，但是人工智能辅助新材料数字化研发仍缺失相关基础理论，不仅导致可通用的新材料智能设计技术、模式及平台的系统性缺失，也导致材料计算在新材料研发中定位不清、可信度不高、产业界推广不易 (如经常被问到：“我计算了一个值和实验值比较，发现差别很大，材料计算可靠吗？有用吗？”等问题)。这些问题的存在，不仅阻碍了人工智能在新材料研发中的应用推广，也制约着国产材料研发制造工业软件的研发。

(7) 材料基因组计划提出已有 10 年。尽管大家都认为材料有某种隐含的且决定材料对外呈现的性质的“基因”，但是这种“基因”如何定义，如何呈现，如何描述，如何获取，如何决定材料对外呈现的性质等，尚缺乏系统研究和明确定义。材料基因组计划本身也缺乏能将“高通量计算筛选，多尺度模拟，材料数据库，AI 赋能”等新材料研发手段有机融合和贯通的理论，导致有人对材料基因组理念持怀疑态度，某种程度上限制了新材料数字化研发的普及和推广。

为了破解这些难题，我们需要发展支撑新材料数字化研发的相关基础理论，研发中国自己的集成式新材料智能设计工业软件，促进我国新材料数字化研发的发展。

参考文献

[1] Wang C, Lui S, Han L. Electronic structure of impurity(oxygen)-stacking-fault complex in Ni. Phys. Rev B, 1990, 41: 1359-1367.

[2] 鲁晓刚, 王卓, Cui Y W, 等. 计算热力学、计算动力学与材料设计. 科学通报，2013, 58(35): 9.

[3] Hassabis D, Silver D. AlphaGo zero: Learning from scratch. https://deepmind.com/blog/alphago-zero-learning-scratch/[2019-2-15].

[4] Senior A W, Evans R, Jumper J, et al. Improved protein structure prediction using potentials from deep learning. Nature, 2020, 577(7792): 706-710.

[5] 中关村材料试验技术联盟. CSTM 材料基因数据通则，T/CSTM 00120-2019 ，2019.

[6] Shmueli G. To explain or to predict? Statistical Science, 2010, 25(3): 289-310.

第 3 章

材料基因和性能关系模型的构建

尽管材料基因组计划提出已经 10 年，然而材料是否存在和生物一样的基因仍存在争议，且没有明确的定义，影响了其推广和使用。材料基因组计划本身也缺乏能将“高通量计算筛选，多尺度模拟，材料数据库，AI 赋能”等新材料研发手段有机融合和贯通的理论体系。为此我们提出了材料基因编码的概念，作为对材料基因组相关概念的补充，并在此基础上提出了基于材料基因编码的新材料智能设计范式。

3.1 材料基因组计划

材料基因组计划 (materials genome initiative，MGI) 由美国总统奥巴马在 2011 年 6 月提出，其核心理念是强调通过计算、数据和实验“三位一体”的方法相结合，变革传统的基于实验“试错法”的新材料研发模式。通过实验–计算–理论的集成创新，加速材料大数据技术的发展，培养具有材料基因组新思想和新理念的材料工作者，变革材料研发文化，加速美国新材料和高端制造业的发展。

2010 年 4 月, 美国麻省理工校长 Susan Hockfield 给奥巴马写信, 建议了包括新材料等 5 个需要国家重点支持的方向。在信中她着重地提到了 Ceder 小组的“材料基因工程”研究方法, 并指出该方法在大幅度缩短新材料研发周期中所起到的重要作用。

2011 年 6 月 24 日，美国总统奥巴马宣布了一项超过 5 亿美元的“推进制造业伙伴关系”计划，通过政府、高校及企业的合作来强化美国制造业，其中借鉴了麻省理工 Ceder 小组“材料基因工程”的命名而提出的“材料基因组计划”是上述计划的重要组成部分，投资超过 1 亿美元。“材料基因组计划”意在创建材料创新框架，重点包括三个方面的内容: ①建设材料创新基础设施，开发新的集成式计算、实验和数据信息学工具。②材料数据共享平台。③通过选择一些典型先进材料的研发实现目标。“材料基因组计划”旨在推动材料科学家们采用一种开放的平台进行新材料的研发，倡导将相关软件和集成工具的使用贯穿于整个材料研发链，并按最新标准，实现整个材料创新基础数字化信息的整合，并与现有产品设计框架无缝结合，推动材料工程设计向快速化、全面化发展。美国“材料基因组计划”的发布又引发了新一轮的研究热潮，当时便引起了众多国家和研究机构的关注 [1]。有观点认为，“材料基因组 (工程) 是一种新提法，本质上仍为材料计算模拟”[2]。实际上，在 2005~2008 年由英国剑桥大学牵头的“材料网格”项目，其许多理念和思路与“材料基因组计划”类似[3−8]。

自“材料基因组计划”颁布后，美国对加快新材料的研发空前重视。仅以颁布后的第二年 (2012 年内) 为例，美国就密集出台了各种资助计划。2012 年 3 月 15 日，美国矿物、金属和材料学会 (TMS) 发布了由 31 个公司或学术组织签署的“奥兰多材料创新原则”宣言。2012 年 4 月 9 日，美国材料研究学会 (MRS) 举办了春季年会“材料基因组计划论坛”，Ceder 教授应邀作了主题报告。2012 年 5 月 14 日，在美国总统行政办公室发布的“材料基因组计划”进展报告中指出：能源部计划投入 1200 万美元，支持计算工具、实验工具和科学数据；国防部计划投入 1700 万美元，用以支持材料物性预测和优化；美国标准技术研究院计划投入 2000 万美元，用以支持面向先进材料制造业的材料建模模拟。其中，美国能源部的研究项目将主要关注新型、用户友好的软件工具和数据标准，以加强先进材料创新基础设施的建设，同时也强调了可加速新材料发现并揭示其基本物理结构和性质的、经实验论证的建模示范。能源部打算主要资助材料或化学软件创新中心、小团队或单一机构，并且整合现有研究活动以开创跨学科的研究 (Glue Funding)。2012 年 5 月 14~15 日，白宫在华盛顿举行了“材料基因组计划”研讨会，重点讨论了多尺度材料基因数据库的标准、构建、交换以及与使用相关的短期、长期挑战性问题。2012 年 9 月 30 日 ~10 月 5 日，美国国际工程会议 (Engineering Conferences International，ECI) 在美国韦尔 (Vail) 市举办了“利用材料基因组”(harnessing the materials genome) 学术研讨会，探讨如何通过计算和实验的手段加快材料的创新。2012 年 11 月 25 日 ~30 日，美国材料研究学会在其秋季大会上还专门设立了“材料信息学”分会场。在“国情咨文 2012”中，美国总统奥巴马重申了推进高技术研究和制造业的承诺，并指出“不会将风能、太阳能和电池产业拱手相让给中国和德国”，支持材料科学和制造领域的研究、开发和创新是实现上述目标的基础。

美国国家科学基金会 (NSF) 在 2012 年度就资助了 14 项“材料基因组计划”研究项目，总额度达到 1200 万美元。2013 年度美国国家科学基金会还将继续在“材料设计革命和创造我们的未来”(designing materials to revolutionize and engineer our future) 和“计算和数据驱动的材料研究”(computational and data driven materials research) 两个研究方面对“材料基因组计划”进行全力支持。2013 年 12 月 3 日国家标准与技术研究所 (NIST) 宣布将投入 2500 万美元成立新的“先进材料研究卓越中心”。美国白宫科学与技术政策办公室的 Cyrus Wadia 说道：“该中心的成立是响应美国总统奥巴马宣布‘材料基因组计划’后的一个重要里程碑。”

欧盟材料科学与工程专家委员会于 2012 年 6 月向欧洲科学基金会建议启动

“欧洲冶金复兴计划 2012—2022” (metallurgy Europe—a renaissance program for 2012—2022)，计划每年投入上亿欧元。英国工程和自然科学研究委员会 (EPSRC) 在 2013 年发布了“更好地研发材料: 确保英国位居材料科学前沿” (Materially better: Ensuring the UK is at the forefront of material science) 的调研报告。该调研旨在了解清楚英国在材料科学的研究现状及面临的国际国内机会，从而提出利用这些机会的资助办法。该报告明确指出了材料计算和工程正在改变新材料的发现、研发和应用，并强调了英国在材料科学领域面临的来自美国、欧洲和亚洲的挑战，其中专门和多次地提到了中国。该报告倡导在材料领域开展跨学科、跨研究领域的工业界和企业界全方位合作。

而日本文部科学省早在“材料基因组计划”提出前的 2007 年就推出了“元素战略”研究计划，2012 年在美国“材料基因组计划”激励下又推出了“元素战略研究基地”以强化该研究计划，其研究目标就是以电子理论为先导，通过“元素战略计划”找到地球储量稀少元素，特别是卤族元素的有效替代办法，使该国的高技术产业永远摆脱有可能因原材料进口中断而引发的危机。

材料基因工程一语由我国科技部在“十三五”国家重点研发计划中提出。自美国提出材料基因组计划后，中国工程院和中国科学院开展了广泛的咨询和深入的调研，科技部于 2015 年启动了“材料基因工程关键技术与支撑平台”重点专项 (简称“基因工程重点专项”)，开展材料基因工程基础理论、关键技术与装备、验证性示范应用的研究，布局了示范性创新平台的建设。

3.2 基因、材料图谱、分子指纹

材料基因组计划，材料基因工程 (我国也有称作“材料基因组工程”，还有称作“材料基因组学”) 提出已近 10 年，其基于“理论、模拟、数据、实验”紧密融合研发新材料的方法也被大家所接受，但材料是否存在和生物一样的基因仍存在争议，且没有明确的定义。尽管材料基因组计划其核心并不像生物基因组一样，去研究什么是材料的基因和基因组，而是强调一种材料计算、数据库和实验紧密结合的“理论设计在先，实验验证在后”的新材料研发模式，我们只是借用“材料基因组”、“材料基因”等命名了该项计划。但材料是否和生物一样有基因，还是引起了大家的普遍关注和研究兴趣。这些基本概念的不清，从某种程度上间接地影响了材料基因组计划其数字化研发理念和方法的推广。

一种对材料基因最基本的理解是，既然材料由化学元素构成，那么各化学元素就是材料的组成基因，这种理解似乎过于简单。也有人认为材料的“结构–性质”模型才是材料的基因。比如，2011 年，Krishna Rajan 通过 QSPR 模型，建立起了已知晶体结构中与电子结构相关的离散标量描述符和观察到的材料性能之间的关系，找到了决定高温压电钙钛矿关键性能的“结构–性能”表达式，Rajan 教授将此 QSPR 模型表达式称为“无机基因”[9]。

2015 年，AFLOW 材料数据库、美国杜克大学 Curtarolo 教授团队提出了材料指纹 (materials fingerprint) 和材料图谱 (materials cartography) 的概念，认为材料指纹可以对材料的能带、态密度、晶体学特征和组分进行编码。他们对材料图谱的概念采用材料指纹来可视化 [10]。

2020 年 11 月，在绵阳举行的第四届材料基因高层论坛上，香港城市大学 Srolovitz 教授借鉴生物基因组学，提出了材料的“基因型”(genotype) 和“表现型”(phenotype) 概念 [11]。认为基因型主要描述材料基因特征 (如化学组成)，表现型主要描述材料的物理性能，并且提出了化学成分和配比决定了材料的基因型，性能 (物理，结构，……) 决定了材料的“表现型”。

2019 年，国家自然科学基金委员会启动了“功能基元序构的高性能材料基础研究重大研究计划”，提出了以“功能基元”为基本单元，通过空间序构组成具有突破性、颠覆性宏观性能的高性能材料。实际上，这种“功能基元”的概念也可视作一种材料基因。

2021 年 12 月，在郑州举办的第五届材料基因高层论坛上，来自美国 AiMaterials Research LLC 的 Lookman 教授建议：晶体的组成描述可以看作晶体的“无机基因”。他认为，基因组学范式提供一个驱动、探讨信息的基本片段，它们可被视作离散数据位，可以用来表征晶体的稳定性和属性 [12]。

从这些研究来看，大家都认为材料有某种隐含的、不同于生物学的那种显性的“基因”。这种“基因”决定了材料对外呈现的性质。但是这种“基因”如何定义，如何呈现，如何描述，如何获取，又如何决定材料对外呈现的性质等，尚缺乏系统研究和明确的定义。并且基因 (gene)、基因组 (genome)、基因组学 (genomics) 在材料领域也有些被混用，缺乏明确的解释。这些基本概念、基础理论、机理等的不清楚，导致有人对材料基因组理念持怀疑态度，某种程度上也限制了新材料数字化研发的普及和推广。

3.3 材料基因编码 vs. 材料基因

从生物学的角度，基因 (gene) 和基因组 (genome) 是不同的概念。基因是指 DNA 分子的片段或部分，而基因组一般是指 DNA 的所有内容。基因可以编码，而基因组是指 DNA 的主要内容，因此很难编码。基因的编码决定了蛋白质，而蛋白质是决定生物体结构和功能的重要物质。换句话说，基因编码决定了生物体的结构和功能。基因性能的研究，一般称为基因学。而基因组性质的研究，一般称为基因组学。一个生物可含有成百上千的基因，但只含有 1 个基因组 (图 3.1)。

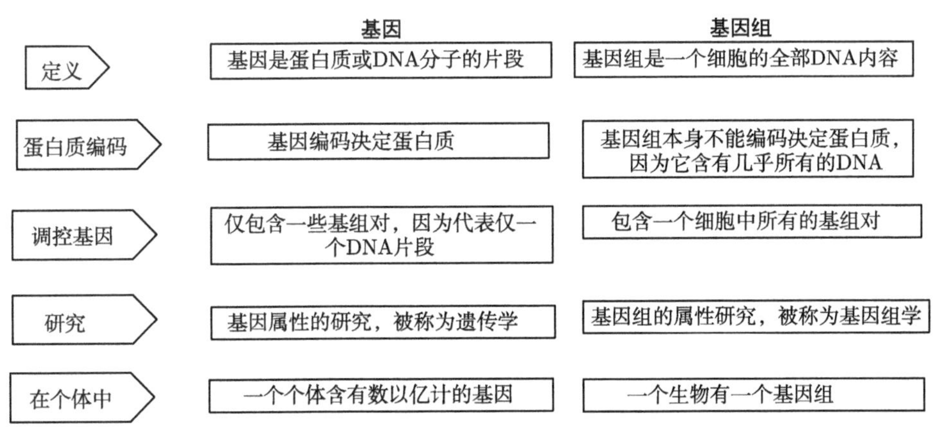

图 3.1　基因、基因组概念对比（https://www.differencebetween.com/difference-between-gene-and-vs-genome/）

我们认为，材料同样具有某种内在“基因”(“基因型”)，且正是这些“基因”编码的不同，使材料对外呈现出不同的性质(“表现型”)。比如，石墨和金刚石均由 C 元素构成，然而却对外呈现出截然不同的性质：一个很软，导电性良好；一个很硬，几乎不导电。借鉴生物学的理念，这是因为其不同的内部“基因编码”(即碳原子排列不同)，决定了其对外呈现出不同性质。

在比较和分析生物基因组学的基础上，结合材料科学特点，我们提出了材料基因编码的概念，使得材料基因工程相关概念和内容更加完善，它的外延包含如下几个部分（图 3.2)：①材料基因编码；②材料基因编码数学表达；③材料智能设计框架；④材料智能设计范式。

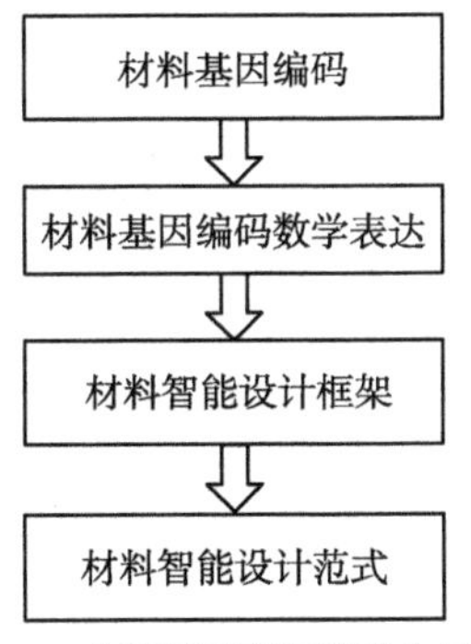

图 3.2　材料基因编码概念的外延

材料基因编码概念的提出，不仅进一步完善和丰富了材料基因组计划，也使得基于 AI 驱动的新材料研发，更有理论依据和可解释性。

3.4 材料基因编码的数学表达

3.4.1 材料基因

材料中原子排列拓扑结构、组分、配比、组织、缺陷、工艺等因素，可以视作材料的“基因”，这些基因的单独呈现，并不能决定材料对外呈现的性能。但是这些“基因”按某种规则进行组合，便可决定材料的性能。换句话说，材料基因的编码可决定材料的性质。比如，拓扑结构一般通过空间群进行描述。同样的组分，同样的配比，由于其不同的原子排列拓扑结构 (不同空间群)，对外呈现出不同的性质。石墨和金刚石所呈现的不同性质，其主要原因便是其不同的碳原子排列拓扑结构。

3.4.2 材料基因编码的数学表达：材料基因编码理想模型

材料基因编码可用如下的数学表达进行描述，我们称之为理想模型。

$Pn = Fn$ (结构、组分、配比、组织、工艺)

从上述理想模型可以看出，某材料的结构、组分、配比、组织、工艺材料基因按某种规则 Fn 进行编码，便可决定材料的某个性能 Pn。其中：

(1) Pn 是材料的某个性质，可以是对外呈现的宏观性质 (如屈服强度、抗拉强度)，也可以是微观属性 (如能隙)。材料基因包括结构、组分、配比、组织、工艺，Fn 就是这些基因按某种规则进行的编码组合。

(2) Fn 是编码规则，可视作决定一个材料性能 Pn 的显性或隐性的函数，或更多时候是一种非线性模型。结构、组分、配比、组织、工艺基因相当于 Fn 的自变量或特征。

(3) 结构、组分、配比在理想模型中是必选项，组织和工艺是可选项。

(4) 材料的第 n 个性能可分别由相对应的第 n 个基因编码 Fn 所决定。

可以看到，如果不选定组织和工艺，上述的材料基因编码理想模型，可以演变为 QSPR 定量构效关系模型，这也进一步证明了材料基因编码理想模型的合理性。QSPR 是使用数学模型建立材料晶体结构与材料性质之间的关系的。其基本的假设是材料的性质 P 是由其晶体结构的组成成分以及组成方式所决定的。注意定量构效关系里的“结构”，是一种对材料“成分、配比、空间拓扑结构”的统称 (不仅仅指空间拓扑结构)，对该“结构”进行编码，可决定材料的性质。

尽管提出了上述理想模型，但是组分、配比、结构、组织、工艺等材料“基因”，内涵不同，表现形式也不同，如何表述它们，如何获取它们，多目标性质是否需要多个基因编码表述等，都需要进一步深入研究。结合机器学习特征工程理念，如何用各种特征或描述符，更好地表达上述不同类别、不同形式的材料基因；有哪些方法和手段可以更好地挖掘出材料基因编码等，都需要我们进一步研究。

3.5　基于材料基因编码的材料智能设计框架

基于材料基因编码的概念，我们提出了基于材料基因编码的材料智能设计框架，如图 3.3 所示。

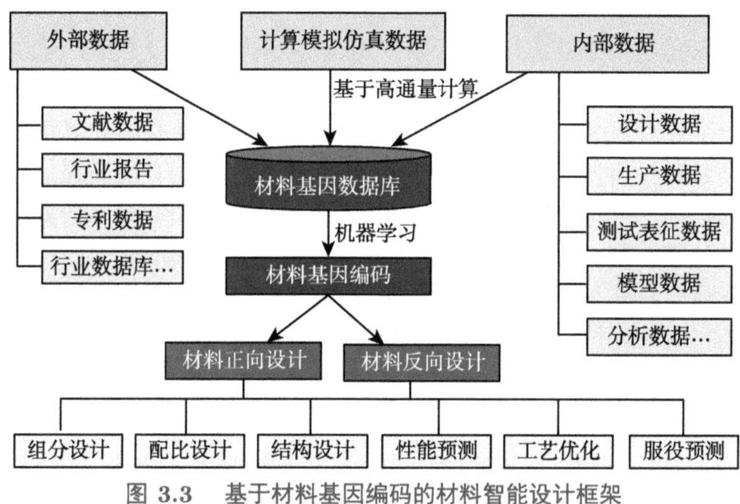

图 3.3　基于材料基因编码的材料智能设计框架

基于材料基因编码的材料智能设计框架，包括如下的概念、方法和模式，如表 3.1 所示。

表 3.1　基于材料基因编码的材料智能设计核心要素

编号	要素	定义
1	材料智能设计	利用数字化手段和方法，开展材料的组分设计、配比设计、结构设计、性能预测、工艺优化及服役预测等
2	基于材料基因编码的智能设计	将 AI、高通量计算筛选、多尺度模拟仿真、材料基因数据库等方法和技术的不同组合和集成式应用，用于寻找和挖掘材料基因编码，从而进行材料正向设计和反向设计的新材料数字化研发技术
3	材料基因数据库	由外部数据、计算模拟仿真数据和内部实验数据构成。其中高通量计算筛选是构建材料基因数据库的重要手段
4	材料基因数据库的构建	企业级材料基因数据库，可基于工业互联网规范进行构建
5	材料基因编码的获取	基于材料基因数据库，利用机器学习进行数据挖掘获取
6	材料基因编码的调控	可开展新材料的正向设计和反向设计

3.6 基于材料基因编码的材料智能设计范式

材料基因编码概念的提出进一步丰富了新材料智能化研发理念，从而也催生出了一种新的材料智能设计范式：构建材料基因数据库，利用人工智能技术挖掘出决定材料目标性质的材料基因编码，通过正向设计和反向设计，进行材料的数字化研发 (包括但不限于组分设计、配比设计、结构设计、性能预测、工艺优化及服役预测等)。

这种有理论依据的新材料智能设计范式，更便于新材料数字化理念和应用的推广。比如，很多用户经常问到“计算和实验得到的值差别很大”等问题，可以从材料基因编码理论中得到答案。从材料基因编码理论可以看到，就新材料研发 (如组分设计、配比设计、结构设计、性能预测、工艺优化及服役预测) 而言，单纯地比较一个计算值和一个实验值，没有太大的意义。从材料计算角度，我们更需要的是高通量材料计算 (而不仅是一个单一的材料计算)。而高通量材料计算筛选所产生的数据，只是材料基因数据库的一个重要来源和补充。计算模拟仿真数据要和企业外部数据、企业内部数据多模态融合，才能形成有效的材料基因数据集，在此基础上通过人工智能方法对材料基因数据进行挖掘，得到材料基因编码，进而指导新材料的理性设计 (如正向设计、反向设计等)。

参考文献

[1] 中国科学院国家图书馆. 先进制造与新材料科学研究动态监测快报. 科学研究动态快报，2012, 8.

[2] 万勇，黄健，冯瑞华，等. 浅析美国材料基因组计划. 新材料产业，2012, 1: 3.

[3] Yang X, Dove M, Bruin R, et al. An e-Science data infrastructure for simulations within Grid computing environment: Methods, approaches and practice. Concurrency and Computation: Practice and Experience, Willey, 2013, 25(3): 385-409.

[4] Yang X, Bruin R, Dove M, et al. A service-oriented framework for running quantum mechanical simulation for material properties in a grid environment. IEEE Transactions on System, Man and Cybernetics, Part C: Applications and Reviews, 2010, 40(4): 485-490.

[5] Yang X, Bruin R, Dove M. Developing an end-to-end scientific workflow: A case study of using a reliable, lightweight, and comprehensive workflow platform in e-Science. IEEE Computing in Science and Engineering, 2010, 12(3): 52-61.

[6] Yang X, Bruin R, Dove M. User-centred design practice for grid-enabled simulation in e-Science. Journal New Generation Computing, 2010, 28(2010): 147-159.

[7] Yang X, Mortimer-Jones T V, Wilson D J, et al. Integration of AJAX into materialsgrid portal for material physical properties query. UK e-Science All Hands on Conference, 2007.

[8] Yang X, Dove M, Bruin R, et al. Building e-Science data infrastructure for quantum mechanical simulation of materials properties in grid environment //UK e-Science All Hands Conference, 2010.

[9] Balachandran P V, Broderick S R, Rajan K. Identifying the'inorganic gene'for high-temperature piezoelectric perovskites through statistical learning. Proc. Math. Phys. Eng., 2011, 467(2132): 2271-2290.

[10] Isayev O, Fourches D, Muratov E N, et al. Materials cartography: Representing and mining material space using structural and electronic fingerprints. Chemistry of Materials, 2015, 27(3): 735-743.

[11] Srolovitz D J. Grain boundary migration and grain growth: A multiscale perspective. Chinese MGI advanced forum, Mianyang, China, 2020.

[12] Lookman T. Information-directed approaches to materials discovery. Chinese MGI Advanced Forum, Zhangzhou, China, 2021.

第 4 章

高通量材料计算与筛选

高通量材料计算与筛选是材料基因组计划的核心内容，也是基于材料基因编码的新材料智能设计范式的重要组成部分。本章将介绍高通量计算、高通量材料计算、高通量材料计算筛选、高通量材料集成计算、高通量材料集成计算总体架构等基本概念、应用案例、难点和挑战。

4.1 高通量计算

要理解高通量材料集成计算首先要明确什么是高通量计算。按照欧盟网格基础设施 (European grid infrastructure, EGI) 的定义, 高通量计算 (high throughput computing) 是“一种专注于高效执行大量松散耦合任务的计算范式”, 它更强调一种计算范式如何有效地执行大量低耦合的任务。最为计算领域所熟悉的高通量计算就是 HTCondor(https://htcondor.com), 它提供了一种高通量计算的范式, 它符合 EGI 所定义的将计算任务在利用网格技术连接起来的计算集群或物理上分散的计算资源上进行。高通量计算的核心强调的是单位时间内计算任务或数据的吞吐量，提供的能供单个计算任务运行的计算资源越多，单位时间内的数据吞吐量就越大。HTCondor 就提供了一种聚合分布式计算资源的技术 (如台式机的聚合)。高通量计算主要有以下几个特点。

(1) 高通量计算不等同于大规模计算 (或海量计算, 或大批量计算等)。高通量计算和大规模计算都具有处理数据量大、超大规模等特点。但高通量计算应该具有计算任务的动态管理、计算任务自动流程实现、计算容错、错误恢复等这些重要特征。在材料计算过程中，经常会出现因产生的构型文件不合理导致计算错误，计算参数不合理导致能量不收敛，IO 操作错误等问题, 因此自动流程，高可用的容错、纠错机制是高通量计算必不可少的特征，以确保单位时间内的计算吞吐。

(2) 高通量计算不等于高性能计算。高性能计算主要应用于海量数据处理、大规模仿真、大容量信息等领域，主要特征是计算速度快，而高通量计算对速度的要求没有这么苛刻，主要要求是计算任务多，能够在较短的时间内处理大规模的作业量。材料计算的特点主要是“高通量”：要求一次性尽可能多地提交 N 个作业的计算，即“算得多”。而高性能计算主要是要求计算速度快，“算得快”，追求 Linpack 性能指数，缩短问题的求解时间。

(3) 高通量计算更强调的是数据的并发式流式处理，强调数据处理的效率，因而更适用于人工智能时代的大数据处理，数据流是其典型特点之一。“流过即计算”，以减少数据的反复存储带来效率和能耗上的损失。而高性能计算更强调通过算法优化和智能计算，加快科学问题求解速度。

我们可将高通量计算的实现方式分为 3 种模式，即资源聚合模式、硬件模式和软件模式。不同的模式关注的角度不同。

(1) 资源聚合模式。通过资源聚合模式实现高通量计算的典型方式就是 HTCondor。早在 1988 年，美国威斯康星大学就通过“Condor”技术 (2012 年改为 HTCondor)，将分散的台式机计算资源建成计算资源池，在台式机空闲的时候 (如晚上)，通过资源池的调度将该台式机用于处理部分计算任务。而这一切的实现是通过 HTCondor 软件将异地的计算机“连接”形成计算资源池，从而实现计算资源的聚合，为高通量计算提供完整的计算资源池。资源聚合模式的高通量计算更强调的是已有分散的单个物理计算资源的聚合。

(2) 硬件模式。通过硬件模式实现高通量计算的典型是中国科学院计算所研制的高通量计算机。他们认为高通量计算的计算机体系结构应该由“速度导向”转向“通量导向”，确保在资源高利用率的情况下实现处理量的高吞吐和低延时。因此提出了 Godson-T 众核处理器体系结构 [1]。相比于传统多核处理器，Godson-T 采用众核架构提供并发处理能力，并在片上网络、片上存储、同步模型和通信机制上进行了改进，实现了任务的高吞吐和低延时。

(3) 软件模式。通过软件模式实现高通量计算，从广义的视角来看 MapReduce、Hadoop、Spark 等大数据分步式处理技术都可属于高通量计算的范畴。以 MapReduce 为例，通过 Map 和 Reduce 抽象出来的编程模型，可在几十台及上百台个人计算机 (PC) 组成的集群上并发地分布式地处理大量的数据，将分布、并发、故障恢复等特征隐藏起来。因此复杂的数据处理可以分解为由多个作业 (job) 组成的流程 (如有向无环图 DAG)，在计算集群上完成。上述这些技术其核心在于强调大数据分布式处理。

从软件模型的角度来看，高通量计算一般会有如下两种模式：基于数据的通量和基于处理的通量。如果我们将大数据看成是数据集的集合 (数据集矩阵)，将这些不同的数据集按顺序分别流经同一处理 (这些处理往往不是一个单一算法，而是由不同算法或模型组成的有向无环图)，经统一算法求解，然后比较这些数据集经过统一算法模型处理后的结果，从而对数据集进行排序或筛选 (如材料和生物的高通量筛选)，这类情形一般属于数据的通量。如果同一数据集同时流经不同的处理，从而对同时流经的不同处理得到的结果进行分析，筛选出最优处理 (如机器学习中采用不同算法进行回归模型的训练)，这类情形则属于基于处理的通量。

通过上述分析可以看到，无论属于哪种通量模式，高通量计算的软件模型应

该有如下特点 (图 4.1)。

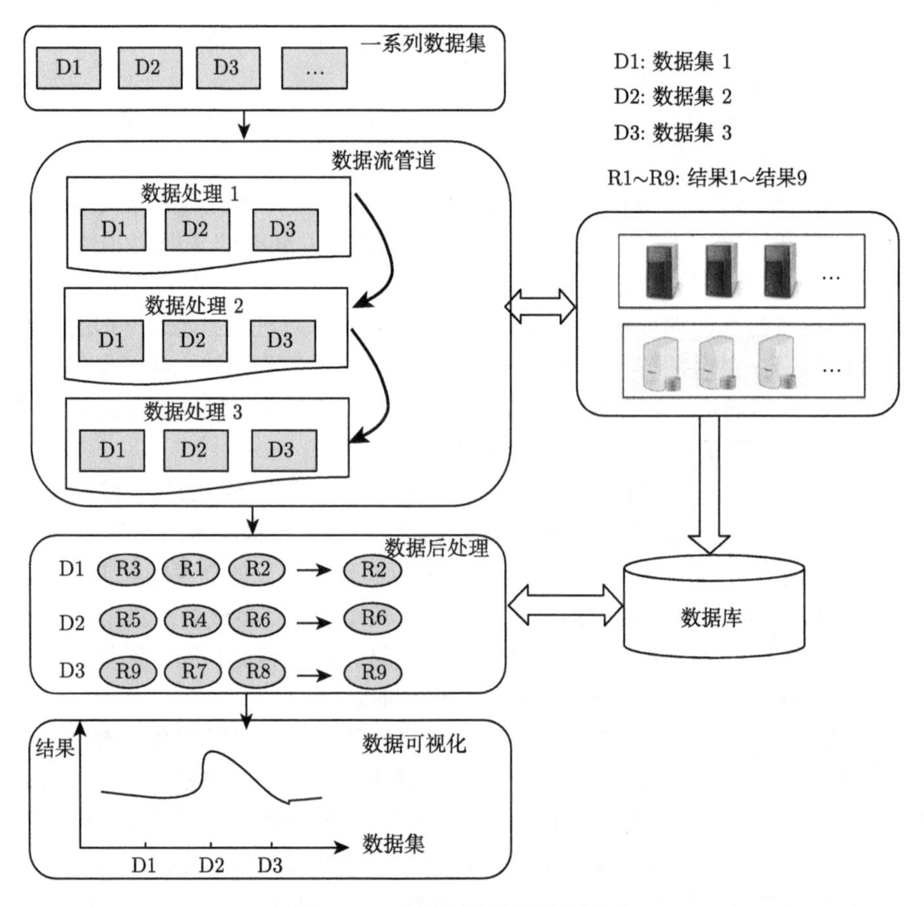

图 4.1 高通量计算的软件模式

(1) 高并发。无论是不同的数据集流经同一处理或同一数据集流经不同处理均呈现一种“并发”的特征。

(2) 数据流。不同的数据集流经同一处理，往往是按顺序分别流经同一处理，呈现“串行”特征。而同一数据集流经不同处理，往往是同时流经不同处理，呈现“并行”特征。而“串行”和“并行”特征均具有一种“流式”的特点，均可以工作流的方式实现。

(3) 排序和筛选。不同的数据集流经同一处理，往往是每个数据集中的数据流经那个处理，因此数据集中的数据被处理完毕得到结果后，需要对其结果进行排序处理，按指定的阈值筛选出前 N 个目标结果。而同一数据集流经不同处理，也需要对其结果进行排序处理筛选出前 N 个目标结果。

(4) 可视化呈现。通量由多个元素组成。高通量计算的目的是要比较通量中每个元素的处理目标值，从而帮助评价和筛选。因此，高通量计算结果的可视化呈现，需要得到不同数据集或不同模型与筛选出的前 N 个目标结果的关系图谱，从而帮助高通量计算的评价。一般高通量计算的可视化呈现，可以散点图的形式呈现。

(5) 高通量计算的评价指标。高性能计算的评价指标，国际上往往是以 Linpack 指数来表示。Linpack 指数按每秒浮点运算次数 (flops) 来表示。而高通量计算的指标从软件模式角度，似乎可从最终得到可视化呈现所需的时间来衡量。然而，数据集的复杂程度、处理的复杂程度、处理资源的多少等均能影响可视化呈现所需的时间。硬件模式的高通量计算机可以比较容易地从硬件角度提出一些评判指标 (如吞吐率、资源利用率、延迟)。软件模式的高通量计算评判指标可分为两种：对于基于数据的通量，我们可采用系统吞吐量作为评判指标，而对于基于处理的通量，我们可采用并发数、吞吐量等作为评判指标。

4.2　高通量材料计算

“元素每增加 1 种，成分组合增加 10 倍”。材料设计的特点决定了高通量计算是辅助材料设计的一种有效手段。高通量计算方法用于新材料研究，我们称之为高通量材料计算。

4.2.1　高通量材料计算的特点

高通量材料计算，从材料计算或量化计算的“建模-计算-结果处理”这个三个核心维度来看，往往呈现如下几个核心特征。

(1) 高通量结构建模。高通量结构建模是高通量材料计算的前提。结构建模指的是，根据结构信息 (如组分、配比、对称性等) 构建材料结构的过程。结构建模可分为晶体建模、分子建模、高分子建模等。高通量结构建模指通过一定的方法或手段，生成大量晶体结构、分子结构或聚合物结构的建模方式。注意通过高通量结构建模生成的结构中，往往含有大量的等价结构，需要将这些等价结构去除，以减少后续的重复计算。材料高通量结构建模主要包括枚举建模、元素替代、SQS 准随机建模等，其模式包括掺杂、表面切割、表面吸附、界面等。以对 Ti-Al 合金掺 V(钒) 为例，掺入不同浓度的钒都会生成不同的结构。

一般来说，高通量建模生成的结构大多是“同构”(homogeneous) 结构。“同构”是指含有大量材料结构的样本空间中，每个样本含有全部或部分相同的元素、结构原型或单元等。“异构”是指结构样本空间中每个样本均含有不同的元素、结构原型或单元。“异构”结构样本空间一般不通过高通量建模生成，而是用户自己提供。

(2) 高通量作业生成。高通量作业生成是指基于上述高通量结构建模生成的大量结构，生成相对应的大量计算作业的过程。高通量作业的生成往往与计算模拟代码紧密关联，如第一性原理计算程序包 VASP、CP2K，分子动力学程序包 LAMMPS 等。因此高通量作业生成需要熟悉不同计算模拟代码的输入格式。

(3) 材料物性随浓度、成分或结构等的变化统计。高通量材料计算一般需要观察某材料物性随浓度、成分或结构的变化情况。如以密排立方的 Ti-Al 合金为基体，掺入不同浓度的钒为例，其生成的结构都是 Ti-Al-V“同构”结构，变化的是钒的浓度，这时我们需要观察杨氏模量值随不同钒浓度变化的情况，从而确定最优的浓度。在这种情况下，高通量材料计算的结果往往要求生成材料物性随浓度变化的曲线。同样，如果我们需要观察材料物性随成分或随结构的变化情况，需要生成材料物性随成分或材料结构的变化曲线。

高通量材料计算从计算机角度，往往呈现如下的一些特点。

(1) 结构多、作业多、数据多。高通量材料计算涉及产生大量的结构，因而呈现出材料结构多、生成作业多以及数据多的特点。

(2) 存储多、机时多、带宽多。高通量材料计算涉及产生大量的材料结构，因而在计算过程中呈现出占用存储空间多、计算机时多以及消耗带宽多的特点。

(3) 高吞吐、并发式、平行计算。高通量材料计算涉及产生大量的结构，因而在计算过程中，呈现出高吞吐、并发式、平行计算的特点。高吞吐可简单理解为单位时间内所能处理的作业数。并发式一般指多个作业同时开展计算。平行计算主要指多个作业在开展计算时，互相平行、独立运行，各作业之间一般不存在数据交换 (注：这里的平行作业，有别于并行计算的 MPI 作业)。

(4) 调整、纠错、续算。高通量材料计算由于涉及产生大量的结构，计算过程 (求解过程) 中的出错是不可避免的。出错的原因可以是多种，比如结构不合理、内存溢出、计算参数不合理等，因此高通量材料计算应该具备自动调整、纠错以及续算的特点。自动调整是指自动调整计算参数 (如计算精度) 以使高通量计算能够继续进行。自动纠错是指自动重新开始计算以纠正本次计算发生的错误 (如网络故障)。续算是指高通量材料计算应该具备断点续算的能力。

4.2.2 高通量材料计算的分类

我们可将高通量材料计算分为如下 4 类。

(1) 多结构类/多通道类 (即多个晶体/分子结构在多个计算通道间的平行计算，也可称为多通道类)；

(2) 多任务类 (即不同性质计算，每种性质的计算可被看成一个任务)；

(3) 多参数类 (即同一个结构，同一个性质，多种计算参数的组合)；

(4) 复合型。

多结构/多通道高通量计算是指一次作业提交可以从多个计算通道开展多个晶体/分子结构的平行计算，这里的通道可以理解为计算的线程。多任务高通量计算指围绕一个晶体/分子结构或多个晶体/分子结构开展多个性质的计算，假如一次作业提交有 $N1$ 个结构、$N2$ 个性质的计算，那么实际上要计算的作业个数为 $N1 \times N2$。多参数高通量计算是指对同一个晶体/分子结构、同一个性质但不同参数组合的计算。例如，针对一个结构，一次作业提交可以计算不同赝势类型的该结构总能量，这种情况下计算作业的个数为设置的赝势类型数。复合型高通量计算可以看作多通道、多任务及多参数高通量计算的叠加或组合。

4.2.3　高通量材料计算的用途

高通量材料计算的用途可概括地分为两类：快速构建材料物性数据库和高通量计算筛选。

(1) 快速构建材料物性数据库。快速构建材料物性数据库是指通过高通量材料计算，开展不同材料结构的计算，提取关键物性数据，存入数据库，从而形成材料物性数据库的过程。快速构建材料物性数据库可针对“同构”结构样本空间，也可针对“异构”结构样本空间。

(2) 高通量计算筛选。高通量计算筛选也称为高通量虚拟筛选 (high-throughput virtual screening)，即针对结构样本空间的高通量计算结果，按指定的结果阈值，从样本空间中筛选出满足给定结果阈值的结构。不同级别的筛选可以形成一个筛选漏斗。高通量计算筛选主要针对“同构”的材料结构情形。同样以面心立方 Ti-Al 合金掺 V(钒) 为例，掺入不同浓度的钒分别计算其杨氏模量并进行筛选，都是典型针对“同构”结构的高通量计算筛选。计算对象是 Ti-Al-V 合金，变化的是不同的浓度。实际上，针对面心立方 Ti-Al 基体掺入不同浓度的不同过渡金属元素也是一种广义上的“同构”结构 (“准同构”结构)。

4.3　高通量材料计算筛选

4.3.1　高通量筛选

高通量材料计算的一个核心用途就是高通量计算筛选。高通量计算筛选来源于高通量筛选 (high throughput screening, HTS)。高通量筛选一般用于药物设计较多。“高通量筛选是使用自动化设备快速测试数千到数百万个样本，以在模型有机体、细胞、通路或分子水平上进行生物活性测试 [2]”。“高通量筛选常用于制药和生物技术公司，用于识别具有药理学或生物活性的化合物 (称为“命中”, hit)。它是一种简单、快速和廉价的解决方案，可以使用数千个小分子对大型库进行筛选，从而简化药物发现过程”。“高通量筛选是一种广泛使用的方法，用于发现传统目标中的命中。它能够对 $10^3 \sim 10^6$ 已知结构的小分子进行并行筛选”[3]。高通量筛选在过去三十年中引起了人们的关注，并在不同的研究领域得到了发展。制药公司主要采用高通量筛选技术与组合化学概念结合，以改进药物发现过程[4]。

定量高通量筛选 (quantitative high throughput screening, qHTS) 是高通量筛选的一种特殊方法。它是一种使用 HTS 平台在多个浓度下测试化合物的方法。在筛选完成后，每个化合物的浓度响应曲线会立即生成。最近，qHTS 在毒理学中越来越流行，因为它更充分地描述化学品的生物效应，并降低假阳性和假阴性率[2]。

4.3.2 高通量计算筛选

高通量计算筛选是指对大量的晶体或分子，通过理论计算进行筛选的一种模式，也称高通量虚拟筛选[5]。高通量计算筛选一般有如下 3 个准则。

(1) 时间准则。从大量的化学空间 (chemical space) 或搜索空间中，要在尽量短的时间内，找出“命中”。时间是一个很重要的考虑因素。

(2) 自动化流程。人工进行高通量筛选不仅极具挑战性，而且也几乎不可能。高通量计算筛选涉及大量数据的生成、存储和查询，需要一定程度的自动化才能有效。尤其是越来越多地使用结构组合技术来生成候选数据库，这使得创建数百万种候选分子的候选库成为可能，也使得采用人工筛选的方式变得更不可能。

(3) 计算漏斗。通常情况下，对于所有候选结构进行大规模计算太过昂贵，因此一般采用计算漏斗的方式进行筛选。漏斗的每一层都代表一个有明确误差界限的计算，在每一层中，根据误差界限定义选择标准，不符合的结构将被排除。由于每一级的计算强度逐渐增加，只有最可能的结构采用最昂贵的方法进行计算，而每往下一级都会提供关于结构的更多信息。

综上，我们看到高通量材料计算筛选的核心可以总结为 3 点：

(1) 如何生成可供筛选的搜索空间；

(2) 如何进行高通量计算筛选的理论计算；

(3) 筛选漏斗各层级间的协同工作。

4.3.3 高通量计算筛选的结构候选空间

高通量计算筛选的结构候选空间概念尤为重要，主要指可供筛选的样本空间。在化学、有机分子、药物等的高通量计算筛选领域，结构候选空间就是化学空间。但是在材料的高通量计算筛选领域，还没有一个正式的名称。通过对文献的调研，我们认为在材料领域的供高通量计算筛选的样本空间，称作结构候选空间 (candidates space) 或成分结构组合候选空间更为合适。

化学空间从一开始就决定了可能结果的边界。当不知道什么类型的结构可以解决特定的问题时，可供搜索的化学空间的生成就特别重要。在化学空间中，进行系统的探索特别困难，主要是目前缺乏任何预定的量级来勘查化学空间，使我们可以建立一个搜索网格或更复杂的搜索模式。这里我们可以借鉴药物的高通量筛选，通常是探索已知的化学空间以获得新的应用，而不是试图从头开始创建搜索库，或者至少从一个已知的分子结构开始进行变异，因为有这样的格言："发现新药最富有成效的基础是从一个旧药开始"。这主要是因为开发新药的巨大成本，后期失败的高成本，以及在不太成熟的有机分子筛选领域，结构–生物活性关系通常比结构–性能关系要模糊得多。

高通量筛选如何避免通过明确枚举的方法生成化学空间，是目前的一个研究热点。如优化电势以使化学空间的崎岖区域更加平坦、衍生品的随机生成、递归子结构搜索或对感兴趣的起始分子进行变异等。然而，更多的时候高通量筛选依靠的还是明确的枚举库。在多样化的类药分子需求引导下，近年来产生了许多计算机生成化学空间的例子，主要是对具有潜在生物活性的化合物开展高通量计算筛选 [5]。

化学空间的生成，是指按照指定的规则，依据组合的思路，生成给定分子或晶体片段的部分或所有可能的组合 [5]。这些片段和规则可参照实验上可行的组合合成方案，或只是按任意组合方式生成可供程序遍历的化学空间，与实验合成没有直接的联系。化学空间的大小也是一个重要因素。空间的大小可通过连接的两个片段的最大尺寸来估计。在具有变化步长的情况下，筛选循环的终止点可以设定在给定的循环次数、最大原子数、最大电子数或最大分子质量等上面。

生成化学空间的另一个挑战是，如何将上述的这些软要求和约束体现在化学空间的生成算法里，尽量避免生成那些实验合成不可能实现的分子结构，减少计算筛选时间和资源的消耗。生成化学空间要充分利用领域知识 (如化学直觉)，使得生成的化学空间能最大限度满足新发现需求的同时，也能满足实际化学合成的需求。例如，O'Boyle 等在寻找有机光伏材料的过程中，利用基于合成可及性的约束条件，将一个组合从潜在的 8 亿个组合减少到仅有 6 万个组合 [6,7]。

将这些软约束编码变"硬"的算法也是有代价的，因为只有库中的东西才能被筛选，所以可能会导致将那些更难制造但可能是重大发现的分子排除在外。一个办法就是不管该结构是否可合成，也将该结构作为可供评估和考虑的候选结构。

计算筛选的效率也可以通过优化生成化学空间的代码来提高，比如，禁止和过滤掉在分子化学空间生成过程中可能会出现的携带某些官能团的分子、在应用层面上可能不稳定的分子或者明显不符合目标性质的分子等。

4.3.4 生成化学空间的案例

以下通过 Pyzer Knapp[5] 等在其专著中的 3 个有机分子筛选案例，说明如何生成化学空间，进行高通量筛选。

1. 有机光伏电池的高通量计算筛选

鉴于人类对能源日益增长的渴望和传统不可再生能源的明显缺点，开发收集太阳能材料已经成为高通量虚拟筛选的目标之一。清洁能源项目 (cleaning energy project, CEP) 是一项旨在发现下一代塑料太阳能电池材料的工作。到目前为止，已经产生了 300 多万个分子，总共进行了 3 亿次 DFT 计算，以确定低成本、高效率的有机光伏材料。

CEP 库中的所有分子都是从最初选择的 26 个片段中生长出来的。这个初始库主要源自于实验人员的化学直觉。他们的专业知识不仅体现在选择片段，而且还体现在定义片段的连接位置。他们主要采用了“连接”和“融合”两种片段组合策略。“连接” (linking) 组合策略是指在会进行反应的两个片段之间建立一个单一的共价键 (图 4.2A)。“融合” (fusion) 策略主要用于两个片段都包含环时，这时反应会产生一个最终的分子，两个初始片段共享一个共价键的融合环会被创建 (图 4.2B)。值得注意的是，这第二个过程要求失去两个碳原子，所以它与实际化学过程没有任何联系，是一个纯粹的计算构建体现。该初始库的截止点就是生成的数量，分子一直到四聚体 (四个原始片段的组合)，要筛选的分子总数超过 300 万。

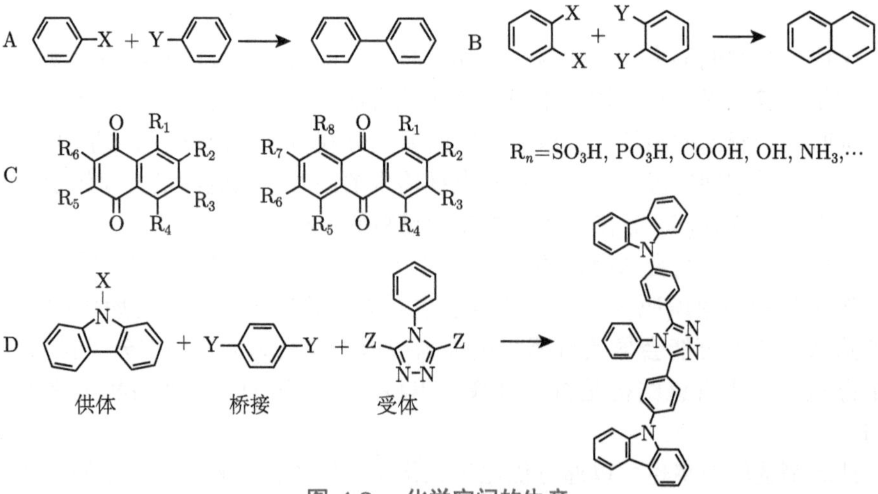

图 4.2 化学空间的生产

A 为连接方式；B 为融合方式；C 枚举了有机液流电池项目中要考虑的不同取代位置；D 表示供体、桥接和受体分子组合在一起，形成一种潜在的蓝色 OLED 材料

2. 有机液流电池的高通量计算筛选

该案例以有机液流电池 (organic-based flow battery) 为例，来说明化学空间的生成。与传统的不可再生能源相比，太阳能或风能等可再生能源的产出更不可预测，因此，向更绿色的能源转变需要发展能源储存，以补偿能源生产中的高低起伏。液流电池是一种有希望的储能技术，Aziz 等提出在液流电池中使用一种蒽醌衍生物 (anthraquinone derivatives) 作为电解质来大量储存电能。有机氧化还原物的使用为可持续的电解质来源打开了大门。蒽醌氧化还原分子的筛选可通过以多个醌为主体的 R 基团枚举组合实现。

该项目中分子生成的目标是通过 R 基团的枚举来实现完整的取代模式。从一开始就设定了分子框架 (苯并芘、萘并芘和蒽醌)，并探索了每个官能团的一个或多个实例的全部替代组合空间。这些取代模式可应用于几个 R 基团，包括磺酸盐、羟基和磷酸盐。对这些侧基而言，其要关注的性质是它们的得失电子能力和极性，这些可通过调控这些材料的两个关键化学属性来实现：氧化还原电势和溶解度。

前述的“连接”程序可用来生成主体和 R 基团的所有可能组合。一个完整的 R 基团枚举的库可以非常大，因为它们随着位置的增加而呈阶乘式增长。对于一个给定的环骨架，所有可能的 1,2，2,3 和 1,4 醌都是可能的，在每一种情况下，醌环中剩下的每个碳原子都可以承担一个功能团 (图 4.2C)。需要考虑的一个关键问题是，在一个给定的分子中要结合多少个不同的 R 基团。对于一个有 8 个可用 C—H 位置和一个 R 基团的醌来说，可能的分子数量 (不包括对称性) 是 8!。如果加入第二个 R 基团，则为 8!×7!，再加上第三个，则为 8!×7!×6!。即使是少量的不同 R 基团，这个数字也会变成天文数字。对于一个给定分子中不同基团的最大数量必须选择一个非常早期的截断值 (cut-off)。在有机液流电池项目中，这个数字被限制为 2。

终止策略可以不用选择，因为最大尺寸是由主体和取代基的尺寸决定的。在第一个库中，探索的取代模式是单体氧化醌被 14 个 R 基团单独或完全地取代。此后又扩大到含有两个 C═O 基团的苯醌、萘醌和蒽醌，以及含有单个 R 基团的任何实例的取代模式 (共有 3037 个独特的取代模式)。

3. 蓝色有机发光材料的高通量计算筛选

热辅助延迟荧光 (thermally-assisted delayed fluorescence, TADF) 的最新发展为有机发光二极管 (organic light-emitting diode, OLED) 的新类别发现打开了大门。这些新型分子在其最低的单子态和三重态之间表现出足够低的分裂，以至于可以从暗三重态中有效地进行热再填充 (thermal re-population) 发光单子。低分裂激发对应于电荷转移状态，因此基本的 TADF OLED 必须包括电子供体和电子受体分子，以及一些打破 π 共轭的连接体。

TADF 分子必须满足一个非常具体的供体–受体结构。因此最好将尽可能多的化学知识编码到化学空间的生成过程中，以避免将宝贵的筛选时间花在必然是贫瘠的化学空间区域。可以想象这样一个场景：片段组合没有任何限制，只有事后分析才能得出所需的组合，这样的效率是很低的。

该项目的片段选择用了三种连续的策略。首先，选择在 OLED 文献中出现过的片段。第二个策略，选择了一组与 OLED 文献无关的新片段，经过筛选以剔除不太可能的候选片段 (在这种情况下，根据 HOMO 和 LUMO 的位置和光学特性进行筛选)。此外，为了促进最终分子的合成，每个片段的合成可能性也在文献中得到了确认。第三个也是最后一个策略，主要是通过随机生成片段，创建带有不同数量氮、氧和硫的一环、二环和三环杂环，并对电子特性进行预筛选。这是一个大风险大回报的方案，其中研究了之前没有被探索或者合成的全新片段。

组合策略还是基于“连接”策略。为了实现供体-(桥)-受体策略，供体分子和受体分子的候选空间首先被扩大，以对称的方式将它们各自与桥片段组合在一起 (图 4.2D)。这种考虑对称性的桥接对于增加分子的合成可能性也至关重要，并且能限制组合空间大小，从而将筛选的计算成本降低几个数量级。在最后一步，供体和受体部分被相互结合。一个最大的分子量被用来限制最终生成的分子数量大小。

4.3.5 生成化学空间的其他注意点

除了使用对称性生成有效的化学空间，一般还需尽量确保筛选出来的化合物能够合成。此外，还有其他方法可以改进生成化学空间的算法或过程，比如禁止建立某些可能非常困难或不可能存在的共价键。同样，如果知道最终产品的物理加工过程 (如蒸发)，可排除具有某些限制性物理性能 (如分子量) 的分子。一旦选择了片段和它们结合的方式，实际上就把自己限制在分子空间的一个非常小的区域，该区域之外的任何分子都不会被筛选出来。因此，在生成化学空间时，需要综合考虑分子空间大小和计算成本。可以增加一个反馈机制，当关于化学空间的新信息出现时，可考虑采用新的片段或组合策略重新生成化学空间。

化学空间的生成算法一般可分为两类: 基于物理驱动的生成和基于规则的生成。最可靠的全局搜索方法是采用基于物理驱动的生成方式，但运行速度很慢。一般来说，基于规则的构象生成要比基于物理驱动的生成快得多。速度提高的代价是，它们只适用于与开发它们所依据的规则相似的分子。比如有机液流电池的高通量计算筛选项目中，Aziz 等搜索的分子都是相似的，因此确定基于规则的搜索是可以接受的，并通过使用 Dreiding 力场进行能量最小化来改进起始几何形状，然后从这些分子中选择低能量的分子，再使用密度泛函理论 (GGA/PBE) 重新进行能量最小化，实现了速度和准确性之间的良好折中。

4.3.6　高通量计算筛选的理论计算

选择用于高通量计算筛选的模拟工具时，必须以明确的物理和化学特性目标为指导。换句话说，什么是优化参数？什么是约束条件？为了回答这个问题，需要进一步搞清楚目标材料的物理特性问题。例如，在什么条件下要求材料保持稳定，加工条件是否会对分子量或溶解度产生限制，以及什么特性会与廉价和安全的材料有关？目标特性在热力学或动力学上是否有限制？与工业界的合作有助于确定正确的制约因素，合成或加工方面的考虑在学术界和工业界的实验室环境中可能有很大不同。对这些问题的回答可帮助我们明确要筛选的物性清单。例如，对电池电解质溶剂的筛选可能侧重于所需的电化学稳定性窗口、熔点、沸点、黏度、介电常量、锂离子传导率和电子传导率范围等。在这些特性中，只有那些可以用适当廉价计算来估计的特性可以被选作最初的筛选标准。在有机材料领域，这通常意味着只有单分子特性可以被计算，而溶剂或固态效应，必须通过经验模型来估计。在电解质的例子中，电化学稳定性窗口是量子化学计算较容易的目标属性。对一些相关化合物的研究往往能指导人们选择什么方法在不同层次的阶段性筛选中较为合适。

用于高通量计算筛选的方法可广义地分为如下几类：量子力学方法 (半经验法、密度泛函理论或波函数理论)、基于经典力场的方法和数据驱动范式 (包括定量结构特性关系、遗传算法和机器学习方法)。就高通量计算筛选而言，计算成本极大地限制可采用的计算技术。实际上，在筛选中，我们只对候选结构的排名感兴趣，至于这些候选结构在计算和实验结果间的系统性差异不需要担心，只要高通量计算筛选不会引入太大的误差以至于我们无法正确识别前一百名左右的候选结构。

有机液流电池的高通量筛选项目也进一步证明了高通量虚拟筛选可以补充实验研究，提高在化学空间内优化分子的效率。然而高通量计算筛选始终有一个计算成本和准确性的矛盾。在 Material Project 项目中，高通量计算采用了 PAW 赝势和广义梯度近似 (GGA)。GGA 能够在计算速度和准确性之间做一个很好的妥协。为了补偿模型中由于电子自洽作用的能量造成的已知误差，计算采用了 DFT+U[9]。Ceder 等指出，使用杂化泛函也是为了减小自洽作用能量项的影响。但是也有观点认为，DFT+U 框架太昂贵，不适合用于高通量筛选 [10]。

哈佛大学的 CEP 清洁能源项目采用了一系列的泛函计算分子的物性，并研究了泛函的选择如何影响计算精度。其采用的方法主要就是几何优化，以及基于几何优化后的构型开展单点能计算。高通量几何优化后，他们采用的是 BP86 泛函进行单点能的计算。对于太阳能电池的性能，电子结构本身不是他们感兴趣的属性，电子结构如何与光子作用才是他们关注的。他们采用了功率转换效率 (power conversion efficiency, PCE) 作为计算/筛选的指标。而功率转换效率的计算采用了 Scharber 模型。Scharber 模型是 Shockley-Queisser 模型的一个专门版本，并且基于最高被占分子轨道 (HOMO) 和最低未被占分子轨道 (LUMO) 的能量，而且 HOMO 和 LUMO 很容易通过计算获取。

4.4 高通量材料集成计算

如前所述，高通量材料计算往往产生大量的文件和数据，如何实现计算与数据更好地融合？结构材料的数字化研发，单一尺度的材料计算往往是不够的，如何将高通量材料计算与多尺度计算模拟更好地融合？理论计算如何与实验更好地结合？为了更好地将高通量材料计算快速、高效、低成本地用于新材料数字化研发，杨小渝在 2016 年提出了高通量材料集成计算的理念 [12]。

高通量材料集成计算 (integrated high-throughput materials simulation)，从计算科学的角度，应该具有大规模计算任务的自动流程实现、容错和纠错机制、计算和数据的有效集成、多任务、多通道、高并发等计算特点，这些关键字可用来从计算的角度理解高通量材料计算。而从材料科学的角度，高通量材料集成计算的实质就是探讨如何将组合化学中的“构建单元”和“高通量筛选”理念用于材料计算模拟，通过材料计算寻找、筛选、替代或优化材料组成的基本构建单元，从而“构建”新的化合物，并计算其相关物性，同时结合材料信息学相关技术将数据、代码和材料计算软件进行集成，通过数据挖掘尽可能建立起材料组分、结构和性能的定量关系模型用于指导新材料设计。一些用于帮助新材料发现的方法和手段，如结构筛选、元素替代、性能与成分优化等，均涉及多通道、多任务、高并发的材料计算模拟。“集成”还特别强调计算与数据的集成，材料计算与实验通过数据的集成，不同尺度计算的集成等。一些用于帮助新材料理论发现的方法和手段，如结构筛选、元素替代、性能与成分优化等，均涉及高通量材料集成计算 [12]。高通量材料集成计算亟待解决的关键技术问题我们介绍如下。

4.4.1 如何有效地与高性能计算集成

如前所述的高通量材料计算的特点：“结构多、作业多、数据多”，“存储多、机时多、带宽多”以及“高吞吐、并发式、平行计算”，高通量材料计算最好是在高性能计算机上进行。高通量材料计算更追求的是单位时间内算的作业多，其次是快。材料计算往往涉及作业、节点、核等概念，这些都与高性能计算相关。因此高通量材料集成计算首先要解决的是高通量材料计算如何与高性能计算集成的问题。

高性能计算 (high performance computing) 可被定义为“通过聚合计算力，以提供比台式机或工作站更高的性能，以解决科学、工程和商业中的重大问题”。目前实现高性能计算常是通过集群计算 (cluster computing) 的方式。集群计算是指多个通过网络连接的计算机，它们的运行就如同单个实体。每一个连接到网络上的计算机被称为节点 (node)，每个节点都有处理器或核 (core)。客户运行在节点上的程序被称为作业 (job)。集群计算通过更快的计算速度和增强的数据完整性来提供复杂问题的解决方案。这些互联的计算机执行操作就和单个计算机一样。计算集群一般呈现出如下的特点：① 所有互联的计算机都是同一类型的机器；②通过专用网络紧密互联；③所有计算机都共享一个家目录 (home directory)。

上述的计算集群只是提供了开展材料高性能计算的硬件环境，计算节点、核、计算作业等的调度和管理，必须通过集群作业管理系统进行，如同台式机必须要有 Window 或 Linux 才能运行一样。目前常见的集群作业管理系统包括：LSF、SLURM、PBS 等。

4.4.2　如何有效地与材料数据分析集成

这里的材料数据分析涉及 3 个主要层面：构建数据库、数据分析和机器学习。高通量材料计算是针对大量的候选结构 (如化学空间)，通过高性能计算的方式开展大规模计算，生成大量的计算结果文件。如何快速、有效地后处理 (post-processing)，从计算结果文件中提取出关键的材料物理化学性质，形成材料物理化学性质数据库，是高通量材料集成计算需要解决的一个关键问题。这里的材料计算数据库包括结构数据库和物性数据库。尤其是给定的初始结构，按照给定规则生成的大量候选结构，如何存储，使它们与相应的物理化学性质关联，便于数据分析和机器学习，也是一个值得探讨的问题。针对高通量计算结果，也最好能用高通量模式开展数据分析，建议和确定能用于定向合成的最佳候选物，揭示出复杂的“QSAR/QSPR”模型所隐藏的机理，帮助实现候选物的合理化。更重要的是，通过高通量数据分析为未来的实验创造新的洞察力，在有效形成的数据库中，如何有效地分析，建立起相关关联关系 (如应力-应变曲线、浓度响应曲线)?如何高效地开展机器学习，建立起材料“定量结构性质模型”?

由于高通量筛选中产生的数据规模巨大，使用传统的数据分析技术将给筛选程序带来很大的瓶颈。由于要探索的化学空间巨大，我们在存储、总结和解释如此大量的高通量数据时，面临的需求会呈指数级增长 [5]。第一，高通量计算数据越来越呈现出海量、高维、复杂、嘈杂、多样性的特点。第二，需要探索的化学空间基本上是无限的，即使是一个精心设计的化学库也不能涵盖所有可能的化学空间。因此，高通量计算和筛选的数据分析需要考虑如下 3 个部分：数据处理、数据映射和可视化、数据建模。

(1) 数据处理。开展高通量数据分析，首先要确保我们收集的数据质量。在数据探索之前，需要进行数据清洗、组织、规范化和离群点检测等。总结数据时，必须将包括系统误差、相关性或关联性分析在内的统计与可视化方法相结合 (如热力图)。材料数据分析还需要考虑分子描述符，即分子的编码表示，这对构建 QSAR/QSPR 模型很重要。不同材料体系处理描述符的方法也各有不同。如与无机材料的高通量数据分析相比，化学数据的高通量数据分析在描述符的处理方面有更明显的特点。例如，在图论的帮助下，指纹和片段已经成为有效探索化学空间的首选描述符。

(2) 数据映射和可视化。映射和可视化也是高通量数据分析的关键组成部分，因为它是描述化学数据和 (或) 与化学空间相关的挖掘结果的直接方式。然而由于枚举分子、成键规则、官能团、化学性质等多维度信息，同步映射也具有一定挑战性。比如，根据相似性质原则，相似的化学结构应该有相似的物理化学性质。从这个意义上说，在高维空间中选择适当的距离度量是至关重要的，以便在高维可视化中把分子合理地放在由合适坐标定义的属性空间中进行挖掘。再如，化学信息的可视化有两大类：没有数据处理的直接可视化和有数据挖掘的可视化。在前者中，有绘图矩阵、平行坐标、热力图和其他方法。后者的典型方法包括降维，将高维度降低到可管理的水平，比如可以通过线性和非线性降维实现，使用主成分分析、扩散图嵌入等。这些都是高通量数据分析要解决的问题。

(3) 数据建模。建模可以分为硬建模和软建模。为了统一理解材料的行为，硬建模通过基于化学和物理的理论来捕捉材料行为的不同空间尺度，并整合这些信息。尽管它提供了较为准确的结果，但建模通常需要高计算成本。它的典型方法包括第一性原理计算和热力学建模。软建模是基于统计学习方法来寻求数据之间的启发式关系，它经常使用开发好的描述符以及通过以前任务提取的知识来构建一个廉价而稳健的模型，帮助构建 QSAR/QSPR 模型等。它包括回归、人工神经网络、多变量分析和其他机器学习算法等。与硬模型不同，当物理/化学模型不可用时，预测性的软模型特别有价值。与那些从昂贵的量子化学计算中完全生成的模型相比，软模型的构建成本相对较低，可以通过用启发式开发得到的 QSAR/QSPR 模型来等效代替大量的此类理论模型来加速筛选。

4.4.3 高通量计算各环节步骤的自动化集成

从上述分析可以看到，高通量材料计算一般涉及如下几个步骤 (图 4.3)，形成一个筛选漏斗，总结为：①生成结构候选空间；②生成计算作业；③提交作业，开展材料计算，进行一级筛选；④基于上一级筛选结果，开展下一级筛选；⑤收集计算结果，形成数据库；⑥开展数据高通量分析，推荐出有潜力的候选结构；⑦可视化呈现。

如何实现上述各步骤的有效衔接，让各环节协同、自动化地完成，减少人工干预，实现从结构候选空间生成到计算或筛选结果可视化呈现的“端到端”的自动化流程，是高通量材料计算极具挑战性的一个问题。工作流系统负责高通量材料计算的“端到端”集成，即材料计算生命周期过程中所涉及的主要子任务，如从生成仿真输入文件、元调度、作业的自动提交和监控、自动调整与纠错、各类计算数据的自动归档、材料物性数据的计算，到材料数据的自动入库、用户的通知等，均由工作流负责自动协同完成，材料计算软件本体将提供语义解释，整个流程无需人工干预。子任务可被封装成网络服务，集成在工作流中。

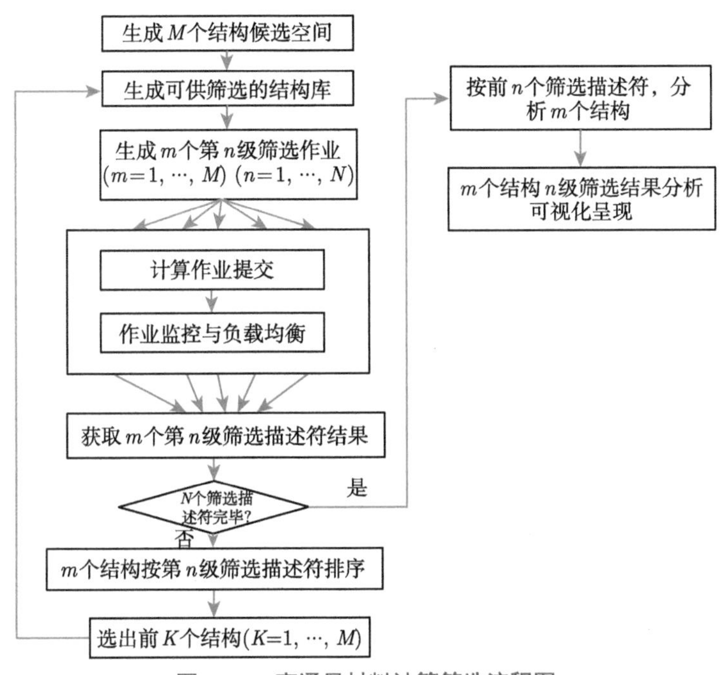

图 4.3　高通量材料计算筛选流程图

图 4.4 所示的案例是麻省理工学院通过高通量计算筛选寻找基于氮氧化合物的光解水催化剂的案例 [13]。他们对 2948 个候选的氮氧化合物进行筛选，按结构稳定性、能隙、带边位置分别进行筛选，找到了 16 个新的候选氮氧化合物光解水催化材料。

(1) 候选空间生成。从 ICSD 选出部分结构，通过离子替代法生成候选的三元和四元氮氧化合物。共计生成了 2948 个候选的氮氧化合物，其中包括 68 种金属氮化物、1503 种三元金属氮氧化合物以及 1377 种四元金属氮氧化合物。

(2) 筛选描述符。确定了 3 个筛选描述符，分别是：①晶体结构，即热力学相稳定性；②能隙；③带边位置，即相对于 H_2/H_2O 和 O_2/H_2O 导带位置及价带位置，排除不适合水分解的候选化合物。

(3) 筛选原则。主要是以下 3 个：①相稳定性筛选，生成凸包图，去除不易合成的候选材料；②能隙筛选，排除过大或过小能隙；③排除其导带位置及价带位置不适合水分解的化合物。

(4) 筛选结果。对 2948 个候选的氮氧化合物，按结构稳定性、能隙、带边位置分别进行筛选，筛选结果不仅验证了经实验报道的光解水催化材料，还找到了 16 个新的候选氮氧化合物光解水催化材料。

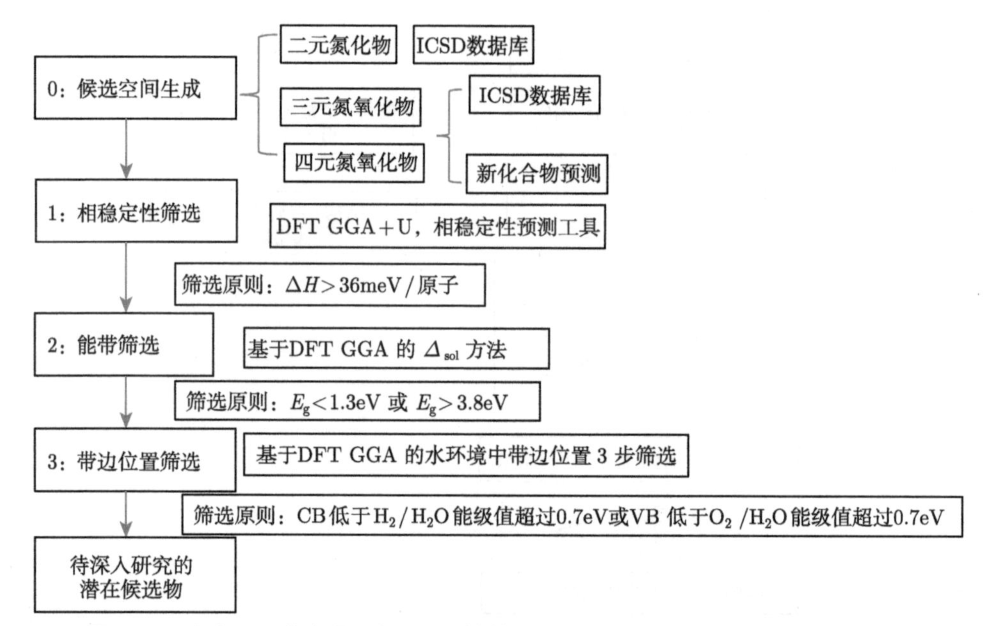

图 4.4　麻省理工学院通过高通量计算筛选寻找基于氮氧化合物的光解水催化剂

图 4.5 是韩国科技大学通过高通量计算筛选寻找新型双金属催化材料的案例 [14]，从 4350 个双金属结构中，仅通过计算发现了 8 个具有与钯类似催化性能的候选材料。

(1) 候选空间生成。①30 个过渡金属 1∶1 两两组合 (共有 435 种组合可能性)；②将这些组合用于 10 个有序相，共生成 4350(435×10) 个候选结构。这 10 个有序相是从 Material Project 数据库中选取的 10 个结构原型，分别是 NaCl (B1), CsCl (B2), zinc blende (B3), wurtzite (B4), TiCu (B11), CdAu (B19), FeB (B27), CrB (B33), AuCu (L10) 和 CuPt (L11)。

(2) 筛选描述符。确定了 3 个筛选描述符：①热力学稳定性；②态密度 (DOS) 相似性；③低成本因素。

(3) 筛选结果。通过热力学稳定性一级筛选，筛选出了 200 多个候选结构。再经过 DOS 相似性二级筛选，选出了不到 20 个候选结构。最后，经过经济可行性三级筛选，又从中选出了不到 10 个候选结构。

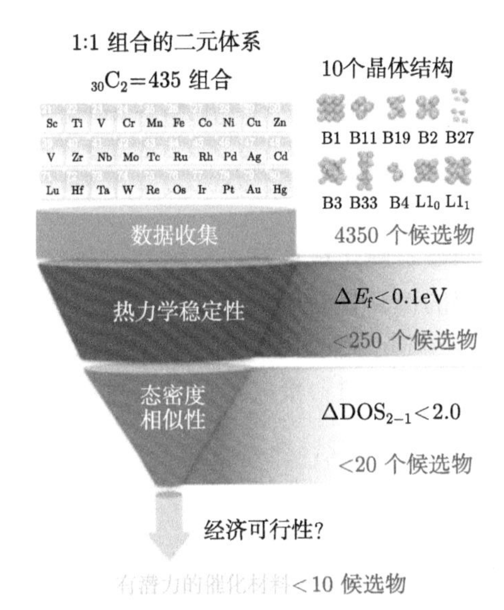

图 4.5　韩国科技大学通过高通量计算筛选寻找新型双金属催化材料的案例

4.4.4　不同尺度计算软件的集成

现有计算工具的主要缺点之一是单个工具无法跨越相关的各种空间和时间尺度的材料设计。例如，金属/合金的数字化研发设计，仅有高通量第一性原理计算是不够的，还需要融入多尺度计算与分析技术。特别是材料在如辐照、腐蚀、冲击等极端条件服役过程中发展出来的屈服强度、热积累效应、动态硬化、塑性局域化、动态损伤及断裂等宏观行为与材料的微介观结构 (位错、微空洞、晶界等) 有着密切联系，需要将高通量第一性原理计算与经典分子动力学、位错动力学、团簇动力学等不同空间–时间尺度上的模拟技术有效结合起来，模拟复杂服役条件下金属材料的结构、腐蚀、辐照等性能及相应的动力学过程。不同尺度的计算软件如何有效地集成，也是高通量材料集成计算要解决的关键难题。

4.4.5　计算数据与实验数据的集成

高通量材料计算的最终目的是要寻找出实验能合成和制备的候选结构，因此高通量材料计算需要与实验紧密结合。我们提出了如下几种与实验结合的方式：①实验数据拟合经验模型作为代理模型。基于实验数据，拟合出通过材料计算不能直接获取的某物性经验模型 (如基于弹性常数拟合出熔点的预测模型)，进而将此经验模型作为代理模型，用于高通量材料计算，直接获取该物性。也就是理论模型和经验模型的集成。②实验数据对计算数据的修正。基于实验数据，训练出机器学习模型，将此模型用于对计算结果修正。③建立实验数据与计算数据的关联。一个典型案例是应用吉布斯能量关系来关联醌/氢醌对的电极电势。受 Dewar 和 Trinjajstic 早期工作的启发，Huskinson 等计算了醌偶的氧化状态和还原状态之间的气相能量差异，并成功地将其与测量的氧化还原电势值联系起来。

4.5 智算驱动的高通量材料集成计算平台建设

为了更好地开展高通量材料集成计算，支撑基于材料基因编码的新材料智能设计范式，必须要有底层的信息化基础设施，通过新一代信息技术，实现高通量材料集成计算。我们以 MatCloud 提出的智算驱动的微观尺度高通量材料集成计算为例，说明智算驱动的高通量材料集成计算平台建设架构与关键技术难点。

4.5.1 智算驱动的高通量材料集成计算平台总体架构

MatCloud 提出的一个智算驱动的高通量材料集成计算所包含的核心模块如下（图 4.6），该架构也可看作一个可通用的人工智能驱动的下一代材料智能计算平台开放架构，其主要特点：集 " 建模–计算–数据–AI " 自动化流程、算法模型、材料数据库、工具组件于一体，具有能兼容多尺度求解程序、不同硬件的超算集群、不同材料数据库的“算法自由，算力自由，数据库自由”能力，实现“可插拔”不同第一性原理和分子动力学程序包、高性能计算集群、材料数据库的可通用。

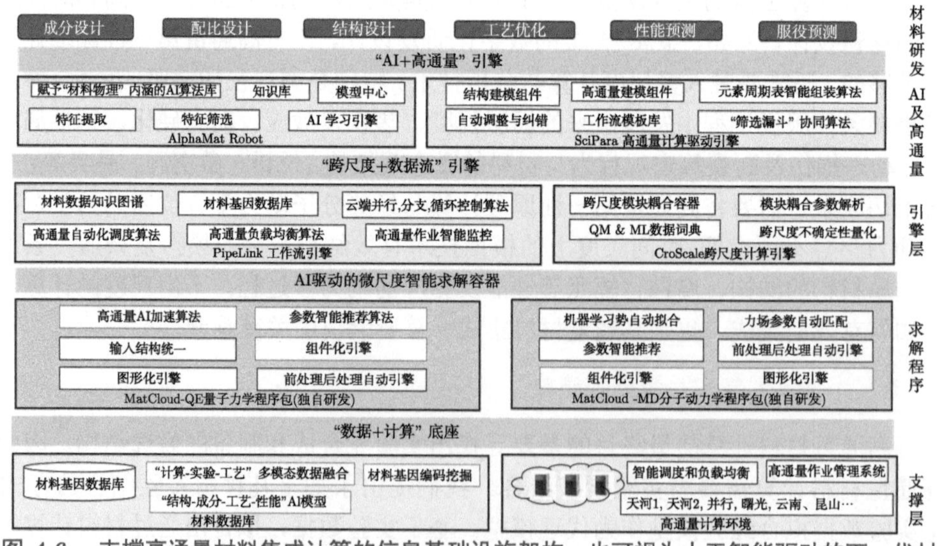

图 4.6 支撑高通量材料集成计算的信息基础设施架构，也可视为人工智能驱动的下一代材料智能计算平台开放架构

人工智能融合多尺度计算模拟、材料数据库和实验的下一代材料智能计算平

台架构，旨在面向成分设计、配比设计、结构设计、工艺优化、性能预测、服役预测、模拟仿真和 AI 训练与预测。将包括如下模块：

（1）“AI ＋高通量”引擎，将由 AlphaMat 智能引擎和 SciPara 高通量计算驱动引擎构成。负责材料数据的特征工程，AI 模型训练，基于 AI 的高通量计算筛选加速和数据增强等功能。

（2）“跨尺度 + 数据流”引擎，将由 PipeLink 数据流引擎，CroScale 跨尺度计算引擎构成。其中 PipeLink 数据流引擎，主要负责高通量材料计算、材料基因提取、材料基因编码等核心任务的自动化协同工作。CroScale 跨尺度计算引擎主要负责不同微尺度计算程序的输入输出衔接，量子力学程序和分子动力学程序词典，跨尺度计算的不确定性量化。

（3）AI 驱动的微尺度智能求解容器，能支持不同融合 AI 或原生的量子力学和分动力学求解程序运行的一个环境。不同的量子力学程序（如 VASP、Quantum ESPRESSO、CP2K），分子动力学程序（如 LAMMPS、GROMACS）等“插入”容器后能自适应地在框架内运行。我们将基于微服务架构、云计算技术、云原生理念等，来支持这种不同量子力学和分子动力学程序“即插即用”机制。此外，本项目还将探讨融合机器学习相关模型和算法到量子力学程序（Quantum ESPRESSO）和分子动力学程序（LAMMPS），以实现具体求解时的加速。

（4）“数据＋计算”底座，将包括材料基因数据模块和高通量计算环境，是整个框架的最底层，负责提供数据环境和高通量计算环境。其中，材料基因数据模块将能适配不同材料体系的材料基因数据库，高通量计算环境将可以对接“异构”的计算集群。材料基因数据模块包括 AI 驱动的文献数据抓取及 AI 驱动的材料基因编码挖掘等。

4.5.2 基于开放架构的智算平台核心技术实现

可通用性是下一代人工智能驱动新材料智能设计软件架构的主要特点，其可通用性体现在：能兼容多尺度求解程序、不同硬件的超算集群和不同材料数据库的“算法自由，算力自由，数据库自由”能力，实现“可插拔”不同第一性原理和分子动力学程序包、高性能计算集群、材料数据库的可通用。

为实现上述“可插拔”的“算法自由，算力自由，数据库自由”能力，基于开放架构的智算驱动高通量材料集成计算平台，可采用如下的技术实现。

(1) 基于微服务架构，形成具备“可插拔”能力的框架。

(2) 基于云计算的“SaaS–PaaS-IaaS”架构，确保算力自由的实现。

(3) 基于云原生理念，开发面向“云原生”的多尺度求解程序，确保算法自由。

(4) 基于关系型数据库和 NoSQL 无模式存储混搭架构，以及 OPTIMADE 数据访问规范，确保数据库和数据访问自由。

4.5.3 驱动引擎和自动流程

基于驱动引擎的自动流程框架是高通量材料集成计算的核心。开发基于驱动引擎和自动流程框架的多尺度计算方法和软件，实现上万种晶体结构的高通量自动筛选，开展材料的成分、结构、性能和服役行为关联性的全流程多尺度计算与设计，要着重开展以下 3 个方面的研究。

(1) 高通量计算自驱动引擎和高通量跨尺度计算的自动流程框架设计；

(2) 基于驱动引擎和自动流程框架的多尺度计算软件和集成；

(3) 高通量计算模拟专用插件的研发。

4.5.4 材料计算、制备、表征及服役的融合

目前材料制备、表征及服役几个环节数据脱节未能有效融合限制了基于人工智能构建材料成分–微观结构–工艺参数–性能等相关预测模型，也同样限制了通过计算模拟对材料数据的增强。研发相关技术，解决材料计算、制备、表征及服役的融合。

4.5.5 融合人工智能与多尺度计算

高通量材料计算是目前快速获取有效材料数据的方法和主要的数据来源之一，是材料计算数据库建设的基础。高通量材料计算能够实现高通量材料计算及数据存储与分析的集成。在上述的高通量材料计算和数据处理架构基础上，开展材料高通量计算数据的数据入库与分析、人工智能算法/模块和研发、集成和测试关键技术研发，涉及 4 个方面的工作。

(1) 建立材料高通量计算数据库的基本框架；

(2) 开发材料计算数据库的融合技术；

(3) 开展人工智能算法/模块和研发、集成和测试关键技术研发；

(4) 开展高通量多尺度材料计算方法与数据平台融合的关键技术研发。

4.6 高通量材料集成计算的未来发展趋势

高通量材料集成计算的未来发展趋势，我们总结如下。

(1) 高通量计算材料筛选正在成为材料设计 (如光电子半导体设计) 的有效高速公路 [15]。

(2) 高通量材料集成计算的一个核心就是廉价、近似技术的采用，如半经验量子方法、QSPR 方法等。虽然这些方法的准确性较低，导致其单独使用并不多，但是当这些近似方法应用在高通量计算的筛选漏斗中时，它们会创造出新的价值。因为高通量计算需要的是寻找变化趋势，关注的是相对值，它能告诉我们指向性，而已知计算和实验的误差是可以容忍的。

(3) 基于 AI 的高通量计算筛选加速。机器学习技术作为材料特性的快速近似获取也将急剧增加，通过机器学习得到的模型可作为等效模型用于高通量材料计算筛选。比如，贝叶斯方法不仅能预测结果，而且还能获取该预测结果的置信度。这些特点可以被用来实时训练模型。机器学习能够在看似没有联系的描述符之间进行关联，通过模型阐述它们之间的复杂关系，且机器学习模型较为容易被训练(有时候“小”数据也能得到模型)，结构候选空间也具有同构性等特点，使得通过机器学习获取的模型用于高通量计算筛选越发引起大家的关注。

(4) 高通量计算筛选与实验的融合。要使机器学习模型更好地发挥作用必须有高质量的实验结果校准。因此实验数据的自动获取并按照实验条件和测量类型进行分类很重要。此外，提供能够帮助评价预测数据和实际实验数据误差范围的自动统计方法，能更好地允许从理论到实验的校正，也是高通量计算筛选和实验融合的发展方向。

(5) 开发理论计算和实验融合的软件工具，研究高通量计算筛选数据，发展实验制备和计算的迭代方法，将有助于推动高通量材料计算筛选方法的使用。

参考文献

[1] Fan D, Yuan N, Zhang J, et al. Godson-T: An efficient many-core architecture for parallel program executions. Computer Architecture and Systems, 2009, 24(6): 1061-1073.

[2] Attene-Ramos M S, Austin C P, Xia M. High-Throughput Screening, Encyclopedia of Toxicology. 3rd ed. Amsterdam: Elsevier Inc., 2014: 916, 917.

[3] Liu Z, Chen H, Wold E A, et al. Small-Molecule Inhibitors of Protein-Protein Interactions. Comprehensive Medicinal Chemistry Ⅲ, 2017: 329-353.

[4] Gribbon P, Andreas S. High-throughput drug discovery: What can we expect from HTS? Drug Discovery Today, 2005, 10(1): 17-22.

[5] Pyzer-Knapp, Edward O, Suh C, et al. What is high-throughput virtual screening? A perspective from organic materials discovery. Annual Review of Materials Research, 2015, 45(1): 195-216.

[6] O'Boyle N M, Campbell C M, Hutchison G R. Computational design and selection of optimal organic photovoltaic materials. J. Phys. Chem. C, 2011, 115: 16200-16210.

[7] Kanal I Y, Owens S G, Bechtel J S, et al. Efficient computational screening of organic polymer photovoltaics. J. Phys. Chem. Lett., 2013, 4: 1613-1623.

[8] Perdew J P, Burke K, Ernzerhof M. Generalized gradient approximation made simple. Phys. Rev. Lett., 1996, 77: 3865-3868.

[9] Anisimov V I, Zaanen J, Andersen O K. Band theory and Mott insulators: Hubbard U instead of stoner I. Physical Review B, 1991, 44: 943-954.

[10] Jain A, Hautier G, Moore C J, et al.A high-throughput infrastructure for density functional theory calculations. Computational Materials Science, 2011, 50: 2295-2310.

[11] Hachmann J, Olivares-Amaya R, Atahan-Evrenk S, et al. The Harvard clean energy project: Large-scale computational screening and design of organic photovoltaics on the world community grid. J. Phys. Chem. Lett., 2011, 2: 2241-2251.

[12] 杨小渝，王娟, 任杰，等. 支撑材料基因工程的高通量材料集成计算平台. 计算物理, 2017, 34(6): 698-704.

[13] Wu Y, Lazic P, Hautier G, et al. First principles high throughput screening of oxynitrides for water-splitting photocatalysts. Energy & Environmental Science 6, 2012, 1: 157.

[14] Nam H, Yeo B C, Nam H, et al. High-throughput computational-experimental screening protocol for the discovery of bimetallic catalysts. Npj Computational Materials, 2021, 7(137).

[15] Luo S, Li T, Wang X, et al. High-throughput computational materials screening and discovery of optoelectronic semiconductors. Wiley interdisciplinary reviews: Computational Molecular Science, 2020, DOI: 10.1002/wcms.1489.

第 5 章

高通量计算环境

材料计算涉及作业生成、作业提交、监控等基本操作。高通量材料计算“结构多、作业多、数据多”,“存储大、机时多、带宽多”以及“高吞吐、并发式、平行计算”的特点，要求高通量材料集成计算要有高通量计算环境的支撑。高通量计算环境 (high-throughput computing environment) 指“长期提供大量计算能力的计算环境”(如 HTCondor)。高通量计算环境可以由计算集群、超级计算机、高通量计算机、HTCondor 聚合的计算资源等提供。本章重点讲述由高性能计算集群提供的高通量计算环境，重点讲述高性能计算、高性能计算集群以及作业管理系统等基本概念，使大家对高通量计算环境有基本的了解。

5.1 高通量计算环境之提供：高性能计算

高性能计算 (high performance computing，HPC) 可被定义为“通过聚合计算力，以提供比台式机或工作站更高的性能，以解决科学、工程和商业中的重大问题”。高性能计算可以通过多个处理器进行，或一个集群中的多台计算机进行。目前集群计算 (cluster computing) 技术是构建高性能计算机 (又称超级计算机) 的主要方式。

5.1.1 术语和概念

高通量材料集成计算，往往涉及如下的高性能计算基本概念：节点、CPU(中央处理器)、CPU 核心、进程、线程、程序等。一些核心术语解释如下：

(1) 节点 (node)，一般指集群中的一台计算机；

(2) CPU，一个节点可以有多个 CPU；

(3) CPU 核心 (CPU core), 每个 CPU 有多个 CPU 核心；

(4) 进程 (process), 一般是指一个程序的运行，它可以被定义为一个程序的运行单位，操作系统可以帮助创建、调度和终止一个进程，进程被 CPU 使用，一个进程可以创建一个子进程；

(5) 线程 (thread), 是一个进程的部分执行单元，一个进程可以有多个线程，这些线程可以同时运行；多线程共享信息 (如数据、代码、文件等)，一个线程可以创建一个子线程。

线程和进程是很容易混淆的概念，它们的主要区别总结如下：

(1) 进程表示程序正在执行中，而线程表示进程的一段；

(2) 进程不是轻量级的，而线程是轻量级的；

(3) 进程需要较长时间才能终止，而线程终止所需的时间较少；

(4) 进程需要较长的时间才能被创建，而线程创建所需的时间较少；

(5) 进程可能需要较长的时间进行上下文切换，而线程切换所需的时间较少；

(6) 进程大多是孤立的，而线程可以共享内存；

(7) 进程不共享数据，而线程可以共享数据。

以上基本概念，可以总结概括为：一个计算集群或超级计算机可以有多个节点，一个节点可以有多个 CPU，一个 CPU 可以有多个 CPU 核心，一个 CPU 核心可以有一个以上的线程。一个 CPU 核心在某个时间点只能执行一个进程，一个程序有一个进程，一个进程可调用至少一个线程，如果一个进程同时调用的线程数超过 CPU 核心的线程数，则需要调用其他 CPU 核心实现并行。一个进程只能在本节点运行，线程是进程派生的并共享进程资源。

这里特别阐明并发的概念。并发是指在某个微小的时间段内，处理多个事情(注意措辞“时间段”)。具体意思就是，单核 CPU 在一个时间段内，先处理完了 A 线程，马上切换到 B 线程并且处理它，处理完 B 线程马上切换到 C 线程并且处理它 …… 由于切换时间很快，可看成是同时处理。

5.1.2 多核架构

高性能计算经历了单核、多核到现在的多核 GPU(graphics processing unit) 架构几个发展阶段。随着电子和计算机技术的不断发展，传统的单核处理器在诸多方面已遇到瓶颈。20 世纪 90 年代，持续近二十年的单核处理器性能增长开始逐步减慢，摩尔定律失效，随后 CPU 进入了多核时代。到现在很多高性能计算机架构进入了基于 CPU 和 GPU 的混合架构。

多核架构是指将多个处理器核心封装为单个物理处理器。使用多核的目的是获得卓越的系统性能。具有多个处理内核的 CPU，允许 CPU 同时运行多个独立任务，因而通过这种并行运算的方式提高处理器性能。目前，能耗越来越成为 CPU 的关键指标，多核处理器在与单核处理器相同性能的前提下，可以在更低时钟频率和电压下工作，从而降低了处理器功耗 [1]。理论上，有第二颗核心置于 CPU，应该导致其性能提升加倍，然而实际情况并不是这样。目前许多程序，其实并没有充分利用到多核，而是仍基于单核。首款多核 CPU Power 4 于 2001 年由 IBM 发布，但直到 2005 年，英特尔和 AMD 才分别以 Pentium D 和 Athlon 64 X2 的形式将第一台多核 CPU 推向了消费类 PC 市场。

随着多核时代的到来，传统的单线程串行程序的编程模式应做出改变，以更好地实现并行编程。并行编程主要有 MPI 和 OpenMP 2 种模式 [2]。

(1) MPI(message passing interface)。MPI 是一种规范，而不是一门实现语言。它通过一种消息传递编程模型，为进程间通信服务，提供了一种与平台无关、可以被广泛使用的编写消息传递程序的标准，支持 C/C++/Fortran。目前 MPI 的主要实现有以下三种：MPICH、CHIMP 以及 LAM。其主要特点是：可以在集群上使用，也可以在单核/多核 CPU 上使用，它能协调多台主机间的并行计算，并行规模上的可伸缩性很强，目前使用较为广泛。

(2) 开放多处理 (open multi-processing，OpenMP) 是由 OpenMP ARB 发布的一种用于并行编程的规范，是建立在串行语言上的扩展。它是一种用于共享内存并行系统的多线程程序设计库, 由一系列的编译程序指令 (compiler directive) 和 API 程序接口组成, 特别适合于多核 CPU 上的并行程序开发设计，支持 C/C++/Fortran 中使用。它主要基于以下假设: 执行单元是共享一个地址空间的线程，即 OpenMP 是基于派生/连接 (fork/join) 的编程模型。目前的大多数编译器已经支持了 OpenMP，例如，Sun Compiler、GNU Compiler、Intel Compiler、Visual Studio 等。

MPI 支持多主机联网协同进行并行计算，也支持单主机上多核/多 CPU 的并行计算，不过效率低。它能协调多台主机间的并行计算，因此并行规模上的可伸缩性很强，小到个人电脑，大到 TOP10 超级计算机均可使用。缺点是使用进程间通信的方式协调并行计算，导致并行效率较低、内存开销大、不直观、编程麻烦。

OpenMP 主要针对单主机上多核/多 CPU 并行计算，即 OpenMP 更适合单台计算机共享内存结构上的并行计算。由于使用线程间共享内存的方式协调并行计算，它在多核/多 CPU 结构上的效率很高、内存开销小、编程直观容易、编译也较容易 (现在最新版的 C、C++、Fortran 编译器基本上都内置对 OpenMP 支持)。OpenMP 最大的缺点是只能在单台主机上工作，不能用于多台主机间的并行计算。

5.1.3　GPU 架构

GPU 是一个由许多更小、更专业的核心组成的处理器。当一个任务可以被分割并能跨多个内核处理时，使用 GPU 可以带来巨大的性能提升。GPU 更适合海量数据的处理。GPU 最早作为专门的 ASIC 芯片开发，以加速特定的 3D 渲染任务。随着 GPU 变得更加可编程和灵活，GPU 也已演变为更通用的并行处理器，可处理越来越多的应用程序。

GPU 的核数一般都比 CPU 多 (如 NVIDIA Fermi 有 512 个核)，也被称为众核，但是每个核的缓存相对较小，数字逻辑运算单元也少而简单 (而 CPU 虽然核数较少，但每个核都有较大的缓存和较多的逻辑运算单元，并有很多加速分支或逻辑判断的硬件)。GPU 的这种众核架构非常适合把同样的操作并行发送到众核上，给这些众核上的操作赋予不同的输入数据，从而在众核上完成对大量数据的处理。因此 GPU 这种计算特点除了图像处理外，还被用来进行科学计算、密码破解、数值分析、海量数据处理、金融分析等具有上述“同样操作，不同数据”特点的大规模数据处理。业界总结得很好，“CPU 精于控制和复杂的运算，GPU 精于简单且重复的运算”。此外，GPU 的另外一个特点是并发执行运算。深度学习也是 GPU 应用的典型例子。深度学习的计算都是基于矩阵的计算，例如，普通一个识别手写数字的神经网络都有上千个隐含节点。

一个程序要能在 GPU 上运行，需要将程序“GPU”化。如第一性原理计算软件 VASP6.0 在“GPU”化后，支持在 GPU 架构上运行，从而提高计算效率。GPU 主要编程规范是计算统一设备架构 (compute unified device architecture，CUDA)。CUDA 是 NVIDIA 公司开发的一种计算架构，可以利用 NVIDIA 系列 GPU 卡对一些复杂的计算进行并行加速。进行基于 CUDA 的编程，需要安装 CUDA 包。

5.1.4 X-PU 架构专用芯片

自 AlphaGo 战胜人类棋手后，谷歌的人工智能技术为业界所称道，谷歌推出了他们的深度学习框架 TensorFlow。为了更好地使用 TensorFlow 开展深度学习，针对 TensorFlow 的使用又专门推出了定制芯片 TPU (tensor processing unit)。据业界分析，“TPU 与同期的 CPU 和 GPU 相比，可提供 15~30 倍的性能提升，以及 30~80 倍的效率 (性能/瓦特) 提升”。

中国科学院计算技术研究所为了加快神经网络的处理，推出了神经网络算法与加速处理器 NPU(neural processing unit)(即寒武纪)。相比于 CPU 和 GPU，NPU 通过突触权重实现存算一体化，提高了基于神经网络的模型训练效率。

为了让芯片更好地处理不同应用场景的应用 (如图像处理、矢量处理)，定制、专用的芯片架构不断被推出，我们可称之为 X-PU 架构专用芯片。典型的 X-PU 架构专用芯片，包括 Holographics Processing Unit(全息图像处理器，微软公司推出)，Vector Processing Unit(矢量处理器，由 Intel 公司收购的 Movidius 公司推出)，Intelligence Processing Unit(DeepMind 公司投资的 Graphcore 公司出品的 AI 处理器) 等。

5.2 高通量计算环境之硬件：计算集群

5.2.1 计算集群基本概念

目前实现高性能计算的常用方式是计算集群。计算集群 (computing cluster) 是指“一组相互连接的计算机协同工作以执行计算密集型任务”。构建一个计算集群，除了每台计算机硬件互联外，最核心的还需要安装集群作业管理系统。一个计算集群往往具有如下的特点：①所有连接的计算机都具有相同的机器类型；②它们通过专用网络连接彼此紧密相连；③所有计算机都有一个标准的家庭目录 (home directory)。一般地，计算集群可分为 3 类：高可用类、负载均衡类和高性能计算类。一个计算集群可以同时具备上述 3 个特点，如超级计算机 (supercomputer) 同时具有高可用、负载均衡和高性能计算三个特点。

在计算集群中，每台计算机被称为节点 (node)。节点可分为头节点/登录节点 (head node) 和计算节点 (compute node)。头节点就是指用于用户登录、编辑运行脚本、编译代码等的服务器。计算节点主要负责作业计算，通过集群的作业管理系统 (如 SLURM)，作业可被自动调度到计算节点上运行。

每个节点拥有至少一个或多个 CPU(又称处理器，processor)。一般节点都是 2 个 CPU。每个 CPU 含有多个核。例如，MatCloud 集群拥有 225 个计算节点，每个 MatCloud 节点都包含 2 个处理器，每个处理器有 16 个内核，因此每个节点总共有 32 个内核。这意味着其中一个 MatCloud 节点可以同时执行 32 个任务。

5.2.2 Beowulf 计算集群

计算集群技术的一个典型就是 Beowulf 计算集群。Beowulf 计算集群是基于计算机硬件、专用网络系统和开源软件 (Linux) 所构建的可扩展的性能集群。可以通过添加的机器按比例提高性能。1994 年夏季，Thomas Sterling 和 Don Becker 在 CESDIS (The Center of Excellence in Space Data and Information Sciences) 用 16 个节点和以太网组成了一个计算机集群系统，成为首个 Beowulf 计算集群。Beowulf 计算集群的特点在于提供了一种使用普通软硬件构造集群系统的方式，普通硬件指像 PC 和以太网这种广为应用的标准设备，很多厂商都可以提供，因此 Beowulf 计算集群具有较高的性价比。Beowulf 计算集群源于 NASA，现在用于整个科研机构和社团。Beowulf 计算集群现在已被人们看作高性能计算中的一个主流技术。目前 Beowulf 没有一个明确的定义。但是 Beowulf 集群一般具有如下特点。

(1) Beowulf 是一种系统结构，它使得多个计算机组成的系统能够用于并行计算。

(2) Beowulf 系统通常由一个管理节点和多个计算节点构成。它们通过以太网 (或其他网络) 连接。管理节点监控计算节点，通常也是计算节点的网关和控制终端。当然它通常也是集群系统文件服务器。在大型的集群系统中，由于特殊的需求，这些管理节点的功能也可能由多个节点分摊。

(3) Beowulf 系统通常由最常见的硬件设备组成，例如，PC、以太网卡和以太网交换机。Beowulf 系统很少包含用户定制的特殊设备。

(4) Beowulf 系统通常采用那些廉价且广为传播的软件，例如，Linux 操作系统、并行虚拟机 (PVM) 和消息传递接口 (MPI) 等。

5.2.3 计算集群的优缺点分析

计算集群能够提供许多好处：通过容错和弹性获得高可用性、负载平衡、可伸缩性以及性能提升。当然计算集群也有缺点，最明显的挑战是安装和维护的复杂性增加。每个节点都必须安装操作系统、应用程序及各种依赖包。如果集群中的节点异构，则情况将变得更加复杂。还必须密切监测每个节点的资源利用情况，并汇总日志以确保软件运行正常。此外，计算集群的存储管理也具有挑战性，共享存储设备必须防止节点相互覆盖，并且分布式数据存储必须保持同步。

尽管计算集群存在管理上的一些挑战性，但是其优点也是明显的。我们就计算集群的优点做如下介绍 [3]。

1. 可用性

高可用性主要反映该集群的鲁棒性，通过如下几个指标体现：可用性 (availability)、复原力 (resilience)、容错性 (fault tolerance)、可靠性 (reliability) 以及冗余性 (redundancy)。可用性指系统或服务在一段时间内的可访问性，通常表示为给定年份的运行时间百分比 (例如 99.999%可用性，或 5 个 9 的可用性)。复原力指系统从故障中恢复得有多好。容错性指系统在发生故障时继续提供服务的能力。可靠性指系统按预期工作的可能性。冗余性指关键资源重复程度，用以衡量系统的可靠性。

在单台机器上运行的应用程序具有单故障点，因此系统可靠性较差。如果一台服务器发生故障，则恢复时几乎总是会出现停机时间。因此保持一定程度的冗余有助于提高可靠性，可减少无法使用应用程序的时间。这可以通过预先地在第二个系统上部署相关应用程序 (可能接收流量或可能未接收流量)，或提供与应用程序一样配置的冷系统来实现 (当前并不运行)。这些配置分别称为“主动–主动” (active-active) 和“主动–被动” (active-passive) 配置。当检测到故障时，“主动–主动”系统可以立即迁移到第二台机器，而“主动–被动”系统需要在第二台机器投入使用后实现故障恢复。

计算机集群由多个节点组成，同时运行相同的进程，因此是“主动–主动”系统。“主动–主动”系统通常具有容错性，因为系统本质上是用来处理节点丢失的。如果节点发生故障，剩余节点已准备好承担故障节点的工作。因此，一个集群最好有 2 个头节点构成一个“主动–主动”系统。当一个头节点出现故障时，第二个头节点可开始工作。

2. 负载均衡

负载均衡是指将流量分布到集群的节点，以优化性能并防止任何单个节点接收任务过多或过少。负责负载均衡的程序可以安装在头节点上，也可以不与集群安装在一起。通过对集群中每个节点定期健康检查，负载均衡程序能够检测节点是否出现故障，如果发生故障，则将流量路转移到其他节点。尽管计算集群本身不具备负载均衡功能，但是可以安装负载均衡程序，以实现各节点的负载均衡。这种集群也就是负载均衡集群，同时负载均衡集群本身就是一个高可用集群。

3. 可伸缩性

伸缩可分为 2 类，纵向伸缩和横向伸缩。纵向伸缩 (向上/向下伸缩)(scale up/scale down) 是指增加或减少分配给一个进程的资源，比如内存、核数、存储空间等。横向伸缩 (缩进缩出)(scale in/scale out) 一般指增加或减少集群中节点的数量。管理一个集群时，需要监控资源使用和伸缩，确保集群资源被充分地利用。计算集群的特点使得增加或减少节点的操作很容易，通过最低程度的冗余以保证系统的高可用性。

4. 性能提升

计算集群通过并行化，使整个集群的性能水平高于单台机器。此外，计算集群不受到一定数量的处理器核心或其他硬件的限制，比如水平缩放可以通过防止系统耗尽资源来最大化性能。计算集群充分地利用了并行化，从而最大限度地提升计算集群的性能。超级计算机就是典型的高性能计算集群。

5.3 高通量计算环境之软件：集群作业管理系统

正如一台计算机要正常工作必须要有操作系统一样，计算集群要正常工作也必须要有集群作业管理系统 (cluster job management system)。常见的集群作业管理系统包括：PBS (portal batch system)、LSF(load sharing facility)、SGE(sun grid engine)、Load Leveler、SLURM 等。一个集群作业管理系统一般包括如下功能, 介绍如下 [4,5]。

5.3.1 集群作业调度

待提交到集群的作业可以安排在特定时间 (日历调度) 或特定事件发生时 (事件调度) 运行。可根据作业的提交时间、计算节点、执行时间、内存、磁盘、工作类型和用户身份等确定优先级提交作业。优先级可分为两类，静态优先级 (static priority) 和动态优先级 (dynamic priority)。在静态优先级情形下，作业会根据预先确定的计划分配优先级。一个简单的确定优先级的方式是“先到先得”。另一个确定优先级的方案是向用户分配不同的优先级。在动态优先级情形下，作业的优先级可能会随着时间而动态改变。

一般来说，有三个调度策略用于共享集群节点，分别是“专用模式”、“空间共享”和“时间共享”。在“专用模式”策略下，一次只有一个作业在节点中运行，最多只能将一个作业进程分配给一个节点。单个作业运行完成然后才释放该节点给其他作业。即使在专用模式下，某些节点也可能保留用于系统使用并且不会对用户工作开放。一般来说，所有集群资源都用于运行单个作业，会导致系统利用率低。工作资源需求可以是静态的或动态的。静态方案固定整个运行期间单个作业的节点数。静态方案可能未充分利用集群资源。当所需的节点不可用时，该方案不好解决。动态资源允许作业在执行过程中获取或释放节点。然而要实现这一点的挑战是，需要运行作业有一个通信机制。这些作业提出异步请求，以添加/删除资源。当资源可用时，该作业会收到通知，同步意味着作业不应因请求/通知而延迟 (阻止)。

“空间共享”策略是指多个作业可以在一个节点上的多个分区运行。一个常用的调度策略是，在白天，调度优先级可以给计算耗时短、交互式作业，而在晚上可以开启“瓷砖”模式 (tile)。所谓“瓷砖”模式如图 5.1 所示。假设有 4 个作业，作业 1 和作业 2 均是小作业，作业 3 和作业 4 是并行作业，需要 3 个节点。作业 1 和作业 2 先到，因此各占用 1 个节点。这时作业 3 需要排队等待。如果换一种调度模式，作业 1 和作业 2 两个小作业均在节点 1 上运行，节点 2、3、4 留给作业 3 和作业 4 如右图所示，构成了一个“瓷砖”，因此该方式被称为“瓷砖”模式。4 个作业总的运行完成时间是减少的。

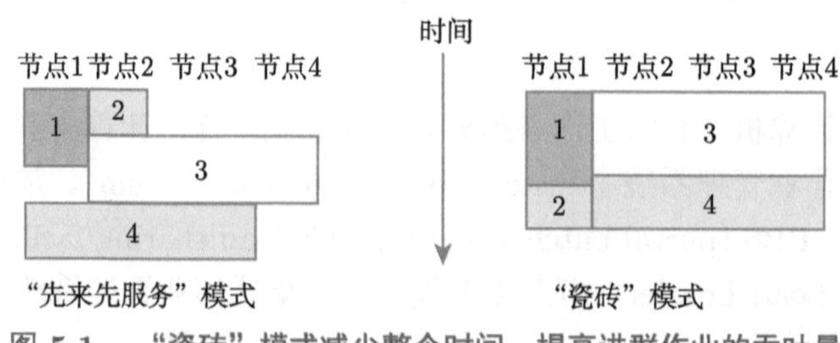

图 5.1 “瓷砖”模式减少整个时间，提高进群作业的吞吐量

专用模式和空间模式，一次只有一个用户进程分配给节点。“时间共享”策略是指多个用户进程可以分配给一个节点。“时间共享”的调度策略包括：①独立调度机制 (independent scheduling)，②群调度机制 (gang scheduling) 和③竞争机制 (competition with local/foreign jobs)。上述“瓷砖”模式的调度技术靠专用模式或空间共享模式是不行的。必须要通过时间共享模式调度。

5.3.2 集群作业管理

集群作业管理也称为工作负载管理、负载共享或负载管理。集群作业管理系统的管理员应能够干净地暂停或终止任何作业。清洁是指当工作暂停或被杀死时，必须包括其所有流程也被杀死。否则系统中会留下一些“孤儿”进程，从而浪费集群资源，这种进程积累最终可能使系统无法使用。

一个集群作业管理系统一般包括 3 个部分：①用户服务器，允许用户将作业提交到一个或多个队列中，指定每个作业的资源要求，从队列中删除作业，并询问作业或队列的状态。②作业调度器，根据工作类型、资源需求、资源可用性和日程安排策略执行工作安排和排队。③资源管理器，分配和监控资源，执行调度策略并收集资源使用信息。

(1) 集群作业类型。集群的作业类型可分为串行作业 (serial jobs)、并行作业 (parallel jobs)、交互作业 (interactive jobs) 和批量作业 (batch jobs)。串行作业是指作业运行在单个节点上；并行作业指作业运行在多个节点上；交互作业一般指与用户交互并且另外指定输入/输出。这 3 类作业不需要大量资源，用户期望它们立即执行而不是排队等候。而批量工作通常需要更多的资源，例如，大内存空间和较长的 CPU 时间，但它们不需要立即作出反应，它们被提交到作业队列中，以便在资源可用时 (例如在休息时间) 运行。

利用 TORQUE PBS 创建一个串行作业的指令如下：

```
qsub -t 100
```

(2) 队列。队列是集群中一个很重要的概念。一个作业一般是提交到一个队列。队列是一个逻辑概念，可以简单理解为：一组节点以及分配给该节点的调度策略称为一个队列 (注意在 PBS 集群管理系统中，被称为 queue(队列)，而在 SLURM 集群管理系统中一般被称为 partition(分区))。集群管理员可以创建、查看、删除一个队列。例如，利用 TORQUE PBS 创建一个队列的指令如下：

```
qmgr -c"create queue batch queue_type=execution"
```

指定哪些用户群可以提交作业到该队列：

```
qmgr -c "set queue batch acl_groups=staff"
```

(3) 时间。作业在集群上运行一般涉及 3 个时间: 墙上时钟时间、用户 CPU 时间和系统 CPU 时间。墙上时钟时间指从进程开始运行到结束墙上时钟走过的

时间 (时钟数)，包含了进程阻塞、等待的时间以及运行时间。用户 CPU 时间是指 CPU 用于指定程序的时间。系统 CPU 时间是指 CPU 用于运行程序时操作系统内核所占用的时间 (如 IO 操作)。

5.4 高通量材料集成计算对高性能计算提出的挑战

由于高通量材料集成计算具有“结构多、作业多、数据多”，“存储大、机时多、带宽多”以及“高吞吐、并发式、平行计算”的特点，所以对高性能计算有着如下的需求。

5.4.1 “多节点，小核数”vs.“少节点，大核数”

高通量材料集成计算不是每个 CPU 的核数越多越好，从成本–效益来看，应该在保持一定精度的前提下，尽量保证计算作业数多且计算成本要低。比如，如前所述的 4350 个候选结构的双金属催化材料高通量筛选要分别进行形成能和态密度的计算。由于高通量计算筛选会形成一个筛选漏斗，因此第一级筛选需要几何优化和能量计算共计 $4350\times2=8700$ 个计算作业，第二级需要计算第一级筛选后剩下的 250 个结构的态密度计算，因此总共会有约 $8700+250=8950$ 个计算作业。这 8950 个作业光是计算机时也是一笔较大的开销。

对于材料计算而言，并不是核数越大计算效率就越高。以最常用的第一性原理计算程序包 VASP5.2 为例 (非 GPU 版本)，用 32 核运行一个 VASP 作业与用 16 核运行一个 VASP 作业相比，前者的计算效率并不会线性地提升 2 倍，以及整个计算时间也不会呈线性地变为原来的 1/2。对于 8950 个计算作业而言，每个 VASP 作业采用 32 核，其总机时成本会高于采用 16 核运行一个 VASP 作业，但是计算效率并不一定有很明显的提升。

计算集群的构建方法可以分为“多节点，小核数”和“少节点，大核数”两种构建方法。以构建一个 1536 核的高性能计算集群为例，按“多节点，小核数”的构建思路，计算集群的建设方式可以是：每个节点 2 颗 CPU，每个 CPU 有 16 核，那么 1536 核就需要有 48 个节点。如果按照“少节点，大核数”的构建思路，计算集群的建设方式可以是：每个节点 2 颗 CPU，每个 CPU 有 64 核，那么 1536 核只需要有 12 个节点就可以了。

传统的高性能计算一般是按节点计费或满核数计费。如果 1 个作业分配 1/2 个 CPU 或 1/3 个 CPU，这种方式也会按照满 CPU 核数计费。从这个“成本–效益”角度考虑，“多节点，小核数”的计算集群配置会比“少节点，大核数”的计算集群更适合高通量第一性原理计算。也就是说，较小的 CPU 核数更多数量的节点会更适合高通量材料计算的需求。

目前的高性能计算也推出了“按核计费”的模式，在这种情况下，“少节点，大核数”的计算集群也能满足高通量计算的需求。比如一个 64 核 CPU，128G 内存的节点，我们可以指定 1/2 个 CPU 用于作业的计算，计费也会按照 32 核计费，而不是 64 核计费。

5.4.2　“不满核，非独占” vs. “不满核，独占”

微观尺度的材料计算，如第一性原理计算，比较消耗内存，因此较大内存会更有利于材料计算。对于较为复杂的材料计算往往需要更多内存，为了避免计算时的内存溢出，可以采用“不满核，独占”的方式进行作业提交。

比如一个 64 核 CPU，128G 内存的节点，我们可以指定 1/2 个 CPU 用于作业的计算，计费也会按照 32 核计费，而不是 64 核计费，也就是“不满核，非独占”方式提交作业。但是这种情况下，实际运行该作业时，该作业被分配到的内存是 128G×1/2=64G 内存，而每个 CPU 核所分配到的内存，则是 64G/32 核 = 2G/核。

如果要增加该作业运行时的内存，避免作业计算时的内存溢出，则可以采用“不满核，独占”的方式提交作业，就可将该节点 128G 内存全部分配给该作业。具体操作是：①选择独占 (exclusive) 该节点的方式提交作业；②给该作业只分配 1/2 个 CPU，即只分配 32 核，不分配满核 64 核。实际运行该作业时，由于是独占方式，该作业被分配到的内存是 128G，而每个 CPU 核所分配到的内存，则是 128G/32 核 =4G/核，因而起到了实际运行时每个 CPU 核使用内存增大的作用，但是计费仍按满核 64 核计费 (因为独占了该节点)。

5.4.3　自动调整和纠错

如前所述，8950 个候选结构的双金属催化材料高通量筛选，会涉及至少 8950 个作业的计算。这些结构大多是设计生成的，因此会由于结构不合理，导致计算不能收敛。此外，计算参数的设置如交换关联泛函、赝势、初始自选态、能量截断、k 点网格等，往往也会引起计算不收敛或中断的情况，使第一性原理计算作业不能正常地完成。另外，网络波动、内存溢出、磁盘空间溢出等也会导致作业非正常结束。在高通量材料计算中，如果每个作业失败后就把该结构放弃，或重新收集这些结构重新计算，这都不是最好的办法。前者会导致有潜力的结构漏掉，后者会导致计算效率的降低，因此高通量计算需要自动调整和纠错的功能。

自动调整和纠错是高通量材料集成计算应该具备的功能。它应该包括两个部分：①必须能够定位故障的原因。②根据故障原因，自动地提出新的参数设置或修改，并在断点附近重新启动作业。因此，自动调整和纠错需要有知识库的支撑。

5.4.4 作业的停止、删除、续算

高通量材料集成计算对作业的停止、删除、续算也有较高的要求。高通量材料集成计算对作业的停止、删除、续算，不同于简单地对一个作业的停止、删除、续算。如前所述，高通量材料集成计算涉及的作业多、文件多、占用存储空间也多，因此对大量作业的停止、删除或续算的操作还会涉及对它们分别所占用资源的处理 (如释放、回收等)。

5.4.5 海量数据处理

一个第一性原理计算作业结束后就会产生一批文件。以 VASP 为例，会产生 OUTCAR、vasprun.xml、CHGCAR 等大量文件。高通量材料集成计算涉及“多结构、多性质”的计算，因此会产生大量的计算结果文件。如何分门别类地对这些计算结果文件进行有效的管理？如何从这些结果文件中提取有效物性数据，并结合经验/半经验模型衍生出更多物性？如何从提取的物性数据中进行数据分析，找出它们随浓度等参量的变化关系？如何构建出“结构–成分–性质”数据模型等，都是高通量材料集成计算在面对海量数据时要关注的问题。

参 考 文 献

[1] 周伟明. 多核计算与程序设计. 武汉：华中科技大学出版社，2009.

[2] Eijkhout V. Parallel Programming in MPI and OpenMP. Lulu. com, 2016.

[3] Hwang K, Dongarra J, Fox G. Distributed and cloud computing: From parallel processing to the internet of things. Morgan Kaufmann Publishers Inc, 2021, 13: 978-0123858801.

[4] Rasley J, Karanasos K, Kandula S, et al. Efficient queue management for cluster scheduling. ACM, 2016: 1-15.

[5] Karanasos K, Rao S, Curino C. Mercury: Hybrid centralized and distributed scheduling in large shared clusters. USENIX ATC, 2015.

第 6 章 高通量材料计算驱动引擎

6.1 高通量材料计算驱动引擎概念

高通量材料计算从材料成分设计开始，以预定目标 (如材料的功能、物性) 确定为前提，确定可能的若干种方案，结合以往计算数据建立计算算例，并利用历史数据，在超大规模计算机上平行地启动这些计算方案。计算过程中要结合数据库对这些方案的并发算例进行动态控制和调整，去掉不符合条件的，修正不理想的方案，不断重复，直到将所有可能的方案“遍历”，将计算取得的所有结果予以保存，之后再对计算结果进行分析、综合，运用其他计算工具 (如动力学、热力学) 做进一步处理，最终找到可能的理想方案并为进一步的工作或其他相关领域的工作奠定数据的、知识的基础。

以第一性原理计算为例，不同于简单的第一性原理计算，高通量第一性原理计算包括如下内容，以便快速、高效地开展大规模计算或筛选。

(1) 计算精度的自动选取和设置；

(2) 交换关联泛函的自动选择；

(3) 赝势自动选择；

(4) 初始自旋状态的自动选择；

(5) 截断能的自动选择；

(6) k 点自动选择。

高通量第一性原理计算在数值计算相关方面的自动选择：

(1) 矩阵对角化方法；

(2) 电荷混合策略；

(3) k 空间积分方法。

此外还包括按既定流程对大量第一性原理计算的作业状态进行实时监控和调整，包括分析保存计算结果，并将多算例的计算结果重新反馈耦合到新算例中如此循环迭代。综上，高通量材料计算需要一个高通量材料计算驱动引擎 (high-throughput materials simulation engine)，负责高通量作业的生成、并发提交和监控以及负载均衡等。

高通量材料集成计算涉及高通量结构建模、计算集群、材料数据库和机器学习等，为了能将这些模块有效地集成，同样需要高通量材料计算驱动引擎。我们将高通量计算驱动引擎定义为：一个软件系统通过开放接口集成耦合不同尺度的材料计算软件，负责高通量计算作业的生成，大规模作业并发式提交和调度，大规模作业自适应调整、监督、负载均衡，计算结果自动化采集、规范化加工、存储，计算结果自动分析并以可视化方式呈现，知识挖掘、表示、存储 (如结构–成分–性质)。高通量计算驱动引擎是高通量材料集成计算的核心部分。

高通量计算驱动引擎基于高通量自动流程计算进行材料理论设计，以预期材料和物性发现为目标，需要探讨和解决的关键科技问题及应用概括如下。

(1) 如何设计高通量计算运行的庞大作业；

(2) 如何分析洞察海量计算数据的物理内涵；

(3) 如何识别发现高通量计算蕴含的基因参量；

(4) 高通量自动流程计算功能：高通量计算平台不是单一的数值计算系统，它追求的是一个能将计算模拟涉及的操作 (例如，结构模型对称性自动变换、k 点和路径积分自动选择设置、基组截断能量自动调控、弛豫循环收敛阈值自动调控、运行失败自动响应、物性数据自动提取等) 以自动流程化为目标的高度综合计算系统；

(5) 应用: 高通量计算如何应用于能源材料预测，拓扑绝缘体发现，多组元化合物结构稳定性及有序化倾向判断，热电材料，磁性材料以及催化材料等体系。

6.2　高通量材料计算驱动引擎核心功能剖析

高通量计算驱动引擎的模块交互示意图如图 6.1 所示。高通量计算驱动引擎将高通量结构建模、计算集群、数据库有效衔接，它集成耦合不同尺度的计算软件、各种经验模型以及机器学习算法库，以高通量建模生成的高通量结构为输入，生成大量的计算作业，并发式智能调度到高性能计算集群，实时监控作业的运行，从计算结果中获取的核心数据会自动存入数据库中，并通过机器学习构建出“结构–成分–性质”模型。

“高通量计算驱动引擎”负责管理和协调整个运算过程，其主要功能包括如下。

(1) 自动按需生成计算作业。开发利用材料结构数学模型，通过引用结构数据库及相关数据，按研究需要从简单结构创建、调控或变异，生成供计算模拟所需结构的算法和软件。研究和开发基于机器学习和统计方法的作业生成机制和算法。

(2) 自动调整和监督作业运行。建立人工运行作业的学习模型，采集并保存推理规则，按照机器学习结果建立推理系统来监控计算作业的执行。

(3) 自动分析计算结果并按照既定语义将计算结果保存到数据库。将计算结

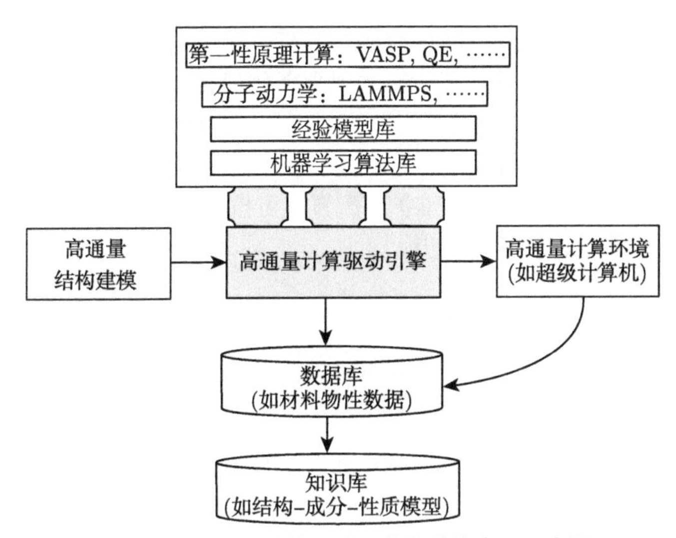

图 6.1　高通量计算驱动引擎的模块交互示意图

果解析后保存到专用数据库管理系统，方便人工查询和数据挖掘检索。

(4) 以开放的接口集成耦合多尺度、热力学、动力学、结构分析与预测、第一性原理等计算方法和工具。高通量计算驱动引擎不仅要驱动单一尺度的计算任务，同时还要将单一尺度的输入输出与多尺度、热力学、动力学、结构分析与预测的输入输出建立联系，负责它们之间的数据转换、传输等工作。

(5) 基于专用数据库管理系统建立知识表示、存储、挖掘机制，集成有效的学习算法，支持按需进行数据分析和推理。建立相应的知识采集、表示应用软件框架，并能按需适应相关材料研发任务。

高通量计算驱动引擎凝练和集成材料计算领域具有共性的高效能数据结构、可扩展并行算法与并行实现技术、Kohn-Sham 微分方程等的数值算法与解法器、物理参数、数据管理与可视分析接口、运行支撑工具等，提供面向材料计算领域的并行编程模型和应用软件集成开发环境，支持材料计算领域专家将应用软件的研发模式从当前“并行设计、并行编程、手工优化”模式提升到“并行设计、串行编程、自动优化”模式。高通量计算驱动引擎还通过数据结构和编程接口的规范，进一步为材料计算领域应用软件的研发和数据共享提供行业规范和标准，整体提升行业数值模拟的互操作共享能力。

为了能更好地支持和管理计算集群，高通量计算驱动引擎还应提供计算机系统服务与管理，主要包括高通量计算操作环境和数据库管理系统。高通量计算操作环境主要是能够运行和管理通用硬件计算平台的软件操作环境，面向高通量计算的特点能基于单一映像管理和操作万核量级的通用 CPU 以及 GPU 系统的全部硬件资源，提供高效调度、高可靠运行支持。需具备良好的硬件容错机制，无缝支持系统软件的版本升级，又能够实现智能化运行，可自动根据任务的负载情况弹性地控制硬件工作的规模和范围、自动检测并修复/替换故障节点，支持计算节点数量的动态无缝伸缩等，同时也要能够简化运维和系统管理工作，能够自动、在线、实时地实现全系统一致性维护、配置，可按照分组在线进行包括系统软件、应用软件在内的升级、更新和同步。

6.3 高通量材料计算驱动引擎非功能需求分析

高通量计算驱动引擎，还需满足以下的非功能性需求：

(1) 高通量，支持一次性 1000~10000 量级的作业吞吐；

(2) 多尺度，支持不少于 2 个尺度的材料计算软件；

(3) 图形化，提供图形化、可视化、组建化的操作界面；

(4) 集成化，支持计算操作、数据库、机器学习等的集成，支持各种经验模型的集成；

(5) 自动化，支持从高通量结构建模、高通量作业生成、作业调度、负载均衡、计算结果处理、规范加工、数据分析等步骤环节的全流程自动化；

(6) 流程化，支持从高通量结构建模、高通量作业生成、作业调度、负载均衡、计算结果处理、规范加工、数据分析等各步骤的协同工作，无须人工干预；

(7) 智能化，支持机器学习、图像识别等人工智能功能；

(8) SaaS 化，支持不同尺度计算模拟代码或软件的 SaaS 化操作，通过云计算模式提供服务，无须下载安装，符合软件的发展趋势。

6.4 实现高通量材料计算驱动引擎的关键要素

实现高通量材料计算驱动引擎需要考虑如下的关键要素。

6.4.1 作业与任务的区分

作业、任务、模拟等概念常常被混用。在这里我们可以做如下的区分：一个任务 (task) 代表一个计算流程的具体过程 (如几何优化、静态计算、能带计算等)。每个任务都是一次具体的模拟仿真 (simulation)，一个作业 (job) 可以包含多个任务。在采用工作流技术的情况下，一个作业也可以通过一个工作流 (workflow) 来帮助完成。用户可通过工作流一次性提交一个可以包含多个任务的作业。集群作业管理系统可同时对多个作业的所有任务进行管理。

6.4.2　满足材料计算的高通量特性

材料计算中的“高通量”表现在以下三个方面：①一次作业提交可以包含针对一个结构的多个计算任务，比如可提交同时包含几何优化、静态计算、能带计算和力学性质计算的任务。②一次作业提交可以包含有多个结构的多个计算任务。若这次作业提交有 $N1$ 个结构，每个结构又有 $N2$ 个计算任务，则这一次高通量计算实际上完成了 $N1 \times N2$ 个任务。③一次作业可以针对同一结构提交不同参数设置的计算任务。若这次作业提交有 $N3$ 个结构，每个结构可以用 $N4$ 套参数设置进行计算，则这一次高通量计算就有 $N3 \times N4$ 个计算任务。为了满足这种高通量计算要求，材料计算任务管理系统需要设计实现一个适用于多任务同时运行的工作流程模块，这样便可以满足材料计算的高通量特性。

高通量计算具有大规模计算的特性，但并不完全等同于大规模计算。高通量计算和大规模计算都具有处理数据量大、超大规模等特点。但高通量计算还应该具有计算容错、错误恢复这些重要特征。因为在计算过程中经常会出现输入/输出错误、内存不足等问题，所以高可用的容错、纠错机制是必不可少的。

高通量计算不等于高性能计算，高性能计算主要应用于海量数据处理、大规模仿真、大容量信息等领域，其主要特征是计算速度快，而高通量计算不是追求计算速度快，它追求的是较短时间内处理更多的任务。

6.4.3　高通量材料计算的容错、纠错机制

考虑到高通量材料计算的任务数量大，假设一次提交的任务数为 10000，如果有 1%的错误率，那么也会有 100 个任务运行失败，因此高通量材料计算必须要有针对失败作业自动定位故障原因，依据构建的知识库对该失败的计算进行动态的自动调整和纠正的机制。而作业自动调整和纠正的核心在于含有失败作业原因、新参数推荐等信息的知识库构建。而该知识库的构建可以从专家建议、大量失败作业分析、成功作业分析等基础上逐步构建和不断完善，是一个沉淀和积累的过程。作业自动调整与纠正知识库还可分为第一性原理计算作业调整与纠正知识库，分子动力学作业调整与纠正知识库等。实现的技术可以包括从最简单的 XML、JSON、数据库到知识图谱 (knowledge graph) 等。

6.4.4　工作流系统

工作流系统是高通量材料计算驱动引擎的核心，也是实现高通量自动化计算和筛选的关键。工作流可以理解为“业务过程的部分或整体在计算机应用环境下的自动化”。工作流系统核心包括两个部分：流程设计器和工作流引擎。流程设计器负责流程的设计和搭建，工作流引擎负责对工作流系统定义的每个任务的运行进行协同 [1]。系统首先呈现给用户的是流程设计器，其使用方便与否直接影响工

作流的设计。

材料计算涉及多个尺度的跨尺度计算，或同一个尺度下跨不同任务的计算，其特点是：前一个尺度或任务的计算结果会作为后一个尺度或任务计算的输入，由此形成一个材料计算流程。材料数据学习涉及特征变量选取、特征筛选、模型训练等步骤，前一个步骤的输出是后一个步骤的部分或全部输入，由此形成一个材料数据的学习流程。

为了提供一个用户友好的、交互式的流程设计方法，尤其是在云计算模式下的跨尺度材料计算或材料数据学习，我们提出了一种材料计算和材料数据挖掘的交互式流程设计方法，用户仅需一个网页浏览器，仅通过鼠标拖拽或单击的方式就可以便捷地开展复杂跨尺度材料计算流程，或材料数据学习流程的交互式设计。一个流程设计页面概念设计如图 6.2 所示。

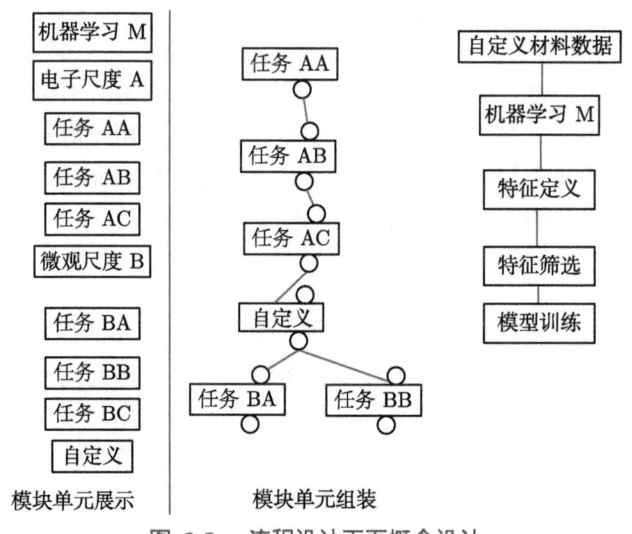

图 6.2　流程设计页面概念设计

基于上述思路，对一个 8 原子的 Si 开展材料计算，计算其能带。由于能带计算涉及 3 个模块，分别是几何优化模块 (geometry optimization)、静态计算模块 (static calculation)、能带计算模块 (band structure)。一个拖拽式流程设计页面如图 6.3 所示。

根据所要计算的材料物性数据不同，我们可以将工作流分为 4 类，它们分别是简单线性工作流、串行工作流、并行工作流和复杂工作流。这 4 类工作流简单地介绍如下。

图 6.4～图 6.7 揭示了本项目要研发的 4 种工作流，每种工作流均由一系列子任务通过不同的“搭配”组装而成。

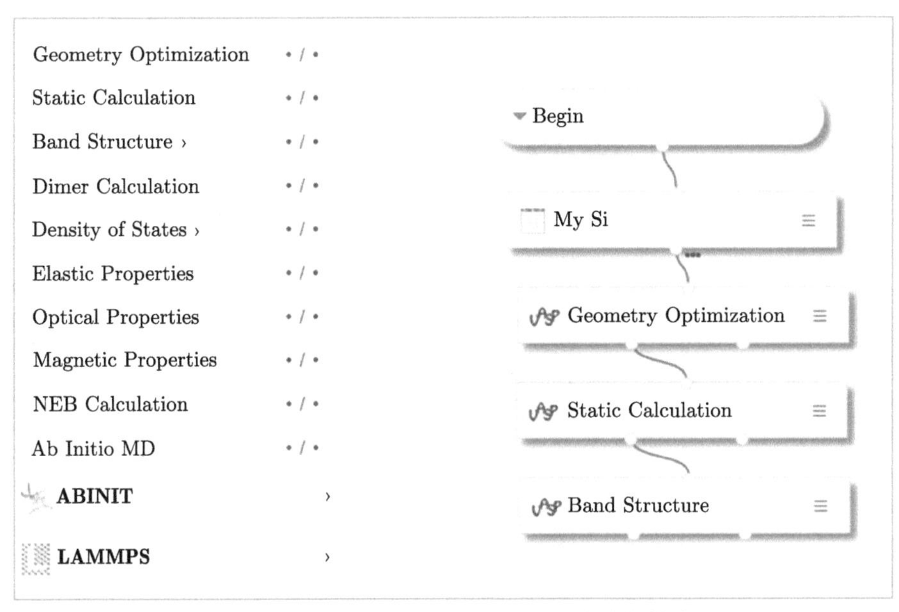

图 6.3　对 8 原子的 Si 进行能带计算的工作流拖拽式设计页面

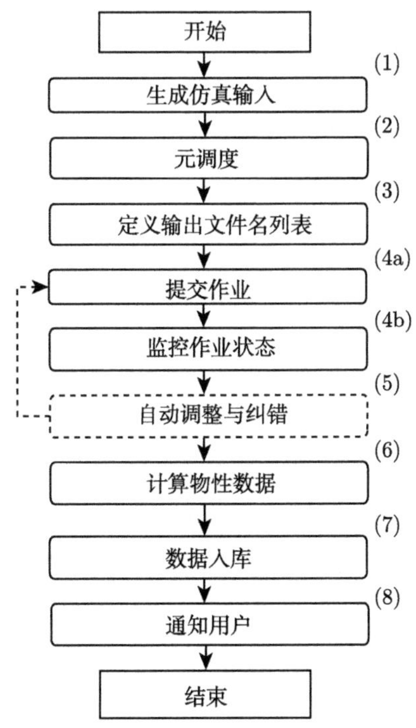

图 6.4　简单线性工作流，各子任务将线性顺序地完成

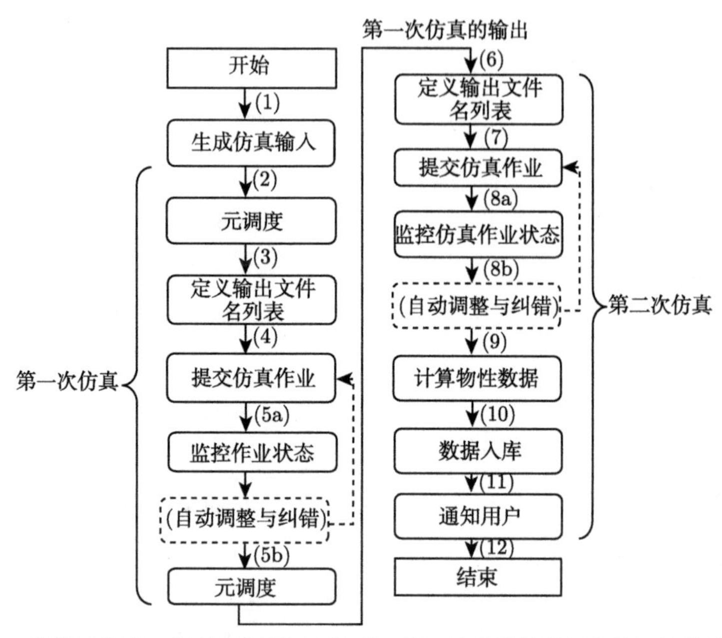

图 6.5　串行工作流，由两个仿真任务构成，第一次仿真的输出是第二次仿真的输入

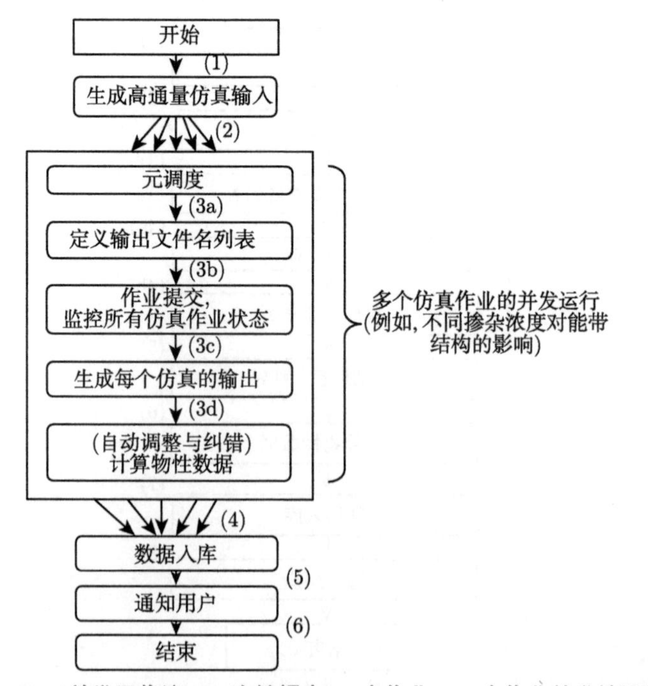

图 6.6　并发工作流，一次性提交 n 个作业，n 个作业并发地运行

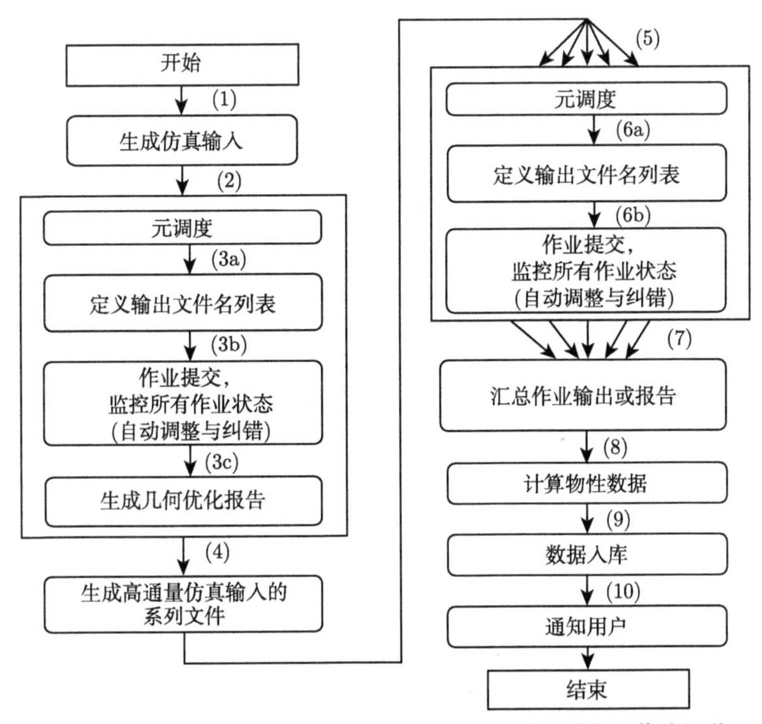

图 6.7 复杂工作流，综合了上述工作流的特点，由上述各工作流组装而成

6.4.5 高通量材料计算驱动引擎的要素整合

高通量材料计算驱动引擎有效地整合了算法、算力、数据和知识，如图 6.8 所示。

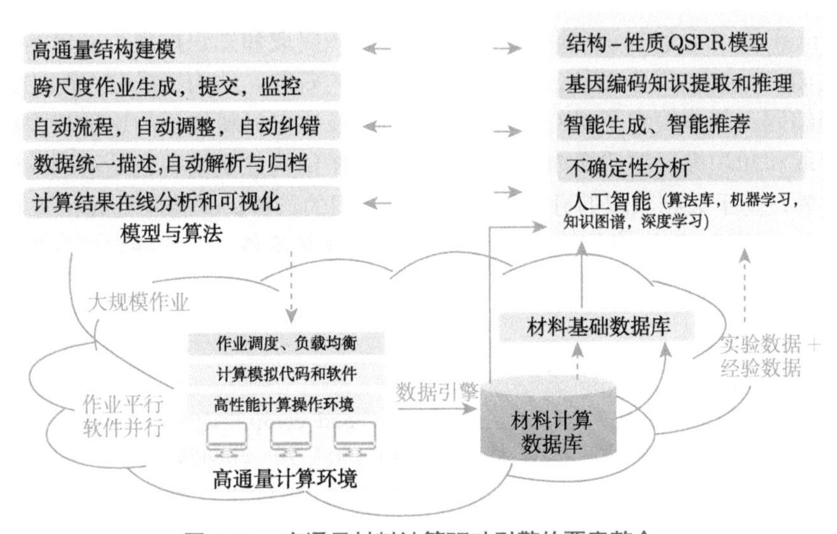

图 6.8 高通量材料计算驱动引擎的要素整合

(1) 模型与算法，主要负责高性能计算的前处理和后处理，生成 1000~10000 量级的大规模作业，以平行作业的方式提交给高性能计算集群。它主要包括了如下的 5 个核心功能模块：①高通量结构建模算法；②跨尺度作业生成、提交和监控算法；③自动流程、自动调整和自动纠错算法；④数据统一描述规范、数据自动解析和归档算法；⑤计算结果在线分析和可视化。

(2) 高通量计算环境，不仅负责高性能计算的硬件提供，还负责部署在其上的各种尺度材料计算模拟仿真代码、软件等的编译、运行管理、高性能计算操作环境以及作业调度等。它主要包括如下核心模块：①作业调度与负载均衡；②计算模拟代码和软件；③高性能计算操作环境。

(3) 材料计算数据库，负责从计算结果智能提取关键物性数据，并存入到数据库中。材料计算一旦结束，生成的只是大量的文件。这种没有经过处理的原始文件不能直接发挥作用，必须要把关键的核心物性数据从文件中提取出来。数据引擎负责按照既定的语义，从计算结果文件中提取关键物性数据，并自动存入到数据库中。材料计算数据库、材料基础数据库、经验数据和实验数据，为人工智能提供训练数据集。

(4) 人工智能，负责提供模型训练和知识提取等。采用的方法和手段包括：算法库、机器学习、知识图谱、深度学习等。主要包括如下核心功能模块：①“结构–性质”QSPR 模型，可通过给定结构预测给定结构的目标性质。QSPR 模型中的结构不仅是指几何拓扑的空间结构，也包括其成分和配比。我们可以通过一系列合适的结构描述符 (structure descriptor) 来描述，从而建立起描述符与目标性质的函数关系。这里描述符可以理解为“可获取的能决定结构物理化学性质的各类描述”，它包括成分描述 (compositional)，拓扑结构描述 (topological) 和原子占位 (site) 等 [2]。②知识提取和知识推理，知识提取和知识推理可以包括多种形式，比如，“结构–成分–配比–组织”基因编码的获取。结构、成分、配比、组织的基因编码，基本决定了材料的性质。如何寻找决定材料性质的这种基因编码是知识提取和知识编码的重要内容，上述的 QSPR 结构性质模型也是基因编码的一种。此外，基于数据获取的分类器也是材料知识的一种。③智能生成和智能推荐，包括 QSPR 预测模型、结构、成分等的智能生成和推荐。④不确定性分析，主要针对预测值与真实值的不确定性分析。

参 考 文 献

[1] Yang X, Wallom D, Waddington S, et al. Cloud computing in e-Science: Research challenges and opportunities. J Supercomput, 2014, 70: 408-464.

[2] Logan W, Alexander D, Alireza F, et al. Matminer: An open source toolkit for materials data mining. Computational Material Sciences, 2018, 152: 60-69.

第 7 章

高通量结构建模

7.1 结构建模概述

材料的结构建模指的是，根据结构信息 (组分、配比、对称性等) 构建结构的过程。结构建模可分为晶体建模、分子建模、高分子建模等。晶体建模指的是，基于晶体学原理，对给定的初始晶体结构进行晶格平移、旋转等，或对格点原子进行替换、表面切割或表面吸附等操作，从而产生研究所需要的晶体结构的过程。分子建模指分子和团簇等非周期性建模，分子建模还可以使用简化分子线性输入规范 (simplified molecular-input line-entry system，SMILES), 只需通过 ASCII 字符串就可明确描述分子结构。高分子建模是指根据重复单元和聚合物参数，构建聚合物分子链模型。

按建模后结构生成的数量，我们可将结构建模分为两类：基本结构建模和高通量结构建模。基本结构建模主要指给定明确的约束，构建一个具体的晶体或分子结构。高通量建模是指定初始条件，对给定的结构进行调控操作，生成满足条件的大量候选晶体或分子结构的过程。高通量建模生成的结构可通过高通量计算筛选确定最优结构。

按结构构建的方式，我们可将结构建模分为交互可视化建模和非可视化建模。一般而言，交互可视化建模主要用于构建一个具体的晶体或分子结构，非可视化建模一般用于高通量结构建模的场景居多。

高通量材料计算所需的结构建模可分为如下两种方式：第一种方式为利用高通量材料计算平台或软件自带的建模工具。第二种方式为利用一些开放的第三方建模工具事先搭建好模型，然后通过一定的格式转换等操作，导入到高通量材料计算平台或软件。然而，由于高通量建模及高通量计算筛选是正在兴起的理念，第二种方式涉及的材料结构建模软件一般支持基本建模的居多，大多不支持高通量建模生成大量的候选结构空间。

为了使大家能更好地开展高通量材料计算，本章以生成高通量材料计算所需的结构候选空间为目标，以晶体的高通量结构建模为主要研究对象，把一些常见的晶体高通量结构建模进行了一些分类、整理和提炼，以使大家明白高通量结构建模的思路和理念，更好地运用高通量建模，开展高通量材料计算和筛选。晶体高通量结构建模的思路和理念也可拓展到分子的高通量结构建模。

7.2 超胞构建

超胞构建是一种最简单的高通量结构建模，指用于生成输入结构的超晶胞。超胞构建分为两种情况：①直接扩展原始晶胞；②构建变形超胞。对于直接扩展原始晶胞，由于晶格的空间周期性，只需将输入结构按照其晶格矢量平移扩展即可完成。而构建变形超胞需要重新定义晶格，在这种情况下，晶胞需要通过变形矩阵进行转换，从而得到最终的变形超胞。

7.3 掺　　杂

作为一种提升材料和物质性能的重要方法，掺杂是最常见的一种晶体结构调控手段。掺杂最早是指通过添加适量的合适杂质来增加金属的电导率，这个过程被称为掺杂 (doping)。广义上的掺杂是指一种或多种物质以一定浓度将目标物质掺进某种基体当中，在化学、材料等相关应用领域，有目的地在这种材料或基体中，掺入少量其他元素或化合物能够使原始材料产生新的特定的磁学、光学、机械性质等 [1]。

掺杂可分为定位取代和随机取代。定位取代是指在固定位置取代某个原子。随机取代指给出浓度范围，生成出满足要求的所有可能结构。随机取代又可分为单掺和多掺。单掺主要指，生成的结构中只有一种元素被另一种元素替代，即结构中只有一种元素被替换，且掺杂浓度可以取 $0 \sim n$ 的所有值/范围，其中 n 是被替代元素在掺杂结构中的浓度。单掺又可分为一种元素被替换成另一种元素的“一对一”掺杂，以及一种元素被分别替换成多种元素的“一对多”掺杂。多掺是指多种元素的掺杂，多掺又可分为多种元素分别被替换成一种元素的“多对一”掺杂，以及多种元素被多种元素分别替换的“多对多”掺杂。这些都是高通量建模需要考虑的地方。

“元素每增加 1 种，成分组合增加 10 倍”，因此随机取代掺杂往往会产生大量的候选结构，哪几种结构最优，仅靠实验去进行判断效率是很低的，尤其是当浓度很低时，实验的手段几乎失效。高通量计算筛选能很好地帮助选出最优结构。使用高通量第一性原理计算或高通量筛选方法研究或筛选掺杂结构，需要首先生成大量的掺杂候选结构。对于一个特定的结构进行替代掺杂，其可能的掺杂结构往往不止一个。当掺杂体系增大时，可能的掺杂结构数量往往会非常巨大。

为了使得高通量计算和筛选能够更好地涵盖各种掺杂情形，我们提出了高通量随机取代掺杂的建模模型[2]，这里用英文描述该模型可能会更好：For a given crystal structure, using different dopant elements $X(x_1, x_2, \cdots, x_i)$ to replace different target element species $Y(y_1, y_2, \cdots, y_i)$ that contains certain number of atoms Z $(z_1, z_2, \cdots, z_i)$ that involves certain series of sites U $(u_1, u_2, \cdots, u_i)$ to reach different doping concentrations $V(v_1, v_2, \cdots, v_i)$。在本研究中，考虑到实现的复杂度，一般可以先实现确定的掺杂元素 X 去替换结构中的确定元素 Y，以生成确定浓度 V 的掺杂结构的替代掺杂算法。

对于使用算法进行随机取代掺杂建模来说，其最大的难题在于需要排除产生的可能掺杂结构中的不等价结构。所谓的等价结构，是指在数据结构上并不相同，但在晶体学上通过一系列的平移、旋转或对称操作转换后，可以由一个结构转换成为另一个结构，这两个晶体结构在晶体学上是等价的。一般情况下，对于晶体对称性较高的结构，生成的掺杂结构中，等价结构会占绝大部分。以含有 16 个 Al 原子的晶胞为例，对其进行浓度为 50%(原子数) 的掺杂，所有可能的掺杂结构总数为 12870，而去除掉等价结构之后剩下的不等价结构个数仅为 151，只占全部总数的 2%不到。因此为了降低第一性原理计算时间成本，减少时间和计算资源的浪费，必须想办法去除生成结构中的等价结构。

综上，高通量建模生成掺杂结构需要解决两个问题：其一是如何生成掺杂结构。解决这个问题需要保证算法能够完整地生成全部的掺杂结构，不会有所遗漏，即保证最终结果的完备性。其二是如何排除掉生成的掺杂结构中的等价结构。解决这个问题需要保证算法能够筛除掉等价结构，使得在最终的结果中，任意两个结构均是不等价的，即保证结果的唯一性。目前，能支持高通量掺杂建模的软件工具很少，Materials Studio、VESTA 主要支持定位取代，不支持随机取代生成大量候选结构，而 MatCloud+支持通过随机取代生成大量的掺杂结构，并可直接设计或调用工作流模板，对生成的掺杂结构进行高通量计算筛选。

7.4　表面切割

晶体的表面结构是指将晶体沿某晶面切割 (如 (111) 晶面)，不改变切开晶面原子附近的原子位置和电子密度所形成的表面，且在表面附近，将垂直于表面方向的晶体周期性中断，通过填充真空层形成表面晶体结构。表面结构与标准的晶体结构不同，只有平面上的二维周期性，因此在建模时为了保证计算的结果，往往需要在表面方向上加一层真空层以隔离该晶面指数方向上周期原子对其的影响。

表面切割生成表面结构是通过第一性原理计算研究材料界面性质的前提。切表面功能用于根据用户输入的结构和参数构建满足晶面指数的晶面。表面现象一直是材料研究的一个重要分支，随着第一性原理计算的兴起，材料表面领域的计算研究越来越成为一个研究热点。表面的第一性原理计算可计算表面结构的表面能、结构、DOS、能带以及表面吸附原子或原子官能团对表面性能的影响。

表面切割的操作较为简单，可概括为：用户指定密勒指数、真空层厚度、层数等参数，然后根据用户的输入生成满足需求的表面结构。表面切割也可以生成满足要求的大量候选表面结构，通过高通量计算和筛选，找出满足条件的表面结构。

7.5 表面吸附

晶体的表面吸附指，在一个表面结构上吸附某个原子或者某个分子，关键在于寻找吸附的位点。对于一个表面来讲，虽说表面之上的任意点均可为吸附位点，但是对于一个稳定结构来说，只存在有限个相对合理稳定的吸附位点，在这些位点吸附原子和分子可以得到较低的能量，形成稳定的吸附结构。因此表面吸附也典型地涉及高通量建模。表面吸附的高通量建模可概括为：①寻找全部的吸附位点；②结合需要吸附的数量，对所有的位点进行组合，得到所有可能的吸附组合；③针对每个吸附组合，将对应的原子或者分子放到该组合对应的位点上去，形成吸附结构；④对吸附结构进行排重，去除掉那些在对称性上重复的结构。

获取到所有的吸附结构后，需要对这些吸附结构进行计算，获取其能量，取能量最低的即为较为稳定的吸附结构。如果需要判断某浓度下表面吸附行为是否发生，可以计算其吸附能。如果吸附能为负，则说明该浓度下的吸附可以进行；如果为正，则表明该浓度下的吸附不存在稳定结构。由于是表面吸附，我们只需要关注一个平面上的位点即可。另外，对于一个表面模型，其表面原子并不会恰好全部位于同一个表面，所以常常以一个具有一定厚度的“薄膜”来表示表面，位于这个薄膜中的所有原子均可视为表面原子。

从算法上，我们可以从三个角度来确定一些比较特殊的可能稳定的吸附位点。①所有表面原子的正上方，这种位点称为顶位 (top)；②所有表面原子两两之间连键的中点上方，这种位点称为桥位 (bridge)；③所有超过三个表面原子所构成的多边形 (该多边形内不能存在其他的表面原子) 的中心点，这样的位点称为穴位 (hollow)。顶位和桥位都比较容易确定，但是对于穴位，将所有表面原子所形成的所有多边形的中点全部找到会比较困难，而且这些穴位之间也有不少重复位点。所以针对穴位的算法有一个简化的思路：即对表面原子进行一个三角剖分，然后令所有的三角形的中心点作为吸附位点。对于钝角三角形的中点，由于其本身也很难成为稳定的吸附位点，这样的位点可以舍弃。另外，对于实际的表面体系，其表面原子也常常具有某种对称性，因此有些吸附位点虽然不在同一个点上，但从对称性上来讲，它们可以被看作同一个吸附位点，这些重复位点也可以被舍弃。

目前，能支持高通量吸附建模并筛选出等价结构的软件工具很少，Materials

Studio、VESTA 主要支持指定位点的吸附，MatCloud+可以支持高通量吸附建模。

7.6 界面建模

晶体的界面建模是指，基于两类晶格材料构建起一个界面结构的过程。界面指的是不同晶体间过渡的那一个平面，对于一般晶体而言，大多都不是完美的单晶，即在一块材料中可能会存在不同取向乃至不同构型的晶格，这些不同的晶格之间会存在一个过渡面，这样的面就是多晶界面。同样，将不同的单晶材料压在一起也可形成这样一个界面，在界面的两侧是不同晶格构型的结构。由于构型的不同，界面往往会表现出和单独表面不同的性质。因此，构建界面结构进行计算模拟是必要的。晶体的界面建模往往涉及如下的一些关键步骤。

(1) 首先确定是哪两个表面构成界面。表面结构的获取可以采用 MatCloud+、MS、VESTA 等软件提供的切表面工具来实现。

(2) 对齐表面结构。由于界面的两个表面来自不同的晶格，它们的晶格取向往往也是不相同的，晶体学的模拟计算一般是按一个周期性单元进行模拟。如果将两个晶格取向不同的晶体直接强行拼装，那么搭建起来的结构将会是不准确的，因此需要重新定义晶格将两个表面对齐。一般来讲，如果是通过 MS 这类软件，可以使用重新定义晶格的扩充超胞方案，将两个表面的晶格定义到一个夹角相差不太大的程度，然后再各取两个晶格矢量的最小公倍数即可构建出对齐的表面结构。如果没有最小公倍数，扩充到长度差别不大的程度也可。此时，两者夹角的相差程度称为夹角失配率，而长度相差的程度则为失配率。在构建对齐表面的过程中，往往难以形成失配率为零的表面，因此需要进行取舍：在满足失配率的前提下，选择最小的扩充面积即可。MatCloud+的建模功能不仅直接提供了界面对齐功能，并且将这一切全部自动化。用户只须设置最大失配率以及最大匹配面积，即可获得相应的界面结构。如果没有办法找到满足条件的结构，MatCloud 会输出空结构。

(3) 延展表面。两个结构经过超胞的扩充，往往很难恰好形成两个晶格完全一致的表面结构，此时则需要进行延展，即强行拉伸令两个结构完全匹配。一般的操作可以是选择某一个为基底，对另外一个结构进行拉伸操作。也可以将两个结构同时拉伸，每个拉一半来进行匹配。MatCloud+采用第一种操作方式进行表面延展，即选择一个结构为基底，另外一个结构进行拉伸匹配。

(4) 形成界面结构。此时要做的就是将两个表面结构放在一起即可。值得注意的是，由于对称性的问题，两个表面结构放在一起的时候可以有不同的堆叠方式，这种不同的堆叠方式构建起来的界面结构呈现出来的物性也有可能是不同的。在 MatCloud+的界面建模中，匹配的时候会根据对称性，将所有可能的堆叠方式所形成的界面结构全部输出，形成界面结构候选空间。

7.7 粗粒化建模

模型粗粒化是介观模拟方法与其他模拟方法的一个显著区别。所谓“模型粗粒化”是指，将通常模型中的若干个原子视为一个基本结构单元，等效为一个“珠子”。这种由“珠子”构成的结构模型称为“粗粒化模型”。介观模拟方法即是采用各种势函数描述“珠子”间的相互作用，以及在这种作用存在的条件下，“珠子”的分布、运动、各种分布所形成的拓扑形貌以及与运动相关的结构、动力学性质等。

“模型粗粒化”使得介观模拟方法能够用更少的粒子、更简单的势函数形式描述更大尺度的体系，它可以研究微米尺度模型在微秒范畴内的动力学过程。目前，常见的介观模拟方法包括：基于保守力、耗散力以及随机力描述“珠子”间相互作用的耗散粒子动力学 (dissipative particle dynamics, DPD)，基于 Martini、Shinoda 力场描述“珠子”间相互作用的粗粒化分子动力学 (coarse grained molecular dynamics, CGMD)，基于朗之万方程 (Langevin equation) 的平均场密度泛函方法 (mean field density functional method)。介观模拟方法所能研究的体系包括：聚合物体系、各种溶液体系、复合材料体系、纳米材料体系等。

参考文献

[1] 井新利, 赵卫兵, 郑茂盛. 掺杂态聚苯胺的性能研究. 石化技术与应用, 2001, 19(4): 225-228.

[2] Zhang M, Yang X. Approach and algorithm for generating appropriate doped structures for high-throughput materials screening. Computational Materials Science, 2018, 150: 381-389.

第 8 章 多尺度计算模拟和跨尺度桥接

8.1 概　述

多尺度材料计算模拟可包括空间尺度 (length scale) 和时间尺度 (time scale)。许多不同的材料特性可由多尺度的结构层次和过程所决定，因此对所研究的系统进行有效的计算需要采用特定的模拟技术和计算方法。总地来说，计算方法可分为基于场 (field-based) 的计算方法和基于粒子 (particle-based) 的计算方法 [1,2]。基于场的计算方法，最典型的就是密度泛函理论计算。而基于粒子的计算方法，最典型的就是分子动力学。

跨尺度计算模拟的文章和书籍有很多，有围绕金属/合金的，有围绕高分子的。本章的撰写主要参照了美国矿物、金属和材料协会 (The Minerals, Metals & Materials Society，TMS) 的“跨尺度建模：连接跨时空尺度的材料建模和计算模拟路径图” (简称“跨尺度模拟”) 研究报告 [3]。本书作者调研了众多的材料多尺度计算模拟文献，认为 TMS 的研究报告是写得较为全面和系统的。该研究报告由来自美国、德国、瑞典等近 40 个学术界、工业界和政府的知名技术专家，花费了大量的时间和精力撰写而成。这些专家还被分为了 4 个小组：1 个负责大部分内容撰写的核心组，2 个定期碰面讨论并提供咨询的专家组，以及 1 个最终报告的审查组。“跨尺度模拟”报告系统地阐述了什么是材料多尺度计算，材料多尺度计算要解决的关键问题和挑战，以及解决这些挑战性问题的路径图。此外，TMS 本身也是世界知名的材料专业协会，该协会将世界各地在工业、学术界和政府从事矿物、金属和材料研究和开发的科学家和工程师连接起来 (目前已有来自六大洲的近 14000 名专业和学生会员)。TMS 通过召开国际会议、出版书籍和期刊、颁发奖项、举办短期课程和培训以及召集专业人士等方法，解决共同关心的冶金和材料领域所面临的问题。

由于主要参照 TMS 的调研报告，本章也主要是从金属/合金的角度阐述了多尺度计算模拟的概念、各尺度常见的计算模拟方法、跨尺度桥接方法、难点及今后的发展路线。同时本章的撰写还结合了作者在高通量多尺度材料计算领域多年的研发积累和深刻理解，给出了底层技术的一些实现方法。

本章主要架构如下：首先介绍不同时空尺度的计算模拟，包括量子尺度、原子尺度、介观尺度和宏观尺度的概念和定义。然后重点围绕金属/合金，介绍量子和原子空间尺度、微观尺度的材料结构演化、宏观尺度计算模拟的常见实现方法，以及它们之间的输入输出耦合。在此基础上，阐明了跨时空计算模拟的难点和挑战，指明未来跨时空尺度的高通量材料集成计算发展路线图。最后介绍国产软件支持跨尺度计算模拟的情况。

8.1.1 不同时空尺度的定义

目前业界对多尺度计算模拟有着不同的时空尺度划分和定义，例如，有的分为 3 类，有的分为 4 类，但其核心理念基本是一样的。TMS 将多尺度计算模拟主要分为 3 类：① 量子和原子空间尺度；② 微观尺度的材料结构演化；③ 宏观尺度的计算模拟。我们认为，Gooneie 等对不同时空尺度给出了一个较好的定义 [4]，将多尺度模拟清晰地分为 4 个尺度，分别是：量子尺度、原子尺度、介观尺度和宏观尺度。

(1) 量子尺度 (quantum scale，$\sim10^{-10}$m, $\sim10^{-12}$s)。在此尺度下，原子核和电子是被关注的两种主要粒子，主要通过量子力学方法，研究它们的状态。研究与化学键的形成和断裂相关现象的可能性、电子构型的变化和其他类似现象等，这是量子尺度计算模拟最具优势的地方。

(2) 原子尺度 (atomistic scale，$\sim10^{-9}$m, $\sim10^{-9}\sim10^{-6}$s)。在原子尺度下，所有原子或多组原子都明显地由单个位点表示和处理。使用许多不同的相互作用来估计系统的势能，这些相互作用被统称为力场。典型的相互作用包括键合和非键合相互作用。键合相互作用通常由键长、键角和键二面角组成。最常用的非键合相互作用是库仑相互作用和色散力。分子动力学和蒙特卡罗模拟技术通常用于在此级别对原子过程进行计算模拟。与量子力学方法相比，分子动力学和蒙特卡罗方法涉及更大的原子组。

(3) 介观尺度 (mesoscopic scale，$\sim10^{-6}$m, $\sim10^{-6}\sim10^{-3}$s)。在介观尺度上，分子通常用场或被称为“珠子”的微观颗粒来描述。通过这种方式，分子细节被隐含地引入，这使得可在一个更长的时间尺度上模拟一个现象，而原子尺度的计算模拟很难达到这样的空间和时间尺度。一个基于场的 (field-based) 聚合物体系描述的典型例子就是混合自由能的 Flory-Huggins 模型，其中体系的细节在模型参数中进行汇总。在基于粒子 (particle-based) 的模型中，颗粒的集合通过粗粒化程序积聚“珠子”间的相互作用用于表征该体系。目前已经开发了各种方法研究聚合物系统中的介观结构，包括耗散粒子动力学、布朗动力学 (Brownian dynamics，BD)、晶格玻尔兹曼 (lattice Boltzmann，LB)、动态密度泛函理论 (dynamic density functional theory，DDFT) 和依赖于时间的金兹堡–朗道 (time-dependent Ginzburg-Landau，

TDGL) 理论。

(4) 宏观尺度 (macroscale，$\sim 10^{-3}$m, $\sim$1s): 在宏观尺度下，系统被视为连续介质，原子和分子的离散特性被忽略了。这种系统的行为是受本构定律的约束，这些本构定律通常与守恒定律相结合以模拟各种现象。所有函数 (如速度和应力分量) 都是连续的，除了用于分隔连续性区域的有限位置数。宏观尺度计算模拟的基本假设是用等效的均质模型代替材料中的异构性。最重要的用于模拟该尺度体系的方法是有限差分法 (finite difference method，FDM)、有限元法 (finite element method，FEM) 和有限体积法 (finite volume method，FVM)。

在量子尺度上，材料的亚原子电子结构会产生关于分子几何形状、磁性、(核磁共振、红外或紫外) 光谱数据、量子力学基态和激发态以及材料化学的信息。在这种规模上对材料进行计算模拟需要明确考虑电子的自由度，常用的基本模拟方法如第一性原理方法，它可以近似地解决薛定谔方程，通常以 Born-Oppenheimer 近似为基础，唯一需要提供的信息是原子的数量和原子的占位信息。而半经验或经验方法则需要提供原子之间的相互作用模型。在材料科学和量子化学领域有许多著名的量子力学计算程序包，一些可供学术界和工业界用户免费使用 (例如 ACES II、AMPAC、CPMD、GAMESS、Quantum ESPRESSO、SIESTA)，一些需要从供应商处购买 (例如 VASP、CASTEP、Gaussian、Molpro)。这些代码中有许多是基于密度泛函理论，有些是基于 Hartree-Fock 模型。量子力学计算的时间尺度为飞秒级别，近年来，随着计算能力的上升也可以达到皮秒级别 [5]，其参数结果经常被用于设计经典分子力场，从而提供与下一个尺度的联系。

在分子的原子或微观尺度上进行模拟比典型的量子力学/化学应用场景更多，例如，从热力学到固体和流体的大体系输运特性都可以计算。由于需求更大，众多学科 (如物理学、化学、化学工程、分子生物学和生物化学等) 的研究人员为发展和加强这种空间尺度的方法做出了贡献，这类模拟的典型相关时间尺度大致在皮秒到几百纳秒之间 [6]。对于这种使用半经验或经典力场的计算机模拟，通常有几个学术软件包可以免费使用 (例如 LAMMPS、CHARMM、DL POLY、GROMACS、NAMD、IMD、XMD)。除此之外，商业软件也被广泛使用 (例如 Materials Studio、GROMOS)。在微观尺度上考虑的系统，尽管忽略了电子的运动，但其行为仍然主要由能量决定。因此，单个原子或原子团可以用基于经典相互作用势来描述。最早使用的两种方法是经典分子动力学 (molecular dynamics) 和蒙特卡罗 (Mont Carlo)，用于模拟共价键、库仑相互作用、分子中扭转和弯曲的附加相互作用势等。由于电子之间的量子作用贡献被忽略了，其计算效率大大上升，Lennard-Jones 势是一个经常使用的模型势。

介观尺度是考虑到许多真实材料体系的结构，比基于原子/微观尺度的研究要大得多，因此忽略分子细节从而提供在更长的时空尺度上的模拟方法，一般模拟的时间尺度在微秒到毫秒之间 [4]，例如，在粗粒度分子模拟中，常常将原子基团、官能团或者重复单元当作一个粒子进行模拟，而不需要关注分子原子的信息，这在软物质和生物系统的典型领域 (如聚合物和胶体系统) 比较常见。

当对许多自由度进行平均化时，人们最终到达现象学的宏观尺度。在这里，连续体模型被用来描述固体的 (黏) 弹性行为和基于 Navier-Stokes 方程的流体特性。大多数情况下，使用基于网格的方法，如有限元法，以及其他用于解决偏微分方程的程序，这通常与工程科学中的应用密切相关。在技术应用中，我们的目标通常是与宏观测量的参数直接连接，而不引入任何微观量或分子量。

8.1.2 跨尺度桥接

目前已有不少多尺度计算模拟的研究和文章都论述了多尺度计算模拟的价值和技术细节，然而跨时空尺度材料计算模拟仍缺少理论框架、方法和代码，尤其是不同尺度计算模型的桥接，以及这些不同尺度间的数据和信息传递。现有计算工具的主要缺点之一是，单个工具无法跨越相关的各种空间和时间尺度材料设计 [7]。微观尺度的分子动力学计算可以从精度更高的量子力学第一性原理计算获得输入，例如，原子位置和原子间受力情况可通过第一性原理计算获取，从而用于拟合原子间关联势，提供给分子动力学模拟。分子动力学计算模拟输出的体积模量和缺陷等热力学和动力学性质，可用于更粗粒度的微观动力学等。因此跨时空尺度计算模拟的核心难点之一在于不同尺度计算模拟的桥接和参数传递的基本理论方法和框架。美国提出的集成计算材料工程 (Integrated Computing Materials Engineering, ICME) 和材料基因组计划 (MGI) 都特别强调这种量化的、准确的、基础的跨尺度桥接模型、算法和代码的开发。

跨尺度材料计算是目前的研究热点。以美国为例，美国启动的很多项目都关注解决跨尺度桥接的问题。例如，由美国能源部支持的“能源效率和可再生能源办公室计划”，就应用 ICME 方法开发先进的汽车用钢材。其中一个项目“ICME 方法研究轻量级、第三代先进高强度钢”旨在开发一套集成模型，以预测第三代先进高强度钢 (3GAHSS) 的性能，并将此整套软件用于材料集成设计作为最终目标。该项目基于美国 DOE-EERE 4 年内的 600 万美元资助 (辅之以 200 万美元的配套资金)，通过美国汽车材料伙伴关系有限责任公司进行 (由克莱斯勒集团有限责任公司，福特汽车公司和通用汽车参与的一个合作组织)，并与美国汽车/钢铁合作伙伴 (A/SP) 共同协作。

自美国材料基因组项目提出后，也有一些多尺度计算模拟项目启动。例如，美国能源部启动了 PRISMS (PRedictive Integrated Structural Materials Science) 项目，其主要目标是开发一套集成的且经验证的计算工具，加快结构金属材料的设计。一些涉及跨时空尺度的计算模拟研究工作包括：建立集成的多尺度计算模拟框架和开源软件、开发先进的开源计算方法、紧密结合实验和模型的应用验证，并最终形成一个开源知识库和虚拟协作平台“Materials Commons”。PRISMS 围绕 4 个主题开展：镁合金的沉淀进化、再结晶和颗粒生长、拉伸行为和疲劳行为。

同样是在美国材料基因组计划下，NIST 启动了 CHiMaD (Center for Hierarchical Materials Design 项目)，专注于开发计算工具、数据库和实验技术，旨在加快新材料设计，并将其集成到工业应用。在空间尺度建模方面，开发了促进层状材料发现的下一代计算工具、数据库和实验技术，实现了预测、测量和解释的集成，验证了代码和数据库资源等，并召集专家和科学家通过讲习班、研讨会、培训和会议的形式，开展多学科和多部门交流。

另外，两个与 MGI 相关的项目都集中在约翰霍普金斯大学 (JHU)，包括美国空军的集成材料建模卓越中心 (Center of Excellence on Integrated Materials Modeling，CEIMM) 项目和美国军队赞助的极端动态环境中的材料 (Materials in Extreme Dynamic Environments，MEDE) 项目。集成材料建模卓越中心需要多机构研究和教育委员会，他们的成员来自学术界、空军实验室和工业界，以促进计算和实验方法的进步，支持集成计算材料科学与工程 (Integrated Computational Materials Science and Engineering，ICMSE)，并将它们用于各种材料的研究。CEIMM 的 3 个指导原则包括：① 理论、计算和实验创新方法；② 跨尺度、跨学科、跨材料类别、跨加工和跨性能的集成；③ 学科交叉的教育模式，以培养新一代的研究和工程技术人员。在跨尺度计算模拟方面，CEIMM 计划结合计算模拟和实验，主要采用了以下方法：① 基于物理的多尺度模型；② 多尺度表征和虚拟模型；③ 多尺度的实验方法；④ 不确定性的量化。MEDE 项目也是一个合作研究项目，项目参与单位包括约翰霍普金斯大学、美国陆军研究实验室、加州理工学院、罗格斯大学和特拉华大学。MEDE 方法既多尺度又多学科，包括：① 规范建模；② 识别不同时空尺度的机理、模型和计算 (包括不同尺度的桥接) 实验；③ 集成的模型或代码；④ 融合多尺度诊断和可靠数据集的综合实验。

轻水反应堆先进仿真联盟 (The Consortium for Advanced Simulation of Light Water Reactors，CASL) 是美国能源部的一个创新中心，由橡树岭国家实验室 (Oak Ridge National Laboratory，ORNL) 领导，提供先进的建模和商业核反应堆的仿真解决方案。轻水反应堆先进仿真联盟的六个技术重点领域包括：先进建模应用、物理集成、辐射传输方法、材料性能优化、验证和不确定性的定量以及热液压方法。这些重点领域都使用跨学科协作方法，开发和应用反应堆虚拟环境 (virtual environment for reactor applications，VERA)。关于跨时空尺度的材料计算模拟，VERA 中的组件使用耦合的多物理模型模拟核反应堆物理现象，并且 VERA 还包括了用于这些组件的软件开发环境和计算基础设施。另一个美国能源部的涉及多尺度计算模拟的大型核能项目是核能高级建模和仿真 (Nuclear

Energy Advanced Modeling and Simulation，NEAMS) 计划，由美国能源部核能办公室资助。NEAMS 的总体目标是通过开发建模和计算仿真工具，获得对核能技术性能和安全性能新的洞察和理解。例如，在 NEAMS 的燃油产品线 (fuels product line，FPL) 部分，其中一个核心就是使用 NEAMS 的“Pellet-to-Plant”仿真工具包，开发具有预测性的计算能力，用于从原子尺度、介观尺度和宏观尺度对燃油性能进行多尺度计算模拟。

8.2 多尺度材料计算模拟

8.2.1 量子和原子空间尺度的计算模拟

图 8.1 所示的是美国 TMS 学会在 2015 年提出的量子和原子空间尺度的计算模拟、实现方式和性质预测概览图。如图所示，在量子和原子空间尺度的计算模拟中，一般由以下 4 个常用的模型构建方法构成第一性原理计算的基础：① 密度泛函理论；② 量子蒙特卡罗方法；③ 经典势；④ 伊辛模型。

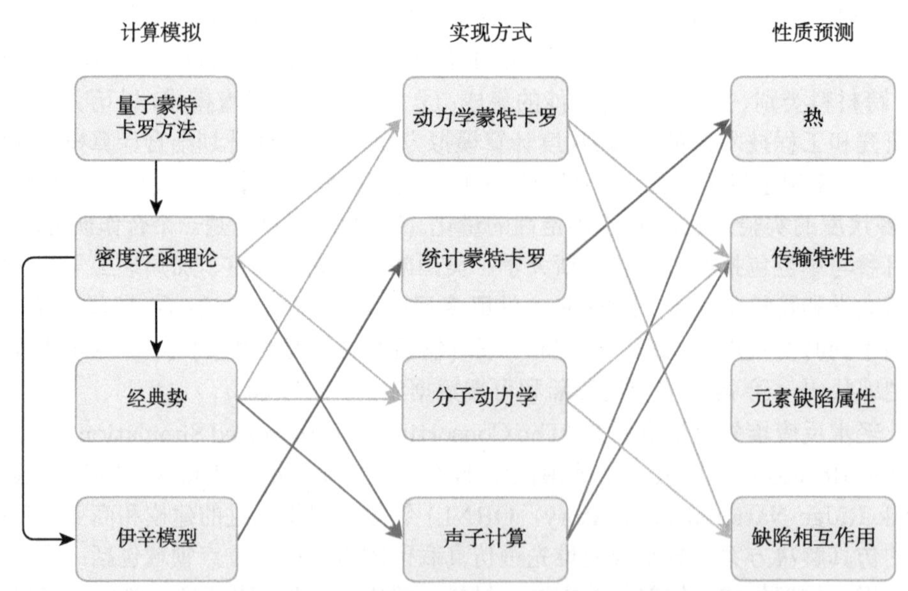

图 8.1　量子和原子空间尺度的计算模拟、实现方式和性质预测概览图

彩色箭头反映了输入–输出关系 [3]

基于统计和微观力学实现，采用图 8.1 第一栏量子和原子空间尺度的输出作为输入，并支持块体材料热力学性质和缺陷交互预测的方法，一般包括如下 4 种：① 动力学蒙特卡罗；② 统计蒙特卡罗；③ 分子动力学；④ 声子计算。以下就量子和原子空间尺度计算模拟主要方法展开介绍。

1. 密度泛函理论

密度泛函理论 (density functional theory，DFT) 利用量子力学的原理，给出了电子-离子多体问题的近似解。Kohn 和 Sham 开发了用于处理相互作用电子的非均匀系统的近似方法，这些方法适用于慢变或高密度系统。对于基态，这些方法也可以分别得到类似于 Hartree 方程和 Hartree-Fock 方程的自洽方程。在这些方程中，均匀电子气化学势的交换和关联部分以一个附加有效势的形式出现。科研人员也对固体和液体的分子和原子电荷密度的泛函和自洽解进行了大量研究，这给无拟合参数的化学性质预测提供了思路与方法。此外，原方程在低电子密度区域 (空位、表面) 会失效，这是 DFT 方法的一大缺点。但是在过去二十年中，随着广义梯度近似 (generalized gradient approximations，GGA) 和混合泛函的引入，原方程的这一缺点和其他缺点也得到了系统性修正。

尽管 DFT 是一种非常强大的建模技术，但是使用 DFT 模拟也存在一些局限性。例如，用 DFT 预测的原子键强度比实验值更强，在具有定域电子体积的强关联材料 (如分子材料和一些绝缘化合物) 上的应用会受限，在预测范德瓦耳斯相互作用 (即色散) 上的应用也很有限。然而，在电荷密度高且变化缓慢的金属系统上应用 DFT 十分合适。此外，许多 DFT 方法在自洽计算中去除了紧密束缚 (即核心) 的电子，虽然这种近似在处理大多数化学敏感的情况时是有效的，但当处理镧系元素、锕系元素或高压模拟时并不太适用。电子结构方法对化学变化非常敏感，但受限于计算速度，通常会将模拟限制在小于几十皮秒的 1000 个原子的时空范围内。过去 10 年，嵌入方法蓬勃发展，已经可以模拟产生长程弹性场的缺陷 (即位错和自间隙)。

尽管有上述这些限制，但是 DFT 对于许多材料的设计和预测依然非常有用，并且是开发第一性原理方法不可或缺的一部分。这些技术可以用来开发原子势，并形成了用于热激活过程 (动力学) 的伊辛模型的基础，而且作为一种化学方程，也可以用于研究缺陷的性质。

DFT 计算模拟代码，包括商业化代码 VASP、Wien-2K，以及开源代码 NWChem、Quantum ESPRESSO、ABINIT、GPAW、CP2K 以及 CPMD 等。

2. 量子蒙特卡罗方法

量子蒙特卡罗 (quantum Monte Carlo, QMC) 是在量子/原子空间尺度上新兴的方法，其基础是电子多体波函数的随机表示，它可能会从根本上改变模拟这类问题的方式。然而，该方法还处于相对早期的发展阶段，在预测复杂材料的性能上任重而道远。QMC 的基础涉及电子多体波函数的随机表示，在以可伸缩方式模拟周期性系统上存在局限性，而且其计算开销也很大。在求解与系统相关的能量上，大规模 QMC 计算需要很高的计算消耗。此外，在求解合力时需要更多的计算以减少误差，QMC 模拟也需要赝势和试验波函数。然而，这是一种具有重大前景的技术。

量子蒙特卡罗的代码大部分在实现中，可供下载的代码包括 QMCpack、Qwalk 和 CASINO。

3. 经典势

经典势 (或原子间势) (classical potential) 试图用非常简单的函数来表示原子间复杂键的相互作用，使用这些函数可很容易求解能量和原子间作用力。这种方法将所有的电子结构效应 (如成键) 转化为势函数的形式，用户对其具体的相互作用并不可知。因此，在进行任何模拟之前，都要对电势进行仔细且系统的测试。虽然有时将势函数称为“经验势”，但这些函数中的许多子成分是基于成键的量子力学理论。通常，这些函数通过参数化构建，而这些参数可被优化，以复现更精确的结果 (如通过 DFT 计算得到的结果)。此外，由于经典势有着更简单的函数形式，因此在计算能量和原子间力时所需计算也大大减少，由此所产生的势在保证达到 DFT 计算精度的同时可扩展到更大的时空尺度。

当推导一个特定系统的势函数时，提前了解和认识最终要预测的性质是很重要的，例如，预测熔化温度所需的输入数据可能与预测某些力学性能所需要的输入数据并不相同。此外，由于势函数在某些条件下与特定材料相关，因此适用于某个体系的势函数可能并不适用其他体系，例如，面心立方铝的势函数不能适用于氧化铝体系。因此，由于使用了不同的数据构建势函数，所以应该在相似的系统或条件下使用势函数。最后，当开发势函数时，要考虑如何更好地权衡不同类型数据的作用。

用于开发经典势的代码包括：Potfit 和 GULP。

4. 伊辛模型 (团簇展开，晶格气体)

晶格气体建模 (lattice gas modelling) 方法基于底层晶格 (Ising 模型) 来描述能量和其他量对合金体系结构的依赖性。这种方法的一个例子是团簇展开，其展开参数通常来自第一性原理，该方法利用晶格哈密顿量、蒙特卡罗模拟来预测热力学性质，最后对热力学性质的预测是多个构型的整体平均结果。

这种方法的预测精度受限于选择的哈密顿值，随着模拟体系中化学组分数量的增加，哈密顿量参数的获得也变得更加困难，因此该方法实际上仅限于成分较少的体系。此外，虽然已经开发了处理谐波和非谐波原子位移的方法，但蒙特卡罗集成方法通常假设一个固定的底层晶格。总地来说，晶格气体模型方法在自由能贡献 (即振动、电子、磁、构型) 是可加的系统中更易应用。基于晶格气体建模方法实现的代码有 UNCLE 和 ATAT。此外，很多课题小组还开发了他们自己的晶格气体建模代码，这些代码暂时没有对外公开。

5. 动力学蒙特卡罗

动力学蒙特卡罗 (kinetic Monte Carlo，KMC) 方法通常是一种离散原子模拟方法，用于模拟系统中基本跃迁集合与时间相关的性质。该方法的使用相当普遍，在材料计算领域常用于描述物质的空位扩散或原子/分子沉积的薄膜生长。由于 KMC 在材料计算中的应用通常涉及对原子尺度过程的描述，因此通过 DFT 计算获得的构型能 (configurations energies) 可以作为 KMC 模型的基础。最后，KMC 方法可用于预测特定材料体系在给定温度下的输运性质系数，这种输运性质通常在跨尺度桥接预测模型上非常有用。

由于 KMC 是一种随机的、基于概率的计算方法，为了减少误差，通常需要进行大量模拟，并把平均值作为结果数据。因此，虽然 KMC 方法的效率较高，但是进行大量模拟的计算开销依旧会非常大。此外，当对发生在不同时间尺度 (即非常快和非常慢的事件) 的动力学过程进行建模时，该方法也是低效的。在这种情况下，计算通常由快速事件主导，因此在较低时间尺度模拟时会受到限制，这种现象称为动力学困境，这在跨时空尺度时影响很大。

KMC 的代码实现包括 SPPARKS 和 Los Alamos 国家实验室开发的 Object Kinetic Monte Carlo。

6. 统计蒙特卡罗

统计蒙特卡罗 (statistical Monte Carlo，SMC) 模拟，通常也简称为蒙特卡罗模拟，其应用基于统计力学的蒙特卡罗算法来计算体相和界面的平衡结构和热力学性质。该方法也是计算平衡相图或块体自由能的常用方法。

统计蒙特卡罗模拟代码包括：LAMMPS、Towhee、EMC2 (ATAT 包的一部分) 以及 SPPARKS。

7. 分子动力学

分子动力学 (molecular dynamics，MD) 方法将物质系统模拟为遵循经典动力学定律的粒子 (原子、离子、分子) 集合。利用分子动力学可以推导体积较大的材料性质，如熔点、块体能量、缺陷能以及某些输运系数。使用现代计算方法，MD 可以扩展到模拟数千至数十亿个原子体系，从而预测一系列材料性质。但是，如果要保证对材料性质预测的精度，则需要更长的时间步 (通常在飞秒量级上)，相应的计算开销也会增大。

经典分子动力学的一个重要限制是，原子间势并没有明确表示自由度，例如电子交换、磁性等。因此，如何建立包含这些效应的经典势模型，是当下研究的

活跃领域 (如 ReaxFF 反应力场或键序势方法)。

对于小体积 (小于 1000 个原子)，原子的运动可以用 DFT 来确定；对于系统，可以用经典动力学来演化；第一性原理计算分子动力学 (*ab initio* molecular dynamics, AIMD) 可以用来研究液体以及固液界面，其时间步长约为几飞秒，持续时间可达数十皮秒。

目前经典分子动力学有许多商业化和开源代码，如 LAMMPS 和 GULP。第一性原理分子动力学包括 VASP 的 AIMD，以及其他平面波赝势方法。

8. 声子计算

声子计算 (phonon calculations) 技术是一种量子/原子尺度上的方法，可用于计算基本的材料参数，如热力学性质。声子计算与 DFT 类似，都是基于第一性原理和最小起始条件进行计算的，因此该方法也是从头算的。不同的是，其起始点是声子或由波矢量表示的原子运动集合。

谐波或准谐波理论 (harmonic or quasi-harmonic theories) 是声子计算技术的基础，但在高同源温度或接近不稳定性的情况下，这些理论可能会得到不准确的热力学性质，这也就限制了声子计算的应用。

声子计算的代码实现包括 ATAT 和 PHONOPY，一些 DFT 代码也包含了声子计算实现，如 VASP、Quantum ESPRESSO 和 AbInit。

8.2.2 微观尺度的材料结构演化和材料响应

微观尺度的材料结构演化和材料响应 (microstructural evolution and materials response) 主要用于了解材料微观结构演变和属性预测。微观尺度材料结构演化的空间尺度从纳米到毫米范围，此长度范围内的计算模拟和数据流涉及不同输入、实现方法和输出间的复杂相互关系，如图 8.2 所示。微观结构包括晶粒、相、亚晶粒位错结构、点缺陷簇等，建模方法包括相场法、元胞自动机、蒙特卡罗–波茨方法、离散位错动力学等。图 8.2 可被视为一个总体表示，捕捉一些基本的计算模拟方法来理解微观结构演变和材料响应 (属性预测)，以及其中一些复杂的交互关系方法、计算模拟范式下的输入和输出。

微观尺度的材料结构演化和材料响应常用的方法包括：① 相场法；② 尖锐界面模型；③ 沉淀演化模型；④ 元胞自动机；⑤ 蒙特卡罗–波茨方法；⑥ 离散位错动力学；⑦ 晶体塑性；⑧ 统计体元的直接数值模拟；⑨ 微观结构敏感相场连续介质法；⑩ 基于微观力学的均匀化方法；⑪ 内部状态变量模型。

1. 相场法

相场 (phase field) 方法源自基于扩散界面模型 (diffuse interface model) 的演化方程。这种方法的一些主要优点包括：无须显式地跟踪界面位置，易于跟踪界

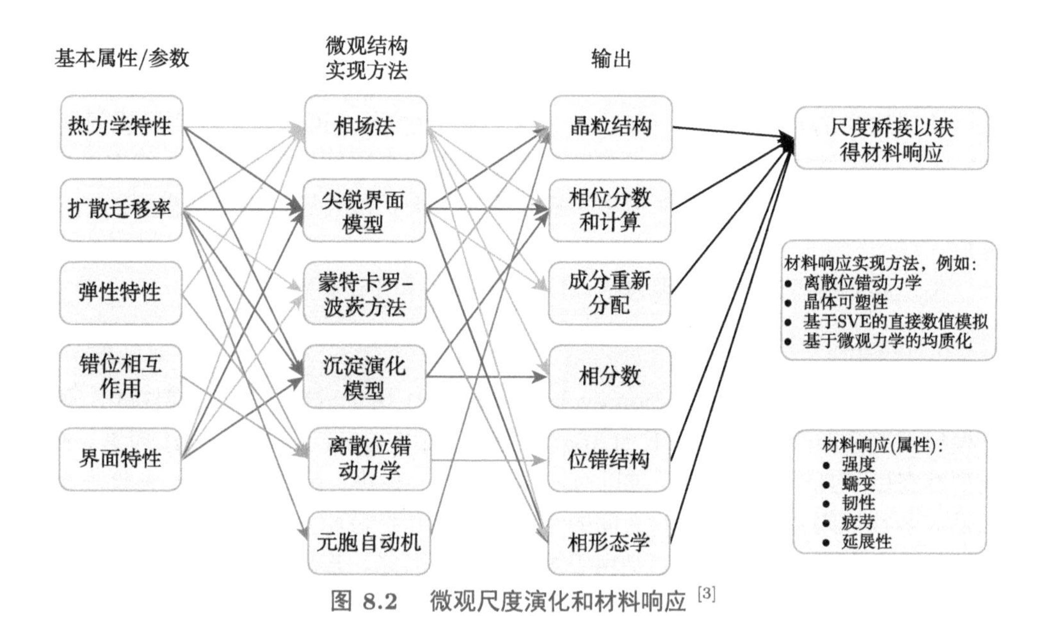

图 8.2　微观尺度演化和材料响应 [3]

面拓扑的变化，可以直接添加除扩散之外的其他物理现象。由于界面形态不固定，因此可以方便确定微观结构的形态演变。因此，这种扩散界面模型已成为一种有价值的、广泛使用的模拟相变方法。

相场法和其他许多建模方法一样，在实际应用中会受到运行大型仿真所需计算成本的限制，其根源在于扩散界面处的扩散空间尺度比典型的微观结构演化空间尺度小得多。此外，选择自由能函数时要更加严谨，因为该方法最终结果的准确性很大程度上取决于这些函数。在相场方法中，一些模型参数 (包括界面迁移率或成核等随机事件) 很难预测。最后，并不总能够通过渐进扩展将相场模型映射到尖锐界面模型。

相场模拟软件包括：Micress™、FiPy™、OpenPhase™ 和 MOOSE (Marmot)™。

2. 尖锐界面模型

尖锐界面模型 (sharp interface model) 先验地将界面拓扑定义为表面 (在三维模型中) 或线 (在二维中) 以模拟微观结构的演变。这可以与相场方法形成对比，在相场方法中，界面在开始时没有严格定义，本质上被视为扩散。尖锐界面模型广泛应用于模拟多种形式的微观组织演变，如固态析出物生长、两相粗化、晶粒长大、凝固等。

当使用尖锐界面模型时需要明确跟踪界面位置，并且在这种跟踪方法中必需明确拓扑管理，这在 3D 中很难实现。此外，使用界面模型时必须要设定边界条件，其位置需作为问题解决方案的一部分，从而也限制了某些模拟的效率。如果可以计算出界面的法向速度，则可以通过使用水平集方法来减轻拓扑管理的挑战。通过使用适当的材料对称性 (如平面、球形或圆柱形)，可以修正几何形状问题，对尖锐界面模型进行简化。由于扩散问题发生在比微观结构特征尺寸小很多的空间尺度上，因此使用尖锐界面模型不需要解决界面扩散问题，这是该模型的一大优点。

尖锐界面模型的软件实现包括：DICTRA™ 和 FiPy™。

3. 沉淀演化模型

沉淀演化模型 (precipitation evolution model) 用于成核、生长和粗粒化，基于模拟粒度分布演化的 LSWK (Langer-Schwartz-Wagner-Kampmann) 理论。此模型存在以下几个问题：一是难以对成核进行准确建模，因此通常需要先验假设；二是大多数代码忽略了沉淀物之间的空间相关性和扩散相互作用；三是生长沉淀物的形态通常固定为球形；四是由于难以测量界面能、形核参数、位错密度等所需参数，沉淀演化模型的使用也受到了限制。

沉淀演化模型软件代码实现包括：TCPRISMA™、PanPrecipitation™、MatCalc™ 和 PrecipiCalc™。

4. 元胞自动机

元胞自动机 (cellular automata) 方法代表了一类可用于各种用途的非常广泛的模型。元胞自动机首先将材料分解成一组元胞 (cell) 或空间 (space)，并定义这些元胞的初始条件，然后应用这些元胞的演化规则表示微观结构，其中元胞的演化需要经过多个时间步进行。该方法在概念上和蒙特卡罗模型类似，主要区别在于元胞自动机可以使用任意一组规则来控制模型系统的演化，特别是不需要符合蒙特卡罗方法必须遵守的步骤和要求。计算材料学家使用元胞自动机技术来模拟微观结构的演化和类似现象。

在使用元胞自动机方法时，需要添加一定的数学规则，比如凝固模拟中枝晶生长的各向异性规则，这是该方法的一大限制。由于这些规则被强加在元胞上，因此会导致出现近似物理系统的某种几何形状，但这些规则通常没有明确的物理上的先验证明。大多数情况下，模拟结果不一定能得到理想或有效的解释。

元胞自动机的软件代码实现包括：μMatIC™、Procast™ 和 Sutcast™。

5. 蒙特卡罗–波茨方法

蒙特卡罗–波茨 (Monte Carlo-Potts method) 方法是一种模拟微观结构演化的方法，每个单独晶粒的演化都需要考虑其局部环境 (关于晶界、取向错误等) 和任何对该系统产生影响的因素。模型中微观结构的空间分布被映射到像素 (二维)

或体素 (三维) 网格。该模型通过许多蒙特卡罗时间步模拟微观结构的演化过程：根据局部环境，使用基于系统能量 (即哈密顿量) 定义的蒙特卡罗程序，沿晶界更新网格点。

尽管蒙特卡罗–波茨方法是模拟微观结构演化的一种非常有效的技术，但它描述复杂物理现象的能力有限。因为在模拟时对微观结构的过程进行了简化，所以不能直接用来解决一些基本的、原子尺度的、引起晶界运动和简化的扩散过程。此外，通常并不能知晓关于各向异性和其他复杂特征的信息。最后，模拟使用的计算网格或晶格可能引入各种计算误差。

虽然蒙特卡罗–波茨方法通常由定制研发的代码支持，但 SPPARKS 软件是一个开源的软件包，不仅用于模拟颗粒生长，而且可用于更广泛的 QMC 问题。

6. 离散位错动力学

离散位错动力学 (discrete dislocation dynamics) 方法通过计算每个瞬间所有位错段的确切位置和速度来表示材料在外部载荷作用下的力学行为。这不同于连续晶体塑性模型：在连续晶体塑性模型中，位错描述是唯象的，通常是基于位错密度计算而不是基于物理的单个位错计算。但是，这种更明确的错位描述也使问题域的规模相对较小。因此，离散位错动力学在跟踪微观结构特定位置的缺陷演化方面非常有效，例如异质性界面、晶界或裂纹尖端。

不过，为了使这种方法有效，必须明确描述位错行为、准确定义位错源。大多数方法很难再现一些常见行为，例如硬化和位错胞的形成，特别是在大应变之后。此外，在表示多相相互作用方面也存在一些困难。

离散位错动力学的典型软件是 ParaDIS™。

7. 晶体塑性

晶体塑性 (crystal plasticity) 模型的核心是将晶体的力学行为与现有滑移系统的滑移联系起来。每个晶体都定义了晶体取向，这样各向异性塑性效应就可以通过它们与局部力学状态的相互作用来获得。假设滑移由位错产生，晶体塑性模型需要获得位错运动引起滑移的激活应力，其中可能包括不同程度的位错–位错和位错–界面相互作用。

有很多方法可以通过晶体塑性来模拟多晶体行为，包括简化的均匀化方法和更复杂的方法 (如广义自洽方法)。不同效率和近似水平的有限元法和有限差分法是更先进和准确的方法。与标准均匀化方法不同，这些技术往往包括弹性各向异性，可以对多晶/多相微观结构直接进行数值模拟，从而提高局部状态的准确性。解决晶界/相界在滑移介导中作用的最新技术尚处于起步阶段，晶体塑性可以通过用户定义的子程序合并到商用有限元程序 (如 Abaqus) 中。

8. 统计体元的直接数值模拟

统计体元的直接数值模拟 (direct numerical simulations on statistical volume element) 方法使用有限元法对通过微观结构实验或模拟得出的统计体元 (statistical volume element，SVE) 或代表性体元 (representative volume element，RVE) 直接进行数值模拟。在该模型中，使用统计测量 (如 n 点概率相关性方法) 得到关键的微观结构特征 (如晶体取向和晶粒尺寸分布)。使用 SVE 可以真实地表示微观结构，同时减少计算开销并提高计算速度，这对于扩展到三维情况时自由度的增加至关重要。此外，为了建立结构–属性模型，可以对三维微观结构的有限元模拟输出进行数据分析。

这种方法的一个缺点是，为了获得具有统计意义的度量，当构建合适的 SVE 或 RVE 时，需要从大量材料样本 (或集合) 中全面收集和分析数据。此外，虽然该方法非常擅长仅从一组加权的 SVE 或单个 RVE 来描述有效的属性和行为，但尚未提出一个严格的统计显著性标准以用于模拟异常现象 (例如，裂纹扩展的成核现象)。

统计体元的直接数值模拟软件代码包括：Zebulon™、DREAM.3D™ 和 DIGIMAT™。

9. 微观结构敏感相场连续介质法

微观结构敏感相场连续介质法 (microstructure-sensitive phase field continuum method) 将微观结构演化模型耦合到连续介质计算 (如相场法) 中，本质上是微观结构演化和材料响应空间尺度范围内的桥接技术。这种方法需要结合晶界、界面和其他类型的缺陷，使用微观结构演化模型 (如元胞自动机) 的基本输出对微观结构敏感的材料性质进行更严格的预测。

使用此方法的一个难点在于，所需的相场转变数据通常不可用或难以纳入微观结构演化模型。此外，由于不存在解决此类耦合问题的单一自由能方程，如果没有广泛的实验校准，则很难获得此类多物理方法 (包括裂缝) 的参数化标准。

目前暂时还没有该方法的软件代码实现。

10. 基于微观力学的均匀化方法

基于微观力学的均匀化方法 (micromechanics-based homogenization method) 可以用来预测一个给定的异质微观结构属性。Mori-Tanaka 方法和基于自洽的方法是两个常用方法。这些方法通常用于分层多尺度建模，将其应用于单位单元、SVE 或 RVE，以获得可传递给更高尺度模型的有效属性。

基于微观力学的均匀化方法软件代码实现包括 SwiftComp™、Micromechanics™、LS-DYNA 和 MOOSE™。

11. 内部状态变量模型

内部状态变量模型 (internal state variable model, ISV) 在连续热力学方法的背景下，可以有效跟踪材料微观结构的演变，模拟应力–应变–温度行为，有助于传递跨尺度的结构–性质信息。内部状态变量模型没有明确表示微观结构的复杂性，而是反映了平均或相对低阶的统计时刻状态。与任何一类粗粒度模型一样，给定过程的 ISV 模型并不是唯一的，内部状态变量的不同集合或组合可以应用在同一微观结构的模型演化上，因此分层建模的尺度间信息传递问题将变得更加复杂。此外，内部状态变量模型可与计算微观力学结合，并用后者进行尺度的桥接。比如，使用 ISV 的具有滑移系统硬化关系的晶体塑性模型，以及直接数值模拟多晶响应的有限元方法。

8.2.3　宏观尺度的计算模拟

宏观空间尺度范围内 (大约大于 1mm) 的材料建模和模拟主要面向结构材料的加工/工艺 (processing) 和行为 (behaviour) 两大类，如图 8.3 所示。不同加工方法和行为模拟需要输入大量数据和参数，这些数据和参数来源于实验值和较低空间尺度模拟的输出。获取这些输入数据和开展宏观尺度的性质预测基本方法是，通过有限元方法提取力学、热学、流量/运输和结构设计信息。

结构材料的有限元建模和仿真主要面向加工工艺 (processing) 和行为 (behaviour)。这里的行为主要指宏观性能预测如图 8.3 所示，面向行为的计算模拟主要包括：高应变率计算模拟、低应变率计算模拟、组件计算模拟和结构系统计算模拟。面向工艺/处理/过程的计算模拟主要包括：铸造和凝固计算模拟、沉积和涂层计算模拟、成型计算模拟及热处理计算模拟等。

1. 高应变率的计算模拟

当对组件级高应变率 (high strain rate) 力学行为/性质进行计算模拟时，需要考虑材料可能处于和该组件典型操作条件不同的情况。此外，高应变率数据也很难通过实验获得。在宏观空间尺度范围内进行此类模拟所需的数据包括子结构和接头 (焊缝/黏结/热影响区) 描述，以及相关的失效准则。高应变率相比低/中等应变率，时间尺度的差异造成了两者计算成本的不同。具体来说，虽然高应变率事件的总时间尺度要小得多，但为了捕捉材料响应，必须对更多的时间步长进行建模，这就导致使用高应变率计算模拟的计算开销非常大。

美国 DoD 和 DOE 开发了一些计算模拟高应变率的软件，如 ALE3D。高应变率的商业软件包括：PAMCRASH™、LS DYNA™、Abaqus™。

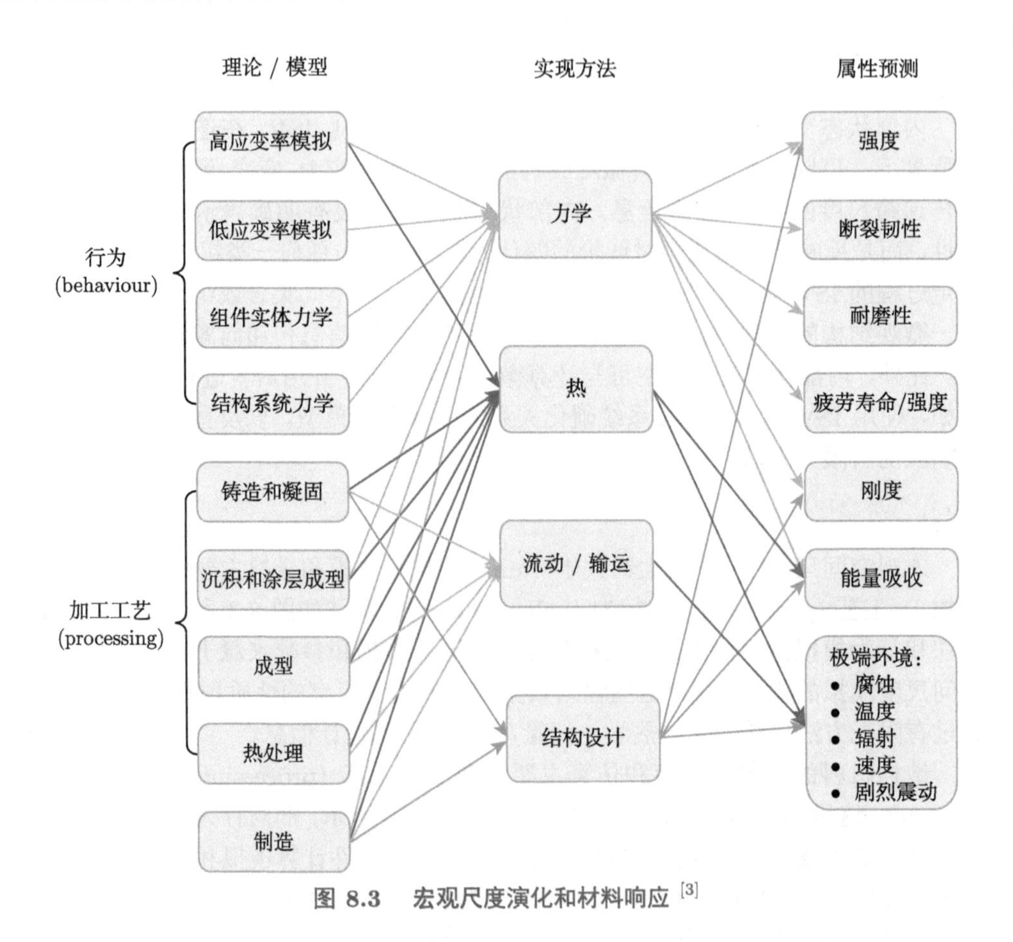

图 8.3　宏观尺度演化和材料响应 [3]

2. 组件的计算模拟

对组件 (如齿轮、梁甚至集成到更大系统中的单个螺栓) 的力学性质进行计算模拟通常依赖基于固体力学的有限元方法。与所有使用网格的有限元方法一样，网格可能会导致计算错误或者计算结果的不准确。虽然，近年来生成高质量网格变得越来越容易，但在许多情况下，为了保证计算时间，仍然需要限制网格大小和自由度数量。

比起微观结构和基本性质计算，组件的计算模拟需要考虑更广的参数范围，比如要包括接触、界面等因素，并需要对组件故障进行计算模拟。因此，在计算时通常不可能保留整个组件的详细属性和结构信息，而且由于理想化/假设可能会造成精度的损失。

对力学性质进行计算模拟通常使用标准有限元工具、有限差分工具、有限条工具 (如用于薄壁结构) 等。由于有限元建模与尺寸无关，因此可用于模拟从晶粒到部件再到系统的各种结构的材料响应。此外，要注意的是，虽然有限元网格几乎可以表示任何尺寸的网格，但同时表示多个尺寸的网格通常会造成网格过大，从而造成计算困难。

基于该方法的主要的商业化软件包括: Abaqus™、ANSYS™、COMSOL、DYNAFLOW™、LS-DYNA™、NASTRAN™，开源软件并不是很多。

3. 结构系统的计算模拟

结构系统 (structural system) 是指由各种组件组成的独立、复杂的装配体，如汽车、建筑物、飞机、桥梁等。通常使用固体力学或结构力学中的有限元方法进行建模，采用桁架、梁、板、壳等单元。该尺度上模型要使用的属性值可以通过实验测量，或对较小尺度模型获得的属性值求平均。

在该尺度下，为了实现计算上的可行性，通常会对建模场景进行理想化和假设，因而会导致关键细节的丢失。此外，结构系统的计算模拟需要使用材料甚至是组件子系统的平均有效属性，这给疲劳、断裂等类似属性的计算模拟带来了挑战。而且在大多数情况下，对整个结构系统的计算模拟是不太可能的。

上述仿真模拟软件基本都支持结构系统的计算模拟，此外还有如下的软件也支持：OpenSees、SAP2000、STAAD.Pro™ 和 Strand7™。

4. 凝固的计算模拟

工业凝固 (solidification) 过程 (如铸造、焊接等) 的建模通常使用多物理场有限元方法。根据特定条件，这些模拟的输入数据非常多样化，比如材料和模具的热导率和热容量、传热系数、作为凝固分数函数的潜热释放、流变特性等。由于从液体到固体 (尤其是流变) 的转变过程中属性值发生了很大变化, 这给过程尺度上的凝固过程建模带来了重大挑战。

用于模拟凝固的宏观尺度方法难以深度融合微观结构演化、材料响应或量子/原子尺度的信息。输入数据通常仅限于属性的平均值。此外，在使用多物理场有限元模拟工业凝固过程时可能会缺乏输入所需的关键数据，在模拟复杂几何形状和局部特性波动时的计算费用也比较昂贵。

用于模拟宏观尺度如铸造、凝固等建模和模拟的软件包括：Magmasoft™、Procast™、SOLID Cast™、Abaqus™ 和 Sysweld™。

5. 沉积和涂层的计算模拟

在对沉积和涂层 (deposition and coating) 过程进行计算模拟时，需要考虑微观结构演变和材料响应的热机械因素和宏观尺度。带有力学性能演变的热力学和材料流动的强耦合也需要考虑。在宏观空间尺度范围内，由于微观结构细节是未知的或者局部微观结构信息很难通过计算获得，因此这些有限元模型可能并不包括微观结构细节信息。

界面是沉积和涂层过程建模中的一个重要问题。在非常精细的尺度下，界面和界面的相互作用会导致出现大尺度效应。使用有限元建模的一个常见问题是：适用于宏观尺度组件 (毫米和更大) 的网格，并不能在界面相互作用的空间尺度 (通常为纳米) 上使用。界面现象在许多过程建模和微观结构演化建模中具有重要影响，在沉积和涂层过程的计算模拟中尤其重要，因为其中许多变量是受界面相互作用控制的，而且界面之间的尺度和性质差异也尤其显著。最后，与此尺度下的所有计算模拟一样，错误可能来自局部信息的丢失，输入数据的缺乏也会给该计算模拟的使用造成限制。

有限元分析是沉积和涂层建模与仿真的主要方法，主要软件包括：ANSYS 和 Abaqus。

6. 成型的计算模拟

在对成型 (forming) 过程进行有限元模拟时需要输入大量数据，以充分表示几何形状和材料性质的演化。所需的输入数据包括：强度、弹性模量、加工硬化行为、各向异性、应变率敏感性、温度对力学性能的影响、成形极限图、断裂极限图和摩擦/表面特性。这些数据可以通过文献、实验或小规模计算，特别是通过微观结构演变和材料响应模型获得。

基于有限元开展成型过程建模和仿真软件包括：Autoform™、LSDYNA™、Abaqus™ 和 Deform™。

7. 热处理的计算模拟

由于在宏观尺度上建立不同模型时需要考虑其适用的温度范围，因此建立热处理 (heat treatment) 过程的有限元模型会变得更加复杂。例如，中等温度范围的较低空间尺度计算可能无法轻松过渡到高温下的宏观热处理计算。此外，热处理过程计算模拟高度依赖于所讨论的材料体系类型。因此，如果缺少热处理过程–微观结构的相关数据、数据库或文献则很难对其进行计算模拟。适用于热处理计算模拟的宏观有限元软件包括：DeformHT、DANTE 和 HT 工具。

8.3 软件的输入–输出关系和跨尺度桥接耦合

上述不同尺度的计算模拟都是由一系列不同的软件代码实现，为了实现这些不同时空尺度模拟的桥接，清楚了解这些代码间的输入–输出关系非常重要。图 8.4 展示了不同空间尺度模型常见软件代码，以及这些代码之间的输入–输出关系。

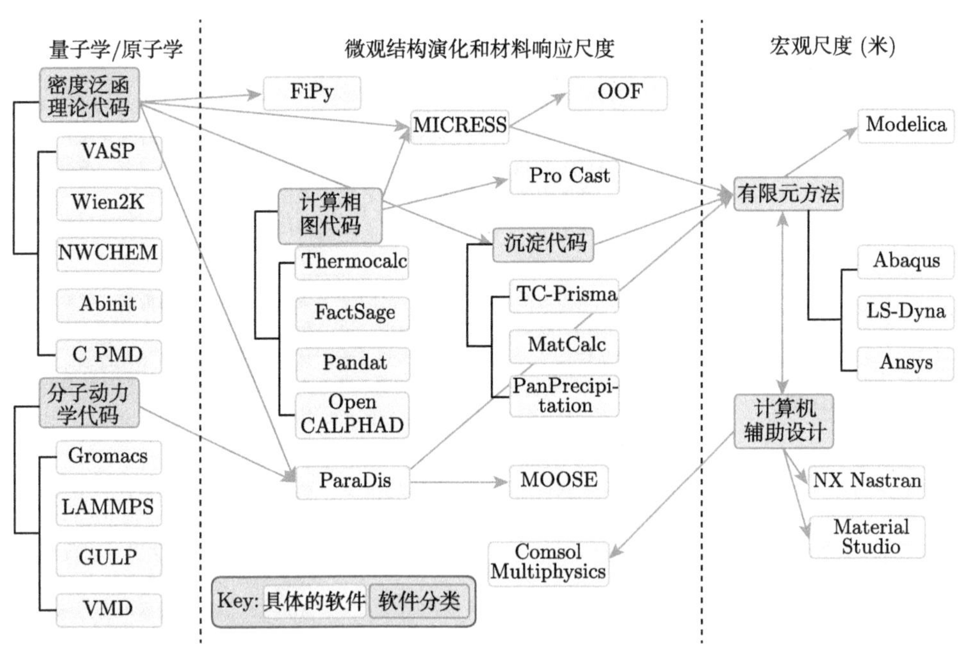

图 8.4　不同空间尺度模型常见软件代码及它们之间的输入–输出关系 (TMS，2015)

8.3.1　常用材料计算软件的输入–输出关系

常用材料计算软件的输入–输出关系如表 8.1 所示。

表 8.1　主要材料计算软件的输入–输出关系 [3]

软件/方法	输入数据	输出数据
CALPHAD 相图计算代码 (例如 Thermo-Calc、Pandat、FactSage、Open CALPHAD)	输入数据来自数据库，包括可计算各相吉布斯 (Gibbs) 自由能的拟合参数，这些拟合参数可从多个输入推导 输入数据源包括：实验相图数据、密度泛函理论计算、以活度系数表示的热化学数据、焓数据 文献中有大量实验数据可用作 CALPHAD 数据库的输入，因此从文献中收集整理这些数据很重要，在使用 DFT 或其他计算数据时可能会出现问题，因为计算时的参考状态可能并不清晰或者与 CALPHAD 计算无法正确匹配	输出数据包括：相形成的自由能，微观结构演化模型的相稳定性预测，凝固模型中使用的潜热数据 CALPHAD 方法产生的输出数据可作为许多代码的输入数据，比如 MICRESS™、TC-PRISMA™、DICTRA™、MatCalc 和 Pro-Cast™

续表

软件/方法	输入数据	输出数据
Comsol 多物理场	输入数据来自计算机辅助设计 (CAD) 代码的几何和物理输出；用户场方程的直接输入允许对各种物理现象进行模拟和耦合	输出数据包括：微观到宏观尺度多物理场行为的数值数据、图像等高线图和动画 输出数据可用作更高空间尺度计算模拟的输入
密度泛函理论 (DFT) 代码 (例如 VASP、Wien2k、NWCHEM、Abinit、CPMD 等)	输入数据包括：原子位置 (晶体/分子结构、缺陷结构的连续模型、边界条件)、每个原子的化学表达、计算参数 (基函数截断、积分参数、用于周期性计算的倒空间、实空间积分参数、边界条件等)	输出数据包括：总能量、能量的导数 (力、压力)、最佳几何形状 (晶体、分子、缺陷)、缺陷能量、电子态密度、电荷密度、电子波函数 输出数据可用作更高空间尺度计算模拟的输入
有限元法 (FEM) 代码 (例如，Abaqus、LS Dyna、Ansys 等)	输入数据包括：CAD 网格或原生几何内核、用户定义的材料子程序等	输出数据包括：等高线图、3D 动画或表格形式的 RVE 或组件行为 FEM 代码可以为其他宏观空间尺度范围的工具提供输入，例如 Abaqus 的输出数据可以为 Modelica™ODE 模拟提供输入
FiPy	输入数据包括：热力学和动力学参数 (来自 CALPHAD 或其他数据库或者 DFT 计算值)、界面能和迁移率 (模型拟合、实验或 DFT 计算的文献值)、模拟获取的初始微观结构 (如 voronoi 曲面细分) 或数字化实验获取的微观结构、成核过冷 (即过饱和)、热物理特性	输出数据包括：相的 2D 和 3D 组成场及其形态、弹性应力、应变、温度等 热力学行为的计算模拟可以利用 FiPy 的输出数据
Material Studio	输入数据包括：CAD 代码的结构和性能输出	输出数据包括：分子、微观结构、表面以及介观结构的交互式可视化 可以使用该输出数据预测各个尺度的结构–性能关系
MICRESS	输入数据包括：来自 CALPHAD 的热力学和动力学数据库的数据、界面能及其各向异性、界面流动性、成核过冷 (过饱和) 数据、初始条件或边界条件、热物理特性 输入数据源包括：来自 CALPHAD 数据库的自由能和扩散数据，来自文献、实验或 DFT 计算的界面特性，模拟获取的初始微观结构 (如 voronoi 曲面细分) 或数字化实验获取的微观结构	输出数据包括：2D 和 3D 复合域、相及其形态、弹性应力和应变场 输出数据可用于热力学行为模拟，也可用作 Abaqus、LS-DYNA、OOF、晶体塑性代码或均质化代码 在与微观结构有关的情况下，可用于宏观空间尺度下 FEM 代码的输入数据

续表

软件/方法	输入数据	输出数据
Modelica	输入数据包括：表示组件或系统结构和属性的 CAD、FEM 文件，实验数据可用作输入或校准	输出数据包括：作为时间函数的参数量 输出数据可用于生成 FMI (功能模型接口)，以解决复杂的设计优化问题
分子动力学 (MD) 代码 (例如 GROMACS、LAMMPS、GULP、VMD 等)	输入数据包括：原子位置和速度、原子间势/力场、边界条件、动力学类型、运动方程数值积分的时间步长	输出数据包括：作为积分时间步长函数的原子位置、有限温度热力学特性 (例如，焓、热容、状态方程、应力–应变关系) 的整体平均值和波动值、通过热力学积分获得的自由能和熵 输出数据可用作更高空间尺度计算模拟的输入
MOOSE	输入数据包括：CAD 文件的输出、基于相关几何结构的用户场方程、力学性能 (例如宏观应力和应变)、位错密度和位错空间分布	输出数据包括：与核反应堆相关的各性能等值线图、3D 动画和定量数据 (例如，核燃料对辐射的微观响应、地热储层中的水和热流等) 此输出数据可以集成到更高空间尺度的计算模拟中，也可以格式化并导出到第三方工具以支持多尺度计算模拟
OOF	输入数据包括：常见位图格式的微观结构图像、来自文献或先前实验的本构参数	输出数据包括：基于虚拟实验的微观结构中的宏观特性响应场或响应函数 输出数据可用作更高空间尺度计算模拟的输入
ParaDis	输入数据包括：弹性常数、位错交互数据、成核数据、适当的边界条件 输入数据源包括：标准参考表、DFT 和分子动力学计算	输出数据包括：宏观应力和应变值、位错密度、位错空间分布 输出数据可用于 Abaqus™ 或 MOOSE™ 等软件包
沉淀模拟代码 (MatCalc、PanPrecipitation 和 TC-Prisma)	输入数据包括：热力学、摩尔体积和动力学参数 (来自 CALPHAD 或其他数据库或者 DFT 计算值)，界面能和迁移率 (来自文献的模型拟合、实验或 DFT 计算值)，平均晶粒尺寸 (来自实验数据)，异质成核位置	输出数据包括：沉淀动力学、作为时间函数的粒度平均值和分布、沉淀形态演变 此输出数据可用作力学性能和热学性能 FEM 模拟的输入数据
ProCast	输入数据包括：相的形成自由能 (来自 Thermo-Calc 等软件)、来自 CAD 的双向接口	输出数据包括：铸造模拟、应力求解器、孔隙率等的微观结构预测

8.3.2 常用材料计算软件的跨尺度桥接方法

目前，在基本模型、方法和计算代码上仍然存在着许多挑战，这些挑战阻碍了跨时空尺度材料计算模拟的桥接。因此，在对这些挑战给出建议之前，非常有必要对当前的跨尺度桥接材料计算模拟进行调研。

表 8.2 对一些关键方法及其空间尺度的计算模拟进行了简要描述。其中，空间尺度中的 1 代表量子和原子尺度 (埃 ~ 纳米)，2 代表微观结构演变和材料响应尺度 (1nm~1mm)，3 代表宏观尺度 (~⩾ 1mm)。当给出一个数字范围时，对应方法不仅适用于上述空间尺度范围内模型之间的桥接，也能用于一个或两个空间尺度范围内不同模型的桥接。

这里还涉及两个重要的概念，并发计算模拟和分层计算模拟。并发计算模拟是指在每个计算步中，多个尺度在相同代码和时间步内进行计算模拟。分层计算模拟是指每个计算在不同空间尺度上独立进行模拟，统计分析和同质化等优化方法为不同尺度间的信息交换提供基础支撑。

表 8.2 当前用于跨长度尺度桥接的方法 [3]

方法	描述	空间尺度	并发或分层计算模拟
相场晶体 (phase field crystal，PFC) 模型	相场晶体模型是在考虑扩散时间尺度的同时，在原子尺度上求解过程的相场方法。PFC 方法依据经典密度泛函理论定义的系统自由能来实现。此外，该方法也能够表示原子密度。PFC 模型可以有效描述应力和热激发引起的缺陷演变，从而预测凝固或熔化等大块材料的行为。但是相比传统相场方法，确定参数要困难得多	1-2	并发计算模拟
准连续介质 (quasi-continuum) 方法	准连续介质方法利用原子间势对原子尺度和粗粒度尺度进行桥接。当和区域分解或自适应网格细化一起使用时，该方法可以进行并发建模，因此计算开销会大大降低。此外，为了用这种方法捕捉位错迁移，需要对全原子分辨率进行自适应细化	1-2	并发计算模拟
使用有限元的并发原子连续方法 (concurrent atomistic-continuum approach with FEM)	使用粗粒度有限元建模的并发原子连续方法既可以在所求区域附近对全原子分辨率进行区域分解，也可以采用晶格统计力学方法。该方法可以在粗尺度和细尺度两个方向上进行耦合，并允许位错通过粗晶连续区	1-2	并发计算模拟
各向异性界面性质的参数化模型 (parameterized models of anisotropic interface properties)	由于许多模型 (包括 CALPHAD) 本质上是标量，因此在很多的多尺度计算模拟中很难表示各向异性界面性质，例如，晶界能量是五个自由度的函数。在分层计算模拟中，利用参数化模型可以兼顾界面性质的各向异性，该参数化模型采用诸如界面能和扩散系数之类的值作为参数	1-2	分层计算模拟

续表

方法	描述	空间尺度	并发或分层计算模拟
相图计算法 (CALPHAD)	CALPHAD 方法可用于各种基于相的特性数据，包括扩散迁移率、摩尔体积、弹性特性。该方法是一种重要的空间尺度桥接方法，它可以接收较低空间尺度模型的输入数据，其输出数据也可以用于较高空间尺度，并且能够推广到像工业用合金这样尺度更高的组件系统。例如，CALPHAD 的输出数据 (如形成自由能、潜热和相稳定性预测) 可作为铸造和凝固模拟 (如 ProCast) 的重要输入数据	1-2-3	并发计算模拟和分层计算模拟
基于密度泛函理论的 CALPHAD 计算	基于 DFT 计算把相 (相稳定性) 之间的吉布斯自由能差作为相图计算 (CALPHAD) 的输入。这是一种从量子/原子尺度到微观结构演化和材料响应空间尺度的有效方法	1-2	分层计算模拟
DFT/CALPHAD/相场	基于 CALPHAD 方法提取热力学和动力学参数作为相场模拟的输入。也可利用 DFT 提供热力学和动力学数据，构建从 DFT 到相场的分层跨尺度桥接	1-2	分层计算模拟
晶体塑性有限元方法 (crystal plasticity finite element method，CPFEM)	CPFEM 是一种跨尺度桥接技术，它结合了晶体塑性模型计算,在变形过程中考虑了晶体滑移和晶格旋转,并采用了 FEM 的网格划分和求解方法,以支持更大尺度或特定组件几何形状的计算。这种方法可以计算多晶中的晶格应变、各向异性弹性响应和织构演变	1-2-3	分层计算模拟
基于有限元的均质化 (finite-element based homogenization)	均质化技术有助于评估理想化异质系统 (例如复合材料) 的有效性质或响应，例如弹性行为和微观结构演变。这是用于空间尺度桥接的强大工具，因为它可以将自由度和计算开销降低到宏观有限元模拟的可接受水平。该技术具体方法包括基于代表性体元 (RVE) 的直接数值模拟、元胞广义法 (GMC) 和渐进扩展法	2-3	分层计算模拟
并发嵌套均质化 (concurrent nested homogenization)	并发嵌套均质化方法通过多尺度、多材料定律将两组均质化数据连接起来。与单个代表性体元 (RVE) 将微观结构信息平均化为单个材料点或均质材料属性的平均化方式相比，并发嵌套均质化方法同时对选定数量的不同尺寸的 RVE 进行平均，这些所有的 RVE 都集中在同一材料点上，以便建立多空间尺度材料定律	2-3	并发计算模拟
多分辨率连续介质理论 (multi-resolution continuum theory，MCT)	传统的连续介质力学理论需要通过其主要自由度来表征模拟中特定材料点的邻域。而多分辨率连续介质理论综合考虑了主要自由度和额外自由度，采用相邻条件描述每个材料点，试图更准确地模拟复杂行为。该技术对于开发结构-性能模型时，实现更高复杂度非常重要。多分辨率连续介质理论的核心是将非局部和应变梯度描述分别应用于多个空间和应变率尺度，从而将每个尺度上的应变正则化，以预测局部和非局部变形、断裂模式和材料构件的最终失效。多分辨率连续介质理论没有对材料提供明确的单尺度描述，即既没有对微观结构进行计算模拟，也没有与宏观尺度进行耦合。与并发多尺度计算模拟相比，该方法能够显著降低计算开销	2-3	并发计算模拟

续表

方法	描述	空间尺度	并发或分层计算模拟
多级有限元法 (multi-level finite element method)	对于某些系统，可以使用多级有限元法模拟宏观尺度或组件级行为，以及微观结构损伤演化。该方法对系统的代表性体积单元进行有限元计算，同时进行组件级有限元分析，使得大尺度模拟能够包含严格的微观结构演化信息。Abaqus™ 是支持此类功能的一种软件系统	2-3	并发计算模拟和分层计算模拟
基于投影的降阶方法 (projection-based reduced order approach)	对真实微观结构进行高保真的多尺度计算模拟会产生较大的计算开销。因此，为了在数学和计算上使跨空间尺度的计算模拟更易处理，可以采用基于投影的降阶方法，该方法在降低自由度的同时，也能保持可接受的保真度水平。具体来说，可以采用数学技术来降低自由度，也可以从数据驱动的角度解决问题。例如，可以进行数据压缩，可以将分析的数据减少到更小的主成分集，也可以通过智能采样来消除不太重要的特征	2-3	并发计算模拟
多物理场自由能表示 (multiphysics free energy representations)	大多数自由能表示是基于单个物理问题或场景开发的，例如，通过相场表示研究材料的相变或断裂力学。而多物理场自由能表示方法，需要开发单一自由能表示以研究更复杂的相互作用现象，例如相变对断裂的影响或断裂对相变的影响。多物理场自由能表示方法可以更有效地解决复杂问题和相互作用，可以与更高空间尺度的模拟配合使用，也可以对多尺度中更复杂的场景进行模拟	2-3	并发计算模拟
分析/半分析微观力学方法 (analytical/semi-analytical micromechanical approaches)	分析或半分析方法通常用于直接数值模拟的增强或补充，特别是用于求解均质特性及其对微观结构的依赖性。这些方法可基于解析解，也可基于严格的性质界限 (即独立于特定微观结构的界限)，还提供了高阶边界和近似估计。这些方法可以应用到求解复杂材料的力学、热、电和传输特性等	2-3	分层计算模拟
用于连接多个代码/工具的商业集成代码	可以将多个计算模拟代码连接在一起的代码是进行多尺度建模的一个重要工具。特别是，如果该工具能把一个代码的输出转换成另一个代码的输入，这会对配置和执行分层计算模拟起到很大作用。支持集成跨尺度计算模拟的一些商业软件有 ModelCenter™、iSight™、Simulia™ 以及 MatCloud+等	1-2-3	并发计算模拟和分层计算模拟

8.4 跨时空尺度计算模拟的局限和挑战

跨时空尺度计算模拟存在一些关键的局限和挑战，从解决这些问题的成功率和潜在影响两个维度，我们对这些局限和挑战进行了粗略的分类，如图 8.5 所示。具体来说，象限 1 代表解决这些问题会有更高的成功概率以及更高的影响，这些困难可以通过近期努力即可解决。象限 2 代表解决这些问题的成功概率较高但影响较低，因此待解决的优先级较低。象限 3 代表解决这些问题的成功概率较低并且影响也较低，所以待解决的优先级也较低。象限 4 代表解决这些问题的影响较高，但其成功概率较低，一旦解决就会产生重大影响。

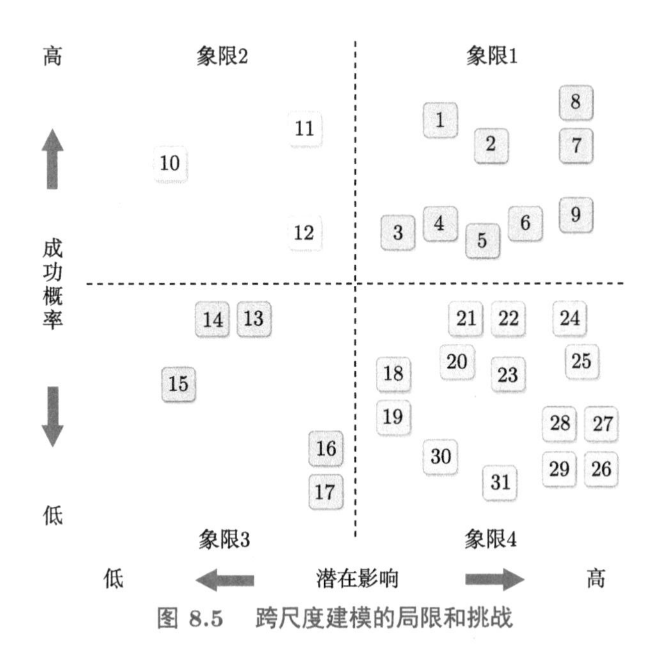

图 8.5　跨尺度建模的局限和挑战

表 8.3 ~ 表 8.6 对各象限进行了分析和说明。

表 8.3　高影响、高成功率的跨时空尺度计算模拟问题 (象限 1)

序号	标题
1	**降阶模型的挑战性** 降阶模型 (reduced order model) 是减少自由度以提高计算效率并使更大规模问题易于处理的重要工具 (例如减少有限元计算模拟中元的数目)。然而，建立有效的降阶模型仍存在许多困难。例如，给定的计算模拟，不好确定用于准确预测的最小数据集或点数。可以开发智能采样模型以提高效率。此外，主成分分析就是一种降阶方法，但还是需要更多的工作
2	**低效的应用程序接口 (API)** 现有的许多计算模拟代码编程接口不容易获得或效率低下。例如，在通过 API 连接到 CALPHAD 时，相场的计算速度不快。理想情况下，吉布斯自由能最小化代码应该直接写在例如断裂代码中，然后与 CALPHAD 接口。此外，很多场景根本没有开发 API
3	**材料损伤传播：从局部到最终有效性质的预测** 当对材料的损伤进行多尺度模拟时，一个主要困难是如何从局部微观结构现象 (例如空隙形成，或位错)，扩展到对最终所需要的有效性质进行预测 (例如预测组件故障或其他更严重的损坏)
4	**开放的数据库不多** 需要更容易访问实验和计算数据，以促进多尺度计算模拟方法的更广泛使用
5	**晶体塑性有限元分析计算效率低** 采用有限元分析对基于晶体塑性的微观结构进行模拟需要大量计算，这在一定程度上限制了该方法在材料研发中的应用
6	**计算算力有限** 多尺度计算模拟需要大量的计算开销。当从较低时空尺度扩大到较高尺度上时，计算开销会更大，甚至难以计算

续表

序号	标题
7	**不同时空尺度下的离散化** 对材料结构和行为通常采用离散化方法，如有限元，需要使用特定的网格大小和时间间隔，因而不同尺度的计算模拟需要不同的网格密度和时间步长，因而给信息传递到更高尺度带来一定挑战
8	**并发嵌套均质化需要多尺度实验** 为了有效实现并发嵌套多尺度计算模拟方法 (均质化)，可以使用多尺度本构方程，这需要真实的多尺度实验来对方程进行校准，并且需要对参数化方法进行简化
9	**原子尺度和有限元并发建模的困难** ① 域的局限。当使用并发方法将原子尺度模拟连接到有限元模拟时，域的大小会受到计算成本限制，从而导致精度损失，并且造成某些关键信息无法传播到更高尺度。② 边界条件可以决定在原子空间尺度上出现的缺陷不能进一步传播，除非传播也可以在原子尺度上。这主要是底层物理的限制，而非桥接本身

表 8.4　低影响、高成功率的跨时空尺度计算模拟问题 (象限 2)

序号	标题
10	**确定 CALPHAD 中使用的合适参考值的困难** 当在 CALPHAD 数据库中使用 DFT 计算值时，很难确定要使用的合适参考值。① 因为纯组分的 DFT 参考值可能与标准参考稳定性的文献值不匹配，主要还是因为“0K”问题，即 DFT 在“0K”下计算后需要进行调整，以预测与相图相关的温度值。② 如果复杂体系是基于较简单的体系计算的，则在简单体系中不存在相的出现将导致 DFT 预测值的缺失
11	**大数据集的并发计算模拟效率低下** 当通过并发多尺度方法耦合时，使用大数据集会给计算带来极大的开销。这需要一些技术来解决此问题，比如改进的自适应采样或采用降阶建模的其他方法
12	**有限元分析的计算限制** 当对表示组件或系统的所有相关数据从多个尺度表示或计算模拟时，有限元分析会由于计算开销而受到很大限制。虽然理想化和假设可以使计算易于处理，但这会导致计算精度的损失

表 8.5　低影响、低成功率的跨时空尺度计算模拟问题 (象限 3)

序号	标题
13	**多组元 CALPHAD 中的不确定性 (2-3)** 很难预测多组元 CALPHAD 模拟中的不确定性。如果能解决这个问题，在多尺度计算模拟方法的不确定性量化上会向前迈进一大步
14	**扩散性模拟没有考虑二阶效应 (1-2)** 空位法的扩散可以模拟为溶质原子的运动或空位的运动，其中空位的运动会对相邻原子、第二近邻和第三近邻的能垒都产生影响。然而大多数扩散模拟只考虑最近的原子，这可能会导致结果出现明显的错误，并且在跨尺度桥接时这些错误会继续延续
15	**模型中缺乏各向异性 (1-2)** CALPHAD 模型在许多跨尺度桥接场景中非常有用，但它没有考虑到最终会影响结构自由能的更复杂的各向异性条件，这会给材料模拟的跨尺度桥接产生重大影响。其他方法中也存在缺乏各向异性信息的类似问题

续表

序号	标题
16	**动力学蒙特卡罗模拟的动力学困境 (1-2)** 在动力学蒙特卡罗模拟时，会出现这样一个困境 (即动力学陷阱)，该场景中，当模拟一个物理场景时，快速时间步长下发生的低尺度事件会引起更高尺度现象的发生。如果没有有效模拟更高尺度现象的方法，在较低、较快尺度上进行的模拟会陷入计算困境
17	**逆问题的非唯一性** (2-3) 在许多情况下，多种方法或起始条件的组合可能会得到相同的结果，这是逆问题中不确定性的重要来源

表 8.6　高影响、低成功率的跨时空尺度计算模拟问题 (象限 4)

序号	标题
18	**多级有限元方法的挑战 (2-3)** 多级有限元方法可以在多个空间尺度上对关键特征进行有限元分析，但是在较低尺度上分析每个特征从计算上是不可行的，因此最终结果在很大程度上取决于特征的选择。因此关键特征的选择会是个很大的挑战。此外，对高应变率问题所涉及的缺陷传播也需要通过实验来验证多级有限元方法是否有效
19	**识别关键的微观结构特征 (2-3)** 结构材料建模和仿真需要准确识别对性能演变至关重要的微观结构特征，特别是在组件和系统级别更高的空间尺度上。这个也是比较具有挑战性
20	**由罕见事件控制的性能——缺乏预测模型和实验的充分耦合 (2-3)** 从实验角度看，性能受罕见事件控制的情况通常较难处理，很难将模型和实验结合起来预测罕见事件发生时的性能，这在尺度增大时会更加困难。例如，从微观结构和缺陷到性能和最终成分，或到平台性能
21	**周期性边界条件的限制 (2-3)** 当模拟微观结构时，经常要使用周期性边界条件。这种周期性边界条件的假设会影响微观结构模拟的准确性，进而影响更高尺度上预测的性质
22	**更好的预处理方法 (1-2-3)** 可以采用更好的数学预处理方法改进多尺度模拟，即将给定问题转化为更适合通过数值方法求解的形式
23	**处理微观结构演化和材料响应水平时可能存在的多尺度 (2)** 微观结构通常是复杂的，并不能仅仅在一个空间尺度上进行处理。如果能以一致的方式处理不同材料体系的多种尺度，将有助于简化模拟方法，但目前这仍是一个挑战性问题
24	**解决跨尺度下的不确定性量化和传播 (1-2-3)** 目前，在多尺度环境下，尚未充分解决不确定性量化和传播 (UQ/UP) 问题。这主要是因为不确定性量化通常在不同的时空尺度甚至在概念层面都有不同的处理方式。此外，如何理解这些从较低尺度传递到较高尺度的不确定性值也是一个问题，这需要材料学、统计与概率学的专家一起合作解决，需要学科交叉

续表

序号	标题
25	**模型验证和确认 (1-2-3)** (1) 模型验证需要在严格的统计学框架中进行，该框架准确说明了不同时空尺度下实验测量的不确定性。要确保已经具备用于模型验证的所有相关实验数据。例如，试验样品中微小杂质添加，如果元数据没有解释，会在模型验证过程中引起很大误差，误差会在多尺度模拟中传播 (2) 通过共享数据库可以更容易获得关于合金和其他材料的实验数据，这有助于多尺度模型的验证 (3) 对实验和模拟数据建立通用标准，将有助于简化所有尺度下模型验证所需的比较过程 (4) 为给定模型的可靠性建立一致、商定的协议和排名标准有助于模型的验证和确认
26	**位错动力学与连续有限元模型的联系存在困难 (2-3)** 位错动力学方法本质上很难与连续有限元方法联系起来。为了解决此问题，需要采用无网格方法或扩展的有限元计算模拟方法
27	**界面调解的晶体塑性法尚未发展成熟 (2-3)** 晶体塑性计算是基于晶粒变形的有限元法，当前该方法并没有充分考虑到界面，这会对空间尺度的模拟、微观结构演变和材料响应之间的模型桥接以及宏观尺度方法造成显著影响
28	**空间尺度间的时间尺度不匹配 (1-2-3)** 对于多尺度计算模拟的动态问题，不同空间尺度间可能存在时间尺度不匹配问题。① 例如当模拟粒子成核和生长时，成核发生在皮秒范围内，而完全沉淀可能需要几秒甚至几小时。② 由于时间尺度的不匹配问题，疲劳问题也很难模拟。例如，循环加载仅需几秒，而最终失效可能需要数年
29	**确定界面能的困难 (2)** 当进行多尺度的相变模拟时，往往受限于获得准确的界面能 (尤其通过实验方法)
30	**无法解释紧急的 (不可预测的) 现象 (1-2-3)** 当多尺度模拟时，无法使用领域驱动的设计工作来解释“紧急现象”。“紧急现象”指紧急情况下的行为，一般是在较低尺度的交互中出现的出乎意料或无法解释的行为。特别是，较高尺度的模拟通常不能有效捕捉到紧急现象，而这些现象可能是材料性质演变的关键因素
31	**材料模拟中缺少基础物理 (1-2-3)** 尽管近些年来在多尺度建模和仿真上取得了一些重大进展，但是用于多尺度模拟的单个模型仍存在显著局限和差距。这些限制通常是由于模拟未能正确结合基础的物理机制，或缺少使模型量化所需的材料参数

8.5 跨时空尺度计算模拟的发展路线图

基于上述列举的局限和挑战，专家和学者分从科学、技术以及编程的角度，给出了如下的建议。

8.5.1 从科学/技术角度给出的建议路线图

TMS 在经过充分调研后，从科学/技术角度给出了多尺度计算模拟发展路线，如表 8.7 所示。

表 8.7 科学/技术角度的多尺度计算模拟发展路线

建议与路径
建议 1：制定解决跨时空尺度不确定性量化和传播 (UQ/UP) 计划
路径 1：组建跨学科小组，定义相关术语和跨学科的桥梁
路径 2：定义不同尺度下感兴趣的物理量
路径 3：定义多尺度不确定性的关键特征和形式
路径 4：定义不确定性量化的常见挑战
路径 5：区分模型不确定性的相关形式
建议 2：开发强大的耦合方法，允许变形和微观结构演化模拟间的双向通信 (即揭示变形和微观结构共同演化的方法)
路径 1：跨材料和力学领域的协同
路径 2：收集用于校验和验证此类耦合模型的关键实验数据集
路径 3：开发用于跨模型耦合的高效计算工具
建议 3：开发考虑到罕见事件和极端价值统计模型的方法和协议
路径 1：开发计算及实验方法和技术来检测特别特征和事件
路径 2：开发支持上述相关模型验证的实验
路径 3：开发支持上述相关模型的计算范式
路径 4：在材料科学家、信号处理专家、统计学和计算机科学家之间建立强有力的协作，开发检测罕见事件的方法
建议 4：开发多分辨率 (或多尺度) 的，涉及微观结构演化、缺陷形成和寿命预测的多物理自由能函数 (以及相关的动能参数)
路径 1：材料科学和工程领域的协同
路径 2：制定耦合多物理自由能函数的构建策略
路径 3：区分从空间和时间尺度处理它们的模式
路径 4：制定处理“远未达到平衡”条件的相关战略
建议 5：开发多分辨率介观度理论和实验，用于微观结构演化方程的构建
路径 1：纳米到微观的桥接
路径 2：微观到介观的桥接
路径 3：介观到宏观的桥接
建议 6：开发新的、经过校验和验证的方法来发展原子势
路径 1：开发拟合原子关联势模型和评价可转移性的最佳实践、新算法和标准化代码
路径 2：分享和验证势函数的最佳实践
路径 3：势函数验证和不确定性量化的有效方法
建议 7：开发自动更新跨尺度桥接模型的方法
路径 1：API 接口和数据基础设施
路径 2：在新模型的开发中考虑这些连接方法的开发
路径 3：创建健壮、自适应未知材料领域的工具
路径 4：开发跨尺度的智能采样降阶模型

8.5.2 从程序开发角度给出的建议路线图

美国 TMS 从程序开发角度也给出了多尺度计算模拟发展路线，如表 8.8 所示。

表 8.8　从程序开发角度建议的多尺度计算模拟发展路线

建议与路径
建议 1：建立一个适用于跨尺度计算模拟的数据库基础设施
路径 1：学习其他领域的经验 (如生物、天文)
路径 2：探讨跨尺度数据的数据库模型商业化路径
路径 3：和其他一些机构合作 (如 NIST、NSFC)，建立开发数据库的网络
建议 2：建立一个解决多尺度建模和模拟各种问题的计算材料学网络
路径 1：建立网络
路径 2：举办学术讲座、学术交流以及学术会议
路径 3：拟定解决上述各种问题的课程开发
路径 4：举办各种短期培训
建议 3：激励社区开发连接跨不同尺度计算的应用编程接口 (API) 和标准
路径 1：召集专家组，以确定最先进的 API 技术和可用的计算材料代码
路径 2：开发数据格式转换和信息传递协议 (输入–输出)
路径 3：建立材料数据的描述标准。开发连接不同尺度计算模拟工具的难点在于缺乏数据描述标准。描述材料的元数据规范急需建立，用于连接工具的数据识别和传输
路径 4：建立材料科学和计算机学科的跨学科交叉
建议 4：数据开放和发表
路径 1：数据转移和存储的解决方案
路径 2：制定元数据描述规范
路径 3：已发表数据溯源的标准和规范
路径 4：数据共享机制
建议 5：开发材料数据分析工具
路径 1：适用于高通量方法的材料数据分析工具
路径 2：基于降阶方法的数据分析工具

8.6　自动化跨尺度桥接的国产软件

前述分析了跨时空尺度材料计算所面临的挑战和一般性的建议，可以看到，跨尺度计算的桥接模型，无论从科学/技术维度，还是从编程角度，都反复、多次提到，足见其重要性。然而，对于如何实施，并没有给出技术上的建议，提到的支持跨尺度桥接软件都是国外软件。国产软件 MatCloud+材料云的底层基础设施给这种跨空间尺度的多尺度计算模拟桥接提供了很好的技术支持。

8.6.1　支持多尺度计算模拟的工作流引擎

跨尺度桥接，如前所述，其中的一个核心是工作流技术，它负责不同尺度模型自动化连接。要实现跨尺度计算的前提，是要实现多尺度计算。多尺度计算，我们可把它定义为不同尺度计算模拟的并发运行或分层运行，多尺度计算不涉及不同空间尺度间的输入–输出转换和信息传递。而跨尺度计算的前提是要实现多尺度计算。

MatCloud+底层的工作流引擎，能支持不同多尺度计算模拟代码的自动流程计算 (如 ABINIT、LAMMPS)，图 8.6 为一个跨尺度计算工作流，对 SiF_4 分别用第一性原理计算其能带和用分子动力学计算其熔点，并将其不同尺度的计算数据，存入底层数据库中。

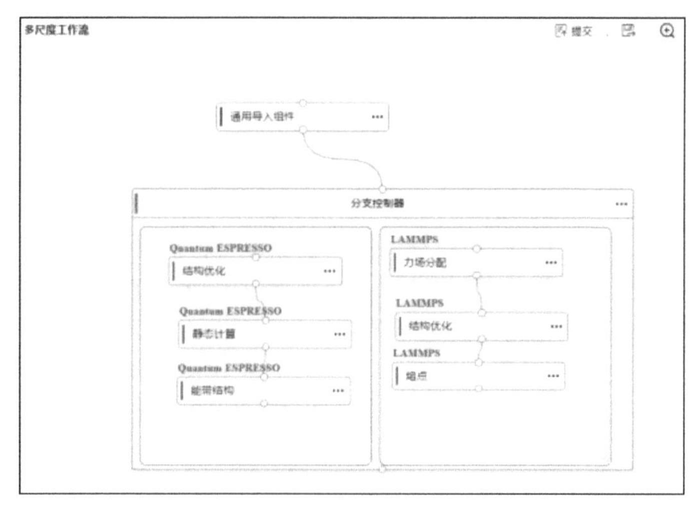

图 8.6　支持多尺度计算模拟的 MatCloud+工作流

8.6.2　跨尺度桥接的自动化流程实现

在上述多尺度计算的基础上，我们只需基于 MatCloud+ 开发规范，开发连接不同尺度模型的连接器（connector）。连接器负责处理不同尺度模型的输入-输出转换和信息传递，从而解决跨空间尺度计算的自动化桥接问题，我们以 Cu-Au 合金稳定结构的高通量计算筛选为例，说明跨尺度的自动化流程实现。

本案例是和云南冶金研究院合作，采用 MatCloud+ 平台的跨尺度分子筛选工作流模板对 Au 掺杂 Cu 形成 Cu-Au 合金结构的稳定结构进行筛选，从数百种不同掺杂浓度的 Cu-Au 合金结构中筛选出能量较低的某几种结构。我们可以基于分子动力学，先针对大量的多组元合金结构搜索空间，计算它们的能量值，进行快速粗筛，去除不稳定结构。由于第一性原理计算所得到的能量值较为准确，对粗筛得到的结果，通过第一性原理计算再进行精筛，进而找出最稳定的结构。其理念在于：先在数百甚至数千种结构中快速锁定有潜力的结构，再在锁定的结构中开展精确的计算，这样既能筛选出目标结构，又能减少计算资源以及时间成本的损耗。

上述模式的高通量跨尺度计算筛选，其难点在于以下两个地方：①分子动力学计算得到的结果，如何有效地“传递”给第一性原理计算；②两个尺度间的计算，如何自动化地实现“跨尺度”。该跨尺度计算模拟，也是一种典型的高通量跨分子动力学和量子力学的高通量计算。

采用 Au 掺杂 Cu 晶体，通过控制随机取代组件的最大取代数为 6，最小取代数为 1 和不同浓度的随机输出，我们得到了 6 种不同掺杂浓度的 1532 种结构，整个过程 3 分钟左右完成。通过跨尺度自动化筛选，仅需 4 个小时左右，就找到了能量较低的结构（图 8.7）。采用 MatCloud+ 进行高通量建模和跨尺度计算可带来如下的优势：

（1）高通量建模。若使用传统计算，需手动对 Cu 晶体进行 Au 的随机掺杂，需要根据掺杂浓度或是浓度范围手动搭建 1532 种结构，并需要手动去重得到 138 种结构，该过程预估需要大约 15 天时间，而 MatCloud+ 仅花费 3 分钟。

（2）高通量计算筛选。传统仅使用第一性原理进行能量筛选计算，需要将 138 种结构，分别提交结构优化/静态计算，共需要 276 次人工干预，花费 2 天时间进行计算。并需要对计算完成的 138 种结构进行数据后处理，人工筛选出能量最低的 5 种结构，也需要耗费大概 2 小时。通过跨尺度自动化筛选工作流，减少了 90%的人工干预，且将传统计算掺杂合金结构约 3 周的时间缩短到了 4 小时左右。

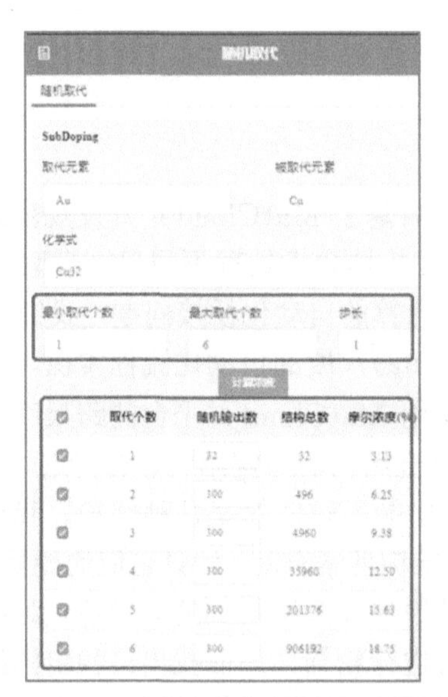

图 8.7 通过跨尺度连接器，实现跨尺度计算模拟的桥接和跨尺度自动化

左图为 MatCloud 的随机取代高通量建模功能，生成候选空间；右图为跨尺度自动筛选工作流

实现跨尺度计算模拟自动化的核心，就在于 MatCloud+ 提供了能快速开发不同跨尺度场景的“跨尺度连接器”机制，将 2 个及以上的不同尺度进行连接，实现不同时空尺度间输入-输出转换和信息传递的自动化，进而实现跨时空尺度计算模拟的自动化。

8.7　科技资源标识管理系统 SciDataHandle

TMS 制定的路线图中提到数据出版和发表，而为了鼓励数据发表，数据必须有自己身份标识。一篇论文在期刊发表后有一个 DOI，同样，数据要发表也必须要有一个 DOI 供大家引用。目前，国内有“中文 DOI 注册与服务中心”提供 DOI 标识分配和注册，然而其注册和使用较为烦琐，首先要成为会员，然后要通过一系列步骤完成 DOI 注册。

为此，MatCloud+开发了一个数据标识管理系统 SciDataHandle (图 8.8)，用于材料数据标识的分配、注册和管理，并支持下载次数统计。SciDataHandle 科技资源标识符管理系统鼓励科技资源的共享，尤其是材料数据的共享。其主要功能包括：科技资源标识分配、注册和科技资源下载次数查询等。科技资源标识码按 CSTM 材料数据通则定义的材料数据标识规范进行编码，其中资源类型按 GBT/32843 标准 (如科学数据 11，标本 10) 等。元数据描述规范按 GBT/32843 标准，主要包括如下。

(1) 名称：科技资源名称，例如 SiC 弹性常数；
(2) 标识符；
(3) 最近提交日期；
(4) 科技资源描述：例如该数据通过计算产生；
(5) 提交机构：机构名称，通信地址，邮编，联系电话，邮箱；
(6) 关键词：SiC，弹性常数；
(7) 资源类别：分类名称 (如科学数据)，类目代码 11；
(8) 资源信息链接地址：http://；
(9) 科技资源引用标注建议。

图 8.8　**SciDataHandle 科技资源标识管理页面**

参考文献

[1] Khalatur P G. Molecular dynamics simulations in polymer science: Methods and main results. In Polymer Science: A Comprehensive Reference, 2012, 1: 417-460.
[2] Fredrickson G H. The Equilibrium Theory of Inhomogeneous Polymers. 2nd ed. Oxford, UK: Clarendon Press, 2006.
[3] The Minerals, Metals & Materials Society (TMS), Modeling Across Scales: A Roadmapping Study for Connecting Materials Models and Simulations Across Length and Time Scales (Warrendale, PA: TMS, 2015). Electronic copies available at www.tms.org/multiscalestudy.
[4] Gooneie A, Schuschnigg S, Holzer C. A review of multiscale computational methods in polymeric materials. Polymers, 2017, 9(1): 16.
[5] Bouvard J L, Ward D K, Hossain D, et al. Review of hierarchical multiscale modeling to describe the mechanical behavior of amorphous polymers. J. Eng. Mater. Technol, 2009, 131(4).
[6] Nielsen S O, Bulo R E, Moore P B, et al. Recent progress in adaptive multiscale molecular dynamics simulations of soft matter. Phys. Chem., 2010, 12(39): 12401-12414.
[7] Robinson L. New TMS study tackles the challenge of integrating materials simulations across length scale. JOM, 2014, 66: 1356-1359.

第 9 章

面向科研的材料计算

我们专门用一章介绍面向科研的材料计算，是因为材料计算不仅在材料领域，而且在物理、化学、机械、电子、生物、能源等学科领域研究中，都发挥着重要的作用，有着广阔的应用前景。当代科学研究已经进入第四范式，第一性原理计算、分子动力学计算、宏观有限元计算等计算模拟和数据驱动的科学研究越来越成为加快科学研究和发现的重要手段。尤其是以实验为主的课题组和研究团队，更是希望借助计算模拟手段与实验进行融合，开展更加理性的预测和机理解释，然而计算模拟的较高门槛，往往阻碍了他们对计算模拟的使用。

本章重点介绍面向科研的材料计算特点，课题组和研究团队面临的困惑、难点以及解决办法，让材料计算模拟和数据驱动的方法和手段在高校和科研院所各课题组中得到更加广泛的应用。

9.1 面向科研的材料计算特点

9.1.1 面向科研的材料计算与企业级新材料研发的区别

面向科研的材料计算与企业级新材料研发，尽管目标都是为了发现新材料或改进现有材料性能，但是还是呈现诸多不同。高校和科研院所的新材料研究和发现，更强调创新，强调材料新结构、新配方的发现、材料研发工艺的不断完善、新材料性能的不断提升等，因此科研人员会更为重视和接受材料计算、数据和机器学习等数字化技术的使用，以加快科研成果的产出。企业级新材料研发，材料产品需要面向市场，尽可能快速上市，获取利润。他们关注的是材料产品如何通过实验和工艺，快速设计、生产和制备出来，更多追求的是新材料产品研发、生产和制备过程中的降低成本和缩短研发周期。具体分析如下。

(1) 从性质来看，高校和科研院所更专注材料领域的基础研究和应用基础研究，企业更专注于运用新材料技术制备和生产出材料。

(2) 从结果导向看，高校和科研院所更加关注的是科研成果，而企业关注的是经济效益和产品市场占有率等。

(3) 从创新视角来看，高校和科研院所追求的是解决前瞻性、前沿性问题，追求的是创新，允许失败，进而更愿意采用新研究方法和技术 (如软件、平台)。而对大多中小企业而言，他们更愿意采用稳定、成熟的技术，对失败的容忍度较低，进而对新技术和方法的采用有滞后性。

(4) 从产业链来看，高校和科研院所位于新材料研发产业链的最上游，更面向研究和创新。而企业一般位于新材料研发产业链的下游，更面向市场和应用。

9.1.2 面向科研的材料计算主要特点

面向科研的材料计算，一般具有如下的主要特征：

(1) 使用群体以课题组为单位。面向科研的材料计算，使用群体主要是课题组。课题组有老师和学生。课题组的老师或学生，又可分为“不懂计算模拟”和“懂计算模拟”，因此他们开展材料计算的行为也不尽相同。

(2) 重视科研成果发表。面向科研的材料计算，一般需要快速地取得科研成果，并能快速地发表论文。

(3) 重视数据分析和结果可视化呈现。由于需要发表论文，面向科研的材料计算，需要进行计算结果的数据分析和更好的数据可视化呈现，以便快速地发表论文。

9.1.3 面向科研的材料计算用户行为分析

我们从“不懂计算模拟”和“懂计算模拟”两个方面，对从事材料相关基础研究的科研人员，进行开展材料计算的用户行为分析。

(1) 不懂计算模拟。这类新材料研发人员，主要以实验为手段，开展新材料研发。他们愿意采用计算模拟、材料数据库和机器学习等技术，加快科学发现和论文发表。然而困扰他们的是对计算模拟了解不多，一想到材料计算模拟需要下载、安装和编译软件，需要计算资源，需要命令行操作，更多时候还需要熟悉 Linux 操作，就会认为材料计算模拟的门槛太高了，往往都退避三舍，不愿接触材料计算模拟。

(2) 懂计算模拟。这类新材料研发人员懂计算模拟，计算模拟是他们开展材料研究的手段之一。他们对多尺度计算模拟软件、程序编写、计算模拟操作等都比较熟悉，所在课题组的不少成员也开展材料计算模拟。因此，这类懂材料计算模拟的科研人员，他们更为关注的问题是：课题组不同成员产生的计算数据如何管理？每个课题组成员的计算作业、计算数据、耗用机时、存储空间如何管理？购买的计算机时如何统一调度和分配？计算数据如何快速可视化？随着新一代人工智能计算的出现，他们更为关注计算数据如何与实验数据融合，快速开展机器学习，寻找材料“结构-性能”关系。

实际中，不懂计算模拟的研发人员，出于科研压力，很辛苦地学习着材料计算，很多时间都用于文件格式转换、作业提交和监控、数据上传下载、数据可视化分析等这些本该是“计算机”的任务。他们的惯用做法是：通过某商业软件，搭建一个计算模型，然而通过文件格式转换，得到他想要的计算模型。手动进行远程作业提交、管理、数据分析等。即便这样，计算结束得到的数据，只是离散地以文件的形式放在硬盘里，很难形成数据库。随着学生的毕业，这些数据往往面临着丢失的风险。

综上，我们可以看到，面向高校科研院所的研发人员，更需要一个材料计算模拟基础设施，使他们无须下载、安装、编译任何软件，就能开展计算模拟，快速形成数据库, 便捷地开展机器学习，实现“计算建模 → 作业设计 → 作业提交 → 作业监控 → 物性提取 → 材料数据库 → 机器学习”自动流水线式地完成。

9.2　无须下载、编译、链接、安装的材料计算

9.2.1　计算模拟代码的编译和链接

开展材料计算模拟，首先就会涉及计算模拟程序代码的下载、编译和链接，对不熟悉计算机的材料实验人员来说是一个很大的挑战。即便是商业化软件，例如，国内使用人群最广的 VASP 第一性原理计算程序包，用户购买后也只是获得 Fortran 源程序包，需要用户自己编译、链接和部署后才能使用。

计算机程序一般可分为两类：编译程序和解释程序。编译程序需要将源程序翻译成目标程序后再执行该目标程序 (例如，C/C++、Fortran 语言编写的程序)，因此编译 (compile) 可理解为将源程序“翻译”成计算机能够识别的二进制的目标程序的过程。解释程序则是逐条读出源程序中的语句并解释执行 (例如，Python 语言编写的程序)。当然还有一类程序属于“半编译、半解释”型程序，如 Java，它首先由编译器编译成.class 文件 (体现 Java 编译型的特点)，然后再通过 Java 虚拟机 JVM 从.class 文件中读一行解释执行一行 (体现 Java 解释型特点)。也正是由于 Java 对于多种不同的操作系统有不同的 JVM，所以实现了真正意义上的跨平台。

材料计算模拟程序一般都是编译程序。对于编译程序而言，一般可分为源程序和目标程序。源程序是指用源语言写的，有待翻译成计算机可识别的机器语言程序。源程序一般是人类可读懂而计算机读不懂。计算机只能理解二进制语言，为此需要将源程序转化为计算机可读懂的二进制代码。目标程序就是源程序通过翻译程序加工以后生成的机器语言程序 (二进制代码)，这是计算机可以理解的语言。将源程序“翻译”成目标程序称为编译，一般需要工具辅助完成，该工具一般被称为编译器 (compiler)。

目标程序也只是计算机可以理解的二进制程序，它还不能直接被执行。目标文件只有经过链接 (link) 以后才能变成可执行文件。这是因为编译只是将源代码变成了二进制形式，二进制代码还需要和运行环境的系统组件 (如标准库、动态

链接库等) 结合起来才能运行，这些组件都是程序运行所必须的。链接就是将所有二进制形式的目标文件和系统组件组合成一个可执行文件。完成链接的过程也需要一个特殊的软件，叫作链接器 (linker)。

对于面向科研的材料计算模拟，无论哪种尺度的材料计算，课题组一般都愿使用免费、开源的计算模拟程序，这就会涉及上述求解源程序的下载、编译和链接 (即便是商业化软件, 也会涉及编译和链接，如 VASP)。由于这些程序一般需要在计算集群或超级计算机上运行，需要在给定的高性能计算或高通量计算环境下进行编译和链接，因此往往还涉及登录到计算集群进行编译和链接的问题。可见计算模拟程序的下载、编译和链接，对不熟悉计算机的材料实验人员来说是一个很大的挑战。

9.2.2 购买和安装

有一些商业化的公司预先将材料计算模拟软件的求解源程序编译和链接成标准 Window 环境下的可执行程序。用户购买这类材料计算软件后，需要下载安装程序 (或光盘安装程序) 到本地硬件环境、工作站或服务器上，安装后才可使用。由于程序一般在本地环境、本地工作站或服务器上运行，往往容易受到 CPU 核数和内存的限制，计算效率比较低，往往只能针对一些小规模体系开展材料计算。即便是这类商业化计算模拟软件的安装和使用，也会涉及硬件依赖 (如 32 位 CPU、64 位 CPU、最低内存要求)、网络设置、底层软件包依赖等，对不熟悉计算机的材料实验人员来说，同样是一个挑战。

9.2.3 云端材料计算：免下载、安装、编译、链接的材料计算

如上所述，无论是花钱购买和安装商业化软件，或自己下载、编译和链接免费的源程序，对于用户来说，都有诸多非常不便捷的地方，且容易受到计算规模的限制。云计算的出现，为用户免除了下载、安装、编译、链接的烦恼，且又能直接在计算集群上开展材料计算，提供了一种解决方案。

云计算可以理解为：“是一种计算模型。它将计算机任务分布在大量计算机构成的资源池上，使各种应用系统能够根据需要获取计算能力、存储空间和信息服务”。或简单理解为：“云计算是通过网络按需提供可动态伸缩的廉价计算服务”，这种资源池称为“云”。它包括了 3 个层次：软件即服务 (SaaS)、平台即服务 (PaaS)、基础设施即服务 (IaaS)。

因此，预先将不同时空尺度的材料计算模拟软件程序包，经过专业地编译和链接后，部署到“云”端资源池，用户仅需要一个浏览器就能在“云”端开展材料计算，不仅免去了用户开展材料计算需要购买、下载、安装，或编译、链接源程序的烦恼，还能带来很多增值服务和功能，免去用户对硬件资源和计算资源

的担忧，免去用户对计算作业、任务、数据等统一管理和存储的担忧等，概括如下：

(1) 无须担心硬件资源和计算资源；

(2) 高通量、多尺度、图形化、流程化、自动化、智能化、网络化地开展材料计算；

(3) 数据管理，计算完毕可直接形成计算模拟数据库 (这是传统材料计算的一个痛点)；

(4) 机时管理；

(5) 存储空间管理；

(6) 计算作业管理；

(7) 直接开展机器学习。

但是云端开展材料计算和数据管理，需要有专门的支持云端开展计算的基础设施提供支撑。

9.3　无须担心硬件资源、计算资源的材料计算

除了计算模拟软件的下载、安装、编译和链接的烦恼外，材料计算模拟的另外一个门槛就是硬件资源和计算资源的问题。以下是来自某科研院所老师对自己购买硬件资源、建设计算集群和运维的描述。

“解决课题问题，需要有自己的服务器，花 100 万搭建起来设备，招标搭建服务器后，管理太费劲了。集群管理很多时候出了问题，自己搞不定，要找原厂工程师。开始直接用第一性原理计算软件，很复杂和费劲，涉及材料设计的时候，有很多不同的成分，弄好了一个弄另一个，全是基础的重复性工作，准备文档，拷贝文档，提交文件。中间如果出错了都不知道哪里出了问题，还需要找，费时费劲。

“否则部署在内网服务器上，还需要从外网连到内网，很容易受攻击，维护起来也麻烦，因为我们都是搞材料的人，不是搞 IT 的人。”

云端开展材料计算可使用户不用担心硬件资源和计算资源的问题。由于云端资源池本身就连接了众多的计算集群，用户对算力的使用只需“按需使用，即用即付”(pay as you go) 就可。就好比插入插座用电，用多少电，付多少钱即可，免去了用户对硬件资源、计算资源购买、建设、运维的担心。

9.4 第一性原理计算的“多结构、多任务、多目标”问题

对于刚涉及材料计算的人，常见的做法是：通过材料计算，得到一个物性值(如能隙)，然后将计算得到的能隙值去和实验得到的能隙值比较，看是否吻合。这种简单的材料计算，并没有太多的实际意义，因为计算和实验是两个不同研究手段，得到的结果肯定会有误差，而且误差可能还会很大 (受多种因素的影响，如计算精度设置)。材料计算有价值的地方在于“多结构、多任务、多目标”地求解问题，看成分、结构、配比的变化对物性值的影响情况，从而指导我们去理性地设计材料，或者解释内在的物理或化学机理问题。

材料计算的“多结构、多任务、多目标”求解问题，就是一个典型的高通量计算筛选问题。比如，30 个过渡金属 1∶1 两两组合 (435)，将这些组合用于 10 个有序相，如 NaCl、CsCl、TiCu、CdAu、FeB、CrB、AuCu、CuPt 等，会生成 4350 (435×10) 个候选结构。我们对这些候选结构，先计算它们的热力学稳定性 (判断是否稳定存在)，然后将不会稳定存在的结构筛选掉，仅对稳定存在的结构，再采用较高的计算精度，计算它们的能带和态密度 (判断催化性能)。这就是一个典型的“多结构、多任务、多目标”问题。如图 9.1 所示，它涉及 4350 个结构、9060 个计算任务和 3 个目标的计算。

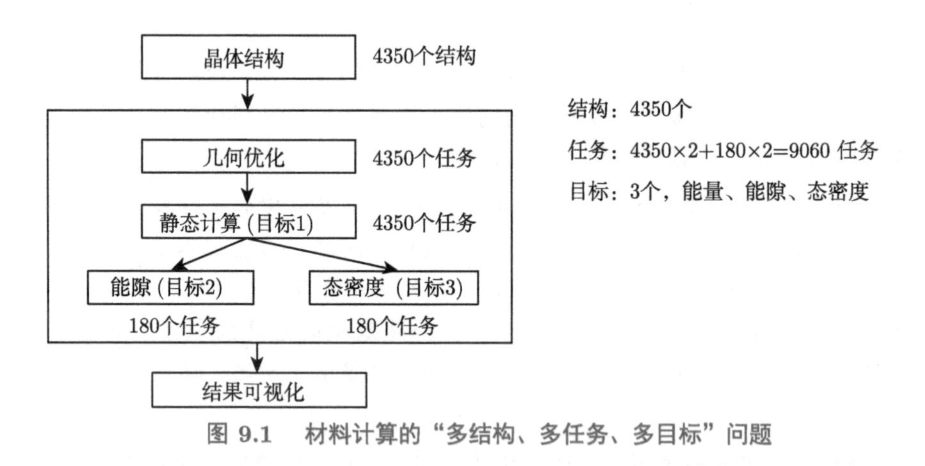

图 9.1 材料计算的“多结构、多任务、多目标”问题

对于这种“多结构、多任务、多目标”的高通量计算筛选，是面向科研的材料计算常见问题。可以设想，用传统的计算模拟方法会非常不便捷，光是计算结束后的数据处理，对一个程序代码不太熟悉的老师或学生来说，就会是一个很大的挑战。而处理这种问题的最佳方案就是采用工作流技术，通过自动化流程实现。

9.5 分子动力学的力场、前处理、后处理问题

分子动力学计算是基于经典物理的统计力学方法，它通过对原子间相互作用势函数及运动方程的求解，分析其分子运动的行为规律，模拟体系的动力学演化过程，给出微观量 (如原子的坐标与速度等) 与宏观可观测量 (如体系的温度、压强、热容等) 之间的关系，从而研究复合体系的平衡态性质、力学性质、热力学性质等，是研究材料内部流体行为、通道运输等现象的有效手段。

近几十年的硬件和算法的发展已经将分子动力学模拟推向了材料计算的前沿，分子动力学方法弥补了基于电子结构理论的第一性原理计算和宏观有限元分析的空白领域，能够以较少的自由度模拟复杂的系统，非常适合于微观尺度体系的研究 [1]。但目前分子动力学存在的问题包括：缺少建模技术，缺少力场 (势函数)，势能函数匹配和参数设置复杂，计算数据结果分散不便于收集整理等，由此产生的计算成本和资源浪费也非常多。在本节中，我们重点介绍科研用户在开展分子动力学计算模拟时所面临的主要痛点，包括力场 (势函数) 的选择和匹配、计算前的模型构建和系综选择、计算完成后的有效采样和数据处理等。

9.5.1 分子动力学的力场设置

力场描述的是一个系统的能量对其体系内粒子坐标的依赖性，力场的最终目标是用经典术语描述所有的量子力学事实 [2]。一般可将总的电子能量划分为几种不同的贡献，如库仑效应、极化效应、色散效应和排斥效应。但由于计算能力的限制和复杂的电子效应，人们往往会采用几种通用的近似方法来描述分子间相互作用，由于涉及一些经验参数的引入，故分子力场也被称为经验力场或经验势能。

经典的分子动力学模拟忽略了电子之间的量子力学作用和原子核之间的作用能，有效地提升了计算能力和计算体系的规模。在大分子中，原子以固定的拓扑排列方式共价结合，因此，力场作用可主要分为作用于系统所有原子之间的非键合相互作用和同一聚合物链或复合大分子相邻原子之间的有效成键相互作用 [3]。

9.5.2 经验力场的分类

经典分子动力学模拟的可靠性和预测能力在很大程度上取决于所采用的经验势能的选定和设置。Shimanouchi 将分子力场按照研究对象和应用场景，分为了生物大分子力场、小分子力场、材料力场、通用力场和反应力场 [4]。

(1) 生物大分子力场。适用于大分子的力场很多，常用的包括 AMBER 力场和 CHARMM 力场 [5]。AMBER(assisted model building with energy refinement) 力场 [6] 是适合处理生物体系的力场，主要适用于蛋白质、核酸、多糖等大分子体系，后来也用于少量的有机小分子。AMBER 力场的势能函数特点在于形势较为简单，所需参数不多 (其力场参数的数据均来自实验值)，计算量小，但这个力场的扩展

性有限。CHARMM 力场 [7] (chemistry at Harvard macromolecular mechanics 商业版) 适用于小分子体系和溶剂化的大分子体系，但不适用于有机金属配合物。

(2) 生物小分子力场。适用于小分子的力场，包括：MMx (molecular mechanics) 是最早期用于计算有机小分子的力场，后发展为多个版本，即 MM2、MM3 和 MM4 力场，用于小分子结构能量计算、构象搜索、频率计算、获得稳定结构等。其中 MM3 也具有蛋白质参数，也可用于生物大分子的计算。

(3) 适用于材料计算的力场。适用于材料计算的力场，包括 CVFF、CFF、EAM、COMPASS 等力场。① CVFF 力场适用于计算有机分子和蛋白质体系，扩展后的 CVFF 力场 (cvff_aug) 也可用于模拟部分无机分子及其化合物，如硅酸盐、铝硅酸盐、磷硅化合物等，用于预测分子结构和结合自由能。② CFF 力场主要包括 CFF91、CFF95、PCFF 等，力场势能函数形式复杂、适用性强，可以进行从有机小分子、生物大分子到分子筛等诸多体系的计算。CFF91 主要用于模拟有机小分子、蛋白质以及小分子–蛋白质之间的相互作用。CFF95 可用于高分子体系的模拟。而 PCFF 在 CFF91 的基础上进行扩展而来，主要用于聚合物和有机材料，如聚碳酸酯、三聚氰胺甲醛树脂，也能计算多糖、核酸、分子筛等其他无机和有机材料体系的模拟。③ EAM (embedded atom method) 力场主要用于金属体系，由于 EAM 模型很好地描述了金属结合能的形成，类似于将金属的原子核嵌入自由电子气的性质，在研究金属体系方面取得了巨大成功，因此 EAM 方法又被称为嵌入原子势方法，最早由 DAW 和 BASKES 提出。EAM 适合 FCC 结构、BCC 结构的金属模拟。其他适用于计算金属的力场，包括 Sutton-Chen，适用于 FCC 结构的金属模拟。对势、近似 DFTB 势适用于 BCC、HCP 结构的金属模拟。④ COMPASS (condensed-phase optimized molecular potentials for atomistic simulation studies) 力场属于原子水平模拟研究的分子力场，由第一性原理计算获得参数，在凝聚相模拟方面大有改善。适用于有机和一些无机分子、高分子，也适用于金属、金属氧化物、金属卤化物以及晶体的计算。常用于材料领域的各种性质计算，不支持生物分子，能够适应很宽范围的压强和温度。

(4) 通用力场。还有一些通用力场，具有广泛的使用范围，但计算精度有限，包括 ESFF 力场、UFF 力场和 Dreiding 力场。ESFF 力场可用于有机分子、无机分子以及有机金属化合物的结构预测。UFF 力场可用于周期表上所有元素的计算，Dreiding 力场适用于有机分子、生物大分子和主族元素的计算。

(5) 反应力场。包括 ReaxFF (reactive force field) 力场和 REBO 反应力场。最早 ReaxFF 力场只能应用于碳氢化合物，随后在近 20 年中已经成功扩展到许多体系的反应动力学研究中，应用体系包括小分子体系、高分子体系、高能材料体系、金属氧化物体系等, 主要用于对快速反应动力学、力场开发、反应机理、材料表面缺陷研究等 [8]。目前开发的 ReaxFF 力场所涵盖的元素范围已经相当广泛，这种力场是基于键级建立起来的，在计算精度和计算时间尺度上做了平衡，是一种半经验式的反应力场。它支持所有主族和部分过渡金属元素，但对结构新颖的分子适用性较差。ReaxFF 的势能参数较为复杂，电荷由电负性均衡法 (electronegativity equalisation method) 获得，步长需要比较小 (0.1~0.5fs)，计算速度慢，一般只适合最多几千个分子。REBO 反应力场主要用于固体和无非键参数，后扩展的 AI-REBO 力场，其中加入了 C、H 的 LJ 参数。

9.5.3　经验力场的局限性

经验力场也有其自身的局限性，与真实的分子系统相比，分子动力学模拟的系统尺寸还不够大，因此人们引入了周期性的边界条件，这必然会带来人为的误差，因此需要注意系统大小的设置。同时，截断距离的设置也会带来误差，这是因为从节约计算成本 (以及对相互作用的粒子的搜索努力) 考虑，所有非键合的相互作用都在一定距离上被截断。此外，不考虑电子运动也会带来误差，因为分子动力学认为电子保持在基态，会瞬间跟随核心运动，这意味着电子激发态、电子转移过程和化学反应不能被模拟，与真实情况不符因而产生误差。最后，任何力场都是基于许多近似值，并从不同类型的数据中衍生出来。这就是它们被称为经验势/经验力场的原因。

9.5.4　力场的开发和扩展

上述提到的力场可以从公开文献中查到，但目前这些现有的力场在可迁移性和可扩展性方面仍然存在严重的局限性，无法进一步满足新材料或者新药物分子的计算或研发，故需要新力场的开发。这里我们收集和整理了力场开发和拓展的一些思路、方法和工具，供大家参考。

1. 新力场开发原则

对于一些新型的分子体系，无法直接使用目前现有的势能函数，就需要重新开发和拟合新力场，这些力场参数不是经验性或试错性的设置，而是经过严密的计算。即使采用非常精确的量子力学计算，也不可能完全分离出错综复杂的电子效应。因此我们还是要使用重要物理近似值来描述分子间相互作用的可处理方式，这限制了它们的准确性。因此力场也被称为经验势或经验力场。取决于开发它们所遵循的程序和用于优化其参数的输入数据，不同的力场还将用到不同的体系或问题。Halgren 说到“力场开发仍然是一门艺术和科学问题”。力场开发需要依据以下 4 个原则 [2]。

(1) 选择合适函数来模拟系统的能量 (例如，明确是否包含极化作用，以及范德瓦耳斯相互作用的表现形式)。

(2) 选择所需的实验数据集，以确定在先前选定函数中的所有参数。一般有大量的实验数据可以使用和参考，例如，从 X 射线或中子衍射中获得的平衡键长、从振动中获得的力常数等。从 X 射线或中子衍射中得到的键长，从振动光谱中得到的力常数谱、升华或汽化热、密度等。然而在许多情况下，实验数据很少或不可靠，所以目前第一性原理计算构成了输入数据的主要来源。一般的方法是，通过第一性原理计算得出适当选择的小型参考体系的力和能量，并调整势能的参数以最佳地再现它们 [9]。

(3) 优化参数。由于有大量的参数，所以很多时候需要分阶段优化。此外，它们中的大多参数都没有解耦，即一个值的变化可能会影响其他参数。因此优化是一个迭代的过程，另一种方法是使用最小二乘法来拟合确定整个参数集，使其与输入信息达到最佳一致。最后，一种新的和有吸引力的方法是力匹配方法，包括直接拟合从第一性原理计算得出的势能面。

(4) 验证。计算没有在上述参数化过程中体现的系统性质，来验证最终的势能参数集。

开发势函数是一项非常困难和耗时的工作，仅由专业小组执行，因此最终用户通常只需要从现有文献中选择合适的力场。然而，如果缺少一个基团或分子的参数，他可能有义务“找到”必要的值。这需要一个迭代过程，因为分子间参数也会影响由此产生的分子内几何形状、振动和构象能量。可见，一个综合、全面的力场库对分子动力学的科研用户来说，变得非常有意义。

2. 利用已有的开发工具，开发力场

利用已有的力场开发工具或程序 (分子动力学中的力场文件生成工具) 可开发一些力场。大多数这类工具或程序是由某些常见力场进行改进而得到的，这种方法的优点是方便高效，但这类工具或程序开发的基本都是针对某类化合物分子的特定力场，准确度也有待考察。一些常见的力场开发工具列举如下。

(1) LigParGen：只基于 OPLS-AA 力场的键、键角、二面角和 LJ 参数，针对有机分子、配体分子等小分子 (原子数不超过 200) 的力场开发，文件格式为 SMILES、MOL 和 PDB 格式。

(2) PolyParGen：针对聚合物和大分子生成 OPLS-AA 和 AMBER 力场参数的工具，针对大分子和聚合物，文件格式为 CML。

(3) Automated Topology Builder (ATB)：利用经验方法与量子力学计算相结合的方法，开发基于 GROMOS 54A7 力场的工具，文件格式兼容 GROMACS 和 LAMMPS。

(4) CHARMM General Force Field (CGenFF)：专门用于生成 CGenFF 拓扑文件以及 CHARMM36 力场参数的工具，通过分类确定原子类型、参数和电荷。

(5) SwissParam：仅限于 CHARMM 全原子力场，主要用于生成小分子拓扑文件和参数，文件格式兼容 CHARMM 和 GROMACS。

(6) Parameterize：是基于神经网络势函数 (neural network potentials，NNP) 的快速、精确力场参数化工具，基于预测量子力学能量来训练神经网络。适用于原子数为 50，且二面角不多于 8 个的小分子。利用 Parameterize 进行势函数参数化的过程，概括如下：① 利用 GAFF2 参数和 AM1-BCC 原子电荷构建初始力场参数。② 选择相应的二面角进行基于 NNP 的参数化。③ 将二面角参数拟合到参考能量，得到优化的力场参数。

3. 从第一性原理计算拟合势函数

利用第一性原理计算，拟合分子动力学势函数的方法如下 [10]。

(1) 首先进行量子力学计算得到基准数据。

(2) 采用 DFT 方法计算一系列结构 (例如可以调整键长、键角等参数，得到不同的结构) 的能量，这些结构点的能量是否具有代表性，是否是化学反应中的关键结构，直接影响到力场优化结果的好坏，所以一般根据反应发生时候的进攻方向、位点进行筛选特殊结构点，再使用 DFT 进行势能面扫描，得到一系列的结构和能量。对于有相似力场文件的情况，可以直接修改元素符号以得到一个初始力场文件。

(3) 自动拟合大量非线性数据得到初始参数。依据导入的分子模型和量子力学计算的基准数据估算初始的力场参数。大致的步骤用 Levenberg-Marquardt 非线性最小二乘法拟合方法确定非线性参数，用奇异值分解 (singular value decomposition，SVD) 方法确定线性参数，序列无约束极小化 (又称罚函数法)(sequential unconstrained minimization technique，SUMT) 方法控制参数范围。

(4) 验证拟合的结果，进一步对力场参数进行优化。验证内容主要包括分子模型和基准数据的一致性，以及检验分子力场参数和基准数据的符合程度。

(5) 建立数据库，储存已有的力场。建立从分子结构，到量子力学计算数据，再到相应分子力场参数的数据库。其中分子结构包括原子的坐标、类型、电荷数据。量子力学数据应该包括能量，能量的一阶、二阶导，电荷和频率数据。

4. 机器学习或深度学习拟合势函数

除了采用第一性原理计算方法获得势能函数参数外，机器学习方法也可用于开发力场参数，其准确度可以接近第一性原理计算拟合势能参数的水平，计算成本要降低很多，且由机器学习方法衍生得到的数据驱动模型，其势能函数的可转移性和适用性更好。

机器学习拟合势函数是通过建立一个具有相关力和能量的构型数据库来实现的，通过局部环境的一些描述符来总结原子构型，并通过一个经过某种 (非线性)

回归程序训练的函数来预测来自这些描述符的力和能量，从而在数据库中提供良好的结果，因此产生的势函数也被称为“数值势”[11]，例如一个基于分子模拟的深度学习框架程序 Torch MD11[12]。开发势函数的具体过程可分为：① 集成化模拟得到初步结果；② 势能分析，提取力场参数；③ 训练模型。机器学习/深度学习拟合势函数是目前的研究热点，有大量的文献报道，在这里我们不做过多介绍。

5. 文献检索方法收集力场

除了开发新力场，搜集已经发表的新力场也非常重要。可将搜集到的力场文献分为两大类，一是通用类力场，二是针对特定体系的力场。这种搜集方法的优点是得到的力场文件比较可靠，但是搜集难度大，不仅需要访问文献检索库，而且需要人为阅读判断和分类力场类型并下载。文献检索收集力场文件的步骤可概括为：识别该文献是否为力场开发类文献，如果是，要识别是通用力场还是特定力场，接着判断力场所应用的体系，最后自动下载力场文件。

9.5.5 力场参数的自动匹配

平台搜集到足够的力场文件，构建好自己的力场数据库后，接下来的任务就是为目标体系匹配上合适的力场，以实现模拟结果的准确性。所谓的力场参数匹配，指的是原子的环境匹配。传统的力场参数分配是依据现有的通用力场对目标分子的原子进行环境匹配，例如，研究对象为 CO_2 和 CH_4 结构时，如果选择 CVFF 力场，则 CO_2 中的碳元素被分配的力场类型为 Ct，CH_4 中的碳元素被分配的力场类型为 C。

力场参数的匹配是分子动力学计算的一个极大难点，很多科研用户都受困于此。如果能实现力场参数的自动匹配，可极大地降低开展分子动力学计算的门槛和难度。但当现有力场被应用于全新分子的计算时，某些原子的环境之前未被定义过，这些原子可能会被自动分配到与之相近的环境，导致提取到错误的力场参数，这样会严重影响计算结果。我们希望实现力场的自动匹配是依据目标分子的各类原子类型自动筛选出合适的力场，即该力场应当包含目标结构中的所有原子类型，此时才能真正实现对目标分子力场的自动精准匹配。以下我们给出了依据特定体系的自动分配相应力场的几个步骤和原则。

(1) 首先力场数据库应包含尽可能多的力场文件，包括已公开发表的和开发的新力场文件。

(2) 自动筛选出包括目标结构中所有原子环境的力场文件。

(3) 若有多个合适的力场文件，可以通过人为判断进一步选择，也可以通过高通量计算并行计算多个力场下的性能表现，再进行判断。

(4) 若没有合适的力场文件，也可以按照上述的力场开发原则开发全新力场。

9.5.6　分子动力学计算的前处理挑战

分子动力学前处理，主要涉及如下 3 个步骤，一些要点概述如下。可以看到，光是体系初始构型的搭建就涉及软件下载、格式转换、数据存储、数据导入等，对不熟悉分子动力学的科研用户来说，也是一大挑战。

1. 体系初始构型的搭建

为体系构建合适的初始模型是模拟计算中的重要一环，可采用多种软件辅助进行 [13]。比如，以采用 Materials Studio 商业软件为例，按真实体系建模，保存导出 car 和 cor 格式，再利用执行文件和相关命令即可将其转化成 data 格式，再进行计算。粗粒度模型可利用 LAMMPS 软件相应的命令建模，也可自己编程生成 data 文件。对于生物大分子体系，可由 Packmol 建模，由用户提供一种或多种分子的结构文件，并且设定一些约束条件，Packmol 就会把各种分子按照设定将指定数目的分子堆积到满足要求的区域中，从而实现体系初始构型的搭建，生成.mol 文件格式，再转换成 data 文件。

2. 结构优化

在分子动力学中，平衡计算前，需要对体系进行结构优化，以消除初始结构对计算结果的影响，也称为退火操作。常用的退火操作需要先指定体系内的初始位置和初始速度，可以通过在一段运动时间内将体系温度快速升高，再迅速恢复至常温 298K，即完成一次退火操作，为保证减小计算的误差，一般体系越大，退火次数设置越多。

3. 平衡计算

当平衡计算时，我们需要为体系选择合适的系综 [13]。LAMMPS 常用的系综主要分为 NVE (微正则系综)、NVT 系综 (等温等压) 和 NPT 系综 (等压等温)。

NVE 系综保证系统中原子数量 n、体系总体积 V 和体系总能量 E 保持不变。NVE 系综没有控温的功能，初始条件确定后，在力场的作用下，原子速度发生变化，相应的体系温度发生变化。我们知道，体系总能量等于势能和动能之和，当温度发生变化时，动能就会变化，势能和动能相互转换，总能量会保持不变。

NVT 系综保证体系的原子数量 n、体积 V 和温度 T 保持不变。NVT 系综下，模拟盒子 (box) 的尺寸不会发生变化，LAMMPS 通过改变原子的速度对体系的温度进行调节。NVT 系综对边界条件没有要求。

NPT 系综保证体系的原子数量 n、压强 P 和温度 T 保持不变。NPT 系综不仅进行控温，还进行控压。和 NVT 系综一样，NPT 系综通过调节原子速度调控温度，不同的是，NPT 系综下 box 的尺寸可以发生变化。NPT 系综通过改变盒子的尺寸调节压力，例如当体系压力超过设定值时，扩大盒子尺寸降低压力。

9.5.7 分子动力学计算的后处理挑战

目标体系在合适的势能函数 (力场) 作用下，达到预期的平衡相或非平衡相，此时分子原子的当前坐标蕴含着体系的特征信息，通过收集和处理这些坐标信息以获得体系的微观结构或相关的宏观性能，这个过程即称为后处理，对应于实验上的各种表征手段。对体系进行适当充分的后处理，能更好地了解当前体系的结构特征和宏观属性，也是用户进行计算的最终目的。分子动力学计算的后处理通常集中于研究材料的微观结构 (如形式因子、相关函数)、力学性能 (如传输系数、相关关系)、热力学性能 (如相图和能量相关的观测值集合平均数) 等。

分子动力学后处理涉及数据下载、运用数据分析工具或函数进行数据分析、利用数据可视化工具进行可视化等步骤，对不熟悉分子动力学或数据分析的科研人员来说，同样是一大挑战。我们以微观结构分析、热力学分析和力学性能分析 3 个后处理为例，解剖分子动力学后处理的步骤。

1. 微观结构分析

分子动力学计算目标体系后的最终结果包含体系中各个原子的坐标信息 (atom.xyz 文件)，通过对这些信息进行适当的处理，即可获得体系的微观结构特征，包括观察平衡相的径向分布函数、静态结构因子等，以及动态过程中的键取向函数等。例如，径向分布函数 (redial distribution function, RDF) 研究的是某类原子在一类原子空间周围的分布情况，通常用于研究物质中的有序性，例如判断晶体的类型、复合材料中填料的聚集和分散等。再如静态结构因子 (static structure factor) 同样反映的是材料结构的平均信息，在材料中表征材料对射线的散射程度，反映了原子类型、位置以及散射方向的影响。在分子动力学计算结束后，通过轨迹文件分析后处理，可得到径向分布函数和静态结构因子。

2. 热力学分析

材料热力学指一般固态材料的熔化与凝固、固态相变、相平衡关系与成分、微观结构稳定性、相变的方向与驱动力等。主要表征内容包括测定物质的晶型转变、熔融、升华、吸附、脱水和分解等过程，对表征材料的热性能、物理性能、机械性能以及稳定性具有重要的作用。然而传统实验中研究手段和研究方法难以对微观尺度下的热力学现象和过程进行研究。近年来，分子动力学模拟也已经成为研究材料热力学性质和微观结构的重要手段。分子动力学计算的热力学分析后处理包括玻璃化转变温度、熔融温度、结晶温度、热分解温度等的计算。我们以玻璃化转变温度为例，来说明分子动力学及后处理步骤。

玻璃化转变温度 (glass transition temperature, T_{g}) 是玻璃态物质在玻璃态和高弹态之间相互可逆转化的温度。当达到某一温度时，这区域的分子链会做局部运动，这个温度称作“玻璃化转变温度”(T_g)。若温度低于 T_g，因分子链无法运动，这时材料处于刚硬的“玻璃态”。当温度高于 T_g 时，无定形状态的分子链开始运动，材料会呈现类似橡胶态。玻璃化转变温度对研究高分子材料的相容性、老化机理具有重要作用，同时也决定了高分子材料的应用场景，因而受到广泛的关注。传统实验中，人们通过 TGA、DSC 等表征方法来测量玻璃化转变温度，不仅成本高、耗时长，也会由于人为操作产生实验误差。故而采用分子动力学方法计算 T_g 能够很好地避免上述问题。

分子动力学方法计算 T_g 的方法步骤如下：① 我们需要将初始体系进行结构优化和平衡计算，一般选择 NPT 系综，体系能量达到稳定之后视为体系达到初始的平衡；② 接着，需要模拟实验中的升温过程并测量体系的变化，此过程设置 NVT 系综，记录不同温度下目标体系体积的变化；③ 计算后处理，将体积对温度作图，找出突变点，即可找到玻璃化转变温度。

3. 力学性能分析

材料力学分析依据所受力场的不同主要分为静态力学性能和动态力学性能研究。静态力学性能是指材料在单一力场作用下的力学性能表现，比如高分子材料领域关注较多的是单轴拉伸下的力学性能，以及蠕变和应力松弛表现。动态力学性能关注的是变化力场下的材料力学性能表现，通常研究较多的是交变力场，例如，反复拉伸、剪切力场下的力学性能。

静态力学性能分析的典型案例，包括单轴拉伸得到应力应变曲线 (从而研究材料的弹性模量和机械强度)、蠕变和应力松弛等。我们以通过单轴拉伸得到应力应变曲线，来说明分子动力学及静态力学分析的步骤。“在充分平衡计算之后，采用 fix deform 命令来实现单轴拉伸操作，拉伸速率一般设置为 0.0327，采用 fix 命令来统计 xyz 三个方向上的应力，并采用压力公式 stress $= 1/2(C1 + C2) - C3$ 计算得到最终应力值，其中 $C3$ 代表的是拉伸方向。计算结束后，经过一定的后处理和作图，即可得到应力应变曲线。”从应力应变曲线可以计算弹性区的斜率得到杨氏模量、断裂强度、断裂韧性等力学性能信息。

动态力学性能分析的典型案例，包括通过反复拉伸计算材料的生成热和疲劳性能，以及通过剪切计算损耗因子和滞后等。以反复拉伸计算材料的生成热和疲劳性能为例，分子动力学计算模拟的实施方法是：先对体系进行充分的平衡，并通过拉伸命令 fix erate 实现一次拉伸，再通过 fix scale 命令实现一次回复，如果要实现多次拉伸可重复设置以上命令，也可利用 loop 命令实现多次拉伸。依据不同拉伸次数下的最大应力值随拉伸次数的变化值，通过数据后处理，即可表征出材料的疲劳性能以判定使用寿命。

综上，可以看到，分子动力学计算的力场问题、计算前处理问题及计算后处理问题，是开展分子动力学计算的“拦路虎”。我们需要“模型搭建 → 力场自动分配 → 计算后处理 → 物性数据入库”流水线式的分子动力学计算模式。

9.6 材料计算的作业管理、任务管理、资源管理

对于经常开展计算模拟的课题组来说，材料计算的作业管理、任务管理和机时管理尤为重要。计算作业一般对应于一个工作流，启动一个工作流即对应一个计算作业 (如能隙计算作业) 的开始。一个计算作业往往又包含多个任务 (如几何优化任务、静态计算任务)。作业管理和任务管理包括某用户的某作业、某任务的起始时间、完成时间、状态 (如排队、运行中、正常结束) 等的记录和查询，以及某作业和某任务间依赖关系的记录。

资源管理一般包括机时管理和存储空间管理。例如某用户已使用多少机时、还剩多少机时；已使用多少存储空间，还剩多少存储空间等。图 9.2 所示的是 MatCloud+的某用户资源使用情况统计。

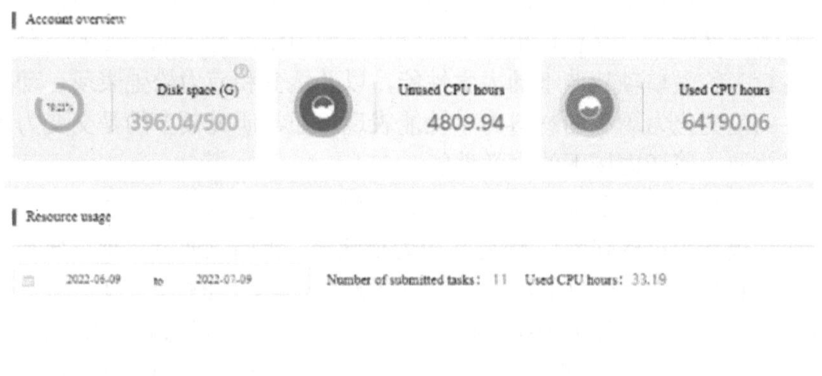

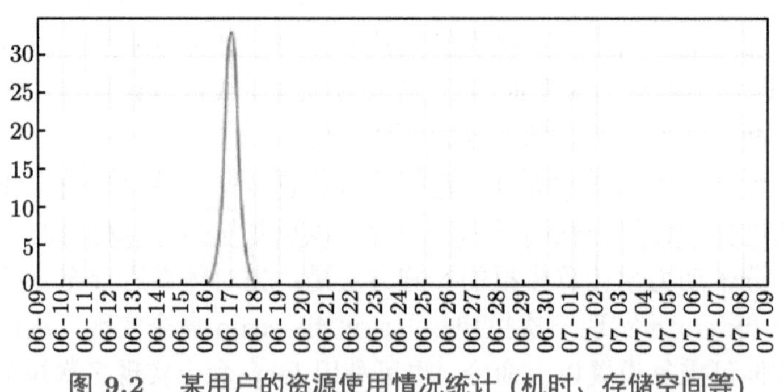

图 9.2 某用户的资源使用情况统计 (机时、存储空间等)

对于采用传统计算方式开展计算模拟的课题组来说，材料计算的作业管理、任务管理、资源管理也是一件令人头疼的事情。由于传统方式是个人通过命令行

方式登录到计算节点开展计算，作业信息、任务信息和资源信息往往隐藏在个人每次的计算结果文件中，而这些文件往往存在于用户的个人电脑中，整个课题组要从不同的团队成员中获取和管理这些信息是比较烦琐的。

9.7 “建模、计算、数据、AI”的自动流水线模式

一个材料计算的典型流程，如图 9.3 所示。

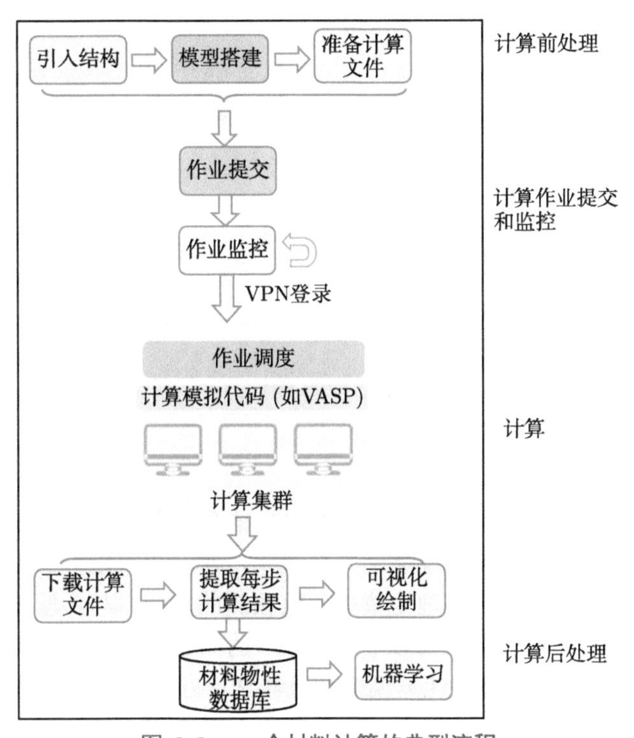

图 9.3　一个材料计算的典型流程

可见，开展一个材料计算，不是有了计算资源就可以开展材料计算，还涉及如下的一系列步骤。

(1) 通过 SSH 登录到计算集群，宿舍/家里可能需要通过 VPN 登录；

(2) 需要使用多个软件进行前处理、后处理和连接计算集群等 (有时多达五六个软件)；

(3) 计算前需要进行模型搭建和前处理，准备大量文件；

(4) 计算结束，只是得到结果文件，且要下载结果、数据提取、可视化；

(5) 提取的计算结果要存入数据库；

(6) 需要开展机器学习，构建“结构–性质”模型。

因此，采用如图 9.4 所示的“建模、计算、数据、AI”的自动流水线模式开展材料计算、物性提取和机器学习，能极大地提高效率，尤其是对于材料的高通量计算筛选。

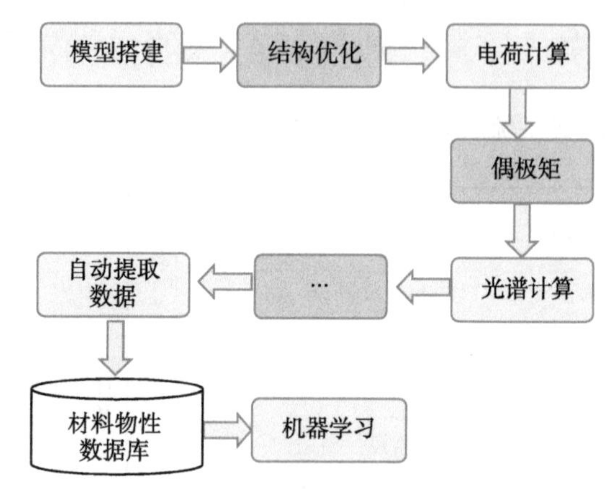

图 9.4 “建模、计算、数据、AI”的自动流水线模式

9.8 面向科研的材料计算面临的挑战和发展趋势

9.8.1 面向科研的材料计算面临的挑战

可以预见，第一性原理计算和机器学习相结合的方法 (QM/ML) 能帮助寻找一种潜在的材料“结构–组分–性能”关系模式，建立材料组分、结构和性能的定量关系模型，从而可用一种有理论依据、可预测的方式，与实验相结合，用于指导新材料设计。QM/ML 方法可以看作 MGI 的核心：它关注如何定义和寻找合适的系列微观参量，如何通过计算模拟和机器学习方法，寻找可能的原因/描述符 (d) 与属性/函数 (P) 的关系，发现 P(d) 的关系模式。

探讨建立材料组分、结构、性能的定量关系模型需要开展大规模的材料计算，产生海量的数据，尤其是多通道、多任务、高并发的计算。然而通过高通量计算产生这些海量数据往往存在一些挑战，例如多通道、多任务计算作业的生成，数据格式转换的烦琐，数据的存储，及数据处理等极为容易出错，不利于开展大规模的计算，从而限制了科研人员通过计算开展相关模拟和预测，这些不便因素概括起来有以下几点。

(1) 结构创建烦琐性：材料计算软件包的输入结构一般需要固定的格式，而生成该格式会比较烦琐。

(2) 参数设置复杂性：材料计算除了需要结构文件外，还需要对所计算的任务设置计算参数，计算参数与体系结构及具体的计算任务有关，不同的参数对计算结果的精度也会产生影响，设置较好的计算参数具有一定的复杂性。

(3) 计算结果处理易错性：计算结束时，需要下载输出文件，从输出文件中寻找所计算的结果数据，手工下载文件和处理结果往往容易出错。

(4) 计算数据维护不易性：同一体系的材料性质往往要经过很多次计算才能得到想要的结果，随着计算次数的增多，数据的维护也变得越来越困难。

(5) 计算环境搭建的不便性：需要购买集群或超级计算机，即便购买机时也需要部署计算环境，计算完毕后还需自己下载结果，自己处理结果和存储结果。

虽然随着云计算的出现，以及超级计算机的大量使用，计算资源已经不是最主要的问题，但综合上面的五个因素，开展大规模材料计算仍然存在以下四个挑战：① 如何生成大规模的计算作业；② 如何管理这些大规模的计算作业；③ 如何管理和挖掘这些海量的数据；④ 如何进行计算和数据的集成管理。

因此，通过材料信息学相关技术将数据、代码和材料计算软件流程集成，建立高通量集成计算平台，进行高通量的结构建模、高通量计算任务的生成与提交，计算结果的自动处理，以及采用有效的方法提取、存储和管理计算数据，将计算和数据集成于一体，从而实现计算与数据及资源的一体化管理，解决多通道、多任务、高并发的高通量材料计算的上述瓶颈问题，尤为迫切。面向科研的材料计算需要“高通量、多尺度、图形化、流程化、自动化、智能化、SaaS 化”的材料计算基础设施。

9.8.2　材料计算和机器学习的深度融合

QSPR 模型的构建有助于预测材料的性质。然而，模型构建需要大量的实验数据。由于材料实验数据获取不易，以及材料性质数据的稀缺，通过高通量第一性原理计算产生数据，并基于部分实验数据，通过机器学习构建 QSPR 模型，已引起目前业界的普遍关注。其核心理念在于，强调通过量子力学计算，产生大量的数据，然后从该数据中学习到一些模式，利用该模式来预测材料的性质。例如，北卡罗来纳大学的 Alexander Tropsha 研究组利用机器学习方法对 DFT 第一性原理计算数据库 AFLOW 中的结构和第一性原理计算结果进行深度挖掘，建立模型，根据输入的结构便可对材料分类 (金属/绝缘体)，对能隙、体弹/切变模量、德拜温度和热熔等信息进行较为准确的预测。

尽管 QM/ML 方法可以帮助 QSPR 模型构建，然而通过第一性原理计算获取材料性质数据，要付出较高的人工成本。而且构建 QSPR 模型，由于其涉及跨学科交叉 (如机器学习、材料数据表征、第一性原理计算)，本身就有较高的技术门槛。这些均成为通过 QM/ML 方法构建 QSPR 模型的技术壁垒，阻碍了 QSPR 的进一步普及。

目前，MatCloud+已基本实现了 QM/ML 功能，它能基于已有的材料计算数

据库 (如晶体结构数据库、第一性原理计算数据库)，利用机器学习中的主动学习策略，逐步实现训练过程中自动模型修正和自我学习，从而降低新材料设计对大批量标注样本的需求，实现 QSPR 模型构建的全自动化。

参考文献

[1] Bereau T. Computational compound screening of biomolecules and soft materials by molecular simulations. Modelling Simul. Mater. Sci. Eng., 2021, 29: 023001.

[2] González M A. Force fields and molecular dynamics simulations. JDN, 2011, 12: 169-200.

[3] Steinhauser M O, Hiermaier S. A review of computational methods in materials science: Examples from shock-wave and polymer physics. International Journal of Molecular Sciences, 2009, 10(12): 5135-5216.

[4] Shimanouchi T, Nakagawa I. Force fields in polyatomic molecules. Annual Review of Physical Chemistry, 1972, 23(1): 217-238.

[5] 秦宁, 闵清, 李博, 等. 计算化学相关研究进展. 交叉科学快报, 2018, 2(4): 111-132.

[6] Case D A, Cheatham T E, Darden T, et al. The amber biomolecular simulation programs. Journal of Computational Chemistry, 2005, 26(16): 1668-1688.

[7] Brooks B R, Brooks C L, Mackerell A D, et al. CHARMM: The biomolecular simulation program. Journal of Computational Chemistry, 2009, 30(10): 1545-1614.

[8] van Duin A C T, Dasgupta S, Lorant F, et al. ReaxFF: A reactive force field for hydrocarbons. J. Phys. Chem. A, 2001, 105(41): 9396-9409.

[9] Brommer P, Gähler F. Potfit: Effective potentials from *ab initio* data. Modelling Simul. Mater. Sci. Eng., 2007, 15(3): 295-304.

[10] 孙淮. 分子力学力场参数的自动化生成方法：中国, CN101131707A. February 27, 2008.

[11] Gkeka P, Stoltz G, Farimani A B, et al. Machine learning force fields and coarse-grained variables in molecular dynamics: Application to materials and biological systems. Journal of Chemical Theory and Computation, 2020, 16(8): 4757-4775.

[12] Doerr S, Majewski M, Pérez A, et al. TorchMD: A deep learning framework for molecular simulations. Journal of Chemical Theory and Computation, 2021, 17(4): 2355-2363.

[13] Lee J G. Computational Materials Science: An Introduction. 2nd ed. Boca Raton: CRC Press, 2016.

第 10 章 企业级材料基因数据库

构建材料基因数据库是挖掘材料基因编码，进而开展材料智能设计的基石。本章将重点讲述构建材料基因数据库的意义和面临的挑战，以及新材料研发企业或行业如何构建材料基因数据库的方法和技术等问题。

10.1 构建企业级材料基因数据库的意义和挑战

10.1.1 构建企业级材料基因数据库的意义

站在企业角度，材料基因数据库可包括 3 个部分：① 内部数据；② 外部数据；③ 计算数据。外部数据主要指来自文献、专利和行业报告等的企业数据。内部数据主要指企业内部的设计数据、生产数据、测试表征数据、模型数据和分析数据等。计算数据主要指通过多尺度材料计算模拟所产生的数据。构建企业级材料基因数据库，有着如下的意义。

(1) 企业的材料数据往往呈“碎片化”。许多材料研发企业，其材料研发设计、制备以及测试表征分处于不同的部门，导致材料的制备工艺数据、测试表征数据，以及材料研发设计数据离散化、碎片化，形成信息孤岛。若能将企业测试表征和制备工艺数据进行收集、整理，形成专用数据库，实现集中统一的管理，则有助于通过机器学习方法，构建各种 AI 预测模型 (如结构/成分–性质模型)，进行材料的智能设计或理性设计。

(2) 散落在文献中的材料数据，也可以收集、整理和利用，形成有效并集中管理的材料外部来源数据，补充企业内部本身的材料设计数据、生产数据、测试表征数据等的不足，给企业新材料的研发提供重要参考。

(3) 将多尺度计算模拟仿真数据和企业的内部材料数据、外部数据进行多模态数据融合，补充实验数据不足，让企业从理论计算和实验角度，全方位审视和解读材料研发中所面临的各种现象和问题，并在融合“文献数据、实验数据、计算数据”的基础上开展新材料的智能设计，有着重要意义。此外，材料基因数据库也是企业新材料研发基础设施和数字化研发平台的核心底座。

10.1.2 构建企业级材料基因数据库的挑战

企业构建材料基因数据库，主要面临如下的主要挑战。

(1) 如何提出一个“通用”的方法，帮助企业/行业方便、快捷地构建融合：① 外部文献、行业报告、专利等数据获取；② 内部数据快速整合；③ 多尺度计算模拟开展，是一个主要的挑战。

(2) 如何解决企业内部数据“碎片化”的问题。对于很多新材料研发企业而言，其材料研发设计、制备以及测试表征分处于不同的部门，导致材料制备工艺数据、测试表征数据，以及材料研发设计数据呈离散化、碎片化，形成信息孤岛。测试表征人员要用到多种实验仪器来测量材料不同性能, 但是不同表征设备输出的数据格式各不相同，大多保存在测试表征部门的电脑中。对于同样的物性，还会涉及用不同测试设备进行表征。例如，电导率的测试表征方法有涡流法、U 型管和平管三种方法；热导率的测试表征方法有激光导热仪和导热系数测试两种方法。对材料制备工艺数据而言，或没有得到保存，或仅保存在生产部门的电脑中。而测试表征设备和制备工艺的多样性，导致数据记录方式也不尽相同，有的数据需要人工手动记录，有的数据以电子文档格式呈现。材料实验数据的上述特点，概括起来就是“多源、异构、高维、多模态”。这种测试表征和制备工艺分散的数据存储方式不便于材料研发数据共享，更不便于借助 AI 方法开展新材料设计。

(3) 如何方便、快速地获取企业的外部材料数据。材料外部数据分散在各类图书、专利、文献、网络资讯以及自有数据资源中，结构和格式各不相同，如何对这些数据进行采集、加工和处理，有效融合进材料基因数据库？

(4) 数据安全问题。如何确保数据在访问、传输、存储以及使用过程中的数据安全？

10.2 材料基因数据库需求分析与架构

如何用一个“统一”的方法，帮助企业或行业方便、快捷地构建材料基因数据库，我们认为其核心在于数据标准规范和无代码编程理念的采用。

要做到一种通用的解决方案，首先要遵循一个标准。中关村材料试验技术联盟 (CSTM) 于 2019 年 8 月颁布了材料基因工程数据通则 [1]，建立了适合材料基因工程需求的数据标准，规范数据产生过程中要收集的信息和遵循的格式，满足数据 FAIR 原则 (可查找、可访问、可交互、可复用)[2]。CSTM 是在中国工程院战略研究下，结合国家深化标准化工作改革方案，在国家标准委、工业信息部、中国工程院、中关村管委会等部门的支持下成立的。目前中关村材料试验技术联盟负责中国材料基因工程相关标准的制定，以及其他材料研发和试验标准的制定。

CSTM 材料基因工程数据通则基于材料科学在数据驱动模式下对数据的需求，将数据分为样品信息、源数据 (未经处理的数据) 与衍生数据 (经分析处理得到的数据) 三类，以操作 (样品制备/表征/计算/数据处理) 为条目单位，对每次操作分别赋予独立资源标识 (根据国标 GB/T 32843 或 DOI)。每条数据收集与操作相关的元数据。元数据主要包括：方法、条件、结果和科技资源标识。样品可以是实验产生的实物，也可以是经计算产生的虚拟物。同理，源数据可以来自于表征或是直接测量，也可以通过模拟计算产生。

参照 CSTM 材料基因工程数据通则，我们提出了一个基于 CSTM 材料基因工程数据通则的材料基因数据库架构 (图 10.1)。材料数据录入方式主要包括手工录入和自动导入。设计一个数据库架构的核心原则在于：确保各库/表之间的数据关联。从材料生命周期看，应该包括如下所示的数据记录。

(1) 样品信息：录入化学式、结构、成分等信息；

(2) 制备工艺：录入制备工艺相关信息；

(3) 物相组成：录入该样本的物相组成等信息；

(4) 微观组织：录入该样本的微观组织信息；

(5) 基本物性：录入该样本的基本物性数据；

(6) 服役性能：录入该样本测试的服役性能数据。

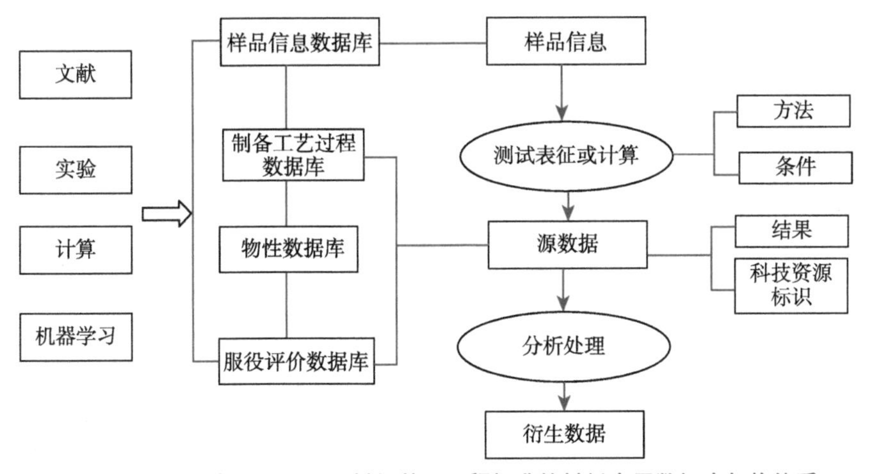

图 10.1　一个基于 CSTM 材料基因工程标准的材料专用数据库架构体系

由于不同材料或样品采用的设备、工艺、方法等均不相同，我们可采用语义模板的方法，基于无代码编程理念，动态生成数据的采集页面。无代码编程是指让开发人员用最少的编码知识，来快速开发应用程序的一种编程理念，适合业务人员、IT 开发及其他各类人员来组装和配置程序。无代码并不是指软件没有代码，软件的底层依旧是由很多代码组成，只是把传统需要写大量代码才能实现的功能组件化了 [3,4]。用户可以在图形界面中，使用可视化建模的方式，来组装和配置应用程序，跳过所有的基础架构，只关注于使用应用模块来实现业务逻辑。

10.3 材料基因数据库的实现技术

10.3.1 内部数据之制备和测试表征

一个材料研发企业的内部数据，其核心是材料的制备和测试表征数据。从制备和表征的角度，材料一般有组成元素、组成物相、制备工艺以及物性等。因此一个针对金属和无机非金属材料的制备表征数据库架构，其数据库 E-R 图如图 10.2 所示。晶体结构可以用来与计算数据库建立起关联，从而实现了制备表征数据库、晶体结构数据库与计算数据库的融合，从而真正实现材料基因工程所倡导的计算、制备和表征的一体化集成。

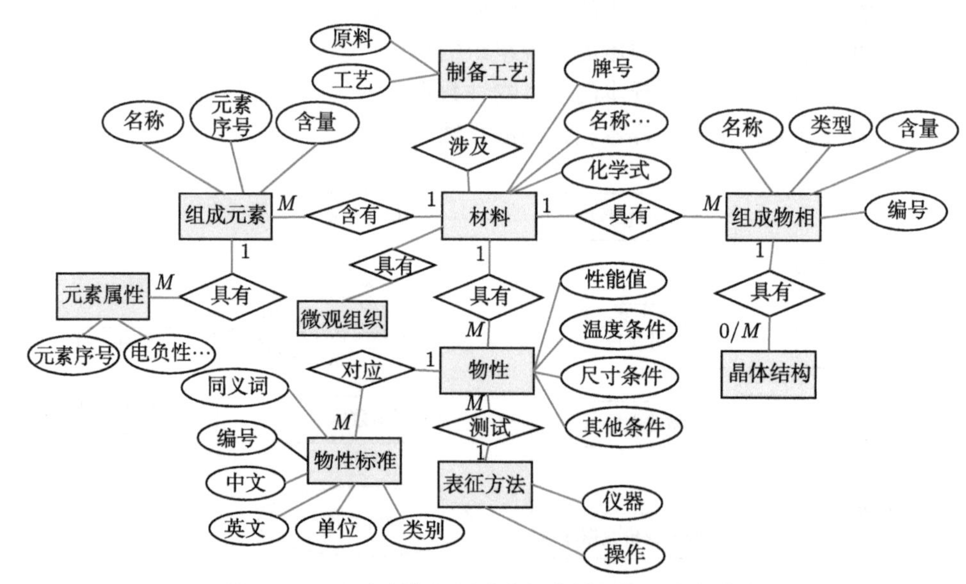

图 10.2 一个制备和测试表征的材料数据库表结构

各数据库表单的关键字段，可如下所示。

(1) 材料 (ID, 名称，牌号，化学式，$\cdots$)；

(2) 组成元素 (ID，材料 ID，元素序号，含量，$\cdots$)；

(3) 元素属性 (ID，组成元素 ID，电负性，$\cdots$)；

(4) 制备工艺 (ID, 材料 ID，原料，工艺，$\cdots$)；

(5) 组成物相 (ID，材料 ID，名称，含量，类型，$\cdots$)；

(6) 晶体结构 (ID，物相 ID，空间群，晶格常数，原子占位，$\cdots$)；

(7) 物性 (ID，材料 ID，表征 ID，温度条件，尺寸条件，其他条件，$\cdots$)；

(8) 表征方法 (ID，仪器，操作，$\cdots$)。

10.3.2　外部数据之行业信息数据

现有的各类材料性能数据库均未收录齐全所有的物性数据，且数据来源单一、数据碎片化、数据残缺，这些都对新材料的创新设计和研发造成障碍。目前多数材料性能数据库的数据来自技术难度较低的行业和组织的标准、产品手册中，且数据涵盖不全、较为零散。而更多海量数据信息分散在各类图书、专利、文献、网络资讯以及自有数据资源中，这部分数据的结构和格式各不相同，对数据的采集、加工和处理难度很大，一般需要针对性地定制化开发，且需要具备专业知识背景的人员团队辅助处理，工作量非常大。

尽管可以通过爬虫技术、文本挖掘、自然语言处理技术实现对材料文献、专利、网络咨询等数据的自动抓取和入库，例如采用句法解析技术，对用户所选中单词所在句进行分析和标记，实现文本内容的多样化推荐以满足用户采集需求；基于用户的历史标记数据，实现针对标记内容的专属化标签推荐以迎合用户的标记习惯等，然而通过这种方式获取的数据质量比较难以保证。因此对行业信息数据库的建设，可以手工数据录入为主，并辅之以通过自然语言处理的外部数据智能获取方式。

10.3.3　数据安全

数据安全是材料基因数据库构建时要考虑的一个重要因素。例如，对材料基因数据库中的每条数据施加如下的访问控制权限：① 公开访问 (有偿/无偿)。② 限制访问。对于有限制访问的数据，能访问的数据项可包括：材料样品信息、组成元素、组成物相、元素属性、物性、表征方法等。③ 制备工艺一般属于保密数据，不对外公开，不能访问等。因此，构建材料基因数据库可以基于隐私计算，采用如下的矩阵式安全策略。

(1) 数据访问安全：数据访问控制是材料基因数据安全的第一道闸门。材料基因数据库可基于自主访问控制 (discretionary access control, DAC) 模型来研发数据访问控制模块。DAC 访问控制模型一般包含 3 个核心要素：① 主体，即主动对其他实体施加动作的实体。② 客体，被动接受其他实体访问的实体。③ 控制策略，主体对客体的操作行为和约束条件。一般控制策略有两种方式实现，一个是访问控制列表 (access control list, ACL)，另一个是访问控制矩阵 (access control matrix, ACM)。ACL 是为每一个客体都配有一个列表，这个列表记录了主体对数据进行何种操作 (如读、写、执行)。当系统试图访问客体时，先检查这个列表中是否有关于当前用户的访问权限。权限控制列表是一种面向资源的访问控制模型，它的机制是围绕资源展开的。ACM 是通过矩阵形式描述主体和客体之间的权限分配关系。对每个主体而言，都拥有对哪些客体的哪些访问权限？而对客体而言，又有哪些主体对它可以实施访问？

因此，对于材料基因数据库的数据访问控制模块，可以采用 ACL+ACM 方式，即权限控制列表和访问控制矩阵相结合的方式，来开发材料基因数据访问权限控制模块。同时，对数据访问主体，可实施最小特权原则，即主体分配权限时要遵循权限最小化原则。最小特权原则主要指主体执行任务时，按照主体所需要知道的信息最小化原则分配给主体权利，确保敏感信息不要被无关人员知道。此外，主体和客体间的数据流向和权限控制可采用 5 级安全策略：绝密、秘密、机密、限制和无级别五级来划分。为了使云端数据访问权限控制更加友好，减少授权管理的复杂性，还可在用户和权限之间引入了“角色 (role)”的概念，通过基于角色的访问控制 (role based access control，RBAC) 实施数据的安全访问控制。角色和组的区别在于：组是用户的集合，角色是权限的集合。角色/权限之间的变化比组/用户关系之间的变化相对要慢得多，因而在确保数据安全的同时，减小了授权管理的复杂性。

(2) 数据传输安全。数据进行网络传输时，容易导致网上信息被偷听、篡改、伪造。为了避免该情况，可以采用安全套接层 (secure socket layer，SSL) 技术，在客户端和服务器端建立一条安全的链路，保证数据传输的安全。目前，SSL 已经成为网络应用程序的安全标准机制，其理念在于：在应用层协议通信之前完成加密算法、通信密钥协商以及服务器认证工作，应用层协议传送的是加密数据，从而保证通信数据的私密性。

(3) 数据云端安全。对于数据存放于云端的情况，可以选择信任云服务器提供商不会窃取数据，但这是基于用户对云服务商的信任。目前已有多种技术防止云服务商获取敏感的材料数据，比如同态加密技术 (homomorphic encryption)，可用于对存放于云端的材料数据进行加密，防止云计算服务提供商获取敏感的明文数据。同态加密技术的核心理念在于，将原始数据经过同态加密后，对密文进行特定运算，得到的密文计算结果在进行同态解密后得到的明文，等价于对原始明文数据直接进行相同计算所得到的数据结果，从而实现了对数据的加密。同态加密相关算法包括 KeyGen 函数、Encrypt 函数、Evaluate 函数、Decrypt 函数等，以及面向终端用户的同态加密算法使用程序等。数据存储时，可使用同态加密算法和加密密钥对数据进行加密，并将密文发送给云端服务器。云服务器在无法获知明文数据的情况下，按照给定的程序对密文进行计算。用户使用该数据时，会调用同态加密算法和解密密钥对密文计算结果进行解密，确保最终用户所得的结果与直接对明文进行相同计算所得到的结果等价。

(4) 数据使用安全。尽快有数据访问权限控制，确保不同角色能访问的数据及相关功能不同，但即便是访问权限最低的角色，在使用数据时，一些关键的材料性能数据或成分数据也需要保密。为了解决这个问题，可以对材料数据使用时的一些关键部分 (如成分、物性)，根据用户的权限设置，对数据颗粒度进行管控和脱敏处理。所谓数据脱敏 (data masking)，是对敏感数据通过替换、失真等变换降低数据的敏感度，同时保留一定的可用性、统计性特征等。典型的数据脱敏方法和策略，包括取整、量化、屏蔽、唯一替换、哈希、重排及 FPE 加密等。考虑到材料数据的特点，可以采用哈希、唯一替换、量化等方法，对敏感的材料物性数据、成分等，进行脱敏处理。单纯的数据脱敏比较容易。但难点在于，如何保留数据一定的可用性和统计性特征等，这是进行材料数据脱敏时，要着重考虑的问题。

10.3.4　材料数据类型

材料基因数据库融合了计算数据、实验数据和文献数据，因此材料基因数据具有典型的“多源、异构、高维、多模态”特点。因此材料基因数据库的构建，需要考虑对多种数据类型的支持。

(1) 数值型：对于实验配方、测试得到的性能数值等；

(2) 字符型：实验具体实施方法步骤表述；

(3) 3D 结构：用于理论研究的结构模型；

(4) 图片型：获得的各种图片信息 (相图、XRD 图、SEM 图等)；

(5) 图表型：应力应变曲线等信息；

(6) 表格型：例如抽样检测获得的表格信息等。

10.4　材料测试表征和制备工艺数据录入的解决方案

材料基因数据库的数据来源包括行业信息数据、制备工艺过程数据、物性数据和服役评价数据等。物性数据又可分为计算数据、测试表征、机器学习和文献数据等。测试表征又可分为内部测试表征、对外测试表征和高通量表征等。

这些不同的材料数据来源又有着不同的数据录入方式，可分为手工录入和数据导入。例如，制备工艺过程数据、行业信息数据等，一般通过基于页面的手工数据录入。而计算数据、高通量表征数据等，往往都是电子数据，可通过电子数据导入的方式，自动进入到材料基因数据库中。内部测试表征和对外测试表征既包含电子数据，也包含需手工录入的数据，因此它们将分别通过数据导入接口和手工录入数据接口录入到数据库中。一个材料基因数据库的数据录入方式如图 10.3 所示。

综上，我们可以看到，一个材料基因数据库一般需要支持两种数据录入接口：① 动态页面接口；② 数据库导入接口。

(1) 动态页面接口主要针对手工录入的数据。对手工数据录入而言，由于不同的材料体系，对应着不同的数据录入页面，因此手工数据录入页面需要根据不同的材料体系，动态地生成。动态页面接口是一个可视化的页面，供用户手动选择或填写来录入数据。

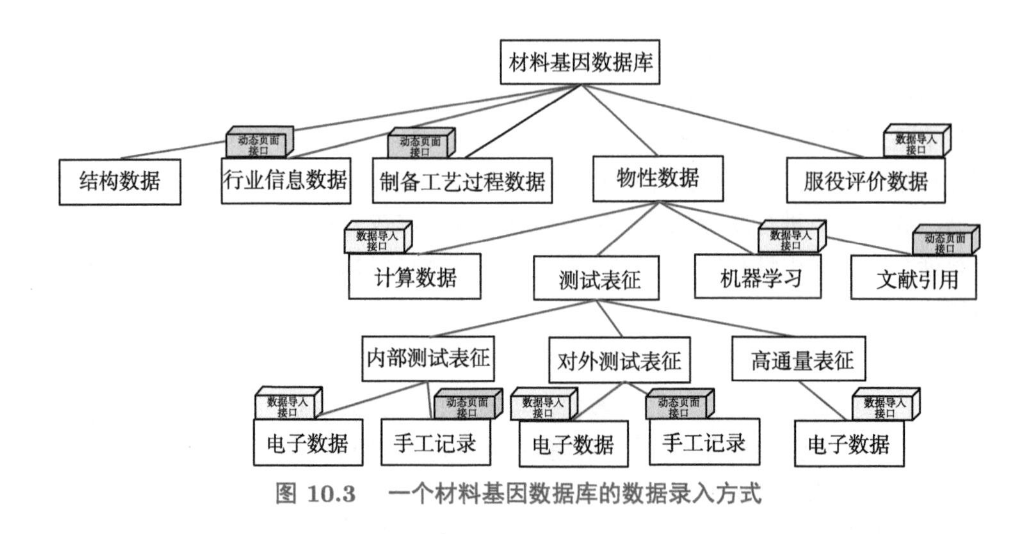

图 10.3　一个材料基因数据库的数据录入方式

(2) 数据库导入接口是根据电子数据格式，开发一个接口程序，它拥有上传和解析的功能，作为插件部署在设备电脑终端。当检测到设备有电子数据产生时，就自动将产生的电子数据上传至数据库端。数据库端有解析程序，一旦接收到该电子文档数据则会自动解析，将解析出的测试表征数据录入材料基因数据库。

10.5　材料数据的查询和检索

材料基因数据库的查询和检索可以概结为：① 2 种查询方式；② 14 种检索方式；③ 2 种检索模式等。

10.5.1　查询方式

材料基因数据库的一般查询方式大致可分为两种：① 基于 GUI 图形页面方式; ② 基于 API (application programming interface) 的方式。基于 GUI (graphic user interface) 图形页面的材料数据查询访问方式主要是用户在页面搜索框内填入要搜索的关键字，以及约束条件等，系统同样以 GUI 图形页面的方式将查询到的数据返回。基于 API 的查询方式，是指材料基因数据库系统应该提供一些数据查询和检索的 API，供第三方用户通过调用 API 接口，获取想要的材料数据。

10.5.2　检索方式

材料基因数据库可以有 14 种检索方式，其中 8 种方式可以总结为按照材料物理和化学属性查询，另外 6 种方式为按文献方式查询，我们总结如下。

按照材料物理和化学属性查询的 8 种方式：

(1) 按材料类别搜索；

(2) 按性能搜索；

(3) 按化学元素搜索，又可细分为严格按输入元素搜索和按包含的输入元素搜索；

(4) 按化学式搜索，与元素的顺序没有关系；

(5) 按空间群搜索；

(6) 按晶系搜索；

(7) 按结构原型搜索；

(8) 按原子环境搜索。

如果材料基因数据库含有文献数据，则按照文献属性查询，可有以下 6 种方式：

(1) 按作者查询；

(2) 按发表年限查询；

(3) 按期刊查询；

(4) 按国别地理查询；

(5) 按单位查询；

(6) 按 DOI 查询；

图 10.4 是 MPDS Pauling File 材料晶体结构数据库的检索方式。

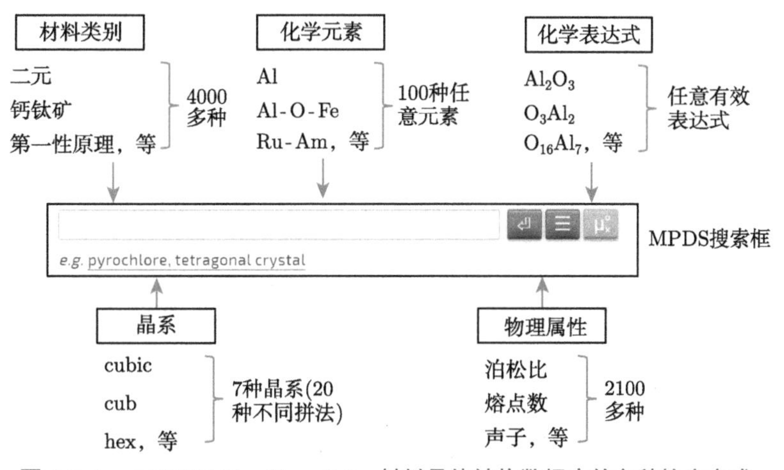

图 10.4　MPDS Pauling File 材料晶体结构数据库的多种检索方式

10.5.3　检索模式

检索模式可以分为简单搜索和高级搜索。简单搜索的原则是不用输入过多信息，而尽快获取用户想要的信息。以基于元素查询的简单搜索模式为例，用户仅

需输入所关心化合物的化学元素信息进行数据库查询，并且在查询过程中还可以指定元素间的“与、或、非”关系以及元素种类。例如：Zn，1~3，表示查询包含 Zn 元素且共有 1~3 类元素的化合物；~Yb&Zn 表示不包含 Yb 元素但包含 Zn 元素的所有化合物。在用户对某一类元素比较关注的情况下，可以通过此种“与、或、非”并且限定元素种类的查询方式获取尽可能多的用户想关注的化合物。由于“&、|、~”三个符号不易输入，因此查询功能还需要支持英文单词“and、or、not”的查询，三个单词对应的语义为“与、或、非”，与符号表达的意义相同。

此外，简单搜索方式还应支持差异化表示的查询。材料化合物的查询由于化学表达式的书写方式不统一，例如 $YbZn_2Sb_2$、Zn_2YbSb_2 和 $Yb(ZnSb)_2$ 表示的是同一种化合物，单纯的基于字符串匹配的查询已经不能满足材料化合物的查询需求。材料数据的查询应支持此种差异化的查询模式，使得不同书写习惯的用户都可以快速找到相关材料数据。同一种材料化合物的化学表达式虽然有多种书写方式，但是其原子种类以及各原子之间的配比是固定不变的，例如 $YbZn_2Sb_2$、Zn_2YbSb_2 和 $Yb(ZnSb)_2$ 虽然书写方式不同，但是三者的共性都是包含 2 个 Zn 原子、2 个 Sb 原子、1 个 Yb 原子并且只有三种元素，因此查询应该返回满足条件的所有化合物。基于这个不变的因素可以实现材料化学表达式的差异化查询。

高级搜索可以是上述各种检索方式的组合。高级检索方式主要供熟练用户的查询使用。

参考文献

[1] CSTM. 材料基因工程数据通则. http://www.cstm.com.cn/article/details/ef49a444-80ca-4e71-99eb-e1e76c039d9f[2019-11-15].

[2] Wilkinson M D, Dumontier M, Aalbersberg I J. The FAIR guiding principles for scientific data management and stewardshi. Sci. Data., 2016, 3: 160018.

[3] Kiciman E, Melloul L, Fox A. Towards zero-code service compositio. Conference: Proceedings of HotOS-VIII: 8th Workshop on Hot Topics in Operating Systems, 2001, Elmau/Oberbayern, Germany.

[4] Sanchis R, García-Perales Ó, Fraile F, et al. Low-code as enabler of digital transformation in manufacturing industry. Applied Sciences, 2020, 10(1): 12.

第 11 章

机器学习：材料基因编码的挖掘

材料基因编码的挖掘典型涉及材料数据的机器学习。其中一个核心研究问题就是，如何从通过高通量材料计算、文献和实验数据收集和整理而形成的材料基因数据库中，构建或学习出材料基因编码，用于指导材料智能设计。

11.1 材料数据的机器学习

材料数据的机器学习是寻找材料基因编码的核心。目前，材料计算和机器学习相结合的 QM/ML 方法强调通过量子力学计算，产生大量的数据，然后从该数据中学习到一些模式，利用该模式来预测材料的性质，已经受到业界广泛关注。2006 年，Fischer[1] 利用结构之间的关联性发展了数据挖掘结构预测器 (data mining structure predictor，DMSP) 方法，成功实现了银镁合金的基态结构预测。2012 年，Saad[2] 等结合计算机与材料化学领域的优势共同研究了数据挖掘在材料结构预测中的几种常用算法，利用监督学习方法以平均 95%的准确率实现了二元合金的结构预测。此外，该研究组还利用机器学习的统计回归方法基于第一性原理计算结果进行了材料熔点的预测，平均相对误差小于 12.8%。Wolverton[3] 研究组于 2013 年就开始在已经建立的 OQMD 中进行数据挖掘，发展了巨正则线性规划 (grand canonical linear programming，GCLP) 的机器学习方法，通过组分就可以实现材料稳定结构的预测，并将该方法成功应用于锂离子电池阳极材料 [3] 和镁基三元长周期堆垛有序 (long-period stacking ordered，LPSO) 结构 [4] 的预测，初步实现了满足工业需求的材料预测功能。陈冠华 [5] 教授研究组是开展 QM/ML 方法较早也是做得比较成功的团队之一，该研究组早在 2003 年便提出了利用第一性原理计算与神经网络 (机器学习方法) 相耦合的方法提高材料计算的精度，其关键技术在于利用神经网络挖掘实验数据与计算结果之间的定量关系，从而对第一性原理计算结果进行校正，并且取得了极大的成功。Bligaard[6] 利用含有 64000 个有序金属合金 (ordered metallic alloys) 的数据库，利用经济学里的帕累托优化 (Pareto optimal) 方法，寻找到了低压缩性、高稳定性并且低成本的合金优化方法。他们采用的方法是首先利用高通量的第一性原理 DFT 计算，计算了 64149 种多达四个元素晶胞结构的面心立方和体心立方结构的合金状态方程，建立了数据库，然后利用该数据库并结合帕累托优化方法进行多目标优化，寻找到了满足特定应用需要的优化合金。

不同于其他领域数据的机器学习，材料数据的机器学习有其独特之处。一个受到广泛支持的观点认为："特征变量的提取决定了机器学习模型的成败"，而材料数据机器学习的一个主要特点就体现在其特征变量的提取上。例如，材料的特征变量可分为两类：元素特征和结构特征。元素特征主要是用来描述元素性质，例如，原子半径、离子半径、电负性、原子序数、原子质量、电离能等。元素特征相对结构特征而言，获取的方式是比较容易的，也是目前在材料数据的机器学习中应用得最广泛的。结构特征的获取则较为复杂，需要对元素特征进行进一步的加工才可以获得。因此，结构特征的获取不仅需要一定的编程知识，更需要具有扎实的材料学基础和对研究的晶体性质十分熟悉。举一个简单的例子，如果我们想构建一个机器学习模型来预测钙钛矿材料的能隙，当数据集中所有的钙钛矿材料属于同样的空间点群，区别只在于元素的不同和键长的差异，那么这个问题中结构特征发挥的作用会十分有限，这时元素种类、离子半径、电负性等元素特征将会成为重要的特征。如果数据集来自 ICSD 晶体结构数据库中所有的钙钛矿类型结构，它们属于不同的晶系，结构上具有很大的差异，那么在这种情况下，除了先前提到的元素特征以外，结构特征例如键角、基团的畸变程度等，则也需要被考虑。此外，当输入到机器学习模型进行训练时，必须保证特征变量的长度不变，因此特征变量还要满足其维度不随晶体结构、晶体组成和晶体对称操作而改变这些条件。

11.2 定量构效关系模型

如第 3 章所述，定量构效关系模型就是材料基因编码理想模型在不考虑组织和工艺基因参量情况下的一种表现形式。在材料信息学领域中，定量构效关系模型 (quantitative structure property relationship，QSPR) 是使用数学模型建立起材料结构与性质之间关系的。其基本的假设是材料的性质是由其结构的组成成分以及组成方式所决定的。通过对材料 QSPR 模型的研究，一方面建立材料结构与其某种物化性质之间的关系模型，预测材料结构的某种物化性质。另一方面，基于 QSPR 的方法找出影响所研究性质的化合物的特征 (例如组成的元素特征和不同元素组分之间的浓度配比)，这些特征一般是原子级别的特征 (例如原子质量、摩尔体积等)，这样就建立了材料微观的原子尺度特征与其宏观的物化性质之间的联系，让人类更好地理解材料，指导新材料设计，如发现廉价的替代材料等。

11.2.1 定量构效关系模型的构建流程

QSPR 方法流程主要分为 6 个阶段 (图 11.1)：① 数据收集；② 特征提取；③ 特征筛选；④ 模型构建；⑤ 模型评估；⑥ 模型应用。QSPR 模型的构建其本质就是机器学习的过程。这里我们简单介绍机器学习及其一些基本概念，并重点讲述与该机器人研发紧密相关的主动学习理念及其在材料研发中的应用。

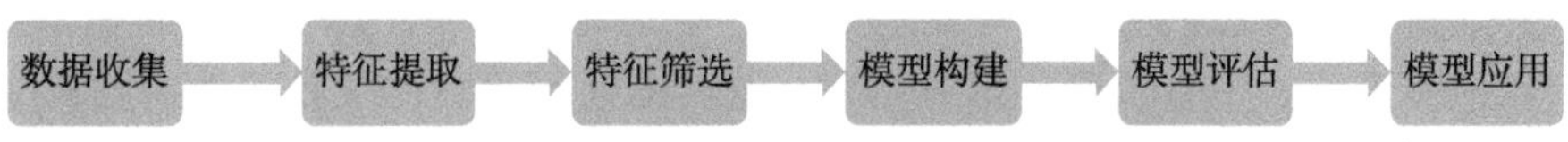

图 11.1 QSPR 方法的基本流程

机器学习一般分为 3 种：① 有监督学习，② 无监督学习以及③半监督学习。有监督学习和无监督学习的主要区别在于样本数据：有监督学习的样本数据包含输入对象和期望输出值 (如晶体结构，以及对应的能隙值)，即已标注的数据。基于这些标注的数据，便可采用一些学习算法 (如支持向量机、神经网络) 学习一个从"输入"到"输出"的映射函数。有监督学习一般用来解决分类和回归监督式问题。

有监督学习的样本数据要求是"输入–输出"数据对：输入对象和期望输出值 (例如，晶体结构以及对应的能隙值)。输入对象是比较容易获取的，被称作未标注数据 (unlabeled data) (例如晶体结构)。从这些未标注数据中寻找出有意义的东西 (例如，材料性质、能隙)，这个过程被称作数据标注 (data labelling)。

无监督学习的样本数据一般只有输入数据，而没有输出数据。无监督学习一般适用于寻找这些数据的结构或分组无监督式问题。用于解决的无监督式问题主要包括：聚类和关联。聚类一般指如何在数据中发现内在的分组，例如购买 X 物品的顾客也喜欢购买 Y 物品。西安交通大学杨耀东课题组与美国橡树岭国家实验室 Kalinin 小组合作，通过无监督学习分析电压–热激励下压电弛豫的高维数据集，自动识别材料的相变过程，构建了弛豫铁电晶体的电压–温度相图，在序参量未知的情况下，确定了纳米尺度的结构相变。

材料 QSPR 的构建，用得较多的是有监督学习，这就要求有较多可靠的"结构—性质"数据对 (即已标注数据)，然而如前所述，人类掌握的材料知识是有限的，材料性质数据的匮乏，导致材料可靠样本数据的缺乏。通过实验测量材料性质数据，需要该晶体结构稳定存在，且能够制备出来，然而实际情况是大量晶体结构不确定是否稳定存在，因此制备和表征都比较困难。相对而言，晶体的结构数据更容易获取些，例如，ICSD 晶体结构数据库，及通过晶体学中常用的掺杂、缺陷等调控操作可以产生大量的晶体结构，大多数这些晶体结构的性质属性是未知的，在机器学习语言中，这些晶体结构数据被称作未标注数据。因此如何有效、快速地对晶体结构数据进行标注也是目前的一个研究热点。

11.2.2 特征和描述符的区别

在机器学习中，特征 (feature) 和描述符 (descriptor) 是经常用到的两个概念，这两个概念经常被混淆。一般来说，在机器学习和模式识别中，特征是被观测对象的可测量性能或特性。特征的选择、判别和独立特征的选择是有效算法的关键步骤。特征通常是数值型的，但模式识别可以使用结构特征 (例如字符串和图)。在字符识别中，特征可以包括直方图，例如获取该直方图沿水平和垂直方向的黑色像素的数量、内部孔的数量、笔触检测等。在语音识别中，用于识别音素的特征可以包括噪声比、声音长度、相对功率、滤波器匹配等。在垃圾邮件检测算法中，特征可包括是否存在某些电子邮件标题、电子邮件结构、语言、特定术语的频率、文本语法正确性等。在计算机视觉中，特征可以指边缘、轮廓等。

描述符同样是用于描述对象的特征。例如，在计算机视觉中，视觉描述符 (visual descriptors) 或图像描述符是对图像、视频或产生此类描述的算法或应用程序中内容的视觉特征描述，它们描述了视觉的基本特征，例如形状、颜色、纹理或运动等。分子描述符 (molecular descriptor) 是将分子 (被视为真实物体) 转化为数字的表示方式，用来对化学物质分子中包含的信息进行某种数学处理。分子描述符是逻辑和数学过程的最终结果，该过程将分子以符号形式编码的化学信息转换为有用的数字或某些标准化实验的结果。

特征和描述符都是用来数字化表示想要描述的对象，将不同的对象区分开。然而，目前很多情况下，特征和描述符都被混用了，文献上也没做明确的区分。但一般而言，我们可以认为经过特征筛选进入模型训练的特征可以称为描述符；在特征筛选前没进入模型训练的，可泛称为特征。

11.3 数据收集

QSPR 方法是一种数据驱动的方法，通过机器学习算法从大量的数据中发现数据的潜在规律。因此大量可靠的数据是开展 QSPR 应用研究的前提。在材料信息学中，我们可以通过开源权威的实验数据库、计算数据库或者自己通过可信方法产生数据的方式来收集数据。

数据驱动的材料智能设计的最大障碍是标注的材料数据的缺乏，而不是机器学习算法的缺乏。目前，从教科书、论文到软件，有大量免费的算法资源，包括 scikit-learn 和 TensorFlow 等。其主要问题也不是数据量的不足，例如现在发表的高分子材料相关论文对比过去 20 年几乎翻了一倍 [7]。传统的办法主要是科研人员从已发表的论文中查找、阅读和提取相关信息，但这种解决方案不具有可行性，因为论文数目以指数的形式增长。机器学习的持续发展开辟了自动生成数据库的前景，从而减少了人工干预并提高了效率。机器学习结合合适的训练集，不仅可以识别哪些期刊论文最有可能包含所需数据，还可以用于阅读和解释此类论文。最近成功的案例包括 IBM 的 Watson 项目，该项目解析了包括维基百科等基于文本的资源，赢得了 Jeopardy 比赛 [8]。此外, 剑桥大学的 Swain 和 Cole 应用了这些概念并开发了一个工具包，该工具包可以自动提取热力学性质，包括熔融温度和与小分子 NMR 光谱相关的测量值 (例如峰值)[9]。为了提高机器学习获取数据的准确性，可以结合人工来审查确定性较低的数据，会减少但不会消除人的工作量。材料数据库的自动创建还可以减轻科研人员的负担，并能更轻松地查找数据和验证新模型。即使有了最先进的算法，材料数据库的创建，还是面临很多挑战，例如对材料合适的描述，与性质关联的细节，基础测量的背景，以及报道的数据源等。解决这些挑战需要基础研究，更重要的是需要材料领域学界达成共识。

11.4　特征提取

特征提取是材料数据机器学习中最重要的环节。以晶体结构数据为例，考虑到晶体结构数据的特殊性，通常从两个角度提取晶体结构的特征：结构特征 (structure feature) 和元素特征 (element feature)[10]，见图 11.2。特征提取方法主要分为结构特征提取和元素特征提取，在不同的应用场景下，所需要考虑的特征不同。如果数据集中晶体结构差异较大，并且组成化合物的元素不同，这时候应该既要考虑结构特征，又要考虑元素特征。如果数据集中晶体结构都属于同一个体系下的同一个空间群，即结构非常相似，区别在于组成化合物的元素不同，这时候应该只考虑元素特征。如果数据集中晶体结构差异较大，但组成化合物的元素相同 (例如碳的同素异形体)，这时候应该只考虑结构特征。

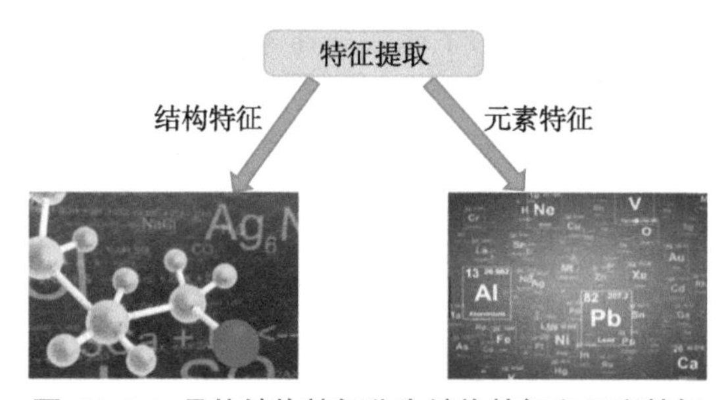

图 11.2　晶体结构特征分为结构特征和元素特征

11.4.1　描述符获取

这里我们给出一个获取化合物描述符的通用方法。这里我们使用描述符 d 来描述化合物，该描述符可从简单的元素和结构表示中导出，如图 11.3 所示。我们首先将化合物视为原子的集合，这个集合可通过元素类型和由其他原子所确定的相邻环境描述。

对于某一个晶体，定义它的表示矩阵如下所示。矩阵共有 N_x 列，代表晶体的元素特征或结构特征，满足 $N_x = N_{\text{ele}} + N_{\text{stru}}$。矩阵的每一行代表原子，行数等于晶体晶胞中的原子个数。从矩阵的定义中我们可以看出，矩阵的行数与晶体内原子的个数有关，因此矩阵的维度会随晶体的种类改变而改变，因此要对矩阵进行一定的处理。具体的处理方式是采用统计学的一些参数来描述数据的分布情况，可选的统计学参数例如平均值、标准差、赫尔德方法 (Hölder means) 等对矩阵的每一列都按照统计学公式进行计算，从而获得一个长度不变的向量，输入到机器学习模型中。

$$\boldsymbol{X}^{(\xi)} = \begin{pmatrix} x_1^{(\xi,1)} & x_2^{(\xi,1)} & \cdots & x_{N_x}^{(\xi,1)} \\ x_1^{(\xi,2)} & x_2^{(\xi,2)} & \cdots & x_{N_x}^{(\xi,2)} \\ \vdots & \vdots & & \vdots \\ x_1^{\left(\xi,N_a^{(\xi)}\right)} & x_2^{\left(\xi,N_a^{(\xi)}\right)} & \cdots & x_{N_x}^{\left(\xi,N_a^{(\xi)}\right)} \end{pmatrix}$$

假如我们要描述 NaCl 的晶体结构，元素特征选用原子序数和原子质量，结构特征选择配位数，那么可以写出它的表示矩阵如下，其中矩阵的第一行表示 Na 原子，第二行表示 Cl 原子，三列分别表示原子序数、原子质量和配位数。

(11，23，6)

(17，35.5，6)

由于表示矩阵只是一个表示化合物的晶胞，我们需要将表示矩阵转换为一组描述符来区分不同的化合物。转换的一种方法是将表示矩阵视为 N_x 维空间中数据点的分布，如图 11.3 所示。为了比较分布本身，我们可引入代表性量来表征分布，该代表性量作为描述符 d，例如分布的平均值、标准差、偏度、峰度和协方差等 [11,12]。协方差的引入使得元素类型和晶体结构之间的相互作用可以得到考虑 [10]。

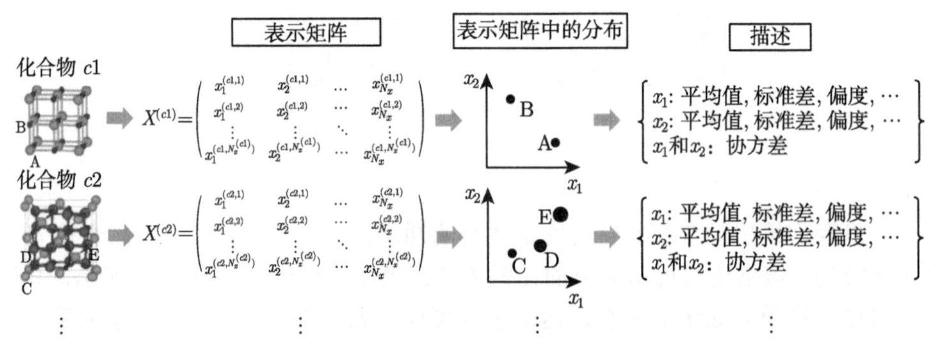

图 11.3 如何生成化合物描述符的示意图

首先，化合物中的每个原子都以 N_x 表示为特征，化合物中原子的集合被写成表示矩阵 X，然后将表示矩阵视为 N_x 维空间中的数据分布。为了将分布转换为描述符，引入了代表性量来表征数据分布，例如其平均值、标准差、偏度、峰度和协方差

在通常的材料数据机器学习中，可使用如下的算法得到一个组合平均值来表示一个化合物的描述符。

$$d_n^{(\xi)} = \frac{1}{N_a^{(\xi)}} \sum_{i=1}^{N_a^{(\xi)}} x_n^{(\xi,i)}$$

用该方法获取描述符的好坏取决于元素表示的集合、结构表示的集合和用于表征元素和结构分布的代表性量。一组通用或完整的表示形式，能够推导出良好的物理性质预测。实践中几乎不可能找到这样一套通用的表示，因此我们需要尽可能多地获取化合物的结构特征和元素特征供我们选择。

11.4.2　结构特征

结构特征描述了材料晶体的结构信息 (例如原子的排列信息、结构的拓扑信息等)，它们应该满足以下几点要求：

(1) 结构特征对于旋转、置换、缩放等变换保持不变性，这样就可以保留原子系统的特性；

(2) 结构特征应该具有独特性，即拥有不同性质的不同结构应该具有不同的结构表示；

(3) 结构特征应该是连续和可导的；

(4) 结构特征应该具有通用性，即结构特征可以编码所有的原子系统，包括有限的和周期性的；

(5) 结构特征可以通过快速的计算得到。

有些结构特征可以直接获取，有些结构特征需要通过特殊的提取算法才能获取，根据获取结构特征的方式不同，因此我们可将结构特征分为两类：① 直接结构特征；② 间接结构特征。直接结构特征是指可以直接从结构信息描述文件中 (如 POSCAR 文件) 直接得到或者经过简单计算就可得到的特征，例如，晶胞的结构参数 (如 a，b，c，α，β，γ)、晶体元素之间的半径、晶体元素原子之间的半径比、晶体元素离子半径比 (这些半径可以从晶胞的 wyckoff 位置中进行抽取) 等。间接结构特征是指需要经过复杂的提取算法对晶体结构进行抽取得到的特征。常用的间接结构特征提取算法有：径向分布函数 (radial distribution function) 算法、库仑矩阵 (coulomb matrix) 算法、沃罗努瓦多面体 (Voronoi polyhedron)、多体张量表示 (many-body tensor representation) 算法、键序参数 (bond-orientational order parameter) 算法、角傅里叶级数 (angular Fourier series) 方法等。

11.4.3　结构特征获取

我们以晶体的结构特征获取为例，来说明化合物结构特征的获取方法。这些方法不仅适用于晶体，也同样适用于分子体系。部分常用的结构特征获取方法汇

总如下 [10]。

1. 径向分布函数

径向分布函数包括如下 3 种形式：RDF、PRDF 和 GRDF，分别介绍如下。

(1) 径向分布函数 (radius distribution function，RDF) 通常指的是给定某个粒子的坐标，其他粒子在空间的分布概率 (离给定的粒子多远)。径向分布函数通常用 $g(r,r')$ 来表示，对于 $|r-r'|$ 比较小的情况，$g(r,r')$ 主要表征的是原子的堆积状况及各个键之间的距离。

$$g\left(r\right)=\frac{1}{\rho}\frac{\mathrm{d}N}{\mathrm{d}V}\approx\frac{1}{\rho}\frac{\mathrm{d}N}{4\pi r^2\mathrm{d}r}$$

(2) 偏径向分布函数 (partial radial distribution function, PRDF)。PRDF 是一个成熟的各种化合物结构的表示形式，虽然常用于机器学习中，但它很难直接应用到由各种化合物组成的数据集中。我们需要采用给定条柱宽度和截断值的 PRDF 直方图表示来表征结构特征，即采用偏径向分布函数的直方图来表征结构特征，这有些类似于统计学中的直方图，计算 $r-r+\mathrm{d}r$ 这一范围的分布概率值，人为给定半径的截断值和 $\mathrm{d}r$，即可获得 PRDF。以立方晶体 NaCl 为例，键长为 2.8Å。考虑位于 (0,0,0) 处的 Cl 原子，最近邻为 6 个 Na 原子，距离为 2.8Å，次近邻为 12 个 Cl 原子，距离为 $2.8\sqrt{2}$ (≈ 3.96)Å。Na 原子的堆积状况与 Cl 原子一致。如果半径的截断值取为 6Å，$\mathrm{d}r$ 取为 0.5Å，则 NaCl 中偏径向分布函数 (归一化) 可表示为

$(0,0,0,0,0,0.25,0,0.5,0,0,0,0.25)$

$(0,0,0,0,0,0.25,0,0.5,0,0,0,0.25)$

(3) 广义径向分布函数 (generalized radial distribution function，GRDF)。广义径向分布函数采用一个成对函数 (pairwise function) 来表示原子周围的信息。常用的函数有高斯函数、三角函数、贝塞尔函数等。假设采用如下的高斯函数：

$$\mathrm{GRDF}_n^{(i)}=\sum g_n\left(r_{ij}\right),\quad g_n\left(r_{ij}\right)=\exp\left[-a_n\left(r_{ij}-b_n\right)^2\right]$$

a_n 和 b_n 为给定的常数，i 原子周围有 j 个原子，r_{ij} 表示两个原子间的距离。例如，针对晶体 NaCl，考虑位于 (0,0,0) 处的 Cl 原子，周围有 6 个 Na 与它相连，距离为 2.8Å，代入到上面计算 GRDF 的公式，即可求得 $\mathrm{GRDF(Cl)}=6\exp(-(2.8^2))$ (设 $a_n=1, b_n=0$)。若采用原子序数、原子质量和 GRDF 三个特征来表示晶体 NaCl, 那么它的表示矩阵为

$$\begin{pmatrix} 11 & 23 & 6\exp(-(2.8^2)) \\ 17 & 35.5 & 6\exp(-(2.8^2)) \end{pmatrix}$$

从上面的简单举例我们可以看出，PRDF 函数的维度明显要大于 GRDF，矩阵中的很多 0 值没有意义，并不适用于机器学习的模型，容易出现过拟合行为，而 GRDF 只考虑了最近邻的原子，并未考虑次近邻原子信息。GRDF 可以被视为 PRDF 的通用形式，因为 PRDF 直方图是通过使用矩形函数作为成对函数获得的。GRDF 不仅被用作势函数和/或描述成对原子间电势 (例如 Lennard-Jones 和嵌入原子势方法 (EAM) 电位) 中的局部环境函数，也可用于机器学习势函数的描述符。

2. 库仑函数

库仑函数由 Rupp 等 [13] 在 2012 年首次用于预测有机分子的形成能，随后 Hansen 等 [14] 于 2013 年进行了进一步的研究，深入探讨了库仑矩阵用于机器学习模型预测的可行性。图 11.4 很好地解释了库仑矩阵表示一个分子结构的方法。

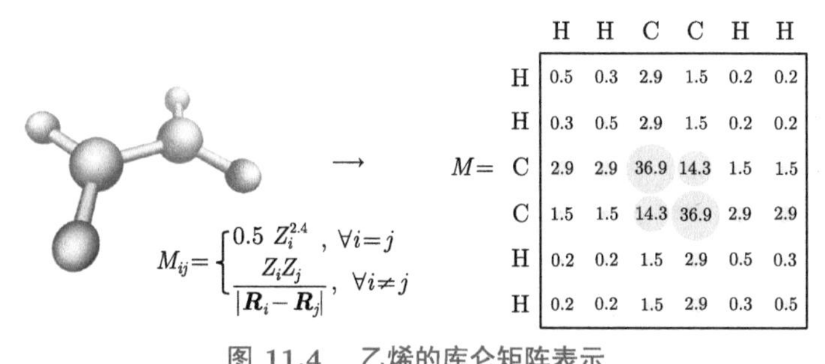

	H	H	C	C	H	H
H	0.5	0.3	2.9	1.5	0.2	0.2
H	0.3	0.5	2.9	1.5	0.2	0.2
C	2.9	2.9	36.9	14.3	1.5	1.5
C	1.5	1.5	14.3	36.9	2.9	2.9
H	0.2	0.2	1.5	2.9	0.5	0.3
H	0.2	0.2	1.5	2.9	0.3	0.5

图 11.4　乙烯的库仑矩阵表示

将三维分子结构转换为数值库仑矩阵，使用原子坐标 R_i 和核电荷 Z_i。矩阵以重原子产生的条目为主 (碳自相互作用 $0.5\times6^{2.4}=36.9$，距离为 1.33 Å 的两个碳原子可得到 14.3)。矩阵每个原子包含一行，是对称的，不需要显示键合信息 [14]

库仑矩阵考虑了原子系统的原子类型和原子之间的距离。库仑矩阵其中某行某列可以表示成如下形式

$$M_{ij}=\begin{cases}0.5Z_i^{2.4}, & i=j \\ \dfrac{Z_iZ_j}{\|\boldsymbol{R}_i-\boldsymbol{R}_j\|_2}, & i\neq j\end{cases}$$

定义式中，Z 表示原子序数，$\boldsymbol{R}$ 表示原子坐标。其中 Z_i 和 Z_j 对应第 i 个原子和第 j 个的核电荷数，$\|\boldsymbol{R}_i-\boldsymbol{R}_j\|_2$ 是第 i 个原子和第 j 个原子的欧氏距离。显然对于库仑矩阵行数 = 列数 = 体系原子数，因此当描述不同的分子时，库仑矩阵的维度也会随之改变。为了解决这个问题，将维度较小的矩阵用 0 填充，使得其等于数据集中最大的矩阵维度。库仑矩阵中包含了原子之间的距离和原子序数的

信息，不过当库仑矩阵直接用于描述晶体时，包含的结构信息还是太少了。另外受到库仑矩阵的启发，可以将原子序数更换为其他的元素性质，例如电负性，可以定量地表示成键的强弱。

3. 沃罗努瓦多面体

采用沃罗努瓦多面体表示晶体结构的方法如图 11.5 所示 [15]。在三维空间中，中心原子与它周围原子的垂直平分面所组成的一个多面体称为沃罗努瓦多面体 (Voronoi polyhedron)。它的性质为：每个多面体内有一个生成元 (原子)；每个多面体内点到该生成元的距离短于到其他生成元的距离；多面体边界上的点到生成此边界的生成元距离相等。沃罗努瓦图在计算几何界具有重要的地位，由于其具有根据点集划分的区域到点的距离最近的特点，在地理学、结晶学、航天、机器人等领域都具有广泛的应用。

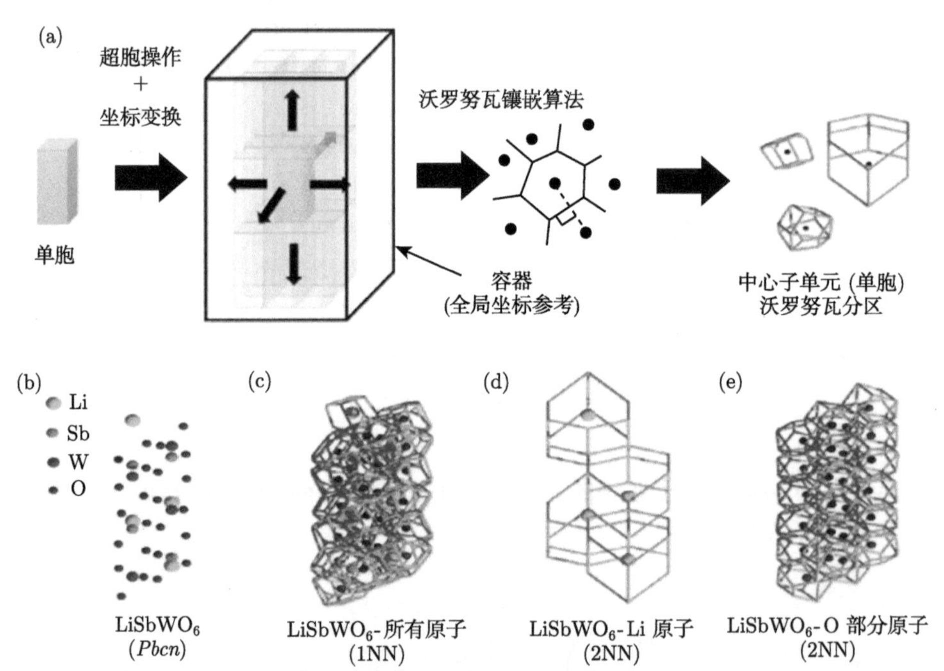

图 11.5 采用沃罗努瓦多面体将晶体中的每个原子分割开，每个原子的沃罗努瓦多面体的几何特征可以提取出来，来表示原子的堆积情况，例如，多面体的每个面的面积、多面体的棱数、多面体的面数等 [15]

4. 多体张量表示算法

多体张量表示 (many-body tensor representation，MBTR) 算法是另外一种描述晶体结构的方法，例如，可将原子系统不同物理量的高斯分布向量拼接起来形成 MBTR 特征向量，物理量可包括核电荷、原子距离、键角。例如，可把 MBTR 特征向量分为 3 部分：第一部分包含核电荷的高斯分布向量；第二部分包含原子距离的高斯分布向量；第三部分包含键角的高斯分布向量。

11.4.4　元素特征及获取

元素特征分为以下三类：① 元素的内在特征；② 元素的启发式特征；③ 元素的物理特征 [10]。

(1) 元素的内在特征：原子号 (atomic number)，原子质量 (atomic mass)，元素在元素周期表中的周期和组 (period and group in the periodic table)，电子亲和力 (electronaffinity)。

(2) 元素的启发式特征：泡利电负性 (Pauling electronegativity)，阿伦电负性 (Allen electronegativity)，范德瓦耳斯半径 (van der Waals radius)，共价半径 (covalent radius)，原子半径 (atomic radius)，s 和 p 赝轨道半径 (pseudopotential radius for the s and p orbital)，香农离子半径 (Shannon ionic radii)。

(3) 元素的物理特征：熔点 (melting point)，沸点 (boiling point)，密度 (density)，摩尔体积 (molar volume)。

相对于化合物结构特征的获取而言，元素特征的获取是比较容易的，目前有开源的软件工具包来帮助获取元素特征 (如 PyMatGen Python，MatMiner，AI4Materials)，还有材料数据机器学习平台整合了元素特征的获取 (如 MatCloud+)。因此这里我们对元素特征的获取不做过多的介绍。

11.5　特征筛选

在材料数据的机器学习中，特征筛选是为了提高模型的泛化能力。因为特征空间过于复杂容易使模型产生过拟合，即模型在训练集上面表现很好，在测试集上效果很差。材料数据本身比较复杂，包括结构特征和组成化合物的元素特征。很容易造成特征维度过于庞大，因此在开展模型训练前开展特征筛选工作是非常有必要的。

特征筛选是期望从原有的特征中，找到一个好的特征子空间用来描述样本。在特征筛选中，一方面可以根据已有的领域知识或者专家经验，剔除掉一部分无关紧要的特征，这是最简单直接的办法，由于它是建立在专家知识有效的前提下，因此存在一定的局限性。另一方面，从数据的角度出发，结合统计学的方法，利用数据本身的分布去筛选特征，这种数据驱动的方法具有一定的普适性和有效性。基于统计学理论进行特征筛选的方法可以分为三种类型：① 包装器方法；② 过滤器方法；③ 嵌入方法。

(1) 包装器方法。包装器 (wrapper) 方法是通过评价每个在特征子空间上训练的模型好坏来筛选特征。具体来说，首先在不同的特征子空间下，分别利用训练集来训练模型。然后用测试集来评价每个特征子空间下的模型效果，最后选出效果最好的模型。这种方法因为要遍历所有的特征子空间并且为每一个特征子空间训练单独的模型，比较费时，但是往往能找到比较好的特征子空间。

(2) 过滤器方法。过滤器 (filter) 方法通过比较特征与目标变量之间的相关性，找出与目标变量最有意义的特征。常用的评价相关性的方法有卡方检验法、互信息 (mutual information) 法、皮尔逊相关系数法。过滤器法不依赖于具体的某个学习模型，效率比较高，但是效果略逊于包装器法。

(3) 嵌入方法。嵌入 (embedding) 方法是指特征选择的过程与模型学习的过程同步进行，当模型训练结束，适配于当前模型最好的特征子空间也相应的确定下来。常用的嵌入方法有 LASSO 和随机森林特征选择等。LASSO 是一种对系数加上 L1 正则项的线性回归模型，通过模型自动地将某些系数的权重置为 0，从而达到特征选择的目的。随机森林特征选择是通过模型统计出每个特征的重要程度，然后保留特征重要程度大于一定的阈值的特征，来达到特征选择的目的。

在不同的样本特征维度和数据集大小的情况下，选取的特征筛选方法也不同，如果样本维度适中且数据集较小，通常选取包装法进行特征筛选。如果样本维度较高，且数据集较大，通常选取嵌入法进行特征筛选。如果样本特征向量之间相关性较大，通常选取过滤器方法进行特征筛选。

11.6 模型构建

模型构建 (也称模型训练) 是材料数据机器学习的核心环节，它是选择机器学习算法构建特征向量与目标变量之间关系的过程。首先根据问题确定目标函数的形式，然后构建目标函数与目标变量之间的损失函数，最后利用机器学习算法对损失函数进行优化，得到最佳模型。许多机器学习算法有其各自的原理与特点，因此所适应的问题场景不一样，需要结合具体的实例场景进行算法选择。

不同算法对于数据的拟合能力不一样，不同问题对于算法的需求也不一样。因此在实际问题中，需要结合具体的任务和数据进行算法选择。例如，对于给定的材料结构，如果预测其性质值 (如能隙值)，这是一个回归问题，需要回归模型。如果预测其所属类型 (如金属还是绝缘体)，这是一个分类问题，需要分类模型。如果需要将材料结构进行聚集，这是一个无监督学习中的聚类问题，需要聚类模型。每一类模型下都有大量的机器学习算法，需要根据数据分布和规模来确定学习算法。表 11.1 为常用机器学习算法分类及其适用场景。

表 11.1　常用机器学习算法分类及其适用场景

算法分类	算法名称	适用场景
分类算法	支持向量机	计算复杂度高，适用于中小数据集，准确率高
	朴素贝叶斯	在中小规模数据上表现良好、有很强的数学理论支撑、对于缺失值不太敏感
	K 近邻	计算复杂度高，适用于小数据集，对异常点不敏感
回归算法	线性回归	适用于样本的分布呈线性的数据
	随机森林回归	模型可解释性强，可以有效地解决模型方差过高导致过拟合的问题，可高度并行，处理大规模数据
	神经网络回归	适用于海量数据，并且可以自动学习样本的特征，而不需要人工提取特征
聚类算法	K 均值	适用于样本的簇呈现高斯分布，粗略知道簇的数量范围的情况，对于噪声数据敏感
	DBSCAN	基于密度的理论进行聚类，适用于簇的个数不定的情况，对于噪声数据不敏感

11.7 模型评估

材料数据机器学习的环节中，模型评估是来检验模型在新的数据集上的泛化能力，通常来说，有监督学习分为回归和分类两类问题。对于这两类学习问题，分别有不同的评估指标，即：① 回归评估指标；② 分类评估指标。

11.7.1　分类问题的评估指标

分类问题中一系列的评估指标都是由混淆矩阵派生出来的。混淆矩阵统计了模型预测的所有可能情况，基于混淆矩阵，可以派生出准确率、精确率、召回率、F1 分数等评估指标。

(1) 准确率 (accuracy) 是用来表示模型预测为真的样本在所有样本中的占比；

(2) 精确率 (precision) 是用来表示模型预测为真的正样本在所有预测为真的样本中的占比；

(3) 召回率 (recall) 是用来表示模型预测为真的正样本在所有正样本中的占比；

(4) F1 分数 (F1 score) 是用来调和召回率和精确率的指标，用来权衡查全和查准。

11.7.2　回归问题的评估指标

回归评估指标是评价预测值和真实值的接近程度，相对于分类问题的评估指标来说比较直观简单。常用的回归评估指标有平均绝对误差、平均均方误差、均方根误差、决定系数等。

(1) 平均绝对误差 (MAE) 是表示预测值与真值的绝对值偏差；

(2) 平均均方误差 (MSE) 是表示预测值与真值的偏差平方的平均值；

(3) 均方根误差 (RMSE) 是在平均均方误差的基础上再开根号；

(4) 决定系数 (R square)，又叫拟合系数，表示变量之间的拟合程度。决定系数的取值范围是 0~1，决定系数越高，表示模型的拟合效果越好，决定系数越低，表示模型的拟合效果越差。

11.8 模型存储

当机器学习模型经过模型评估之后被验证是稳定可靠的，则可以利用该模型预测同一体系下的其他材料的物化性质，这也是通过材料数据机器学习构建预测模型的最终目的。一般说来，我们可以构建一个机器学习模型中心，用于存储训练好的模型库。每个训练好的模型，会给出发布人、评价指标、模型说明等信息，供用户评判。若用户决定使用该模型，可直接使用该模型。如 MatCloud 的模型中心，用户直接点击“使用该模型”就可。

11.9 主动学习

11.9.1 主动学习在材料数据机器学习中的应用

半监督学习适用于少部分数据是标注数据，而大部分数据是未标注数据的场景。半监督学习用得较多的一个特例就是主动学习 (active learning)。在主动学习中，一个学习算法可以交互式询问用户 (或其他信息源) 在新的数据点所期望的输出，也就是说实现对数据的标注。例如在很多情况下，没有类标签的数据相当丰富而有类标签的数据相当稀少，并且人工对数据进行标记的成本又相当高昂。在这种情况下，我们可以让学习算法主动地提出要对哪些数据进行标注，之后我们要将这些数据送到专家那里让他们进行标注，再将这些数据加入到训练样本集中对模型进行训练，这一过程叫作主动学习。

主动学习目前较多地用于新材料的发现中。例如 Bertrand Rouet-Leduc 等将采用主动学习方法构建的预测模型，用于快速预测基于氮化镓 LED 的 Poisson-Schrödinger 模拟，发现了具有近乎最佳量子效率的 LED 结构。同时构建了可预测各种 LED 的高斯过程回归模型，加速高效 LED 的发现 [16]。

薛德贞等将主动学习的方法成功用于寻找低热滞后的 NiTi 基记忆合金，发现了 $Ti_{50.0}Ni_{46.7}Cu_{0.8}Fe_{2.3}Pd_{0.2}$ 的热滞后仅为 1.84K。另外，通过主动学习进行 9 次迭代，从近 800000 个候选化合物中，筛选并制备出 36 个合金，其中 14 个合金比初始数据集中 22 个合金的热滞后都要小 [17]。

Evgeny V. Podryabinkin 等将主动学习用于晶体结构的结构预测，相对于用传统的 DFT 计算方法，他们用基于演化算法 USPEX 和主动学习的策略流程，自动构建原子间相互作用模型，比仅通过计算方法构建势函数可以加速好几个数量级。预测出的低能量结构也和 DFT 计算出的结构进行了比较。在含有 100 个晶胞的碳同素异形体、钠和硼同素异形体的结构预测中测试了这种方法，并且复现了主要的异形体，另外还发现了一个新的 54 原子的硼 [18]。

西安交通大学丁向东课题组，通过主动学习和优化算法相结合，发现了具有大电应变的无铅 $BaTiO_3$ (BTO-) 压电材料。他们对比了 4 种不同的采样策略，这 4 种采样策略分别是：对未知特征空间的探索采样 (即探索采样，exploration)，利用探索结果进行更有效预测的采样 (即利用采样，exploitation)，探索采样和利用采样相结合的折中采样，及随机选择采样这 4 种采样策略，发现探索采样和利用采样相结合的折中采样策略是最好的。最终帮助发现了 BTO 家族中具有最大电应变的压电材料 $(Ba_{0.84}Ca_{0.16})$ $(Ti_{0.90}Zr_{0.07}Sn_{0.03})$ O_3 并成功合成 [19]。

Lookman 等将主动学习用于加速设计层状材料，利用基于贝叶斯优化的主动学习和高斯过程回归的拟合方法，通过尽可能少的第一性原理计算，发现了最优的异质结构 [20]。

主动学习在新材料研发中的成功案例也给了我们新材料自动化发现新的启示：先生成未标注的晶体结构，对未标注过的晶体结构开展第一性原理计算进行“专家标注”，获得其目标性质，从而得到大量“结构-性质”数据对，基于这些数据训练 QSPR 模型；利用该 QSPR 模型进行新结构的预测，对预测结果进行采样，对采样找出的新结构再进行第一性原理计算得到更多“结构-性质”数据对，将这些“结构-性质”数据对，补充到训练样本集中，再进行 QSPR 模型的迭代训练；重复上述过程直到得到最优模型。整个基于第一性原理计算的数据标注、采样及训练等可以自适应、自训练、自动化的方式开展。

11.9.2　主动学习的选取未标记样本策略

主动学习是在大量未标记的样本中选取最具有信息量的样本进行标记，从而节省标记的代价。在实践中，通常用样本在当前模型下的不确定性作为评价该样本信息量的指标，从单个样本的角度考虑，样本不确定性 (uncertainty) 越高，说明当前模型没有足够的能力区分该样本，如果把该样本加入到训练集当中，可以进一步提升模型的泛化能力。从样本间关系的角度来考虑，样本间的差异性 (diversity) 也是一个重要的评判标准。样本间差异性越高，说明样本间冗余信息少，如果选用该样本则可以带来最大的信息量。

11.10　一个机器学习挖掘材料基因编码的实例

综上分析，我们可以看到，一个典型的材料数据机器学习流程如图 11.6 所示，这对于不熟悉机器学习的人来说，是一个比较大的挑战，这些挑战概括如下。

(1) 机器学习这么多步骤，该怎么开展？
(2) 材料数据涉及众多结构特征和元素特征，又该如何提取和筛选？
(3) 高通量材料计算数据如何直接导入？
(4) 如何选择最优算法？
(5) 如何自动调节超参数？
(6) 模型如何存储，以便复用和共享？

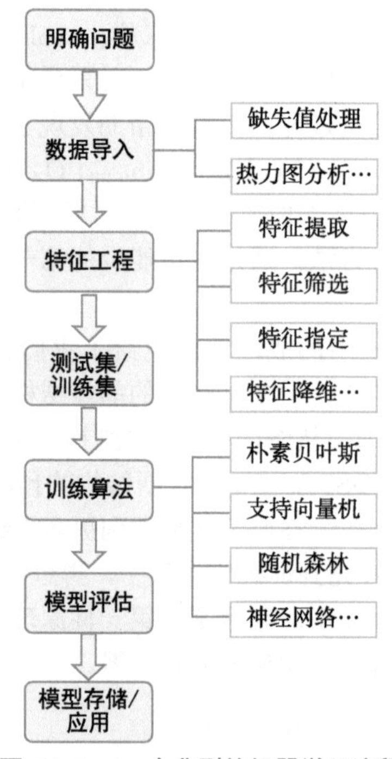

图 11.6　一个典型的机器学习流程

因此，给定一个数据集后，如何将上述各步骤“一气呵成”地实现？如何确立最优的算法模型？对于不熟悉机器学习的老师和同学都是一个极大的挑战。MatCloud+材料云提供了一个材料数据在线学习的交互式环境，用户仅通过浏览器就能便捷地开展材料数据的学习，并能持久化地保存结果。

我们以预测某合金不同成分和温度下的抗拉强度为例，说明 MatCloud+在线训练机器学习模型的便捷性。给定的某合金体系在不同成分、不同温度下的抗拉强度、屈服强度和延展度原始数据如图 11.7 所示。该数据集来源于日本 NIMS 的 MatNavi 开放材料数据库。该数据集说明了不同成分的某合金体系在不同温度下的抗拉强度、屈服强度和延展度的情况。

我们想要寻找到决定该合金在某温度下影响其抗拉强度的材料基因编码。具体而言，我们想通过决策树和随机森林的方法，构建该合金体系在指定成分和指定温度下的抗拉强度的预测模型 F (即抗拉强度的材料基因编码)。

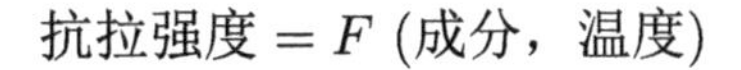

$$抗拉强度 = F\ (成分，温度)$$

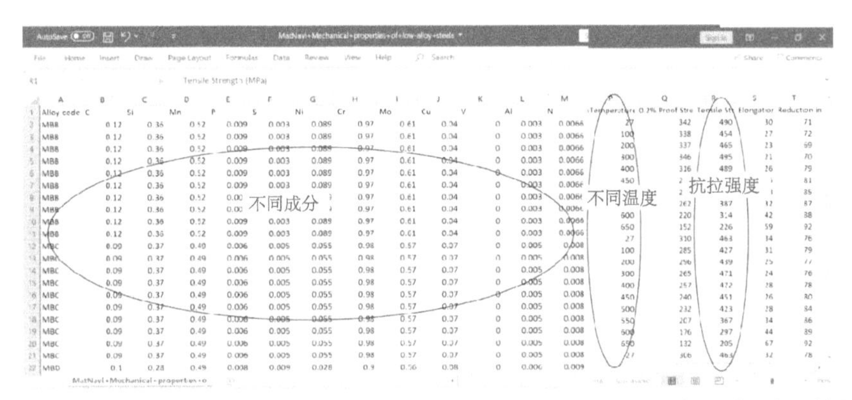

图 11.7　某合金体系在不同成分、不同温度下的抗拉强度、屈服强度和延展度原始数据

如何用上述方法，快速地挖掘出该材料基因编码？

通过 MatCloud+，可以快速、拖拽式地构建 1 个机器学习自动化流程，它能同时调用两个不同算法 (即随机森林和决策数)，进行模型训练，并推荐出最优的算法，如图 11.8~图 11.10 所示。

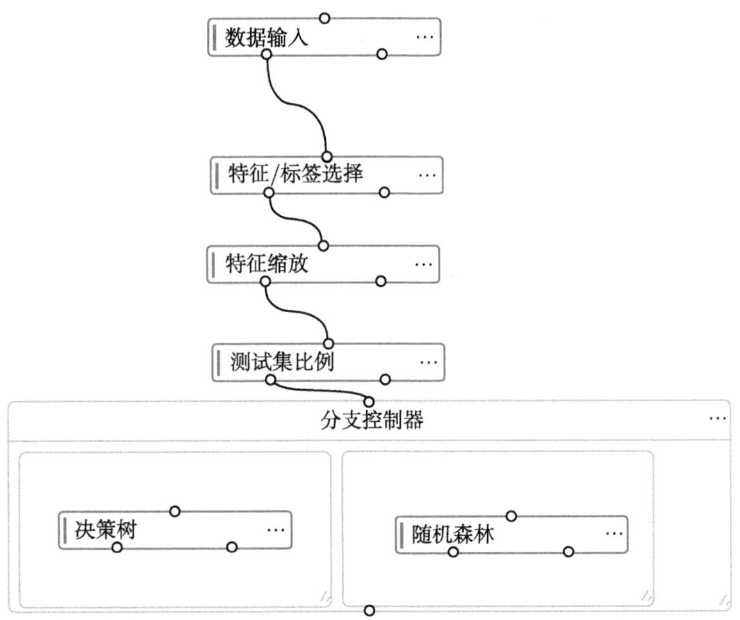

图 11.8　通过 MatCloud+ 拖拽方式设计一个流程，采用决策树和随机森林方法进行模型训练

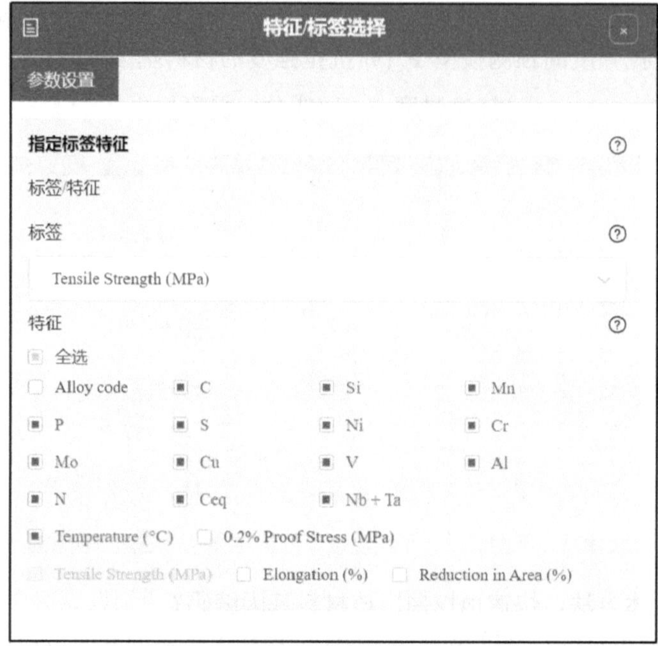

图 11.9　指定成分和温度作为特征变量，抗拉强度作为目标性能，然后直接训练即可。模型训练将在云端自动帮你完成

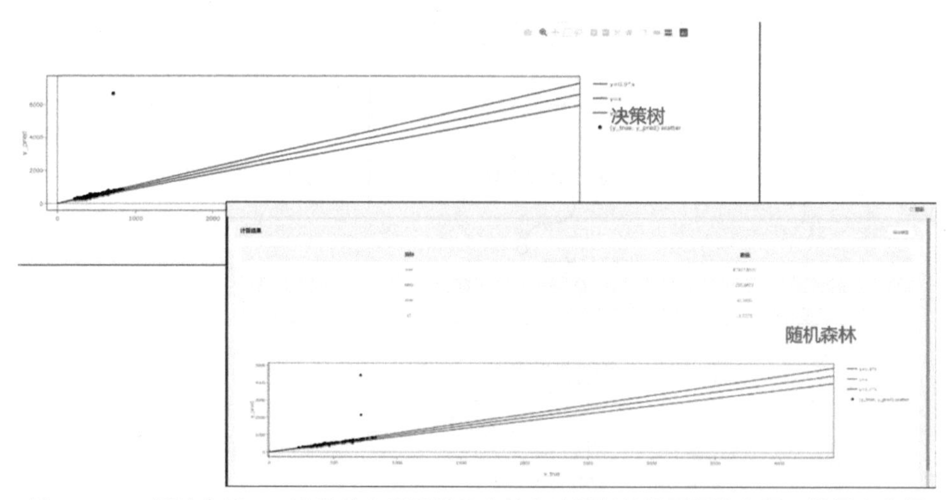

图 11.10　训练完毕，一次性输出采用随机森林和决策树的模型评价指标，供用户选择

参 考 文 献

[1] Fischer C, Tibbetts K, Morgan D, et al. Predicting crystal structure by merging data mining with quantum mechanics. Nature Mater., 2006, 5: 641-646.

[2] Saad Y, Gao D, Ngo T, et al. Data mining for materials: Computational experiments with AB compounds. Physical Review B, 2012, 85(10): 104104.

[3] Aykol M, Meredig B, Wolverton C. Materials design and discovery with high-throughput density functional theory: The open quantum materials database (OQMD). JOM, 2013, 11(65): 1501-1509.

[4] Saal J E, Wolverton C. Thermodynamic stability of Mg-based ternary long-period stacking ordered structure. Acta Materialia, 2014, 68: 325-338.

[5] Hu L, Wang X, Wong L, et al. Combined first-principles calculation and neural-network correction approach for heat of formation. J. Chem. Phys. (Commun.), 2003, 119: 11501.

[6] Bligaard T, Jo'hannesson G G, Ruban A V, et al. Pareto-optimal alloys. Applied Physics Letters, 2003, 83(22): 4527-4529.

[7] Audus D J, de Pablo J J. Polymer informatics: Opportunities and challenges. ACS Macro. Lett., 2017, 6: 1078-1082.

[8] Chu-Carroll J, Fan J, Boguraev B, et al. Search and candidate generation. IBM J. Res. Dev., 2012, 56(6): 1-12.

[9] Swain M C, Cole J M. ChemDataExtractor: A toolkit for automated extraction of chemical information from the scientific literature. J. Chem. Inf. Model, 2016, 56: 1894-1904.

[10] Seko A, Togo A, Tanaka I. Descriptors for Machine Learning of Materials Data.//Tanaka I. Nanoinformatics. Singapore: Springer, 2018: 3-23. https://doi.org/10.1007/978-981-10-7617-6_1.

[11] Seko A, Hayashi H, Nakayama K, et al. Representation of compounds for machine-learning prediction of physical properties. Physical Review B, 2017, 95(14): 11.

[12] de Jong M, Chen W, Notestine R, et al. A statistical learning framework for materials science: Application to elastic moduli of k-nary inorganic polycrystalline compounds. Scientific Reports, 2016, 6: 11.

[13] Rupp M, Tkatchenko A, Müller K R, et al. Fast and accurate modeling of molecular atomization energies with machine learning. Physical Review Letters, 2012, 108(5): 5.

[14] Hansen K, Montavon G, Biegler F, et al. Assessment and validation of machine learning methods for predicting molecular atomization energies. Journal of Chemical Theory and Computation, 2013, 9(8): 3404-3419.

[15] Jalem R, Nakayama M, Noda Y, et al. A general representation scheme for crystalline solids based on Voronoi-tessellation real feature values and atomic property data. Science and Technology of Advanced Materials, 2018, 19(1): 231-242.

[16] Rouet-Leduc B, Barros K, Lookman T, et al. Optimisation of GaN LEDs and the reduction of efficiency droop using active machine learning. Sci. Rep., 2016, 6: 24862.

[17] Xue D, Balachandran P V, Hogden J, et al. Accelerated search for materials with targeted properties by adaptive design. Nature Communications, 2016, 7: 11241.

[18] Podryabinkin E V, Tikhonov E V, Shapeev A V, et al. Accelerating crystal structure

prediction by machine-learning interatomic potentials with active learning. Phys. Rev. B, 2019, 99: 064114.

[19] Yuan R, Liu Z, Balachandran P V. Accelerated discovery of large electrostrains in $BaTiO_3$-based piezoelectrics using active learning. Advanced Materials, 2018, 7(30): 1702884.

[20] Lookman T, Balachandran P V, Xue D, et al. Active learning in materials science with emphasis on adaptive sampling using uncertainties for targeted design. Npj Computational Materials, 2019, 5: 21.

第 12 章 材料设计制造工业软件

12.1 新材料设计制造软件的“卡脖子”局面

基于“计算、数据、AI 和实验紧密结合”的新材料“理论设计在前，实验验证在后”的数字化研发模式，需要新材料设计制造软件和新材料研发信息化基础设施的支撑，形成一种新材料研发创新能力。新材料设计制造软件是典型的工业软件，它的研发涉及材料、物理、化学和计算机等学科领域知识的交叉融合渗透，需要深入了解和洞察材料物理化学领域，进而编写出理解材料物理化学科学内涵的计算机代码，这是一种典型的跨学科领域研究和开发。

我国在新材料设计制造软件领域方面与国外差距较大，无论是单一尺度的计算模拟代码 (如量子尺度的第一性原理计算软件 VASP、分子动力学 LAMMPS)，材料集成计算软件 (如 Materials Studio、MAPS、MedeA)，还是材料和器件宏观有限元模拟仿真软件 (如 ANSYS、ABAQUS) 等方面，均被国外垄断。但是我们必须看到，国产材料设计制造软件已引起我国高度重视，并且已有一些国产的材料集成计算和设计软件、材料计算模拟软件等问世，呈快速发展的态势。

计算机技术的快速更新和发展，使得后发的材料设计制造工业软件由于采用了新一代计算机技术和架构，也同样具有“后来居上，弯道超车”的优势。典型的案例就是软件的 SaaS (Software as a Service) 化。相比于传统软件必须要下载、安装到本地电脑才能使用，软件 SaaS 化通过互联网为用户提供软件服务，用户仅通过浏览器就能使用该软件的功能和服务，并能有效促成数据的共享。然而前面列举的材料集成设计软件、宏观有限元模拟仿真软件等，由于一开始就是基于传统软件的研发模式，代码庞大、底层架构复杂，进行 SaaS 化转型有较大的难度。而新一代材料设计制造软件可基于“云计算”模式进行开发，其优点包括：① 用户通过浏览器就可开展计算、模拟、AI，无需任何下载和安装；② 将代码、模型、数据、算力、知识等置于云端，用户直接就可使用，无需任何购置或编译；③ 实现数据和知识的集中共享等。例如，我国自主研发的高通量材料集成设计软件 MatCloud+，就是采用“微服务架构，容器化部署，前后端分离”的理念，不仅将实现上述软件的基本功能，而且在线就可使用，实现数据和知识的集中管理和共享。

研发我国自主可控、拥有自主知识产权的新材料研发制造软件，加快新材料研发迫在眉睫。本章调研和分析材料研发制造软件的国内外现状，并对我国材料研发制造软件的发展路径提出思考和建议。本章包括 4 个部分。第 1 部分概述了新材料设计制造软件的相关背景及重要性。第 2 部分调研了新材料设计制造软件的研发进展与前沿动态，提出了新材料设计制造软件的分类方式，及介绍业界主要的材料设计制造软件。第 3 部分梳理了我国在该领域的学术地位及发展动态，以及国产的材料设计软件、数据库及有关标准规范。第 4 部分总结了新材料设计制造软件近期研究发展重点及面向 2035 年的展望与建议，尤其是提出了新材料研发制造软件政策层面的一些思考和建议。

12.2 新材料设计制造软件的研发进展与前沿动态

12.2.1 新材料数字化研发及新材料设计制造软件的内涵和外延

对新材料数字化研发的理解可分为广义和狭义。广义上的新材料数字化研发是指材料整个生命周期各阶段的数字化，主要包括材料设计、工程分析 (如强度、刚度等)、加工制造、服役使用及回收利用等。狭义上的新材料数字化研发主要包括材料设计、工程分析、加工制造等从材料设计到制造 3 个核心阶段的数字化。

新材料设计制造软件尽管从名称上看，仅包括设计和制造，但实际上涵盖材料设计、工程分析、加工制造等 3 个阶段，主要涉及计算机辅助设计 (computer aided design, CAD)、计算机辅助工程 (computer aided engineering, CAE) 以及计算机辅助制造 (computer aided manufacturing, CAM)。

新材料设计制造软件同样可分为狭义和广义。狭义上的新材料设计制造软件主要指辅助新材料设计、工程分析以及制造的传统软件，例如，上述辅助新材料设计制造的 CAD/CAE/CAM 软件，需要在本地安装才能使用。而广义的新材料设计制造软件除了辅助新材料设计制造的 CAD/CAE/CAM 传统软件外，还可以包括辅助新材料设计制造的各类集成化软件、SaaS 化云平台、算法等模型。更为广义地，材料结构数据库和物性数据库也可以归为新材料设计制造软件的范畴。

12.2.2 新材料设计制造软件的分类

新材料设计制造软件有不同的分类方式，表 12.1 针对新材料设计制造软件做了一个基本的分类。主要分类如下。

(1) 按不同的空间尺度划分，新材料设计制造软件可分为：量子和原子尺度的计算模拟、微观尺度的计算模拟及宏观尺度的计算模拟。从 CAD/CAE/CAM 角度考虑的新材料设计制造软件基本上属于宏观尺度。

(2) 按集成度划分，新材料设计制造软件可分为：单一尺度的计算模拟代码或软件，以及材料集成计算与设计软件。

(3) 从材料领域划分，不同的材料体系也有专门的材料设计制造软件，例如，辅助半导体软件设计的 NextNano 软件，用于热电材料的 BoltzTrap 软件。

(4) 从软件的呈现方式，又可分为传统软件和 SaaS 化软件。

表 12.1　新材料设计制造软件分类

分类标准	分类	模型或方法	典型软件	备注
按仿真模拟的空间尺度	量子和原子尺度的计算模拟	量子蒙特卡罗	QMCpack、Qwalk	
		密度泛函	VASP、Wien-2K	
		分子动力学	LAMMPS、GROMACS	
	微观尺度的计算模拟 (结构演化和材料响应)	相场模拟	Micress、FiPy、OpenPhase、MOOSE	例如，模拟金属/合金的微观结构演变
		尖锐界面模型	DICTRA、FiPy	
		元胞自动机	μMatIC、Procast、Sutcast	
	宏观尺度的计算模拟	面向加工工艺 (如沉淀、凝固) 面向行为 (如组件、结构)	ANSYS、ABAQUS 等	工程仿真
按集成度划分	单一尺度的计算模拟代码或软件	—	VASP、CP2K、ABINIT、LAMMPS、QE 等	需编译，命令行使用模式
	材料集成计算与设计软件	—	Material Studio、MPDS、MedeA、MatCloud	基于量子力学和分子动力学
按是否 SaaS 化	传统软件	—	Materials Studio、MPDS、VASP	
	SaaS 化软件	—	Exabyte、Materials Square、Citrination、MatCloud	
按材料领域	半导体		Next Nano	
	热电材料等		BoltzTraP	
材料数据库	结构数据库		ICSD、Pauling File、PubChem	
	物性数据库		Materials Project	

上述分类中，按计算模拟空间尺度和集成度分类的新材料设计制造软件尤为重要。一般认为的新材料设计和制造软件是指宏观尺度的集成化软件 (如 CAD/CAE/CAM 软件)。实际上，材料设计软件，除了宏观尺度外，还有微观尺度、介观尺度、原子尺度和量子尺度的计算模拟软件。除了集成化软件外，还有单一尺度的材料设计软件。以下我们按照空间尺度由大往小的顺序，对这些软件进行

介绍。

我们按照美国 TMS 材料多尺度计算模拟的调研报告 [1]，主要围绕宏观尺度、微观尺度、原子尺度和量子尺度展开介绍。从以下分析可以看到，空间尺度越大的软件，集成度也越高。

12.2.3 宏观尺度的新材料制造设计软件

宏观空间尺度，一般是指大于 1mm[1]。该尺度下的新材料设计制造软件主要指新材料的 CAD/CAE/CAM 软件，包括新材料设计软件和新材料制造软件。

1. 宏观尺度的新材料设计软件

新材料设计软件，从字面上看，属于计算机辅助设计 CAD。实际上，材料设计更是和计算机辅助工程 CAE 紧密地结合，不仅要设计，还需要模拟材料在实际应用情况下的性能和表现。新材料的计算机辅助设计，其主要方法是模拟仿真 [2]，但是用到的计算机技术包括了三维造型技术、信息交换技术、智能化技术与优化分析技术等。新材料的计算机辅助设计还可用于材料的加工模拟仿真，例如，传热过程模拟仿真、流动过程模拟仿真、应力分析、微观组织模拟等。例如，计算机辅助设计软件 DUCT (design using computer technology) 是早期剑桥大学工程系开发的一个成功的 CAD 软件 (现被 DelCam 收购)。在 1985 年用 DUCT 编程和制造的齿轮箱，与使用传统技术制造的“相同”齿轮箱相比，重量减轻了 10%, 这在当时用其他的 CAD/CAM 软件是不可能达到的。

计算机辅助工程 (CAE)，指利用计算机对性能或表现进行仿真。材料在其结构、成分等确定后，对几何体 (或系统表示形式)、物理属性以及环境进行建模，通过计算机模拟其在给定载荷或施加应力条件下的物理性能 (如强度、刚度、屈曲稳定性、动力响应等)，形成材料的数字样机，从而改善材料设计。

以大型铸锻件为例，大型铸锻件是重大工程的核心部件，其制造能力是衡量一个国家工业水平的重要标志 [3]。大型铸锻件缺陷预防难、成形难、组织性能控制难，且其制造工序多、时间长、试制成本高。因此通过计算模拟手段对大型铸件和锻件全流程制造过程进行模拟计算，优化工艺过程参数、预防和控制制造缺陷、调整和优化内部组织近年来越来越受到重视 [3]。大型铸锻件品种多、批量小、造价高，迫切要求“一次制造成功”，一旦报废，在经济和时间上都将损失惨重。因此传统的仅凭经验和“试错法”设计热加工工艺不能满足现代制造业高速发展的要求，开展大型铸锻件热制造过程模拟与仿真非常必要。

CAE 的方法包括：有限元方法、有限差分方法等。其中有限元方法在 CAE 中运用最为广泛。其基本理念可概括为：将物体 (即连续的求解域) 离散成有限个简单单元的组合，用这些单元的集合来模拟或逼近原来的物体，从而将一个连续的无限自由度问题简化为离散的有限自由度问题。物体被离散后，通过对其中各个单元进行单元分析，最终得到对整个物体的分析结构。随着单元数目的增加，解的近似程度将不断增大和逼近真实情况。最著名的可用于新材料 CAE 的软件包括 ANSYS、ABAQUS 等。其中 ANSYS 软件是美国 ANSYS 公司研制的大型通用有限元分析软件，是世界范围内增长最快的计算机辅助工程软件，是融结构、流体、电场、磁场、声场分析于一体的大型通用有限元分析软件，能与多数 CAD 计算机辅助设计软件接口，实现数据的共享和交换，如 Creo、NASTRAN、Algor、I-DEAS、AutoCAD 等。ABAQUS 也是一套功能强大的工程模拟有限元软件，其解决问题的范围从相对简单的线性分析到许多复杂的非线性问题。ABAQUS 包括了一个丰富的、可模拟任意几何形状的单元库，同时拥有各种类型的材料模型库，可以模拟典型工程材料的性能，如金属、橡胶、高分子材料、复合材料、钢筋混凝土、可压缩超弹性泡沫材料以及土壤和岩石等地质材料。作为通用的模拟工具，ABAQUS 除了能解决大量结构 (应力/位移) 问题，还可以模拟其他工程领域的许多问题，例如热传导、质量扩散、热电耦合分析、声学分析、岩土力学分析 (流体渗透/应力耦合分析) 及压电介质分析等。

2. *宏观尺度的新材料制造软件*

新材料制造软件主要指计算机辅助制造 (CAM) 范畴。计算机辅助制造主要指数控加工工艺、数控编程、数控机床等。而新材料的计算机辅助制造主要指计算机技术应用在材料制造过程，例如，材料液态成形、塑性成形、连接成形、注射成形和快速原型等领域 [4]。CAM 软件众多，如 UG NX、Pro/NC、CATIA、MasterCAM、SurfCAM、SPACE-E、CAMWORKS、WorkNC、TEBIS、HyperMILL、PowerMill、GibbsCAM、FEATURECAM、TopSolid、SolidCam、Cimatron、VX、Esprit、EdgeCAM 等。但用于新材料设计制造的 CAM 软件，主要包括 UG、Pro/E、SolidWorks 以及 MasterCAM 等，基本是国外软件。国内 CAM 软件的代表有 CAXA、CAM 制造工程师、中望收购的 VX。这些软件价格便宜，主要面向中小企业。

就 CAD 和 CAM 而言，它们可以一体化使用，也能相对独立地使用。CAD 和 CAM 的一体化使用，主要指 CAD 为 CAM 直接提供加工制造所需关键数据，其特点体现为参数化设计、变量化设计及特征造型技术与传统的实体和曲面造型功能结合在一起等 [5]。CAM 的独立使用主要通过中间文件从其他 CAD 系统获取产品几何模型。以模具的 CAM 为例，系统主要有交互工艺参数输入模块、刀具轨迹生成模块、刀具轨迹编辑模块、三维加工动态仿真模块和后置处理模块等 [5]。相对独立的 CAM 系统有 EdgeCAM、MasterCAM 等。

CAE 软件一般独立使用较多，直接与 CAM 一体化使用情况较少。但是一般的 CAE 软件都提供了与 CAD 和 CAE 的接口。

12.2.4 微观尺度的材料结构演化和材料响应

微观尺度材料结构演化的空间尺度大约从纳米到毫米范围 [1]。微观结构包括晶粒、相、亚晶粒位错结构、点缺陷簇等。模拟方法包括相场法、元胞自动机、蒙特卡罗–波茨方法、离散位错动力学等。通过这些模拟方法来理解微观结构演变和材料响应 (即属性预测)。

微观尺度材料结构演化的方法包括：相场法、尖锐界面模型、沉淀演化模型、蒙特卡罗–波茨方法、离散位错动力学、晶体塑性法、统计体元的直接数值模拟、微观结构敏感相场连续介质法、基于微观力学的均匀化方法、内部状态变量模型等。

12.2.5 量子和原子空间尺度的材料计算软件

量子和原子空间尺度一般在"埃到纳米"范围 [1]。量子和原子空间尺度的材料计算模拟软件可分为两大类：一类是基于量子力学的方法 (也称为"从头算"或"第一性原理"方法)，例如密度泛函理论，此类方法能够准确地对一系列化学环境进行建模，但是受限于迭代电子波函数带来的计算量，一般只适用于计算一千原子以内的体系。另一类是基于半经验分析的原子势或力场方法，例如 Stillinger-Weber 势、EAM 势等，该类方法通过对函数形式进行参数化分析来描述这些原子间相互作用的本质，可以计算上亿原子体系，并且减小了计算代价，但是其适用性受到化学环境或者参数的限制。因此，这两种方法无法兼顾计算成本和准确性。此外，传统分子力场模型通常用固定的参数来描述所有可能的分子构象，但实际上分子构象的变化会引起原子电荷等力场参数的变化，这就导致了理论与实际的不符。

12.2.6 材料集成设计软件

材料集成设计软件是指，通过工程化方法将不同时空尺度的计算模拟软件或数据分析方法或机器学习方法，有机地集成在一起，用于辅助材料设计的软件或云平台，我们可称为材料集成设计软件。目前大多数材料集成设计软件更多的是将不同时空尺度的材料计算软件集成在一起，因此称这些软件为材料集成计算软件更为合适。最典型的材料集成计算软件包括：Materials Studio、MedeA、MAPS、MatCloud+等。此外，还有将热力学动力学计算与数据库紧密结合的软件，如 Thermo-Calc。部分业界主要的材料集成设计软件和云平台介绍如下。

1. Materials Studio

Materials Studio 应该是国内使用人数最多、应用最广泛的一款软件。它集成了量子尺度和微观尺度的计算模拟程序 (如 CASTEP、DMol3)，支持可视化三维结构模型搭建，能对各种晶体开展结构优化、性质预测和 X 射线衍射分析，以及复杂的量子力学计算和动力学模拟。Materials Studio 需要安装到本地电脑才能使用。它采用 client-server 结构。适用于催化剂、聚合物、固体及表面、晶体与衍射、化学反应等材料和化学研究领域的主要课题。更多关于 Materials Studio 的介绍，可见相关网站。

2. Thermo-Calc

Thermo-Calc 是一套综合的材料设计软件，用户通过使用该软件能够预测和了解材料生命周期各个阶段的材料特性。Thermo-Calc 在世界各地有着众多的材料科学家和工程师用户，帮助用户生成材料数据，从而减少对昂贵、耗时的实验依赖，并改善产品和加工条件。Thermo-Calc 可用于计算不同材料中各种热力学性质 (不仅仅包括温度、压力和成分的影响，而且涵盖磁性贡献、化学/磁性有序、晶体结构/缺陷、表面张力、非晶形成、弹性变形、塑性变形、静电态、电势等信息)、热力学平衡、局部平衡、化学驱动力 (热力学因子) 和各类稳定/亚稳相图以及多类型材料多组元体系的性质图。它可以有效地处理非常复杂的多组元多相体系，最多可含 40 种元素、1000 种组元和许多不同的固溶体以及化学计量相 (来自 Thermo-Calc 用户说明书的介绍)。

热力学计算只有得到精确且有效的数据库支持才能发挥作用。因此 Thermo-Calc 软件的一个特点就是，集成了来自不同渠道经过严格评审的数据库 (如来自 SGTE、NPL、NIST、MIT 等)。这些数据库使用不同的热力学模型来处理一个指定的多组元多相体系的每个相。目前 Thermo-Calc 数据库涵盖的材料类型包括：钢铁、合金、陶瓷、有机物、高分子、核材料、地球材料等。

3. MedeA

MedeA 是来自美国的集数据库、建模、计算、性质预测等的一个材料集成计算软件，也需要安装到本地才能使用。其数据库模块 InfoMaticA, 包含了来自 ICSD、Pearson's Crystal Data 晶体结构数据、COD 晶体开放数据库、NIST crystal data、以及 MSI Phase Diagram 相图数据库。

MedeA 的建模工具包括基本建模和专业建模。基本建模工具包括：分子建模 (例如分子、团簇等非周期模型)、聚合物建模 (根据重复单元和聚合物参数创建聚合物分子链)、晶体建模 (周期性晶体构建)、间隙掺杂、定位取代、随机取代、纳米颗粒/团簇/管等的建模。专业建模包括：界面建模、无定形建模 (amorphous builder，构建体相和层状结构)、热固性建模 (thermoset builder，高度交联热固性聚合物) 以及孔分子对接工具 (docking，利用 Metropolis 算法快速构建出主客体结构)。

MedeA 计算模块包括 VASP、LAMMPS、GIBBS、MOPAC、MescoScale 模块，分别负责第一性原理、分子动力学、蒙特卡罗计算模块 (计算热力学性质)、半经验量化计算以及介观尺度的计算 (构建珠子模型，在介观尺度上进行粗粒化分子动力学或耗散分子动力学计算)。同时 MedeA 把一些通过计算结果衍生获取性质的模块称为性质预测模块。MedeA 也增加了一些高通量计算功能。

4. MAPS

MAPS 也是一款国外的多尺度材料集成计算软件，同样需要下载和安装到本地才能使用。其建模工具包括：晶体建模、界面建模 (合并两个独立的周期性系统，异质结)、表面最低能量搜索 (构建一个分子在表面上能量最低时的模型)、高分子建模 (将任意单体单元组合创建成高分子链)、介观尺度建模 (通过特定的结构例如颗粒、薄片或膜，构建复杂介观尺度系统)、碳纳米管建模等。适用于不同类型材料的建模，包括催化剂、(纳米) 复合材料、高分子系统、交联体系、胶束、药物、合金、半导体、界面、双层结构；以及微孔结构、晶体结构、无定形材料和其他原子及介观模型。MAPS 的计算模块支持量子力学、经典分子动力学和介观分子动力学。

5. Mat3ra

Mat3ra (www.mat3ra.com，以前称 Exabyte) 是美国硅谷的一家材料集成计算云平台，2015 年成立。支持多尺度计算、材料数据库和机器学习。其材料计算主要支持第一性原理计算和分子动力学，计算资源主要用到了微软的 Azure 和 Amazon 的云计算资源。支持通过网页浏览器和命令行方式提交计算作业，并进行材料计算数据管理。

6. Materials Square

Materials Square (www.materialssquare.com) 是韩国的一家材料集成计算云平台，支持“pay-as-you-go”模式。目前支持晶体建模、分子建模、SQS 建模 (主要用于无序合金建模)。第一性原理计算主要支持 Quantum ESPRESSO (第一性原理计算软件) 和 GAMESS (第一性原理量子化学计算软件，主要用于电子结构计算)。分子动力学计算主要支持 LAMMPS，相图计算主要支持 CALPHAD。CALPHAD 可计算各种材料的热力学信息。机器学习部分支持晶体图卷积神经网络 (crystal graph convolutional neural network，CGCNN)。采用 CGCNN，用户仅需输入晶体结构就可开展分类和回归。

Materials Square 最有特点的一个地方就是其相图计算功能：它提供了热力学数据库。相图计算的核心目的在于，只需对体系相图的部分关键区域和某些关键相的热力学数据进行实验测量，就可以优化出吉布斯自由能模型参数，从而外推计算出整个相图。例如，给定二元、三元合金数据库，可扩展到多元。开展热力学计算的准确度，取决于热力学数据库。目前 Materials Square 提供了部分二元和三元合金的热力学数据库 (如镍基、铝基、铁基)。以镍基合金热力学数据库为例，其支持的合金含量信息包括：Al 含量 <10%，Co 含量 <25%，铬含量 <20%等。支持的相信息包括：液相、FCC_A1 相、BCC_A2 相、HCP_A3 相、MX_FCC 相等。大部分热力学数据库是收费的，其收费模式是每运行 1 次 2 美元、3 美元等。

Materials Square 同样支持高通量计算。

7. MatCloud+

MatCloud+材料云 (https://matcloudplus.com.cn) 是中国的一个材料集成设计云平台 (又称材料云)，也是中国首个上线运行的高通量材料集成计算和设计云平台 (2015 年上线运行)[6]。MatCloud+技术和云平台的研发最早始于 2012 年，由中国科学院计算机网络信息中心杨小渝课题组研发 (MatCloud)。2014~2017 年期间分别获得了国家自然科学基金、发展改革委创新专项以及科技部国家重点研发项目的支持。2018 年 MatCloud 成功实现了成果转化。在成果转化的基础上，北京迈高材云科技有限公司基于目前业界主流的“微服务架构，容器化部署，前后端分离”理念，进行底层架构的全面重构和二次开发，推出了 MatCloud+材料云。经过近 10 年的持续研发，MatCloud+已经是第 5 个版本。

MatCloud+采用了最新的“云计算”技术，将材料计算、数据、模拟软件、HPC 和 AI 一体化置于云端，仅需浏览器就可使用，极大地降低了用户使用门槛。MatCloud+特点可概括为“高通量、多尺度、图形化、流程化、自动化、智能化”。建模服务支持晶体、分子、团簇等建模；支持超胞构建、掺杂 (间隙、定位取代、随机取代、多掺)、吸附、界面、分子枚举等高通量建模。计算服务支持 VASP、Quantum ESPRESSO、CP2K、Gaussian、LAMMPS 等高通量多尺度计算 (用户需自带商业软件版权)。支持多种性质计算和衍生、图形化工作流的快速搭建、材料数据库构建、机器学习构建 QSPR 模型等。

MatCloud+在国内外已有较大影响力，来自全球的注册用户已突破 6000，且在不断地增长。

12.3　我国在材料设计制造工业软件的学术地位及发展动态

我国在工业软件领域与国外相比，差距是很大的，材料设计制造软件属于工业软件领域，更是全方位落后，其中原因有很多，这里不再细述。自 2011 年美国提出“材料基因组计划”理念后，材料设计制造软件和相关基础设施逐渐开始引起我国重视，并在材料设计制造软件、数据库及标准建设方面，取得了一些成果和突破。

12.3.1 材料设计制造软件引起国家和地方政府重视

在 2011 年美国提出“材料基因组计划”理念后不久，我国于 2012 年召开了材料基因工程香山会议。2013~2014 年期间，中国科学院和中国工程院分别撰写了材料基因工程咨询报告。咨询报告“实施材料基因组战略研究，推进我国高端制造业材料发展”，在由中国科学院院士局呈报国务院后，于 2015 年被“中央决策层直接采纳”(白春礼语)，直接促成了材料基因工程纳入科技部“十三五”国家重点研发计划。

科技部于 2016 年启动“十三五”国家重点研发计划、“材料基因工程关键技术与支撑平台”重点专项，有多个项目资助高通量材料计算、材料数据库软件和平台等的研发。

国家自然科学基金也资助和启动了材料基因相关项目。2014 年，国家自然科学基金立项了“材料基因组计划高通材料集成计算关键技术和服务平台研究”面上项目 (61472394)，是当时国家自然科学基金资助的首个材料基因组计划平台和技术应用基础研究项目。2018 年，国家自然科学基金对下一年度基金申报做了调整，“数学物理科学部”重点项目被列为了 4 类科学问题属性试点分类，列举了两个领域：“新材料的计算和设计”及“人工智能与凝聚态物理”，均属材料/物理和计算机学科的交叉，可见新材料软件和技术的研发开始得到重视。2019 年，国家自然科学基金“工程与材料科学部”增设了 E13 研究方向“新概念材料与材料共性科学学科”，旨在“聚焦材料引领交叉、关键共性和技术支撑三个方面的基础研究及应用基础研究”，其中的一个资助重点就是材料关键共性科学研究，包括材料设计与表征新方法、新型材料制备技术与数字制造等，新材料的数字化研发得到更进一步重视。2019 年，国家自然科学基金启动了“功能基元序构的高性能材料基础研究重大研究计划”，提出了“功能基元为基本单元，通过空间序构构成具有突破性、颠覆性宏观性能的高性能材料”，而如何寻找合适功能基元组合成新材料，正是高通量材料计算和筛选要研究和解决的问题。

在 2017 年 3 月，工业信息部也印发了“新材料产业发展指南”，旨在加快发展新材料，推动技术创新，支撑产业升级。在新材料创新能力建设工程中，专门提到“搭建材料基因技术研究平台，开发材料多尺度集成化高通量计算模型、算法和软件，开展材料高通量制备与快速筛选、材料成分–组织结构–性能的高通量表征与服役行为评价等技术研究，建设高通量材料计算应用服务、多尺度模拟与性能优化设计的实验室与专用数据库，开展对国家所急需材料的专题研究与支撑服务。”

除了科技部和国家自然科学基金委员会外，不少地方政府也启动了材料基因工程专项，都涉及对材料设计软件和材料数据库的研发。2018 年，广东省启动了重点领域研发计划“材料基因工程”重点专项，其中第一个专题就是“新材料高通量计算设计与数据库平台”。2018 年 1 月，云南省科技厅正式启动实施“稀贵金属材料基因工程”重大科技专项，材料设计软件和数据库都是其重要组成部分。在北京，2016 年由中国科学院物理研究所和北京科技大学共同发起成立了北京材料基因工程创新联盟；2016 年由北京科技大学牵头，北京信息科技大学、中国科学院物理研究所、中国钢研科技集团有限公司作为共建单位成立了北京材料基因工程高精尖创新中心。在上海，2014 年由上海大学牵头成立了材料基因组工程研究院。此外，宁波成立了宁波国际材料基因工程研究院，四川大学成立了材料基因工程研究中心等。

12.3.2 我国的材料设计制造软件、数据库及标准现状

自 2011 年，美国提出“材料基因组计划”后，我国在材料设计制造软件、数据库及标准的研发和制定方面也取得了较大突破，并且我们取得的成果不仅停留在高校和科研院所层面，一些成果已开始了商业化应用，并逐渐走向国际。表 12.2 列举了目前我国主要材料设计制造软件、数据库和标准。

表 12.2 我国主要材料设计制造软件、数据库和标准

名称	说明	特点
MatCloud+	MatCloud 是国内最早上线的高通量材料集成计算云平台，中国科学院计算机网络信息中心研发 [7-9]，北京迈高材云科技有限公司进行成果转化，“十三五”材料基因工程重点专项“材料基因工程关键技术与支撑平台”的代表性成果之一 [8]。目前 MatCloud+材料云已有近 6000 的注册用户，和国内上百家高校及科研院所开展科研和材料计算教学的合作，并且正用于中核集团、中国海油、某军队企业、有研集团等企业的新材料研发。此外，MatCloud 还用于材料基因工程理念数据库系统	商业软件 专业运维 云计算模式免费试用
MaxFlow	人工智能与分子模拟集成服务平台，目前主要专注于生命科学。实验人员可基于人工智能和分子模拟的预测模型来设计他们所关心的创新分子，减少不必要的实验，及缩短研发周期	商业软件 专注于生命科学
Device Studio	材料设计与结构仿真的软件，可应用于分子、晶体、器件等领域。可以运用在集成电路、合金、锂电、化工、有机光电、生物医药等领域中，辅助材料研发与工艺设计	商业软件 传统软件
PWMat	原子尺度材料模拟程序包，它基于第一性原理，利用平面波基组、赝势方法进行电子结构计算等。采用 CUDA 进行 GPU 优化加速	商业软件 传统软件
TEFS	第一性原理计算平台，提供弹性第一性原理计算平台服务。未来有计划结合 AI 算法和云的异构计算、大数据能力，实现对传统量子第一性原理材料模拟的加速	云计算模式
CNMGE	天津超算产学研用协同的高通量材料计算融合服务平台，依托国家超级计算天津中心的超级计算、云计算与大数据融合环境，构建了自主可控的高效资源调度系统、图形化可编辑的高通量计算工作流、交互式作业管理系统、统一集成的数据接口等软硬件系统	云计算模式

续表

名称	说明	特点
ALKEMIE	基于 Python 开源框架的高通量自动流程计算软件，由北航基于材料基因工程项目开发	传统软件
MIP	上海大学响应材料基因工程研发的一个集成化高通量材料计算平台与信息平台，基于现有的开放材料数据库以及自有实验数据，结合机器学习、数据挖掘、高通量计算技术，逐步实现高通量材料计算关键性技术落地	云计算模式
Matgen	高性能计算，自动工作流程和数据库集成的开放平台。通过工作流或交互式可视化界面进行材料数据探索和在线计算	云计算模式
Calypso	吉林大学研发的结构预测方法和软件。该方法通过多种物理约束简化势能面最低能态的求解，通过成键特征矩阵方法量化表征势能面，通过群体智能算法高效探索势能面，最终实现了晶体结构的预测	传统软件
Mgedata	材料基因工程专用数据库，北京科技大学牵头开发，基于材料基因工程的思想和理念建设的数据库/应用软件一体化系统平台，由国家“十三五”重点研发计划“材料基因工程关键技术与支撑平台”支持	数据库
Atomly	中国科学院物理研究所开发的材料数据库。截至 2023 年 6 月，Atomly 已经计算了 35 多万种材料的相关数据，这些材料包含了经过数据库比对去重后的无机晶体结构数据库 (ICSD) 中的大部分结构	数据库
材料基因工程数据通则	《材料基因工程数据通则 (T/CSTM 00120—2019)》，由中国材料与试验团体标准委员会 (CSTM) 于 2019 年 8 月 13 日发布，并于 2019 年 11 月 13 日开始实施，开启了材料基因工程领域的标准化进程	标准规范

12.4 新材料研发工业软件发展重点及未来展望

综上分析可见，早期的材料设计制造软件均聚焦单一尺度，且需要安装在本地才能使用。例如，列举的材料 CAD/CAE/CAM 软件，随着材料基因工程理念的提出，大数据、云计算、高性能计算的普及以及新一代人工智能技术的突破，材料设计制造软件越来越呈现出“高通量、多尺度、机器学习、SaaS 化、集成化”等特点。

12.4.1 材料设计软件与制造工业软件发展重点

“元素每增加 1 种，成分组合增加 10 倍”。材料设计的特点决定了高通量计算是辅助材料设计的一种有效手段。随着材料基因工程的提出，尤其是高性能计算的普及，通过高通量计算和筛选开展材料理性设计已经是一种发展趋势。如前所述的 MedeA、Exabyte、Materials Square 以及 MatCloud+等，都增加了对高通量计算和筛选的支持。借助强大且成本越来越低的算力，融合了机器学习的高通量计算和筛选，正成为新材料研发设计的重要手段。

北京大学物理学院与 MatCloud+合作，以常见的石墨/石墨烯层状电极为例，基于 MatCloud+的高通量计算筛选功能，系统研究了碱金属离子 (Li^+、Na^+、K^+) 电池中层状材料电极性能对其层间距的依赖性 [10]。通过综合考虑石墨/石墨烯电极随层间距连续变化过程中的结构、能量、电子学、离子学性能的表现，找到了石墨/石墨烯电极在不同的碱金属离子电池中的最佳层间距，得到的研究结果还能扩展到其他类似的层状电极材料，并指导实验选择合适的层间工程技术。

该研究工作典型地涉及“多结构、多性质”的计算。MatCloud+在该研究中，体现出了 4 个明显的优点：① 自动化调控层间距，生成候选空间，减少人为重复劳动；② 人工干预的次数明显变少，大量工作让工作流引擎自动流程完成，能够按流程按预定的计划按部就班地自动计算；③ 计算发生错误后，能自动纠错，避免了重复计算，更进一步提高了效率；④ 自动搜索所有高对称吸附位点，减少人工劳动力，同时避免遗漏。

在研究中，迁移势垒的计算涉及 Li、Na、K 共 9 个结构，吸附容量的计算涉及 Li、K 共 6 个结构。传统地，每个结构不仅需要分别计算，且结构优化、静态计算、插点、势垒计算都需要分别提交计算作业，且计算完毕后，需要人工将计算结果下载下来手动处理，因此共计约有 60 次人工作业提交，以及 60 次人工数据处理，共计 120 次人工操作。而采用 MatCloud+，针对迁移势垒的计算，通过工作流引擎人工仅需对三个碱金属操作两次 (共 6 次)；针对吸附容量的计算，通过工作流引擎人工仅需对两个碱金属操作两次共计 4 次 (目前层间距需要等差数列，所以平衡位置附近是 1Å 间隔，后面是 5Å 间隔，所以要两次)，总计人工操作 10 次，剩下的 110 次人工处理全部通过 MatCloud+自动帮助完成，进而人工干预减少 90%左右，极大地提高了效率。对于高通量计算筛选而言，供筛选的结构越多，效率提升越为明显。

12.4.2　多尺度计算模拟趋势

通过计算模拟的方法开展材料配方设计及性质预测，单一尺度的方法往往是不够的，尤其对于金属/合金、高分子材料等，需要借助于多尺度计算。多尺度材料计算模拟一般包括空间尺度 (length scale) 和时间尺度 (time scale)。材料多尺度计算的真正挑战来自于跨尺度计算。尽管目前已有不少多尺度计算模拟的研究和文章都论述了多尺度计算的价值和细节，然而跨时空尺度的材料计算仍缺少理论框架、方法和代码，尤其是不同尺度计算模型的桥接，以及这些不同尺度间的数据和信息传递。

现有计算工具的主要缺点之一是单个工具无法跨越相关的各种空间和时间尺度材料设计 [1]。微观尺度的分子动力学计算可以从精度更高的量子力学第一性原理计算获得输入，例如，原子位置和原子间受力情况，可通过第一性原理计算获取，从而用于拟合原子间关联势，用于分子动力学。分子动力学计算输出的体积模量和缺陷等热力学和动力学性质，可用于更粗粒度的微观动力学等。因此跨时空尺度计算模拟的核心难点之一在于，不同尺度计算模拟的桥接和参数传递的基本理论方法与框架。

12.4.3 人工智能的融合

通过有监督学习构建模型，预测新材料的性质其实很早就有了。定量结构性质关系 (即 QSPR 模型) 就是一种典型的利用有监督学习构建材料“结构–性质”模型的方法。然而 QSPR 模型的构建需要大量实验数据。由于材料实验数据获取的不易，以及材料性质数据的稀缺，通过高通量第一性原理计算产生数据，并基于部分实验数据，通过机器学习构建 QSPR 模型，已引起目前业界的普遍关注。该方法也被称作 QM/ML 方法，其核心理念在于，强调通过量子力学计算，产生大量的数据，然后从该数据中学习到一些模式，利用该模式来预测材料的性质。2020 年 1 月，研发 AlphaGo 的 DeepMind 公司，基于 AlphaGoZero 理念，又研发了 AlphaFold 人工智能机器人，它能通过学习 100000 个已知蛋白质的顺序和结构，自我构建出能预测蛋白质结构三维模型的预测模型 [11]。AlphaFold 的成功再次证明了人工智能技术在新材料研发中的潜力。

AlphaFold 的成功还证明了人工智能设计新材料的一种范式的成功，我们可以预见新材料研发将会迎来第五范式。科学研究范式已经历了四个范式，第一范式主要基于实验，就是指基于经验的新材料“试错法”研究，第二范式是基于理论公式的试错研究，第三范式是通过计算模拟仿真实现大设计、小实验，减少试错，第四范式的数据驱动研发模式是指，通过大数据分析、机器学习、人工智能等技术实现智能推荐。基于“第五范式”的科学研究由李国杰院士等在 2021 年提出，与第四范式相比，更侧重于人、机器及数据之间的交互，强调人的决策机制与数据分析的融合，更强调数据模型的科学内涵和可解释性。新一代新材料设计制造软件将会更重视对人工智能/机器学习的融合 [12]。

12.4.4 SaaS 化趋势

材料设计制造软件 SaaS 化，尤其是材料设计软件的 SaaS 化，是指通过云计算的方式，提供材料计算服务、数据服务、AI 服务等，也是目前的发展趋势。如前所述的美国 Exabyte、韩国 Materials Square、中国 MatCloud+等，均是采用这种模式。采用这种模式的主要优点在于，可极大降低用户开展材料计算的门槛，用户仅通过浏览器就可登录开展材料计算，免去了软件安装和编译的烦琐。此外，这种模式还能有力地促进数据共享。另外，采用这种模式，还能有效避免盗版，促进软件行业的健康发展。

新材料研发企业可能担心云计算模式的数据安全问题。对于企业，可以通过私有云的方式，部署材料设计基础设施或云平台。这样做的最大好处，在于能打破企业材料设计部门、制造部门以及测试表征部门间的数据壁垒和碎片化，打破信息孤岛，实现数据的集中共享，从而在有效数据集的基础上，更好地开展机器学习。此外，现在的 SaaS 化软件，也越来越多地采用隐私计算技术来加强对数据的安全保护。

12.4.5　与数据库的紧密融合

新材料设计制造软件越来越呈现出与数据库紧密结合的趋势。如前所述的 Materials Square 的相图计算就是与热力学数据库的紧密结合。同样，基于高通量计算和筛选的新材料设计，需要基于初始结构生成出可供筛选的结构候选空间 (化学空间)。初始结构的来源需要依赖于晶体结构库或分子结构库。

12.4.6　集成化趋势

材料设计制造软件同样体现出了集成化的趋势。从上述的国内外材料软件的发展可以看到，这种集成化体现在如下几个方面：高通量计算与多尺度计算的集成，高通量计算与机器学习的集成，材料计算与数据库的集成，实验数据与计算数据融合集成，不同尺度计算模型、算法及软件的集成。

12.5　研究和开发国产新材料设计制造工业软件的思考

一些研发国产新材料设计制造工业软件的建议和思考，汇总如下，供政策层面参考。

1. 新材料研发制造软件作为支撑新材料研发创新的能力，需进一步重视

2021 年，美国海军小企业创新研究计划 (SBIR) 资助了一个项目：将开发一种软件工具，利用基于集成计算材料工程的建模框架，优化一种镍基合金，使其更适用于增材制造。该软件将更好地开展合金成分的个性化研发，更好地在增材制造中提高可打印性、减少缺陷，并改善增材制造中镍基组件的机械性能。开发的软件工具有望提高对增材制造技术的理解，并利用它为喷气发动机、工业燃气轮机和其他苛刻的应用设计新一代先进的镍基合金和组件。

可见，要形成新材料数字化研发的良好生态，必须要重视融合计算、数据、AI 和实验“四位一体”且紧密结合的新材料研发基础设施的建设，即新材料研发创新能力的建设，材料设计与制造工业软件，是该基础设施的重要组成部分。

2008 年，美国国家工程院 (NAE) 国家材料咨询委员会研究小组 [13] 提出的集成计算材料工程 (ICME) 可以看作新材料数字化研发的早期阶段 [13]。ICME 强调材料和产品的并发设计，重点是将模型和数据库连接，实现多个空间和时间尺度上的材料结构–性能关系，从而解决与特定产品设计和应用相关的问题。“热

力学是模拟支持材料设计的基本构建基块”。提供有关稳定相和亚稳相信息、界面结构和能量特征信息以及由于热激活过程而使结构重新排列的驱动力信息 (即过渡状态)，对于材料设计至关重要。因此，它提供了一个材料和产品初步集成设计的候选方案。

2011 年，美国提出了材料基因工程，强调通过“计算、模拟和实验”的紧密结合，“理论预测在先，实验验证在后”的新材料数字化研发，强调高通量计算、高通量制备和高通量表征的新材料研发高效模式。

数字孪生技术的出现和应用将会进一步促进新材料数字化研发和制造。实际上，Pollock 等在 2008 年就预测到 21 世纪的全球经济将迎来材料供应和开发行业的革命，实现真正的虚拟制造能力，而不仅仅局限于实体的几何模型和现实的材料行为 [13]，这实际上预言了数字孪生技术在新材料数字化研发和制造的应用前景。德国工业 4.0 提出的信息物理生产系统 (cyber-physical production system，CPPS) 也进一步证明了数字孪生技术在该领域的应用前景。实际上，数字孪生可以认为是物理世界的一种软件定义，用软件来模仿和增强对客观现实世界的理解。因此与前述的 CAD/CAE/CAM 等工业软件关系密切。以前在汽车、飞机等复杂产品工程领域出现的“数字样机”，就是数字孪生的范畴。

无论是集成计算材料工程、材料基因工程还是数字孪生等理念和技术，都强调计算、数据、模型和 AI 等计算机技术的应用，因此需要重视有自主知识产权的新材料设计和制造软件开发，以及相关新材料研发集成化基础设施的建设。

2. 重视新材料设计与制造的一体化智能机器人技术研发

必须重视新材料设计、制备、表征的全链条一体化的软硬件技术的研发。新材料设计、制备、表征的全链条一体化，也正是材料基因工程所极力倡导的，而支撑全链条一体化研发的核心是其底层的软硬件技术，或者说智能机器人技术。

2016 年，美空军研究实验室功能材料部的 Benji Maruyama 团队成功研制出世界首套可自主进行材料试验的样机——“自主研究系统”(ARES)，将人工智能技术和机器人、大数据以及高通量计算、原位表征技术相结合，能在材料制备迭代试验过程中自主学习并优化试验设计，确定最佳制备参数，使材料制备试验效率提高百倍，大幅提高材料研发速度 [14]。2018 年 7 月，英国格拉斯哥大学 Leroy Cronin 课题组采用机器学习算法，开发出可预测化学反应的有机化学合成机器人 [15]。2020 年 10 月 *Science* 在线上报道了他们研制的一种可扩展化学执行平台，可自动阅读和识别文献中的合成步骤，这一工作实现了化学人工智能领域的划时代成果——“文献进，产物出” (paper in, product out)，可能意味着机器人自主设计和开展合成实验能力的巨大提升 [16]。

参考文献

[1] TMS, Modeling Across Scales: A Roadmapping Study for Connecting Materials Models and Simulations Across Length and Time Scales. DOI: 10.7449/multiscale_1.

[2] Li D, Sun M, Wang P, et al. Process modeling and simulations of heavy castings and forgings. AIP Processing, 2013.

[3] 康大韬, 叶国斌. 大型锻件材料及热处理. 北京: 龙门书局, 1998.

[4] 陈立亮. 材料加工 CAD/CAM 基础. 北京：机械工业出版社, 2010.

[5] 刘斌, 崔志杰, 谭景焕, 等. 模具制造技术现状与发展趋势. 模具工业, 2017, 43(11): 1-8.

[6] 杨小渝, 任杰, 王娟, 等. 基于材料基因组计划的计算和数据方法. 科技导报, 2016, 34(24): 62-67.

[7] Yang X, Wang Z, Song J, et al. Matcloud: A high-throughput computational infrastructure for integrated management of materials simulation, data and resources. Comput. Mater. Sci., 2018, 146: 319-333.

[8] 宿彦京, 付华栋, 白洋, 等. 中国材料基因工程研究进展. 金属学报, 2020, 56(10): 1313-1323.

[9] Andersen C W, Armiento R, Blokhin E, et al. OPTIMADE, an API for exchanging materials data. Sci. Data, 2021, 8(217).

[10] Ma J, Yang C, Ma X, et al. Improve alkali metal ion batteries via interlayer engineering of anodes: From graphite to graphene. Nanoscale, 2021, 29.

[11] Andrew W S, Richard E, John J, et al. Improved protein structure prediction using potentials from deep learning. Nature, 2020, 577(7792): 706-710.

[12] 程学旗，梅宏，赵伟，等. 数据科学与计算智能：内涵、范式与机遇. 中国科学院院刊，2020, 35(12): 12.

[13] Pollock T M, Allison J E, Backman D G, et al. Integrated Computational Materials Engineering: A Transformational Discipline for Improved Competitiveness and National Security. Washington, DC: The National Academies Press, 2008.

[14] Nikolaev P, Hooper D, Webber F, et al. Autonomy in materials research: A case study in carbon nanotube growth. Npj Comput. Mater., 2016, 2 (1): 1-6.

[15] Granda J M, Donina L, Dragone V, et al. Synthesis robot with machine learning to search for new reactivity. Nature, 2018, 559 (7714): 377-381.

[16] Mehr S H M, Craven M, Leonov A I, et al. A universal system for digitization and automatic execution of the chemical synthesis literature. Science, 2020, 370 (6512): 101-108.

第 13 章

国产材料集成式智能设计工业软件：MatCloud+材料云

MatCloud+材料云是我国首个上线运行的高通量材料集成计算和数据管理平台，也是我国“十三五”材料基因工程重点专项“材料基因工程关键技术与支撑平台”的代表性成果之一，且成功地实现了商业化。本章对 MatCloud+材料云的背景、架构、功能特点，在国内外的影响力、应用等做专门介绍。

13.1 MatCloud+底层架构

13.1.1 核心模块

如图 13.1 所示，揭示了 MatCloud+的主要技术模块和它们之间的有机协同工作关系。主要的核心技术模块包括：① 高通量作业生成器；② 工作流系统；③ 作业调度器；④ 核心引擎；⑤ 自动调整与纠错引擎；⑥ 可动态修改的计算任务列表和任务引擎；⑦ 计算材料信息库；⑧ 机器学习；⑨ 报告生成器；⑩ 可视化引擎等。此外，MatCloud+在求解程序端还分别包括自主可控的 MatCloud-QE 量子力学程序包和 MatCloud-MD 分子动力学程序包。

MatCloud+各模块之间的关系可用控制流、数据流和交互流来描述，各模块的主要功能如下。工作流系统在 13.1.2 节中介绍。

（1）结构建模。该模块负责在线生成高通量模拟仿真所需要的一系列输入文件。该模块包括两个部分：动态图形界面生成器和结构构造器。以晶体的建模为例，动态图形界面生成器负责动态地生成计算不同物性数据所要求的参数输入图形界面。用户通过 Web 页面加载基质晶体或化合物的 CIF 文件（CIF 文件为晶体结构的标准化表示文件）及通过该动态产生的图形界面输入各种参数。一旦获得这些数据，工作流将调用结构构造器生成该材料计算软件（如 MatCloud-QE、VASP）所需要的一个或多个模拟仿真输入文件。但是高通量结构建模面临的主要问题是：如何针对不同的计算类型（如本征、掺杂、表面）进行材料计算的建模以统一地生成作业。这是需要解决的一个关键性技术问题。

（2）材料计算信息库。材料计算信息库由材料数据库和材料文件库组成。不同于其他的一些材料计算框架，该项目除了建立材料计算的数据库外，还将建立

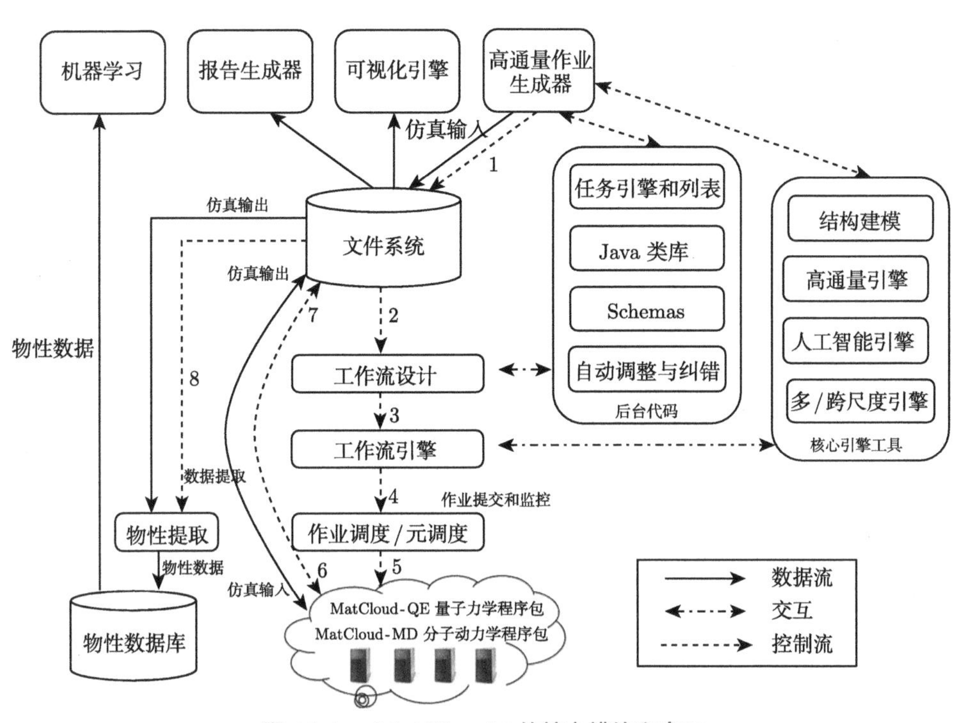

图 13.1　MatCloud+的核心模块和交互

材料计算的文件库。该文件库将用于存储计算过程中所产生的仿真输入数据、中间过程数据、仿真输出数据及出错信息数据。尤其是出错信息数据，它们往往能提供一些有用的信息。这些材料计算数据、晶体结构性能数据、实验数据及经验数据便构成了材料大数据。通过对材料大数据的挖掘，能帮助寻找材料结构、组分与性能的关系以及计算处理本身（例如不同 CPU 核数）对材料计算数据的不确定性影响规律等。

（3）跨平台/集群调度/元调度。元调度（metaschedule）是指在一个计算集群容器中根据一定的算法选择合适的计算节点进行作业提交。而当合适的计算节点选定好后，作业调度则负责作业的排队、提交和监控等（但通常元调度和作业调度被集成在一起）。因此将对元调度器/作业调度器进行微服务的封装，并集成于工作流中用于计算作业的自动提交和监控。

（4）高通量平行计算作业的自动纠错引擎。自动纠错引擎主要负责高通量并行计算作业的纠错。交换关联泛函、赝势、初始自选态、能量截断、k 点网格等参数的选择或设置不同，往往会引起计算不收敛或中断的情况，使高通量平行计算作业不能正常完成。自动纠错引擎必须能够根据故障原因，自动地提出参数的设置或修改，并在断点附近重新启动作业。为此，该项目将建立围绕 MatCloud-QE 材料计算软件的有关错误故障原因与交换关联泛函、赝势、初始自选态、能量截断、k 点网格等参数关联的一个知识库，并且还将建立规则库以帮助自动地提出修正参数。

13.1.2 工作流系统

工作流系统负责高通量材料计算的“端到端”集成，即材料计算生命周期过程中所涉及的主要子任务，例如从生成仿真输入文件、元调度、作业的自动提交和监控、各类计算数据的自动归档、材料物性数据的计算，到材料数据的自动入库、用户的通知等，由工作流负责自动协同完成，开发的材料计算软件本体将提供语义解释，整个流程无须人工干预。

工作流系统由工作流引擎、工作流设计客户端和工作流组成。工作流在运行过程中，能够自动调用并识别语义，自动协同各模块的工作。材料计算软件本体是工作流系统的一个核心组成。该本体提供在生成仿真输入文件的过程中，及解析仿真输出所需要的围绕材料计算软件（如 VASP MatCloud-QE）的语义解释。例如，在线计算材料的不同性能时，要求用户提供的参数类别或许不同, 因此系统需要动态提供的参数图形输入界面的类别也就不同，这时需要该本体提供这些不同性能参数的语义解释。当解析计算输出的文件时，需要本体提供该材料计算软件所定义的名词、术语或元数据的语义解释，以便机器能准确地解析它们。材料计算软件本体是能支持自动完成高通量材料计算的核心，也往往是材料信息学要研究的重点内容。

13.1.3 材料计算数据库

材料数据稀缺且分布零散，材料数据库对加快新材料的研发有着重要的支撑作用。通过高通量计算驱动引擎一次性计算可产生大量的计算结果文件（如 OUTCAR）。如何从这些文件中提取关键的材料物化性质数据，还需要较为烦琐的处理。为此, 美国杜克大学开发了基于 VASP（一种第一性原理材料计算软件）的高通量密度泛函（DFT）材料计算框架 AFLOW （Automatic Flow），并且还建立了基于 AFLOW 的材料数据库 (aflowlib.org)，用于存储通过 AFLOW 计算所产生的材料物性数据。能存储的物性数据包括相图、电子结构和磁性数据等。该数据库是对大量不同组分和结构的物质进行筛选和计算后得到的，包括了 3000 多万化合物，5 亿多条计算的物化性质数据（aflowlib.org）。在该数据库的基础上，杜克大学和法国 CEA 研究机构合作，利用高通量材料计算的方法，基于 ICSD 晶体结构数据库，从 AFLOW 材料物性数据库中抽取了 2500 多种烧结化合物并进一步计算了它们的热电性能，发现有大功率因数期望值的烧结化合物倾向于呈现出这些特征：大的带隙、重的载流子质量、每个晶胞含有很多个原子。

计算数据和实验数据的比对，方便检验理论模型、提供新实验思路。这需要面向材料基础数据的知识挖掘技术，例如，研究化合物的掺杂特性及其与性能间的关系；研究化合物的热力学及化学稳定性问题等。还涉及相关数据挖掘/机器学习技术的应用（如聚类分析）、非结构化文本的挖掘（如文本、图表信息等）。最终面向基础研究人员、材料学家、材料设计开发企业等提供多样的材料查找方法，从数万种材料中智能推荐同类材料，拓宽材料开发人员的视野。因此通过第一性原理计算，构建第一性原理计算数据库，有着重要的意义。

以第一性原理计算为例，基于高通量计算驱动引擎，MatCloud+提出第一性原理计算数据库的构建方法和技术，如图 13.2 所示。为保证数据质量和精度，数据库包括了初始第一性原理计算数据库和校验后的第一性原理计算数据库。其中，计算精度的设置、泛函选择、截断能选取、计算过程是否收敛等，都会影响计算的精度和误差。关于拟存取的物化性质数据，第一性原理计算所得到的材料各种物理量及其物理性质应该得到存储。标准化、规范化的信息存储有利于实现自动查询、自动分析与数据挖掘。MatCloud+提供了一种构建第一性原理计算数据库的方法，通过高通量计算驱动引擎，允许用户大批量地开展计算，或高

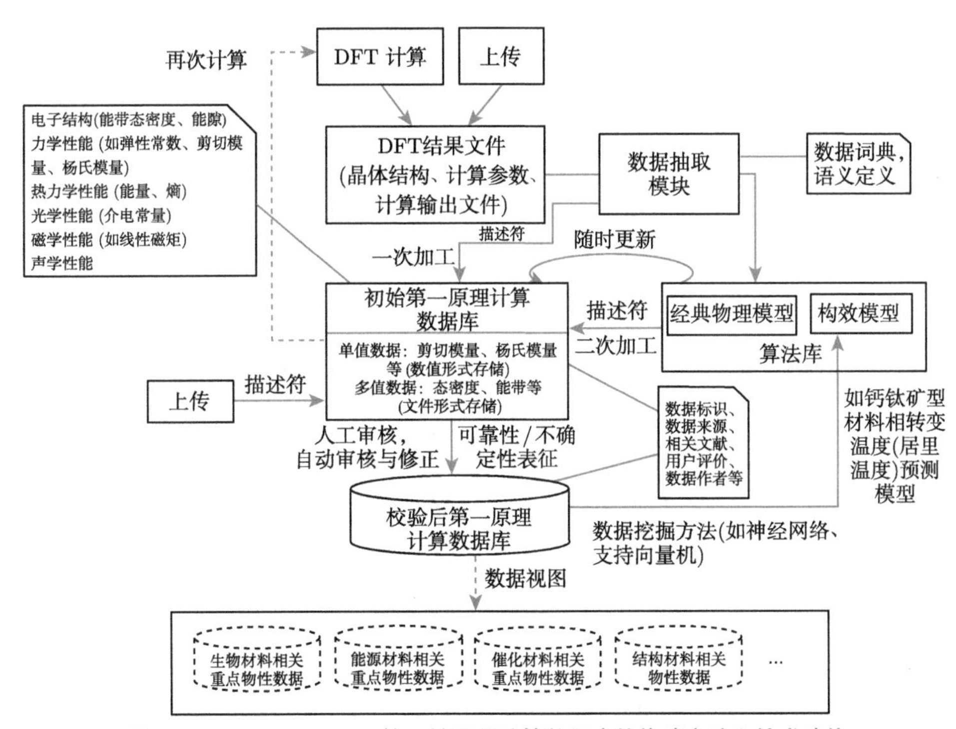

图 13.2　MatCloud+第一性原理计算数据库的构建方法和技术路线

通量筛选，自动地对计算结果进行数据提取和规范化加工，衍生出更多的物理化学性质。目前 MatCloud+主要支持结构弛豫、态密度、能带、弹性常数、介电常量、磁矩等基本性质计算，也支持声子谱计算（图 13.3 所示的声子谱计算工作流模板）、过渡态搜索、状态方程、团簇展开的复杂计算。此外，MatCloud+还针对材料各行业，例如锂电材料、催化材料、半导体材料、热电材料等开发了各种工作流模板。无论是基本性质计算还是复杂性质计算都是以一种工作流的方式实现了所有步骤的自动流程化。复杂性质的计算也是通过工作流模板来进行的，如图 13.3 所示的声子谱计算工作流模板。

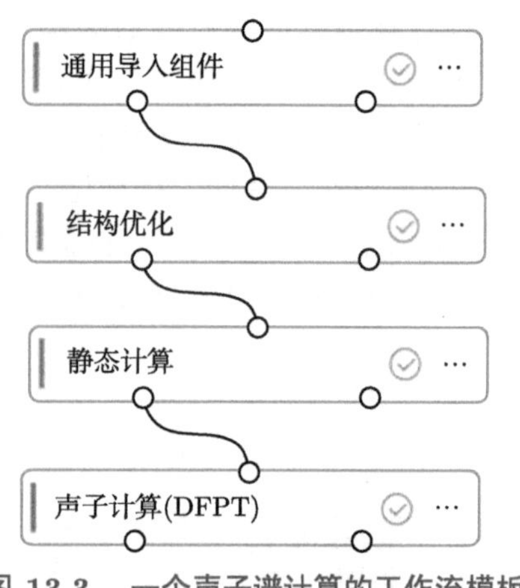

图 13.3　一个声子谱计算的工作流模板

MatCloud+材料数据库包括：① 晶体结构库；② 分子结构库；③ 计算物性库。我们以晶体结构库和计算物性库举例说明如下。分子结构库的建设理念和晶体结构库一样。

1. 晶体结构库

MatCloud+的晶体结构库包含了晶体的空间群、原子种类、原子位置等信息。可能数据来源包括：① 文献录入和爬虫抓取。文献中的信息分散不集中，类似于搜索引擎，从网络抓取可参考 Springer Materials 等，需要标记数据源。② 理论计算优化。即通过高通量第一性原理计算，产生大量的计算数据。高通量第一性原理计算理论优化后的数值同样需要标记数据源，给出计算中使用的关键参数，譬如：交换关联势、k 点取样密度、赝势（全势）等。③ 从其他数据库获取。可参考 ICSD、Pauling File 等，这些数据库均为商业数据库。此外，也有一些开源的晶体结构数据库，如 COD 等。④ 用户愿意公开的晶体结构数据。对于用户不愿公开的晶体结构数据（包括性质数据），用户可选择暂不公开，或今后一段时间后（如 2 年、3 年）公开。对于用户愿意公开的数据，MatCloud+将在机时上给予优惠，甚至减免。

这里以 Bi_2Se_3 为例，说明晶体结构数据库所存储的信息。目前，MatCloud+所记录的晶体结构信息远多于以下所列举的。这里只是概要说明（表 13.1）。

表 13.1　部分晶体结构库的数据信息

结构信息	数值	备注
化学式	Bi_2Se_3	—
空间群	166	这里可关联到布拉维格子、倒空间、点群、空间群操作、Wyckoff 位置等
原胞内不等价原子数	3	—
不等价原子 Wyckoff 位置	Se 1a (0,0,0)，Se 2c，Bi 2c	—
数据来源	计算或文献	（1）若计算产生，可以给出本系统进行高通量计算时所采用的关键计算参数，并直接链接到在线计算目录，可进行更多的实际计算与分析 （2）文献来源：给出文献的 doi:10.1088/1367-2630/12/6/065013，以及在线链接等，文献名称，卷，页码等
科技资源标识	DOI 或 handle	通过标识应该被全球标识系统所检索到

2. 计算物性库

计算成功后得到的只是结果文件，尚需进一步的处理才能得到用户所关注的物化性质数据。MatCloud+能自动从计算结果文件抽取关键的物化性质数据，这也是 MatCloud+高通量计算平台的最大特点之一。这些存取的数据还可链接到存储计算数据的空间，以供进一步分析。部分的能量数据、电子数据及相关元数据列举如下。

（1）总能量、原胞体积等（文本）是 SCF 计算就直接能获得的；
（2）能隙、布居数、磁矩（文本）：常规的计算分析得到；
（3）能带、态密度（图形）；
（4）赝势方法或全势方法，如果是赝势，并给出赝势的版本；
（5）交换关联势（LDA、GGA、HSE 等）；
（6）+U（实现版本及 U、J 的数值）；
（7）基矢选取（平面波的截断能）。

13.2　MatCloud-QE 量子力学程序包

MatCloud+不仅提供了高通量多尺度材料计算并融合了数据库和 AI 的集成框架，支持以低代码开发方式快速进行各类不同材料体系数字化、智能化研发平台的定制化开发，还有自己独自研发、自主可控的量子力学程序包 MatCloud-QE 和分子动力学程序包 MatCloud-MD。这里我们重点介绍 MatCloud-QE 量子力学程序包，MatCloud-MD 分子动力学程序包的研发理念与 MatCloud-QE 类似。

MatCloud-QE 量子力学程序包主要基于 Quantum ESPRESSO（简称 QE）内核，是国内首个以云原生为特点的量子力学程序包，用户使用浏览器通过 MatCloud+材料云就可在线开展第一性原理计算和数据的自动化采集和管理，极大地方便了用户开展第一性原理计算，以及高通量计算筛选。云原生（Cloud Native）理念，最早由 Matt Stine 提出，微软将其定义为“云原生体系结构和技术是一种设计、构造和操作在云中构建并充分利用云计算模型的工作负载方法”[1]。除云原生特点外，MatCloud-QE 不仅继承了 QE 的所有特点和计算功能，还动态拓展了基础 QE 程序所不具备的计算功能（如发射率、断裂强度等）。通过 MatCloud-QE 第一性原理计算程序包与 MatCloud+高通量多尺度材料集成计算材料云接口，实现了高通量第一性原理计算加速、参数智能推荐、自动前处理和后处理、功能组件化、用户操作图形化、云端拖拽式流程设计等功能，用户使用浏览器通过 MatCloud+材料云就可在线开展第一性原理计算和数据的自动化采集和管理，极大地方便用户开展第一性原理计算，以及高通量计算筛选。

QE 是一款开源的量子力学程序包，除具备常规的第一性原理计算功能外，还支持超导计算、电子能量损失谱、弹道输运等功能。然而当用户使用 QE 计算时会遇到诸多困难。例如，计算模拟前用户需要熟悉 QE 的输入文件格式与参数，熟悉 Linux 的使用方式与提交命令；计算模拟结束后，用户需要明确如何从大量的输出文件中找到自己想要的数据。另外，QE 本身虽然支持并行计算，但是却无法很好地支持高通量计算。

MatCloud-QE 量子力学程序包在 QE 内核的基础上，开发了高通量第一性原理计算加速算法、参数智能推荐算法、输入结构统一算法、自动前处理后处理引擎、组件化引擎、图形化引擎、工作流接口等算法程序，从而增加了 QE 基础程序所不支持的高通量第一性原理计算加速、输入结构统一、全程图形化展示、智能参数推荐、数据自动提取并实时入库等功能，从而进一步降低了第一性原理计算门槛，提升了其使用效率。

MatCloud-QE 在 QE 内核上的主要创新在于：通过 AI，实现了对大批量高通量第一性原理计算作业处理的加速；通过软件定义材料计算模拟，将模型搭建、高通量建模、各处理间数据流动（如几何优化、静态计算）、参数设置、赝势处理、计算数据后处理、计算数据持久化以及机器学习等关键环节图形化、组件化，便于用户通过鼠标“拖拽”方式，实现高通量筛选逻辑的“自组装”；通过“建模 → 计算 → 数据 →AI”的云端自动化流程，解决了材料计算参数设置复杂、赝势处理烦琐、数据后处理易出错、计算数据易丢失等问题，计算模拟一旦结束，自动形成材料计算数据库。

13.2.1 基于 AI 的高通量第一性原理计算加速算法

随着超级计算的普及和机时成本的下降，开展第一性原理计算的模式也不再停留在以往单一的第一性原理计算，高通量计算筛选已成为一种新的模式和手段。高通量材料计算筛选是指对大量的晶体或分子，通过理论计算进行筛选，得到满足预定义筛选描述符的目标结构，也称高通量虚拟筛选。如何从大量候选结构空间中通过“筛选漏斗”快速地筛选出目标结构，时效性和准确性这对矛盾体，一直是高通量材料计算筛选的一个最核心问题。基于第一性原理计算筛选的时间短，准确性会受到影响。准确性高，筛选时间和计算成本就会变长和昂贵。

为了解决这个问题，我们基于 QE 内核，开发了基于 AI 的高通量第一性原理计算加速算法，采用与第一性原理计算获取物性具有等效作用的代理模型机制，来加快高通量计算筛选。也就是说，“筛选漏斗”中筛选描述符值的获取，可由代理模型帮助获取。由于通过代理模型获取相关描述符值的速度，比直接通过 QE 计算获取描述符值的速度有着量级的提升，因而可提高筛选效率。

高通量计算筛选的结构候选空间生成，一般按照指定的规则，依据组合的思路，生成给定分子或晶体片段的部分或所有可能的组合，一般有替代策略、连接策略、融合策略等，或不同元素替代按不同结构组合、不同配方组合等，往往会形成千量级、万量级的第一性原理计算作业（如掺杂）等。这些作业往往具有一定的“同构”特点，也就意味着可用机器学习模型，作为量子力学计算的代理模型或等效模型进行预测。因此针对这类高通量计算筛选，在 QE 标准量子力学程序基础上，我们开发了相关的 AI 算法：它能够按照一定的分布，从候选空间中选取部分结构，进行第一性原理计算，得到标注的数据，形成基础训练集。基于此基础训练集，自动调用不同机器学习算法进行迭代优化训练，并自动选择最优机器学习算法，输出能达到设定计算精度误差范围的最优代理模型。如果该代理模型不能达到设定的计算精度误差范围（误差范围由用户通过图形化界面输入），可进一步通过第一性原理计算，补充训练集，并将此次模型预测值与计算值的误差值，反馈给下一次模型训练迭代，进一步训练代理模型和误差修正。一旦代理模型预测值达到设定的计算精度误差范围，计算筛选流程就可直接调用该代理模型，直接进行筛选描述符的预测。基于该种算法，可实现在一定计算精度误差范围内 10 倍以上的加速。

13.2.2 参数智能推荐算法

不同元素种类、计算精度、k 点的选取，往往会有着不同的第一性原理计算参数设置，或对计算核数、内存的要求。不正确选择它们，往往会导致计算作业的失败。对于初次开展第一性原理计算的用户，如何选取这些参数，也给用户带来很大困扰。因此，我们参照大量文献，开发了 QE 参数智能推荐算法，能够针对常见的元素种类、计算精度、k 点的选取等，自动地推荐出一些最优参数，免去用户面对参数时的困扰。

13.2.3 结构模型统一算法

QE 输入文件中结构数据的获取需要涉及模型搭建、结构文件转换和文件拆分三个步骤，模型搭建和结构转换通常需要借助第三方软件来实现，对于用户的使用非常不便捷。基于 QE 基础程序，我们开发了统一的结构导入算法，对结构进行了逻辑上的统一。用户不需要考虑文件格式，同时支持批量结构导入，支持导入多种晶体结构文件作为 QE 的输入结构。同时，该结构模型统一算法还提供了与 MatCloud+材料云的接口，使之与 MatCloud+材料云的建模组件协同，实现了大部分结构调控的功能。此外，与 MatCloud+材料云结构的建模组件，可以让用户完全摆脱第三方建模软件的使用，仅通过浏览器就可实现结构“模型搭建—计算—数据—AI”的端到端一体化。

13.2.4 后处理引擎

标准的 QE 计算任务正常结束之后，在传统情况下，用户需要利用后处理软件或脚本自行处理数据（如采用第三方的 Origin 软件），处理得到的结果大多保存在本地电脑或者各大云盘中，数据相互之间无关联，也不能直接进行计算结果的可视化（如能带、态密度、声子谱）。一个课题组团队中，人员的流进流出，往往导致数据的丢失，后期想要复用数据难度极大。因此，在 QE 标准程序的基础上，我们开发了后处理引擎，使得在标准 QE 计算程序完成后，不仅可以自动提取输出文件中的关键数据，还可以将得到的关键数据自动实时保存在云端数据库，在保证了数据安全的基础上，还可以利用数据库对数据进行二次筛选和复用。

13.2.5 组件化引擎

QE 内核拥有十几个功能模块，而仅 PWscf 一个包就含有 200 多个参数，对于初学者来说大部分都晦涩难懂，因此在 QE 内核的基础上，我们开发了组件化引擎。该组件化引擎包括：① 组件库；② 组件参数设置；③ 调用算法。根据 QE 功能的不同，从 QE 各个模块中将独立的功能进行抽取，形成 QE 基础内核所不具备的组件库。同时我们开发了与 MatCloud+材料云的量子力学服务接口，使其能呈现为一个一个的图形化组件。同时结合上述 13.2.2 节的参数智能推荐算法，可为每个组件推荐关键参数。用户使用时，仅通过点选方式即可选择组件，设置参数。另外，为了方便中文用户，组件化引擎还开发了中文参数库，给每个参数都提供了中文使用帮助，帮助用户了解参数的意义和方便用户选择参数。

针对赝势及其内部参数获取烦琐的问题，组件化引擎将全种类赝势整合了到了每个组件中，用户仅需选择想要的赝势种类，系统就会实现为每个元素自动分配此类型的赝势，并结合元素和赝势种类自动给出推荐的截断能。LibXC 是目前最全面、最强大的交换关联–泛函库，一直得到业界开源社区的维护，LibXC 泛函库包括各种泛函，如 LDA、GGA、杂化泛函以及 metaGGA 等。为了让用户更加便捷地选择交换关联泛函，我们给组件库开发了专门接口，使其对 LibXC 进行全面的支持。

13.2.6 图形化引擎

在 QE 基础内核的基础上，我们开发了图形化引擎算法，它的核心理念在于：基于软件定义的理念，重新定义了第一性原理计算的操作，将模型搭建、高通量建模、各处理间数据流动（如几何优化、静态计算）、参数设置、赝势处理、计算数据后处理、计算数据持久化等关键环节，进行图形化处理。此外，我们开发了图形化引擎与 MatCloud+材料云的专门接口，可让用户通过灵活的“拖拽”方式实现自组装的各个功能的集中整合。同时实现了 QE 高通量材料计算“建模—计算—数据—AI”的“云端”一体自动化流程，直接连接千核/万核集群，解决了材料计算参数设置复杂、赝势处理烦琐、数据后处理易出错、计算数据易丢失等问题。

13.2.7 支持更多物理化学性质的计算

MatCloud-QE 除了支持基础 QE 内核第一性原理计算所支持的物理化学性质计算外，还增加了基础 QE 内核所不支持的一些物理化学性质计算（如发射率、断裂强度等），且所支持的物理化学性质计算还在不断增加。

13.2.8 与 MatCloud+材料云的 API 接口

使用 QE 基础内核，用户不仅需要购买计算集群，还需要编译安装 QE、准备提交脚本等，这就需要用户具备一定的 Linux 语言基础。为了更好地利用 MatCloud+材料云框架所提供的功能，MatCloud-QE 第一性原理计算程序包专门提供了与 MatCloud+材料云的交互接口，通过 MatCloud+材料云可以便捷使用 MatCloud-QE 第一性原理计算程序包。由于 MatCloud+材料云本身直接对接国家超算中心，用户不需要考虑集群和软件配置环境的问题，直接通过浏览器进行结构建模、设计工作流程、选择超算、单击提交按钮就可开展第一性原理计算。计算一旦结束，数据直接可视化和入库，无须使用任何第三方软件。另外，基于该接口程序，用户可通过 MatCloud+材料云拖拽式流程实现批量 QE 任务的提交，一次性可以高通量计算多个结构的多个性质，整个工作流程无须人工操作任何文件，各计算任务有效协同，不仅最大化利用了碎片化时间，也杜绝了由于误操作导致的各种问题。

13.3 MatCloud+的高通量计算案例

以下基于 MatCloud+/MatCloud 材料云，以状态方程、过渡态搜索、截断能收敛性为例，说明高通量材料计算的使用。

13.3.1 状态方程

晶体的状态方程（equation of state，EOS）在基础和应用科学中具有重要的意义。例如，平衡体积（V_0）、体弹性模量（B_0）及它的一阶导数（B_0'），这些可测的物理性质直接与晶体的状态方程有关。在高压下的状态方程有好几种不同函数形式来描述，例如，Murnaghan 方程、Brich-Murnaghan（BM）方程和普适方程等，状态方程是一种典型的高通量计算。

登录 MatCloud+材料云，进入工作流画板，直接拖拽状态方程工作流模板到画板上，就可开展状态方程的计算。一个计算状态方程的工作流模板如图 13.4 所示。

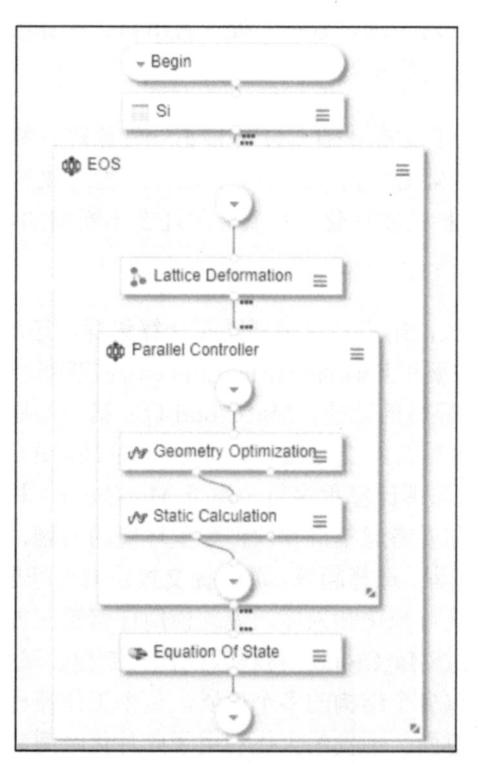

图 13.4　MatCloud 计算状态方程的工作流模板

单击各计算工具右侧的菜单，单击“Settings”，进入设置页面，查看并根据需要修改相关参数。“Lattice Deformation”组件用于创建形变结构。“Equation Of State”组件用于选择拟合方程，MatCloud 提供了 7 种方程拟合，可以选择其中的几种或者全部。参数设置完成后，提交作业，等作业计算结束后，单击“Equation Of State”选择“View Task”进行结果查看。平衡体积和能量关系展示如图 13.5 所示。

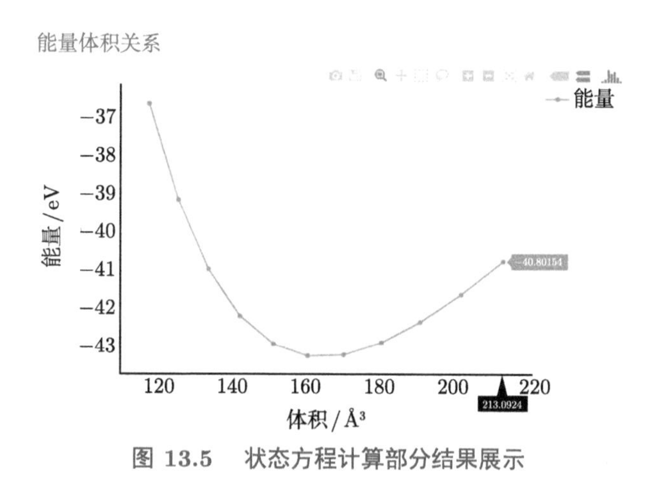

图 13.5　状态方程计算部分结果展示

13.3.2　过渡态搜索

化学反应通常伴随着热量的吸收与释放，而反应速率通常与反应需要克服的能量势垒直接相关，通过过渡态计算可以得到从反应物到产物需要的最大能量、过渡态结构及整个反应的吸/放热量，从而解释粒子的扩散迁移及分解的难易程度。

NEB（nudged elastic band）方法是一种在已知反应物和产物之间寻找势能面上鞍点和最小能量路径的方法，该方法的工作原理是优化反应路径上的许多中间图像。每个图像都能找到尽可能低的能量，同时保持与相邻图像相等的间距。这种受约束的优化是通过在图像之间沿路径添加弹簧力以及由于垂直于路径的潜在作用而投影出力的分量来完成的。不同于 NEB 方法，CI-NEB（climbing image nudged elastic band）方法是对前者的一个小修改，由于能量最高的图像被移动到鞍座点，并且它感觉不到弹簧力，相反沿切线的此图像的真实力是反转的。通过这种方式，图像试图最大化其沿路径的能量，并在所有其他方向上最小化。当此图像收敛时，它将位于确切的鞍点。

MatCloud 的一个过渡态搜索工作流模板如图 13.6 所示。

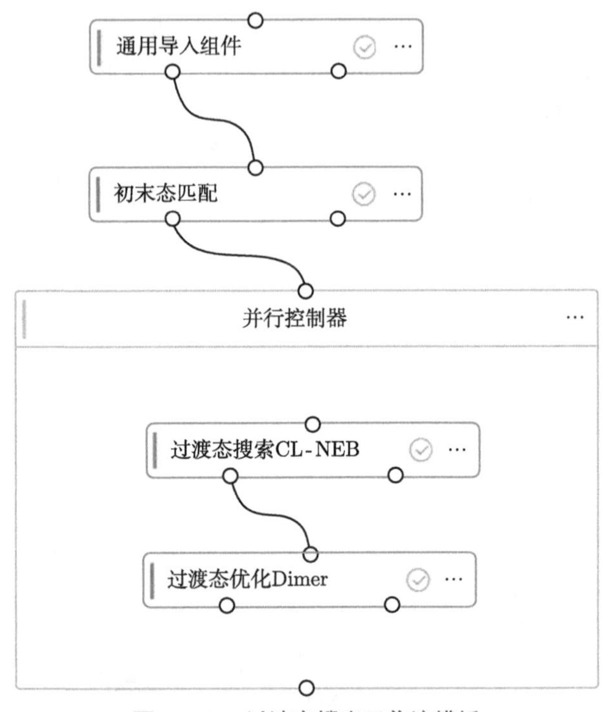

图 13.6　过渡态搜索工作流模板

初末态匹配组件用于上传初态结构和末态结构，并作相应的处理。过渡态搜索结束后，通过单击 “View Task”，可以查看过渡态能垒图，如图 13.7 所示。

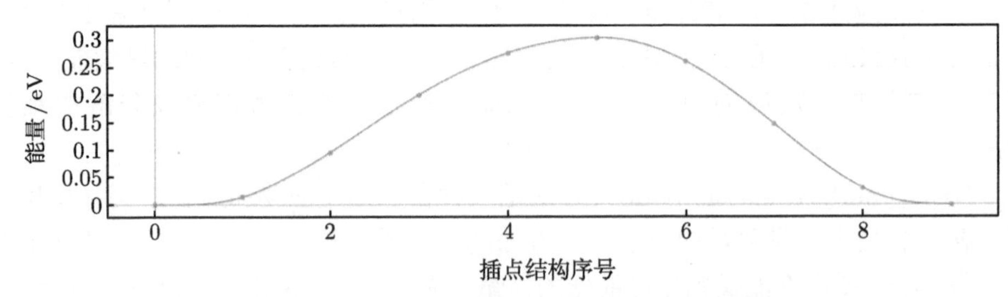

图 13.7　MatCloud+计算的过渡态能垒图

13.3.3　截断能收敛性测试

截断能参数 ENCUT 决定了包含平面波函数动能的极限，平面波相关设置直接关系到计算的精度。因此，计算一个体系时有必要找到一个最优的 ENCUT 值，以拟合所需的精度，同时计算成本要合理。

MatCloud+提供了收敛性测试功能，用于确定最优的截断能值、k 点值等，即通过不断增大对应参数的值，当连续两次计算的能量相差小于一定数值时即可认为收敛，此时的值即为一个较为合适的值。Matcloud+提供了自动进行参数收敛性测试计算的模板（如截断能、k 点）。一个确定截断能参数的收敛性工作流模板如图 13.8 所示。

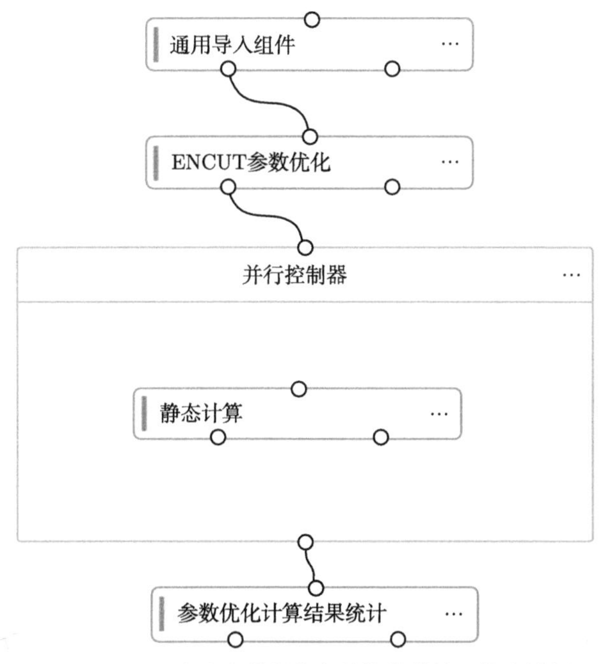

图 13.8　一个确定截断能参数的收敛性工作流模板

截断能值的核心参数设置如图 13.9 所示，最小能量值为 200eV，最大能量值为 650eV，能量值间隔为 50eV。

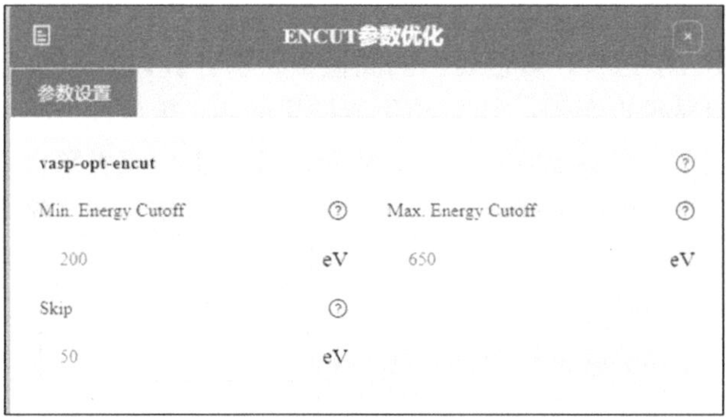

图 13.9　确定截断能值的收敛性测试参数设置

截断能值的收敛性测试结果如图 13.10 所示。

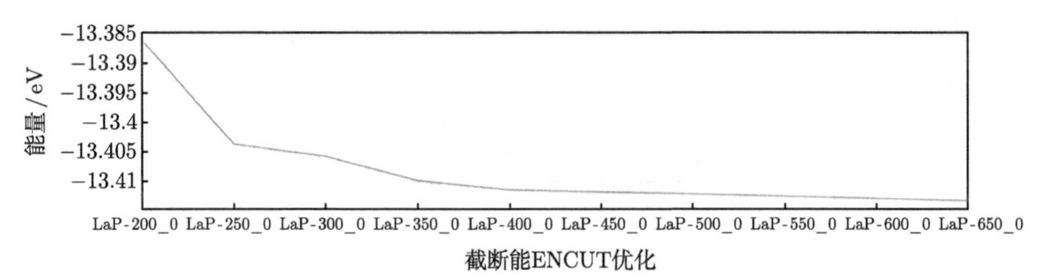

图 13.10　截断能值的收敛性测试结果

13.4　示范案例 1：MatCloud+减少人工干预 90%以上

以石墨为代表的层状电极材料在离子电池中得到了广泛的研究与应用。二维层状电极材料，其层间距与电池性能表现有着直接的关系。而之前的实验和理论研究都关注于层状材料层间距扩大前后的性能对比，没有考虑层间距何时会达到最佳效果，对层状材料电极中层间距对性能的影响也缺乏深入的理论探索。

北京大学物理学院采用高通量计算筛选，系统地研究了碱金属离子（Li^+、Na^+、K^+）电池中层状材料电极性能对其层间距的依赖性。通过采用 MatCloud+, 人工干预减少 90%。通过综合考虑石墨/石墨烯电极随层间距连续变化过程中的结构、能量、电子学、离子学性能表现，找到了石墨/石墨烯电极在不同的碱金属离子电池中的最佳层间距，得到的研究结果也可以扩展到其他类似的层状电极材料，并指导实验选择合适的层间工程技术。该篇文章已在 2021 年发表（*Nanoscale*, 2021, 13: 12521-12533（IF 7.790, JCR Q1））

该文章研究不同碱金属离子（Li^+、Na^+、K^+）电池中层状材料层间距对电极的影响，涉及“多结构、多性质”的高通量材料计算。MatCloud+在本研究中体现出的 4 个明显优点在于：① 自动化调控层间距，生成候选空间，减少人为重复劳动；② 人工干预的次数明显变少，大量工作让工作流引擎自动流程完成，能够按流程按预定的计划按部就班地自动计算；③ 出现错误后，部分错误能被自动纠正，避免了重复计算，更进一步提高了效率；④ 自动搜索所有高对称吸附位点，减少人工劳动力，同时避免遗漏。

在研究中，迁移势垒的计算涉及 Li/Na/K 共 9 个结构，吸附容量的计算涉及 Li/K 共 6 个结构。传统地，每个结构不仅需要分别计算，且结构优化/静态计算/插点/势垒计算都需要分别提交计算作业，且计算完毕后，需要人工将计算结果下载下来手动处理，因此共计约有 60 次人工作业提交，以及 60 次人工数据处理，共计 120 次人工操作。而采用 MatCloud+, 针对迁移势垒的计算，通过工作流引擎人工仅需对 3 个碱金属计算操作 2 次（共 6 次）；针对吸附容量的计算，通过工作流引擎人工仅需对 2 个碱金属操作 2 次共计 4 次，总计人工操作 10 次，剩下的 110 次人工处理全部由 MatCloud+自动帮助完成，人工干预减少了 90%左右，极大地提高了效率。

对于高通量计算筛选而言，供筛选的结构越多（即候选空间越大），MatCloud+效率提升越为明显。筛选过程越为复杂，MatCloud+效率提升越为明显，如图 13.11 所示。

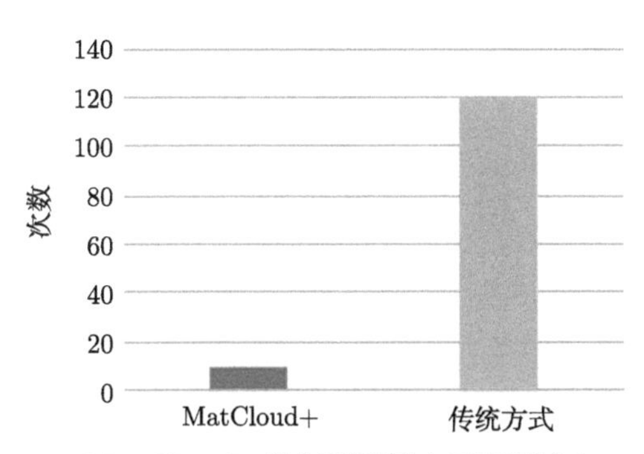

图 13.11 MatCloud+让材料计算人工干预减少 90%以上

13.5 示范案例 2：MatCloud+效率提升 30%以上

我们以石墨烯吸附 COOH 分子的计算为例，说明传统方式开展计算的步骤。假设一个对材料计算比较熟悉的用户，知道计算如何开展，要采用哪些软件。概括起来，“4 个步骤、6 个软件”。4 个步骤分别是：① 建模；② 准备输入文件；③ 计算；④ 后处理。需要提前准备的 6 个软件分别是：① VESTA；② XShell；③ Xftp；④ P4vasp；⑤ vaspkit；⑥ Origin。

13.5.1 传统方式开展材料计算步骤

（1）建模（耗时 4min）。

需要软件 VESTA 进行建模（图 13.12）。

（a）首先对石墨烯单胞进行扩胞。

（b）在石墨烯表面手动添加 COOH 分子，移动 COOH 分子到不同的吸附位点。

（c）将结构导出 (POSCAR 格式)。

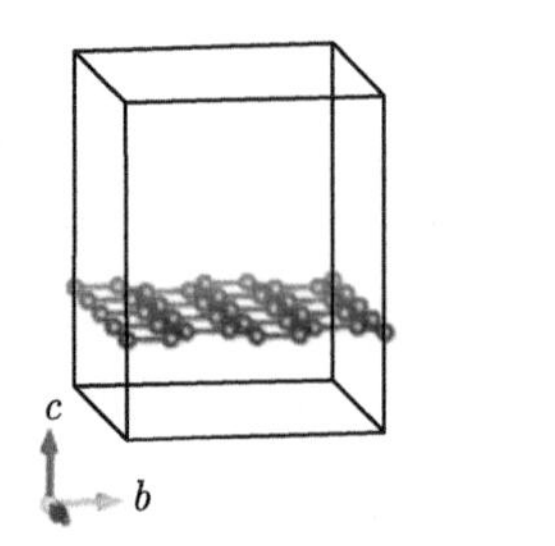

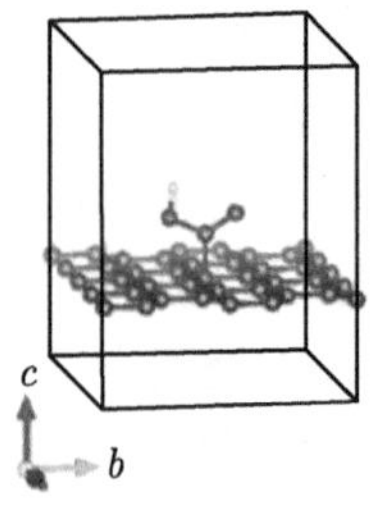

图 13.12　左图为利用 VESTA 对石墨烯单胞进行扩胞操作，右图为添加 COOH 分子

（2）利用 Xshell 软件，登录到超算中心。

（3）输入文件准备（静态计算，耗时 4min）（图 13.13）。

需要的软件：XShell、Xftp、VESTA

（a）POSCAR 文件：将 VESTA 软件导出的.vasp 文件，通过 Xftp 上传，将其更改名字为 POSCAR。

（b）INCAR：设置控制计算的各个参数。

（c）POTCAR：查看 POSCAR 文件中包含的原子种类，在相应的赝势库中找到原子的赝势，新建为此结构的 POTCAR 文件。

（d）KPOINTS：手动写入。

（e）作业提交脚本：手动编写作业提交脚本。

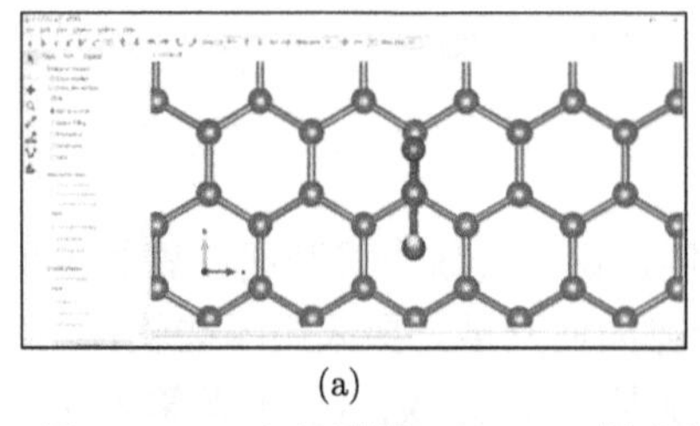

(a)

名称	大小	类型	修改时间	属性
..				
INCAR	218 Bytes	文件	2021/9/5, 19:54	-rw
job.sh	602 Bytes	SH 文件	2021/9/5, 19:54	-rw
KPOINTS	80 Bytes	文件	2021/9/5, 19:54	-rw
POSCAR	2KB	文件	2021/9/5, 19:54	-rw
POTCAR	555KB	文件	2021/9/5, 19:54	-rw

(b)

图 13.13　(a) 利用 VESTA 导出的.vasp 文件，(b) 准备好的 4 个文件及提交脚本

（4）提交任务进行计算（耗时 3min）。

（5）输入文件准备（DOS 和能带计算，耗时 1min）（图 13.14）。

（a）利用 Linux 指令，新建文件夹，并命名为 dos。

（b）利用 Linux 指令，将 CONTCAR、POTCAR、INCAR、KPOINTS、CHGCAR、脚本复制到 dos 文件夹中。

（c）利用 Linux 指令，修改 INCAR 中的参数。

（6）提交任务进行静态计算、能带计算和态密度计算（耗时 12min）。

（7）后处理（DOS 图、PDOS 图以及能带图的绘制）（耗时 5min）。

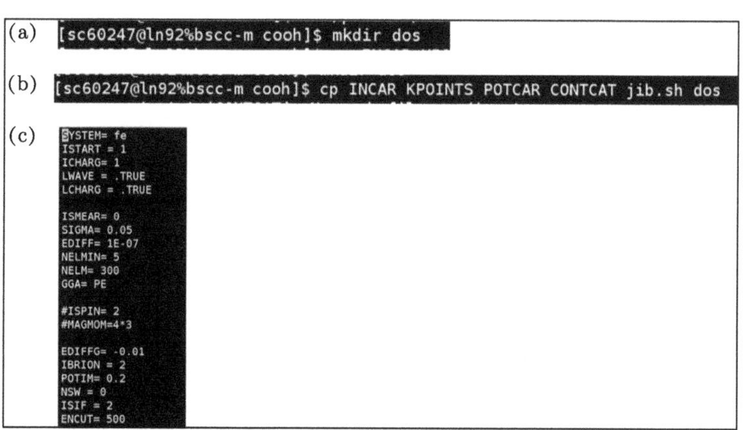

图 13.14　(a) 为利用 Linux 指令创建文件；(b) 为利用 Linux 指令进行文件拷贝；(c) 为利用 Linux 指令进行 INCAR 文件编辑

需要的软件：P4vasp、vaspkit、Origin 进行 DOS、PDOS、能带图的绘制。

绘制 DOS 图，具体操作如下（图 13.15）。

(a) 在 Xftp 中将 vasprun.xml 文件下载到本地。

(b) 打开 P4vasp，单击绘制 DOS 图。

(c) 在 P4vasp 中输出 dos.dat 文件。

(d) 打开 Origin，导入 dos.dat，单击绘制线图。

(e) 调整各种显示以使图片能更好地表达。

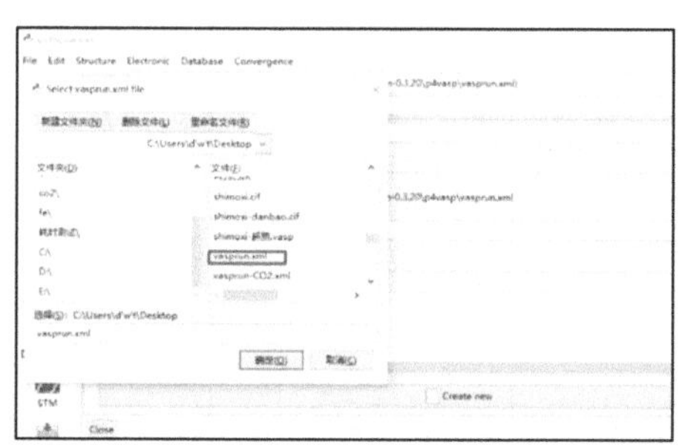

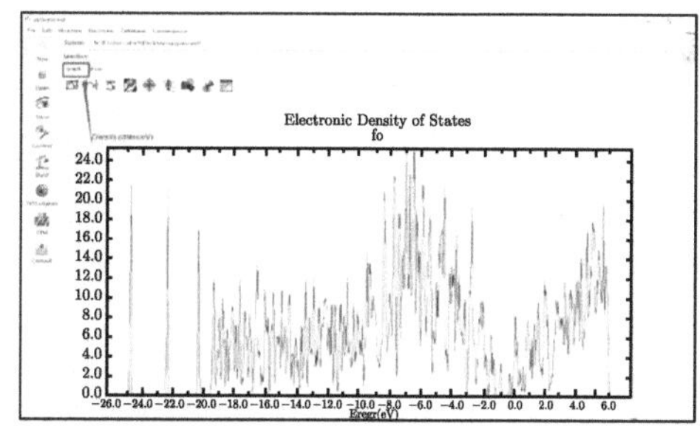

图 13.15　进行 DOS 图绘制的操作

绘制 PDOS 图，具体操作如下（图 13.16）。

(a) 在 P4vasp 中导入 vasprun.xml 文件。

(b) 单击 Local DOS+bands control。

(c) 选择要绘制的 PDOS 内容。

(d) 单击 export 输出 pdos.dat 文件。

（e）用 Origin 绘制 PDOS 图。

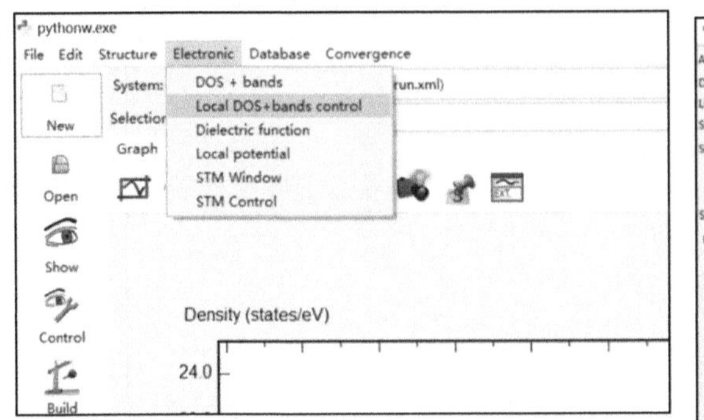

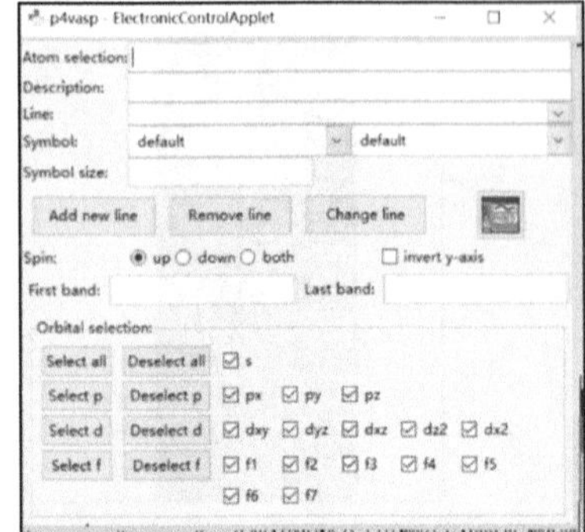

图 13.16　进行 PDOS 图绘制的示意图

绘制能带图，具体操作如下（图 13.17）。

（a）在 Xshell 中执行 vaspkit-21-211。

（b）将 BAND.dat 文件下载到本地。

（c）Origin 打开 BAND.dat 文件进行绘制。

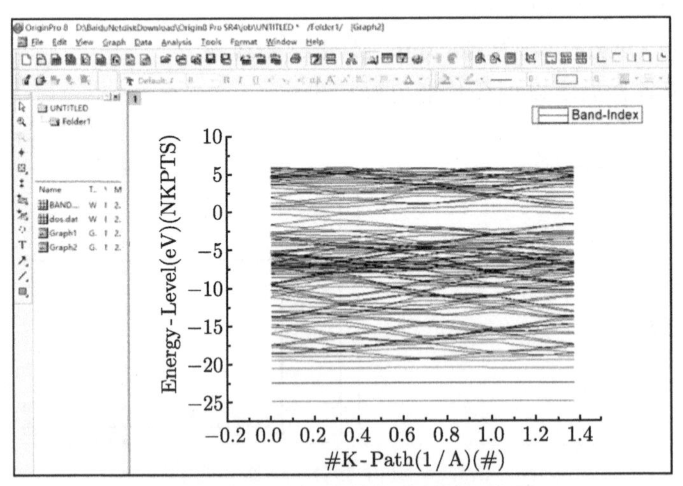

图 13.17　进行能带图绘制的示意图

至此整个计算过程就结束了，总计耗时约 30min。同时也看到使用软件较多，人工干预也较多，步骤较为烦琐。

13.5.2　采用 MatCloud+的方式和步骤

使用 MatCloud+做上述同样的计算，开展计算的步骤如下。

（1）浏览器登录到 MatCloud+，利用拖拽方式，设计一个工作流，工作流如图 13.18 所示。

（2）导入结构。

（3）利用吸附模块开展吸附操作。

（4）设置能带计算和态密度计算参数。

（5）提交作业，下载结果（计算完毕，能带数据和态密度数据已在数据库中）。

只需浏览器登录，不需要下载任何软件。其中建模、准备输入文件、计算、后处理 4 个步骤，分别耗时 2min、2min、15min、0min，总共耗时 19min。

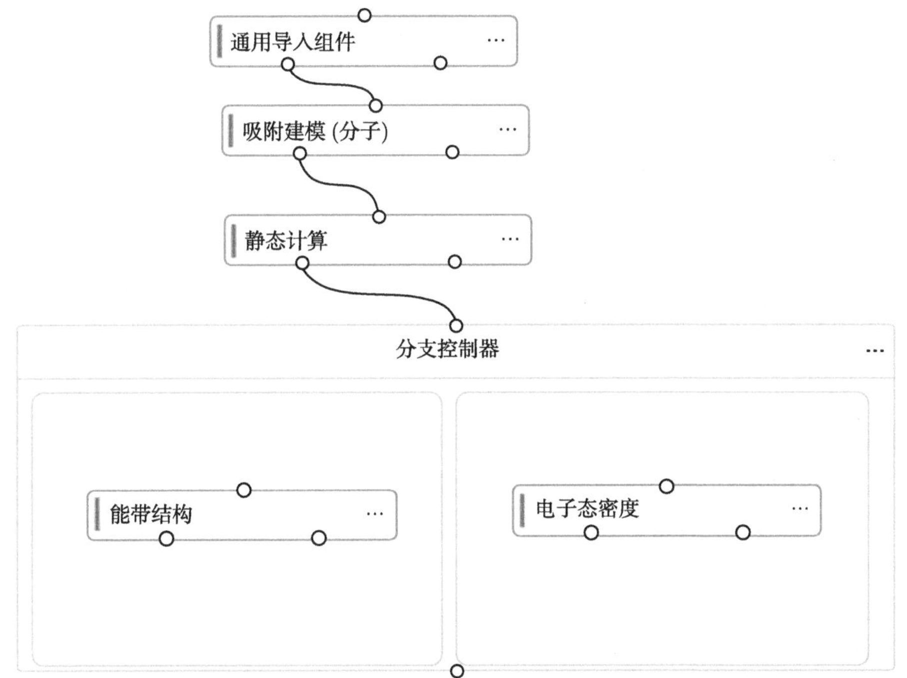

图 13.18 采用 MatCloud+设计的一个吸附建模—静态计算—能带结构—电子态密度计算工作流

13.5.3 分析比较

开展同样的材料计算，传统方式和采用 MatCloud+的耗时对比，如表 13.2 所示。我们将 MatCloud+计算过程的耗时分别列举在表 13.2 中，可以发现，就这样一个简单的计算，相比于传统计算方法的 30min，采用 MatCloud+可将时间缩短到 19min，减少耗时 11min，效率提高了 36.7%，见图 13.19。

表 13.2　两种方式的耗时对比　（时间单位：min）

方法	建模	准备输入文件	计算	后处理	总耗时
MatCloud+	2	2	15	0	19
传统计算	4	5	16	5	30

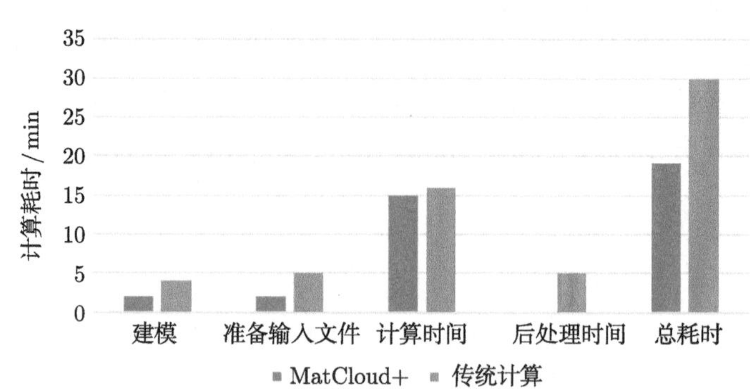

图 13.19　采用 MatCloud+设计的一个工作流开展计算，与采用传统方式开展计算的耗时对比

13.6　MatFusion：材料基因数据库快速构建和基因编码挖掘

为了实现在一个统一、通用的环境下进行材料基因数据库的快速构建以及基因编码的挖掘，同时也方便不同材料研发企业在统一的环境下录入他们的内部数据（如制备和测试表征数据），我们结合材料数据通则标准、软件定义和无代码生成理念，研发了 MatFusion 材料基因数据库系统。MatFusion 主要包括如下的核心功能：① 文献数据智能挖掘；② 高通量多尺度计算数据的快速导入；③ 测试表征和制备工艺数据库快速构建；④ 多模态数据融合；⑤ 材料基因编码挖掘。其中测试表征和制备工艺数据库的快速构建是 MatFusion 的一个核心模块之一，它提供了一个基于 CSTM 材料数据通则的材料测试表征和制备工艺数据库框架，以及基于此材料数据库框架而开发的一个材料数据库无代码生成系统。MatFusion 设计为一款基于借鉴“软件定义”思路的无代码生成系统，在代码上提供抽象层，以代码为基础，允许用户以视觉方式构建数据录入的 UI 界面。这不仅有助于提高开发速度，也给用户带来了更大的自主权，使用户的需求很大程度的“自定义化”。

MatFusion 的最大创新在于，将 CSTM 材料数据通则和无代码开发的理念相结合形成一种解决方案，解决了新材料研发企业所存在的材料研发设计、制备以及测试表征分处于不同的部门而形成的“数据碎片化”与“数据孤岛”问题，且能

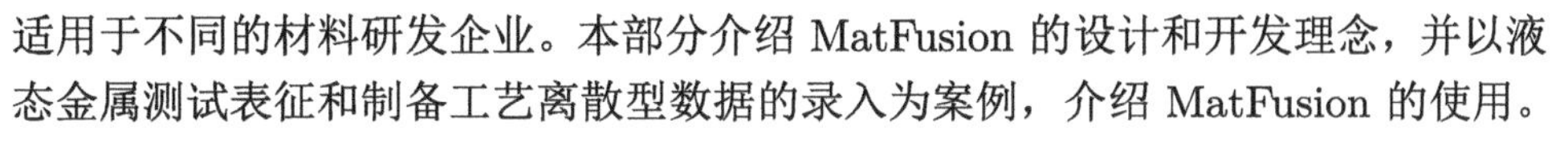

适用于不同的材料研发企业。本部分介绍 MatFusion 的设计和开发理念，并以液态金属测试表征和制备工艺离散型数据的录入为案例，介绍 MatFusion 的使用。

13.6.1　基于标准规范、软件定义及无代码理念的架构设计

要做到一种通用的解决方案，首先要遵循一个标准。CSTM 材料基因工程数据通则基于材料科学在数据驱动模式下对数据的需求，将数据分为样品信息、源数据（未经处理的数据）与衍生数据（经分析处理得到的数据）三类，以操作（样品制备/表征/计算/数据处理）为条目单位，对每次操作分别赋予独立资源标识（根据国标 GB/T 32843 或 DOI）[2]。每条数据收集与操作相关的元数据。元数据主要包括：方法、条件、结果和科技资源标识。样品可以是实验产生的实物，也可以是经计算产生的虚拟物。同理源数据可以来自于表征或是直接的测量，也可以通过模拟计算产生。由于数据库的设计遵循了 CSTM 规范，无论对于制备和表征，都只能通过方法、条件和结果去定义，这个 "方法、条件和结果" 如何与材料的成分信息、制备工艺、物相组成、微观组织、基本物化属性以及服役性能等相关联，是一个难点。

以测试表征为例，测试表征人员要用到多种实验仪器来测量材料的不同性能，但是不同表征设备输出的数据格式各不相同，大多保存在测试表征部门的电脑中。对于同样的物性，还会涉及用不同测试设备进行表征。例如，电导率的测试表征方法就有涡流法、U 形管和平管三种方法；热导率的测试表征方法就有激光导热仪和导热系数测试两种方法。对材料制备工艺数据而言，或没有得到保存，或仅保存在生产部门的电脑中。而测试表征设备和制备工艺的多样性，导致数据记录方式也不尽相同，有的数据需要人工手动记录，有的数据以电子文档格式呈现。材料实验数据的上述特点概括起来就是 "多源、异构、多模态"。这种测试表征和制备工艺离散的数据存储方式，既不便于材料研发数据共享，更不便于借助 AI 方法开展新材料设计。

基于上述考虑，MatFusion 引入了语义 UI 模板的设计（图 13.20）。即对材料的测试表征方法和制备工艺，借鉴 "软件定义" 的思路，预先定义一个针对该材料体系的测试表征或制备工艺的语义 UI 模板，定义测试表征或制备工艺所涉及的方法、条件和结果。一旦语义 UI 模板定义好后，在用户进行材料表征和制备数据录入时，便可以选择定义好的模板进行数据的录入，解决了数据录入时方法 "通用" 性和材料 "专用" 这一矛盾问题。

13.6.2　语义 UI 模板构成元素及元数据

遵循 CSTM 规范，语义 UI 模板的构成元素为：方法、条件和结果。条件又可分为一级条件 1、一级条件 2 等。每个一级条件下又可含有二级条件 1、二级条件 2 等。

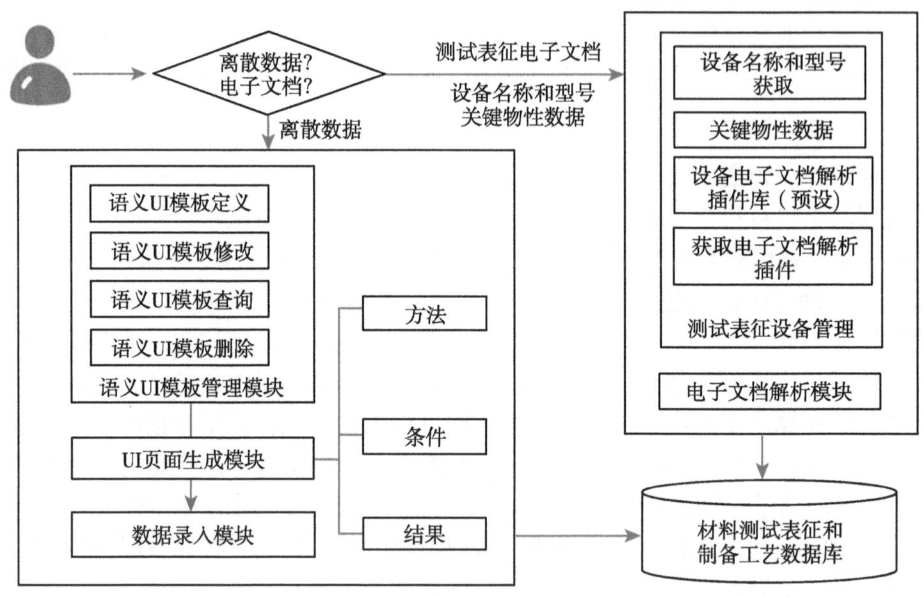

图 13.20 “软件定义”测试表征和制备工艺数据库及数据库构建

基于模板元素的元数据描述，如何定义方法、条件和结果，也是一个难点。为了解决这一问题，MatFusion 提出了如下的元数据规范来描述它们，如图 13.21 所示。

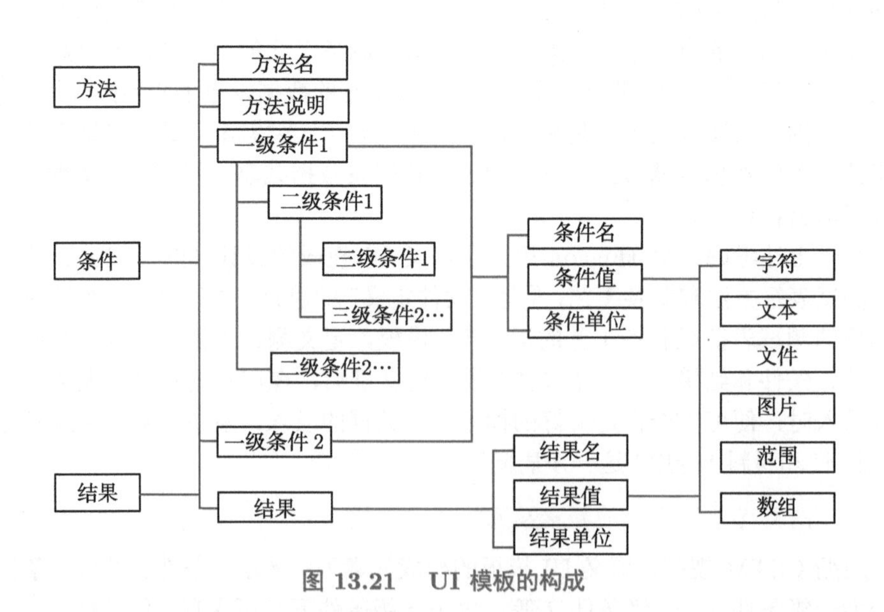

图 13.21 UI 模板的构成

从图 13.21 可以看出，方法由方法名和方法说明两个元数据定义；条件由条件名、条件值和条件值单位三个元数据描述；结果同样由结果名、结果值和结果值单位三个元数据描述。条件又分为一级条件、二级条件等。以测试条件温度为例，在温度这一条件下又可分为外焰温度和内焰温度，此时温度就是一级条件，外焰温度和内焰温度则是二级条件。

无论是条件值，还是结果值，都可以是字符类型、文本类型、文件类型、图片类型、范围值及数组和矩阵类型等。因此用户可以通过 UI 模板对层级关系以及数据的类型进行自定义。

13.6.3　语义 UI 模板的实现

根据语义 UI 模板的构成要素和元数据规范，如何描述该语义 UI 模板呢？在实现技术上，可以使用文本或者 XML 或者 JSON 或者知识图谱等来描述对象，MatFusion 使用的是轻量级的 JSON。对于测试条件来说，用户只需定义测试条件名、测试条件值类型、测试条件单位，系统就会自动将用户的输入以 JSON 的格式描述（目前用户暂只能以 JSON 格式输入）。

例如，用户要录入测试条件名为“温度”，其下又包含“内焰温度”和“外焰温度”两个二级条件，数值类型均为字符类型，单位均为“摄氏度”，并且外焰温度值为 100。相关的 UI 模板语句如图 13.22 所示。

```
[{
  "name": "温度",
  "valueType": "object",
  "value":
  [{
    "name": "内焰温度",
    "unit": "摄氏度",
    "valueType": "string"
   },{
    "name": "外焰温度",
    "unit": "摄氏度",
    "value":"100",
    "valueType": "string"
  }]
}]
```

图 13.22　一个定义温度的 UI 模板

我们也对多种的录入数据格式进行了定义。例如，在录入温度时可能需要录入最高温度、最低温度，此时在进行语义 UI 模板的填写时将“valueType”写为“range”即可。当前我们支持的数据类型有字符类型、文本类型、矩阵、文件/图片、范围值，分别为“string”“text”“array”“file”“range”。之后也将会根据实际的使用情况进行数据类型的扩充。

13.6.4 模板数据库存储设计

由前文可知语义 UI 模板的构成元素为方法、条件和结果，以及相应的元数据描述。因此我们设计了一个数据库，用于存储语义 UI 模板的构成元素和元数据描述。其中一个表用于存储模板类型、方法名和方法描述。模板类型指明用于描述“结果”或者“条件”。“条件”表用于存储条件的元数据描述。“结果”表用于存储结果的元数据描述。

13.6.5 语义 UI 模板管理

为了实现用户对语义 UI 模板的管理，MatFusion 不仅提供了模板定义和查看功能，还提供了模板的修改和删除功能，用户不仅可以录入模板，还可以对已经创建好的模板进行存储、修改和删除，让语义 UI 模板的使用更加灵活。

13.6.6 UI 页面生成

语义 UI 模板实现了对待录入材料数据的“软件定义”。当用户选定某语义 UI 模板后，MatFusion 会调用模板解析模块对用户选择的模板进行解析；基于对模板的解析，调用页面生成模块最终生成数据录入页面。

生成数据录入页面时，系统会依次读取语义 UI 模板定义的信息，根据“valueType”值所定义的类型，例如，字符类型、文本类型、矩阵、文件/图片、范围值，分别生成相应的 UI 页面。

参 考 文 献

[1] MicroSoft. https://docs.microsoft.com/en-us/dotnet/architecture/cloud-native/definition (2022-05-13).

[2] CSTM. 材料基因工程数据通则. http://www.cstm.com.cn/article/details/ef49a444-80ca-4e71-99eb-e1e76c039d9f[2020-12-4].

第 14 章 材料计算、数据、AI案例之新能源篇

14.1 钙钛矿太阳能电池材料的数字化设计

钙钛矿太阳能电池由电子传输层、空穴传输层和中间的钙钛矿活性层组成。钙钛矿太阳能电池技术的光电转换效率从 2009 年的 3.8%增加到目前的 25.2%。其可谓发展迅猛，认证效率连连突破。有机-无机钙钛矿具有 ABX_3 结构，其中 A 为铯（Cs）、甲胺（MA）或甲脒（FA）等阳离子；B 为 Pb 或 Sn；而 X 为 Cl、Br 或 I。

2009 年，Kojima 等首次发现有机–无机卤化铅钙钛矿化合物可以作为染料敏化太阳能电池的光吸收剂，虽然该染料敏化太阳能电池的能量转换效率仅为 3.8%，有效面积为 0.24cm^2 且仅能稳定几分钟，但鉴于钙钛矿特殊的光电特性，例如，可调的直接带隙、宽光谱吸收、长载流子扩散长度和缺陷耐受性，短短 10 年间研究人员陆续取得了令人瞩目的成果。尽管在电池稳定性方面已进行了大量研究工作，但稳定性较差仍是钙钛矿太阳能电池商业化道路上的关隘。除此之外，铅的毒性问题也制约着其商业化进程，因此急需设计合适的带隙及高吸收性能的环境友好型钙钛矿材料。

14.1.1 用于染料敏化太阳能电池的双电子受体有机染料分子设计

有机染料由于其摩尔消光系数高、便于根据需要的光物理和光化学性质进行分子定制设计、价格低廉且不含过渡金属、环境友好等优点，适合作为染料敏化太阳能电池（dye-sensitized solar cell, DSC）的光敏剂（photosensitizers）。三星电子 [1] 采用 Gaussian 程序，通过密度泛函理论和时变密度泛函理论研究了其几何形状、电子结构和光学性质，首次提出并合成了一种基于吩噻嗪骨架的具有双电子受体的新型有机染料。

1. 计算模型构建，将不同的给体和受体分子设计成 4 种染料敏化太阳能电池

利用 5 个分子结构（1 个给体结构：吩噻嗪；4 个受体结构：2 个 C 基为受体和 2 个 R 基为受体）合成 4 种有机染料分子结构。以吩噻嗪为电子给体，2 个 C 基为电子受体的 PR6C1 和 PR6C2 结构；以吩噻嗪为电子给体，2 个 R 基分别为电子受体的 PR6R1 和 PR6R2 结构，其分子结构如图 14.1 所示。

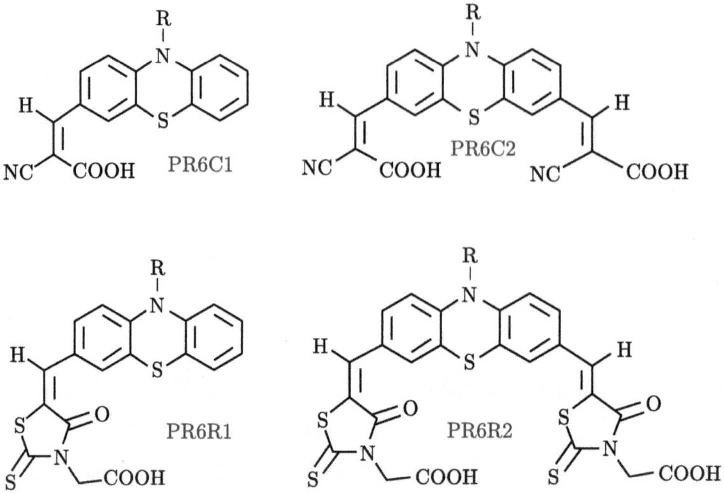

图 14.1　四种合成有机染料的分子结构

2. 基于构建的 4 种有机染料分子结构，计算其电子性质

如图 14.2 所示，可知与 PR6C1 和 PR6R1 相比，PR6C2 和 PR6R2 分子结构中由于含有双电子受体，最低和第二最低能量跃迁的能量差较小，光敏性较好。

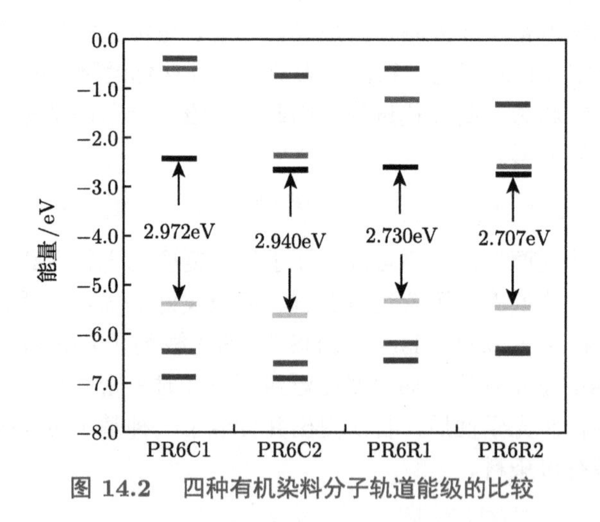

图 14.2　四种有机染料分子轨道能级的比较

3. 基于构建的四种有机染料分子结构，计算其消光系数

如表 14.1 结果可知与单电子受体类型的有机染料相比，PR6C2 和 PR6R2 由于其双电子受体类型，有机染料从电子给体中提取电子的路径增加，摩尔消光系数更高，作为染料敏化太阳能电池的光敏剂具有更高的光敏性。

表 14.1 有机染料的吸附性能 λ_{max} (nm) 和摩尔消光系数 ε 的实验与计算值

有机染料	实验值		数据值	
	$\varepsilon/(M^{-1}\cdot cm^{-1})$	λ_{max}	$\varepsilon/(M^{-1}\cdot cm^{-1})$	λ_{max}
PR6C1	18122	462(433)	13640	485
PR6C2	22548	469(459)	23350	507
PR6R1	20752	477(463)	18940	516
PR6R2	34723	484(475)	39280	534

4. 实验结果验证理论结果

实验合成了 PR6C1、PR6R1、PR6C2 和 PR6R2 分子结构。如表 14.2 所示，在 AM1.5（$100mW/cm^2$）辐照下，最大 η 为 6.8%，V_{OC} 为 675mV，最大 J_{SC} 为 $14.96mA/cm^2$，最大 FF 为 69.3%。因此具有双电子受体结构的染料有望在染料敏化太阳能电池中获得更高的光电转换效率，与理论预测结果相符。

表 14.2 DSC 的光电电流–光电电压特性

有机涂料	V_{oc}/mV	$J_{sc}/(mA/cm^2)$	FF/%	η/%
N3	675	15.05	69.3	7.3
PR6C1	675	12.52	67.6	5.6
PR6C2	675	14.96	68.2	6.8
PR6R1	425	1.57	63.5	0.4
PR6R2	525	3.94	62.8	1.3

案例启示和总结。本案例涉及高通量结构建模和多种性质的计算。通过对 4 个结构开展高通量计算，计算其电子结构性质和光学性质，能够比较直观地判断出哪种结构在染料光敏电池中具有更高的光电转化效率。计算结果与实验一致。案例说明高通量计算筛选能够筛选出具有更高光敏转化效率的有机染料分子结构。

14.1.2 高通量多尺度研究太阳能电池材料

体异质结 (bulk heterojunction, BHJ) 太阳能电池因其低成本、低重量和灵活性等诸多优点成为未来可再生能源转换的绿色替代能源之一。研究表明基于 ITIC 及其衍生物受体的光伏器件能获得优异的性能。因此有必要从理论上系统地研究给体/受体界面的详细差异和电子过程。

本案例 [2] 讲述了结合分子动力学模拟与量子化学计算，研究体异质结有机太阳能电池中的受体。作者先通过 QM/MM 方法先对体异质结体系进行了分子动力学 (GROMACS) 模拟，以获得合理的供体/受体界面模型，然后采用 Gaussian 软件通过密度泛函理论和含时密度泛函理论对选出的界面模型进行计算，研究其界面电荷分离/复合过程。

1. 模型搭建，不同体异质结的团簇模型和界面模型构建

利用 3 个分子结构（1 个给体，2 个受体），分别构建 2 个团簇模型（cluster model）。3 个分子结构分别为：作为给体的 PBDB-T 分子结构，2 个作为受体的 ITIC 分子结构和 $PC_{71}BM$ 分子结构，其分子结构如图 14.3 所示。

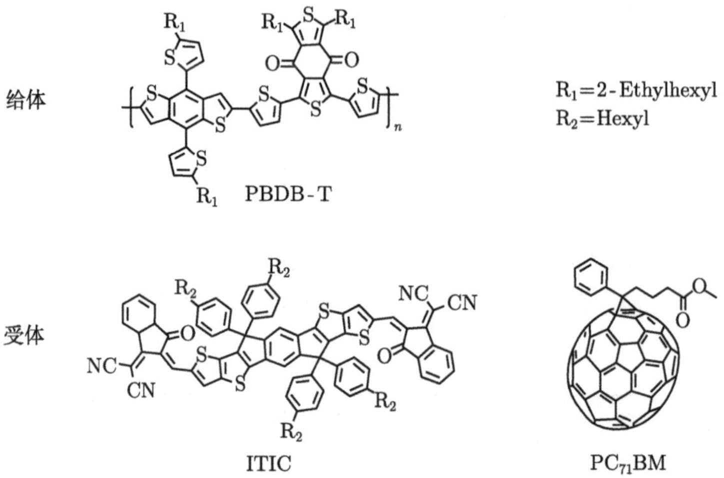

给体

PBDB-T

R_1=2-Ethylhexyl
R_2=Hexyl

受体

ITIC

$PC_{71}BM$

图 14.3　1 个作为给体的 PBDB-T 结构和 2 个作为受体的 ITIC 和 $PC_{71}BM$ 分子结构

图 14.4 所示的为 PBDB-T/ITIC 体异质团簇结构的情况。图 14.4（a）为分子力动力学前的团簇结构，图 14.4（b）为分子动力学后的团簇结构，图 14.4（c）为从分子动力学后的团簇组织中抽取的 4 个典型界面模型（受体和给体间的距离在 4Å 内，分子间堆垛是好的 $\pi-\pi$ 堆垛）。

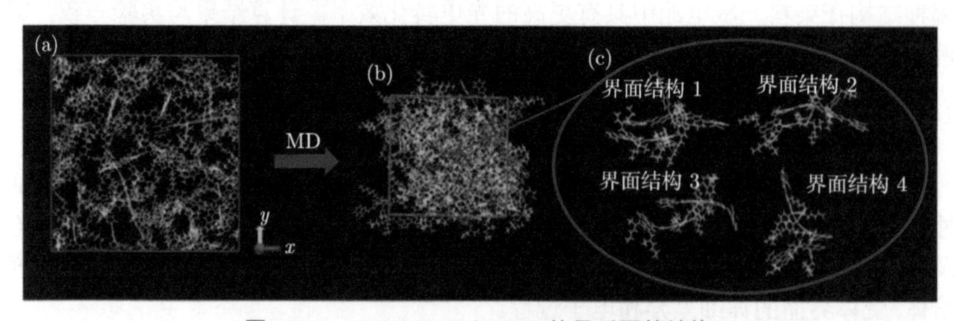

图 14.4　PBDB-T/ITIC 体异质团簇结构

(a) 为分子力动力学前的团簇结构；(b) 为分子动力学后的团簇结构；(c) 抽取的 4 个典型界面模型

2. 结构筛选，通过分子动力学模拟，找出最优的体异质结界面模型

图 14.5 为不同体异质结团簇（PBDB-T/ITIC 和 PBDB-T/$PC_{71}BM$）使用分子动力学模拟的势能随时间的变化曲线，从最终的稳定结构中提取了 4 个界面

结构（界面结构 1~ 界面结构 4），如图 14.6 所示。

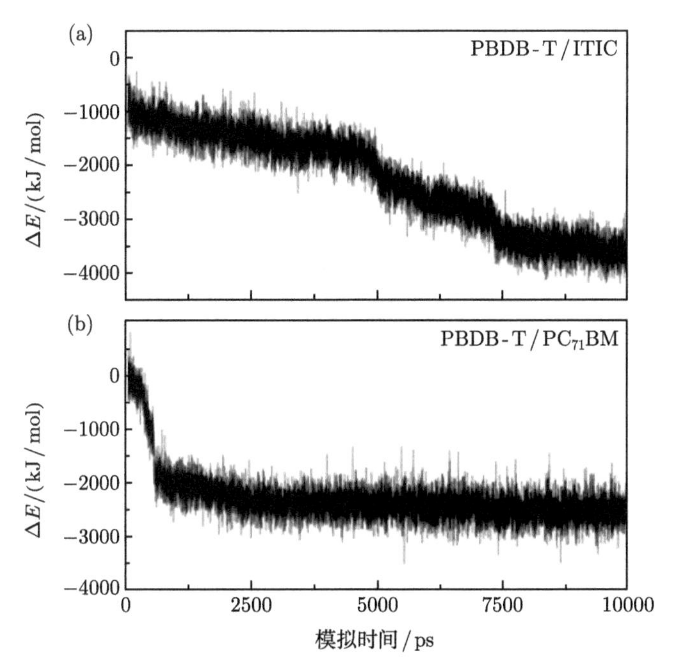

图 14.5　PBDB-T/ITIC 和 PBDB-T/$PC_{71}BM$ 团簇结构势能随模拟时间的变化曲线

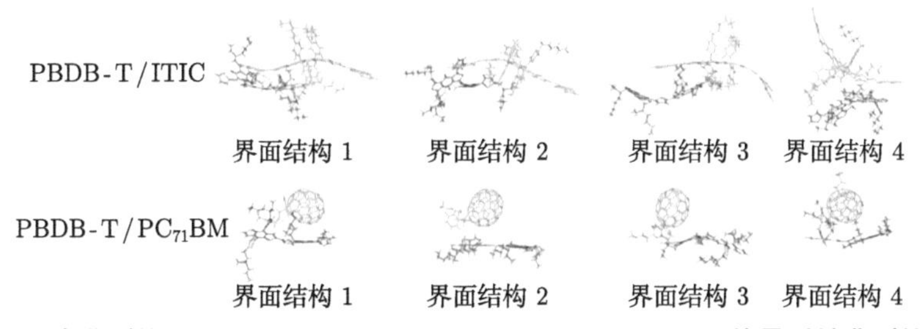

图 14.6　4 个典型的 PBDB-T/ITIC 和 PBDB-T/$PC_{71}BM$ 体异质结典型的界面模型

3. 根据选中的界面结构，通过电荷转移态与弗仑克尔激子态，分别研究电荷分离能力

1）电荷转移态

图 14.7 为两个界面模型的电荷转移状态电荷密度差（charge density difference，CDD）图。结果显示 PBDB-T/ITIC 界面比 PBDB-T/$PC_{71}BM$ 界面产生更多的电荷转移态，表明电荷分离的可能性更大。

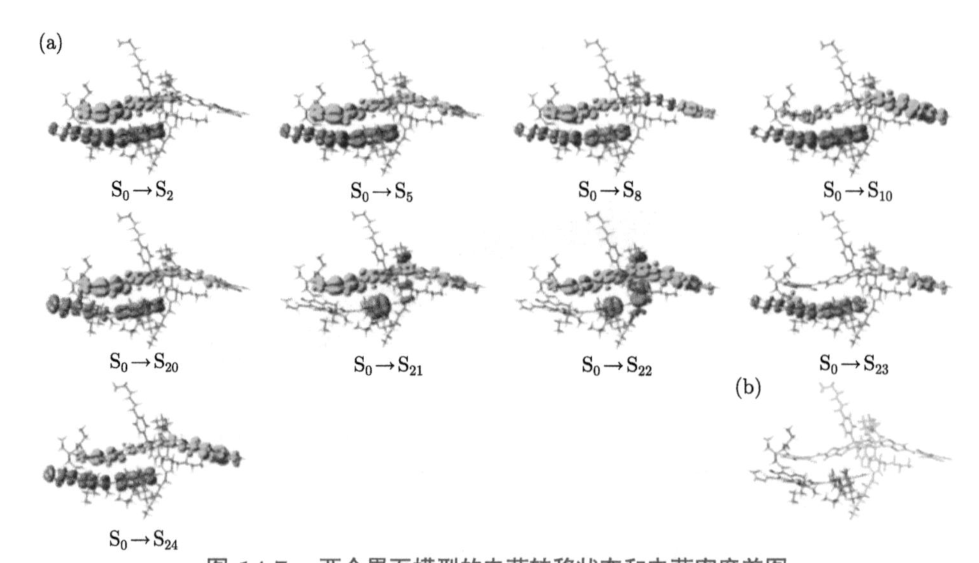

图 14.7　两个界面模型的电荷转移状态和电荷密度差图

（a）电荷密度差反应了 PBDB-T/ITIC 界面（界面结构 1）的电荷转移状态，其中粉色和绿色分别对应电子密度的减小和增大；（b）优化的 PBDB-T/ITIC 界面几何构型 (界面结构 2)

2）弗仑克尔激子态（以下简称：激子态）

图 14.8 和图 14.9 通过比较 PBDB-T/ITIC 界面与 PBDB-T/$PC_{71}BM$ 界面的激发能、相应的振荡强度、弗仑克尔激子的电荷密度差以及电荷转移态，获得以下结论：① PBDB-T/ITIC 界面的激子态比 PBDB-T/$PC_{71}BM$ 界面的激子态表现出更大的振荡强度，因此能有效地形成激子态（特别是对这种特殊的接受体

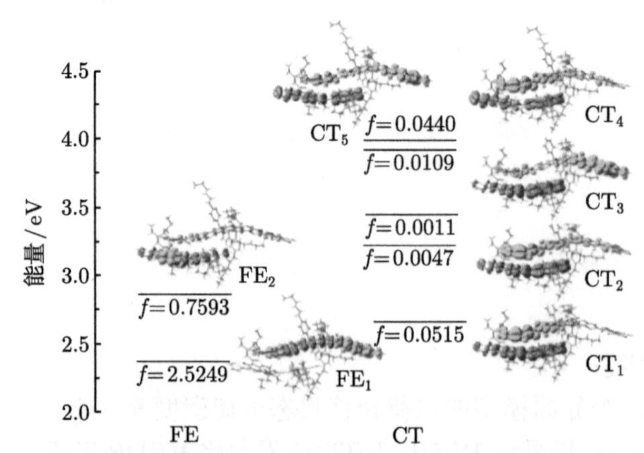

图 14.8　激发能、相应的振荡强度和弗仑克尔激子的电荷密度差图 (基于给体或受体) 以及 PBDB-T/ITIC 界面的电荷转移态（界面结构 1）

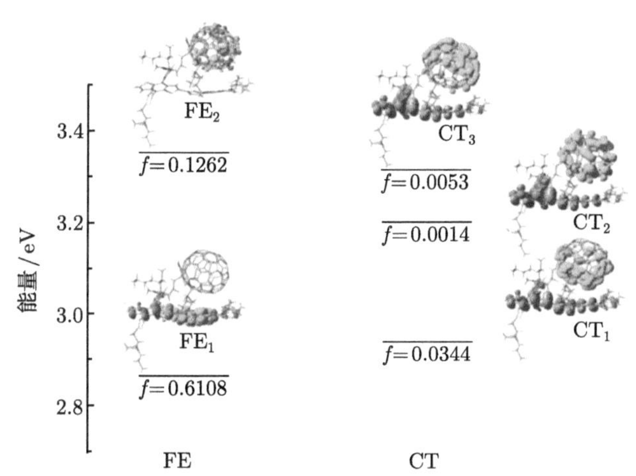

图 14.9 激发能、相应的振荡强度和弗仑克尔激子的电荷密度差图 (基于给体或受体) 以及 PBDB-T/PC$_{71}$BM 界面的 CT 态（界面结构 1）

ITIC 的激发)。② PBDB-T/ITIC 界面某些电荷转移态的振子强度大于 PBDB-T/PC71BM 界面的振子强度，因此会有更多的电荷分离机会。所以激子态和电荷转移态均表明 PBDB-T/ITIC 界面比 PBDB-T/PC$_{71}$BM 界面表现出更有利的激子离解。

案例启示与总结: 量子力学和分子动力学相结合的方法，可开展团簇结构的设计和筛选: 通过分子动力学模拟，获取优化的团簇组织，进而在优化的团簇组织基础上，选取多个典型的异质结界面结构，开展量子力学的计算模拟。属于典型的高通量多尺度材料计算，同时也证明了高通量多尺度材料计算的应用价值。

14.2 储氢材料的高通量计算和筛选

氢气是一种清洁能源，其能量密度高，可实现大规模储存，易于实现氢/电/热转换，因此作为一种高效清洁的二次再生能源受到广泛关注。氢能的开发利用主要包括氢的生产、应用、储存及运输这 4 个方面。氢的生产及应用技术已经足够成熟，但其储存很不方便，因而人们需要考虑氢在储存中的安全、高效和无泄漏损失。

氢的储存根据储氢机制不同，可以将储氢方式分为物理储氢和化学储氢两大类。物理储氢主要包括：高压气态储氢、低温液态储氢以及多孔材料低温吸附储氢。前两者是目前较为常见的储氢方式，但通常存在能量密度低、能耗大、成本高、安全性差等诸多问题。多孔材料低温吸附储氢主要是通过多孔材料与氢气分子间的范德瓦耳斯力作用将氢气进行存储，该储氢方式一般只能在较低的温度下进行，且在受热或减压的情况下氢气分子容易发生脱附。化学储氢方式主要包括金属氢化物储氢、金属配位氢化物储氢、有机液体储氢和其他储氢材料储氢等，但是通常吸放氢热力学及动力学性能较差。有机液体储氢是近几年的储氢方式，具有较好的储氢量和循环可逆性，但有机液体储氢材料存在吸放氢工艺复杂、放氢效率低、能耗高等诸多问题，不利于实际应用。因此，需要设计高性能的储氢材料。通过实验方法可以筛选出高效的储氢材料，但是实验筛选的周期长、成本高、效率低。相对于实验研究，理论模拟计算可通过一定的模型与算法快速设计出合理高效的储氢材料。

14.2.1 过渡金属掺杂对 $LiBH_4$ 脱氢特性影响的第一性原理研究

硼氢化锂 ($LiBH_4$) 具有高的质量和体积储氢密度，是一种非常具有潜力的储氢材料，但是其相对较高的热力学稳定性制约了 $LiBH_4$ 在车载储氢领域的应用。最常用的方法是将非金属或金属氧化物等与 $LiBH_4$ 复合来改善其脱氢性能。通过实验方法可以筛选出对改善 $LiBH_4$ 脱氢性能有效或无效的金属添加剂，但是实验筛选法的周期长、成本高、效率低。

本案例 [3] 作者采用第一性原理计算方法（VASP），详细研究了纯 $LiBH_4$ 和过渡金属 (TM = Fe、Co、Ni、Cu 和 Ti) 掺杂的几何构型、原子间成键，脱氢能以及电子结构，探讨这些金属在 $LiBH_4$ 体系中发挥的作用，进而有助于改进材料的合理设计和实际应用。

1. 模型搭建：不同掺杂的几何模型构建

如图 14.10 所示，本案例作者建立一个 $1\times2\times1$ 的 $LiBH_4$ 超胞，分别用过渡

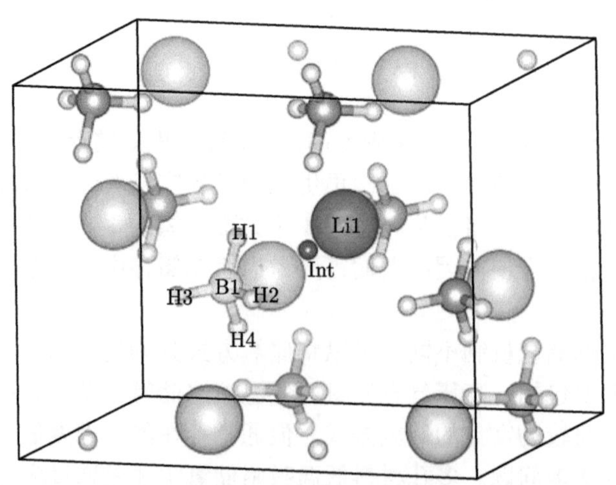

图 14.10 纯 $LiBH_4$ 和过渡金属掺杂的几何构型

金属（TM = Fe、Co、Ni、Cu 和 Ti）取代 (0.345, 0.375, 0.611) 原子位置的 Li1；并在空位 (0.5, 0.5, 0.5) 进行间隙掺杂。掺杂后最终可形成 10 个掺杂结构。

2. 原子间作用力：原子间的成键计算

为了探讨纯 $LiBH_4$ 体系和过渡金属掺杂后的 $LiBH_4$ 体系的脱氢机制，作者计算了掺杂中心附近的 B—H 键的平均键长 (d_{B-H})、最大键长 ($\max d_{B-H}$) 以及 TM—H 键的键长 (d_{M-H})；为了说明掺杂时过渡金属在体相 $LiBH_4$ 中优先占据的位置，作者还计算了过渡金属原子在取代和间隙位置的占位能：$E_{occu} = E_{doped} - E_{pure} - (nE_{TM} - mE_{Li})$。

如表 14.3 所示，过渡金属掺杂 $LiBH_4$ 体系后，B—H 键的平均键长和最大键长都有不同程度的增加，表明过渡金属的掺杂削弱了部分 B—H 原子作用，有利于氢的释放；过渡金属原子替代 Li 原子的占位能由小到大的顺序为：Cu (2.25eV) < Ni (3.24eV) < Co (3.5eV) < Ti (3.85eV) < Fe (4.22eV)，说明相比之下 Cu 原子更容易替代 Li 原子位置。过渡金属原子插入间隙空位的占位能由小到大的顺序为：Ni (2.095eV) < Cu (2.94eV) < Co (2.99eV) < Fe (3.87eV) < Ti (3.96eV)，说明 Ni 原子更容易占据间隙空位。总体上看，除 Cu 原子和 Ti 原子外，其他过渡金属原子更容易占据间隙空位。Cu 原子和 Ti 原子更容易替代 Li 原子位置，这可能是由于 Ti 原子和 Cu 原子的原子半径相对较大 (分别为 1.47Å 和 1.28Å)，故其不易插入到间隙位置。占位能为正表明掺杂过程是吸热的。

表 14.3　纯 $LiBH_4$ 和 TM 掺杂的晶格参数、晶胞体积、键长、占位能

体系	R_{op}/Å			V/Å^3	距离/Å			E_{occu}/eV
	a	b	c		d_{B-H}	max d_{B-H}	d_{M-H}	
纯相	7.264	8.756	6.65	422.9	1.23	1.23	—	—
Fe-int	8.532	8.594	6.532	475.2	1.27	1.32	1.65	3.87
Fe-sub	7.338	8.791	6.444	415.7	1.25	1.30	1.64	4.22
Co-int	8.294	8.681	6.562	470.6	1.26	1.30	1.66	2.99
Co-sub	7.270	8.806	6.523	417.6	1.24	1.28	1.73	3.50
Ni-int	7.946	8.751	6.767	468.3	1.26	1.30	1.67	2.095
Ni-sub	7.213	8.832	6.599	420.4	1.24	1.27	1.77	3.24
Cu-int	8.204	8.888	6.710	483.66	1.24	1.25	1.84	2.94
Cu-sub	7.232	8.789	6.654	422.9	1.23	1.25	1.76	2.25
Ti-int	7.314	9.561	6.832	470.0	1.26	1.30	1.96	3.96
Ti-sub	7.470	8.670	6.654	430.5	1.24	1.27	2.10	3.85

3. 脱氢能力：H 原子的解离能计算

氢的解离能计算公式如下：$E_d = E_{tot-H} - E_{tot} + 1/2E_{H2}$

过渡金属间隙掺杂 $LiBH_4$ 体系中 H 的解离能 < 取代掺杂体系 H 的解离能 < 纯 $LiBH_4$ 体系中 H 的解离能，并且由于掺杂打破了 $LiBH_4$ 体系的对称性，所

以 H1、H2、H3 和 H4 的解离能不同。实验中发现 Ti 能够有效提高 $LiBH_4$ 的脱氢动力学性能。在 $LiBH_4$ 中掺杂 Ti 有利于氢的释放，而实验中也发现 Ti 能够有效提高 $LiBH_4$ 的脱氢动力学性能，理论计算结果与实验一致（图 14.11）。

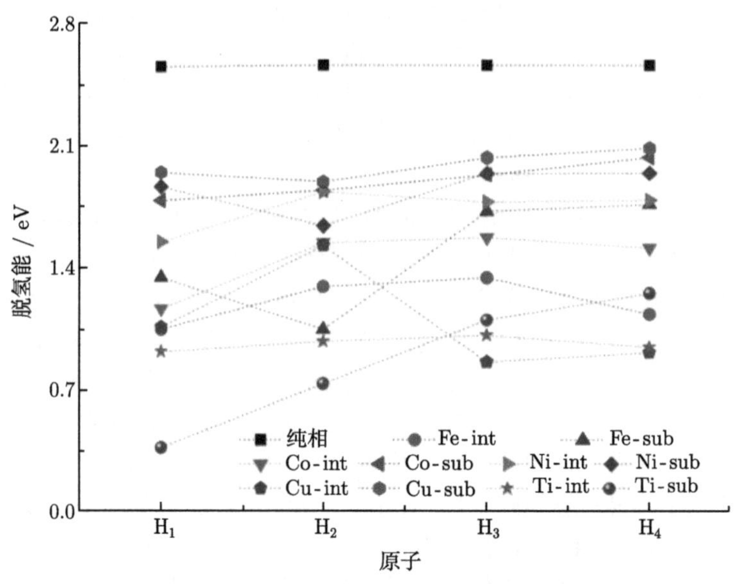

图 14.11 纯 $LiBH_4$ 和过渡金属掺杂的脱氢能

4. 电子转移情况：Bader 电荷计算

如表 14.4 所示，纯 $LiBH_4$ 体系中电子主要分布在 H 原子周围，在 $[BH_4]$ 基团内存在明显的电荷转移，Li 周围的 Bader 电荷很小，表明 Li 是电子给体，与 $[BH_4]$ 之间主要是离子键作用。掺杂体系中 B 原子的 Bader 电荷增加，H 原子的 Bader 电荷减少，说明来自过渡金属的电子可能填充到了 B—H 键的反键轨道，从而削弱了 B—H 的相互作用。其中 Ti 原子转移到 $[BH_4]$ 基团上的电子最多，表明 Ti 弱化 B—H 键作用最明显，因此 Ti 掺杂的 $LiBH_4$ 体系脱氢能最低，这与之前的计算结果相符合。

表 14.4 纯 $LiBH_4$ 和 TM 掺杂的 Bader 电荷

	纯相	Fe-int	Fe-sub	Co-int	Co-sub	Ni-int	Ni-sub	Cu-int	Cu-sub	Ti-int	Ti-sub
B	1.40	1.57	1.45	1.53	1.43	1.54	1.43	1.45	1.40	1.57	1.47
H	1.62	1.52	1.52	1.52	1.54	1.52	1.54	1.54	1.54	1.62	1.62
Li	0.12	0.14	0.12[a]	0.14	0.12[a]	0.13	0.12[a]	0.14	0.12[a]	0.14	0.12[a]
M	—	7.99	7.30	9.06	8.40	10.08	9.44	11.09	10.45	3.56	2.89

注：a 是指其他余下 Li 原子的 Bader 电荷（被替代的 Li 除外）。

5. 原子轨道杂化：电子分态密度计算

图 14.12 为纯 $LiBH_4$ 与过渡金属掺杂体系的总态密度对比分析图，可知考虑自旋极化的总态密度能够体现不同体系的磁性情况；从分态密度看出纯 $LiBH_4$

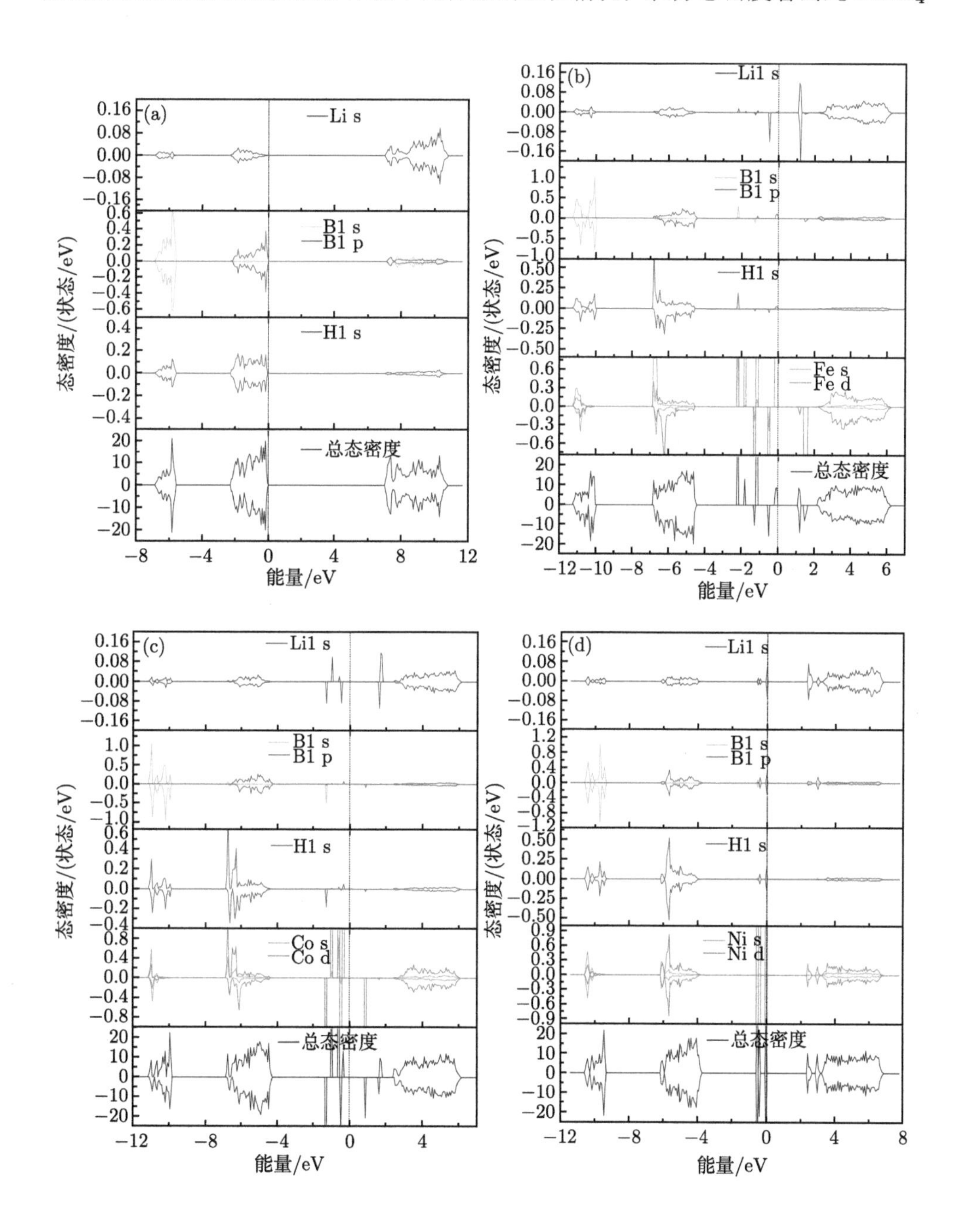

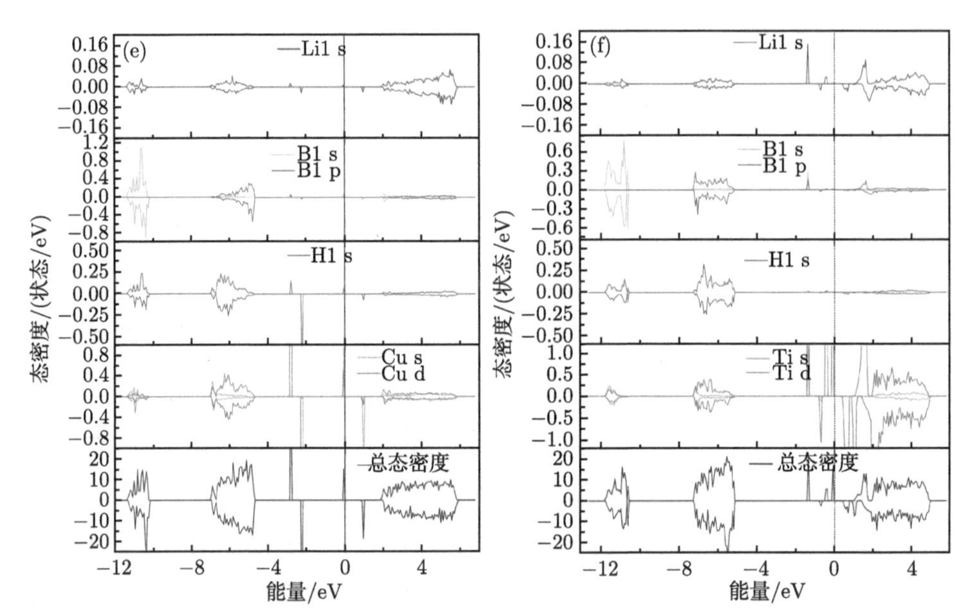

图 14.12　纯 $LiBH_4$ 和部分过渡金属掺杂 $LiBH_4$ 的总态密度和分态密度。费米能级设为 0
(a) 纯 $LiBH_4$；(b) Fe 掺杂 $LiBH_4$；(c) Co 掺杂 $LiBH_4$；(d) Ni 掺杂 $LiBH_4$；(e) Cu 掺杂 $LiBH_4$；(f) Ti 掺杂 $LiBH_4$

体系中 B 和 H 原子间存在显著杂化，表明形成了较强的 B—H 共价键，不易脱氢；而掺杂体系的 B 和 H 原子电子态重叠峰的降低表明 B—H 之间的共价键作用减弱。

如图 14.12 可知纯 $LiBH_4$ 带隙值约 6.92eV，表现出绝缘体特性；价带顶主要由 B p 和 H s 的成键态主导；导带底主要由 B p 和 H s 的反键态以及 Li s 电子贡献，因此 B 和 H 之间存在显著杂化作用，表明形成了较强的 B—H 共价键，$LiBH_4$ 体系不易脱氢。计算时考虑了自旋极化，可以看出自旋向上和向下对称，说明 $LiBH_4$ 体系是非磁性体系。而掺杂体系的 B 和 H 原子电子态重叠峰的降低表明 B—H 之间的共价键作用减弱。因此，过渡金属掺杂削弱了 $LiBH_4$ 体系中的 B—H 键的强度，从而降低了 $LiBH_4$ 的稳定性，有利于 $LiBH_4$ 体系的释氢。

6. 原子间成键类型：电子局域函数的计算

图 14.13 为纯 $LiBH_4$ 和过渡金属掺杂的（010）平面的电子局域函数（electron localization function, ELF）等值线图。图 14.13 表明对于纯 $LiBH_4$ 体系，B—H 之间为共价键相互作用，Li 与相邻的 $[BH_4]$ 之间为离子键作用。当 $LiBH_4$ 体系中掺杂过渡金属原子后，与过渡金属原子相邻的 B 原子和 H 原子之间的 ELF 值都有不同程度的降低，说明 B—H 键稳定性降低。因此过渡金属的掺杂削弱了 B—H

键的稳定性，进而有利于氢的释放。

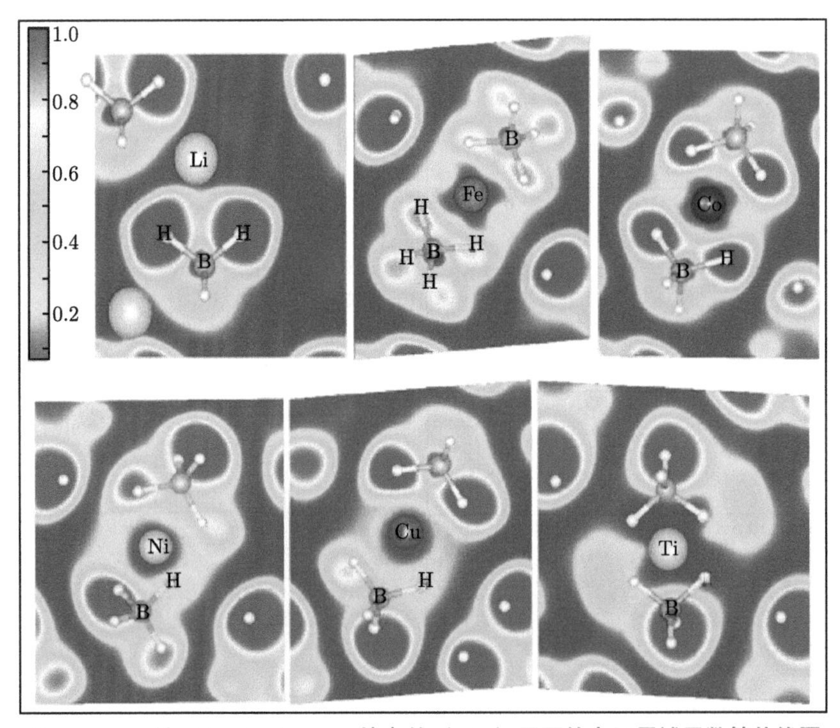

图 14.13　纯 $LiBH_4$ 和 TM 掺杂的（010）平面的电子局域函数等值线图

7. 键合强度：晶体轨道哈密顿布居的计算

图 14.14 为纯 $LiBH_4$ 体系和部分过渡金属掺杂的晶体轨道哈密顿布居(crystal orbital Hamiltonian population，COHP)。如图可知纯 $LiBH_4$ 体系中 B—H 键合强度高于过渡金属掺杂体系中 B—H 键合强度，表明掺杂过渡金属能够不同程度地降低 $LiBH_4$ 体系的放氢温度。对比这几种过渡金属掺杂 $LiBH_4$ 体系中的 $-$ICOHP 的结果可以得出掺杂体系中 B—H 键的键合强度由小到大顺序为：Ti 掺杂体系 $<$ Fe 掺杂体系 $<$ Co 掺杂体系 $<$ Ni 掺杂体系 $<$ Cu 掺杂体系 $<$ 纯 $LiBH_4$ 体系。因此，Ti 原子掺杂对改善 $LiBH_4$ 脱氢性能的效果最优。

案例启示与总结：通过量子力学开展储氢材料硼氢化锂 ($LiBH_4$) 掺杂改性的设计和筛选：搭建 10 个取代和间隙掺杂结构，通过量子力学进行多结构多性质计算，研究它们的脱氢性能，属于典型的高通量材料计算。

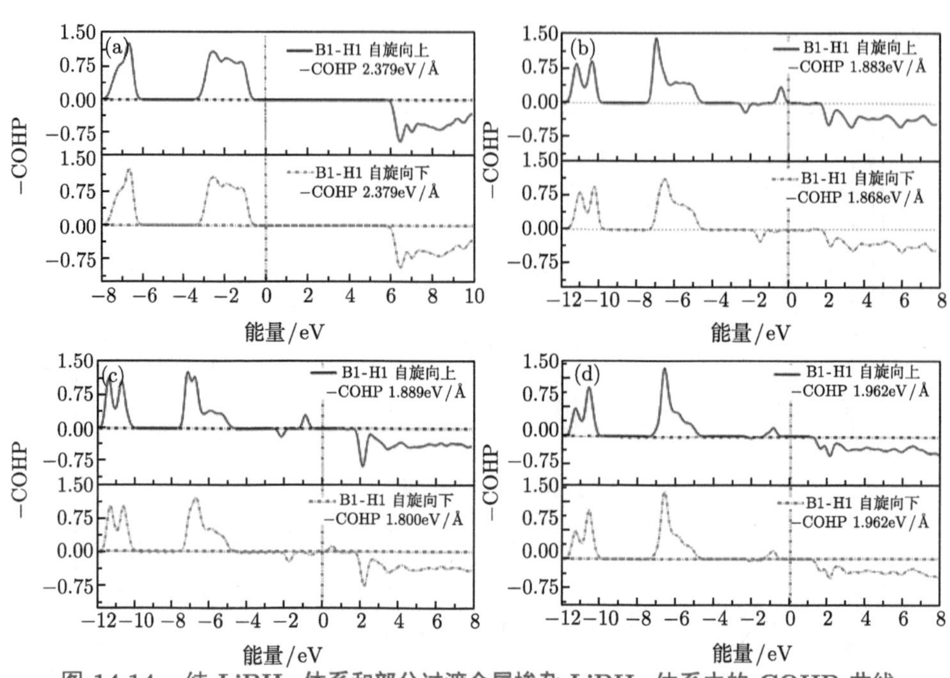

图 14.14 纯 $LiBH_4$ 体系和部分过渡金属掺杂 $LiBH_4$ 体系中的-COHP 曲线

(a) 纯 $LiBH_4$；(b) Fe 掺杂 $LiBH_4$；(c) Co 掺杂 $LiBH_4$；(d) Ni 掺杂 $LiBH_4$

14.2.2 新型高容量储氢材料的高存储容量机理研究

碳纳米角（carbon nanohorn，CNH）是一种球状聚集的碳纳米锥团簇结构，本案例 [4] 作者在实验上通过气体注入水中电弧 (GI-AIW) 法合成了 Pd-Ni 合金碳纳米角。结果表明，合成的 Pd-Ni/CNH 能够明显提高室温中氢气的存储容量，但是造成高氢气储存能力的具体原因实验上尚未知。作者通过第一性原理计算（Gaussian 软件），理论模拟了反应的动力学和热力学性质，从而揭示了纳米 Pt/CNH 体系中氢气吸附和溢出的反应机理。

1. 模型搭建：不同吸附的几何模型构建

以两种基底材料（石墨烯和碳纳米）搭建不同吸附几何模型。首先去除纳米角上的一个碳原子形成单空位结构 vNH，然后在单空位上分别用 Pt 原子和 Pt_4 簇进行取代，得到 Pt-vNH 和 Pt_4-vNH 两种取代模型。用同样的方法建立了以石墨烯（GP）为基底的 Pt-vGP 模型，三种模型如图 14.15 所示。

2. 稳定性：不同模型的结合能计算

无缺陷 GP 和 CNH 的 Pt 的结合能分别为 1.43eV 和 2.79eV。表 14.5 结果表明 Pt 和 vGP 空位与 vNH 空位上三个悬挂的 C 原子键长分别为 1.93~1.94Å

和 1.96~1.97Å，导致了强吸附（吸附能为 −7.52eV 和 −7.21eV）；Pt_4 簇与 vNH 空位和 vNH 空位上三个悬挂的 C 原子键长为 1.95~1.99Å 和 1.97~2.02Å，吸附能为 −6.99eV 和 −6.76eV。所有的结果都表明，Pt 和 Pt_4 在 vNH 空位上牢固地沉积，具有很强的结合能，阻止了金属的迁移和积聚。

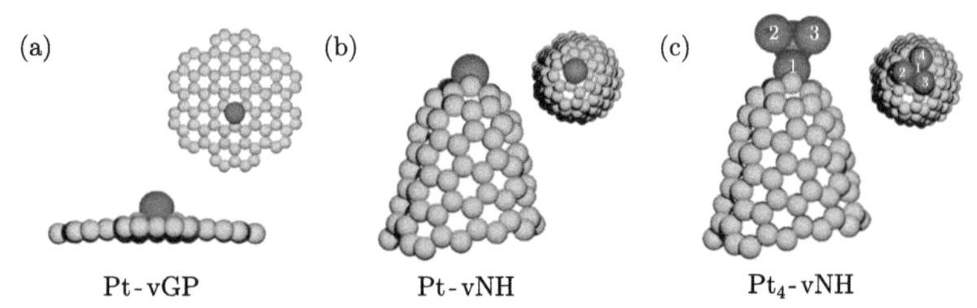

图 14.15 （a）石墨烯和（b）碳纳米角单空位吸附铂原子的几何优化结构；（c）碳纳米角单空位吸附 Pt4 簇的几何优化结构

表 14.5 铂纳米粒子在石墨烯空位 (vGP) 和碳纳米角空位 (vNH) 上的结合能

体系	E_{bind}/eV	d(Pt-C)/Å[a]	q(Pt)[b]	$q\left(C^1, C^2, C^3\right)$
Pt-vGP	−7.52(−6.95, −7.69, −7.45)	1.94, 1.94 1.94(1.93, 1.94)	0.52(0.42)	−0.02, −002, −0.04
Pt_4-vGP	−7.21, −7.27	1.96, 1.97		
Pt-vNH	−6.99	1.99, 1.97, 1.95	0.55	−0.01, 0.00, −0.17
Pt_4-vNH	−6.76	2.02, 1.99, 1.97	−0.09, 0.06, 0.06, 0.05	0.04, 0.05, 0.07

a d(Pt-C) 表示 Pt 原子和最近的 C 原子之间的键长。

b q(Pt) 表示 Pt_4-vNH 中按 Pt1 到 Pt4 顺序排列的 Pt 原子电荷。

3. 储氢能力：氢吸附能计算

图 14.16 表明在 Pt_4-vNH 上吸附 6 个 H_2 时仍为化学吸附，吸附能是 −0.79 eV/H_2，第 7 个成为物理吸附。当金属团簇的尺寸从 Pt 原子增大到 Pt_4 团

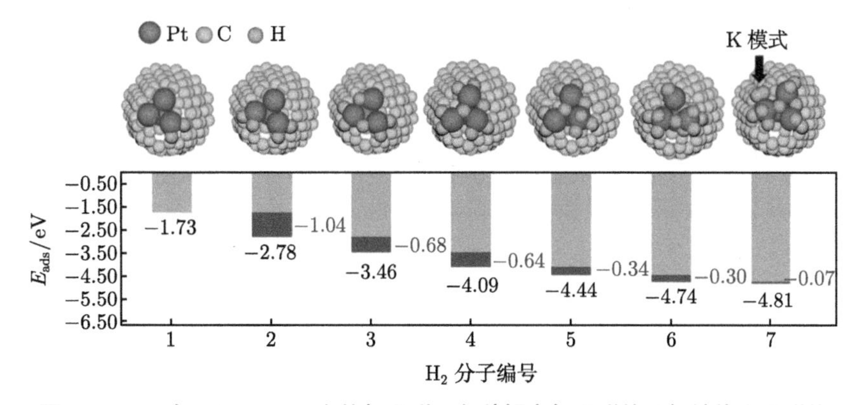

图 14.16 在 Pt_4-vNH 上的氢吸附及各种解离氢吸附的几何结构和吸附能

簇时，每个 Pt 原子的最大解离吸附容量从 $1H_2/Pt$ 提高到 $1.5H_2/Pt$。有缺陷的碳纳米角是储氢应用中金属载体的合适材料，金属牢固地沉积在 vNH 的空位上，即使当金属被 H_2 吸附饱和时也是如此。

4. 脱氢能力：氢溢出反应结构及热力学动力学信息

1）Pt-vNH

图 14.17 研究了 Pt-vNH 与 Pt-vGP 的 H_2 溢出反应的逐步过渡路径，第一次和第二次 H 迁移的过渡态分别命名为 TS1 和 TS2, H 迁移后的状态分别称为 M1 和 M2。图 14.17 结果表明溢出反应从 D 模式的解离吸附开始，在 TS1 和 TS2 上可以明显看到 Pt—H 键变长、C—H 键缩短。迁移后，两个迁移的 H 原子带正电，而氢化的 C 原子 (C1 和 C2) 带负电。Pt 原子在 H 迁移后带电 (0.44e) 接近它的无 H 态 (0.55e)，这意味着 Pt 原子为下一次吸附 H_2 做好了准备（图 14.18）。

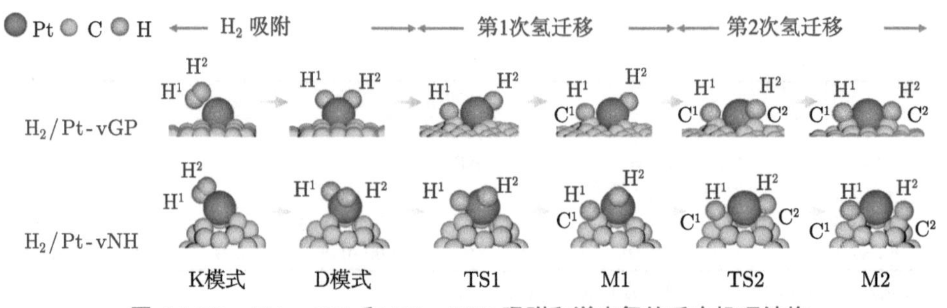

图 14.17　Pt-vGP 和 Pt-vNH 吸附和溢出氢的反应机理结构

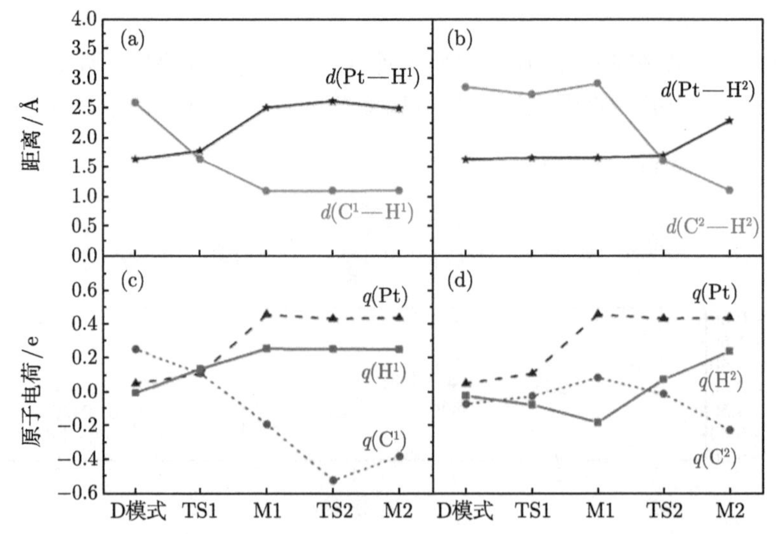

图 14.18　Pt—H 和 C—H 键长的演变，Pt-vNH 上 H 迁移反应相关的原子电荷

图 14.19 结果表明在室温下 Pt-vNH 上的氢迁移的吉布斯自由能为 −0.89eV，而 Pt-VGP 上的氢两次迁移的吉布斯自由能分别为 0.65eV 和 0.44eV，说明在 Pt-vNH 上的氢迁移在热力学上更有利。

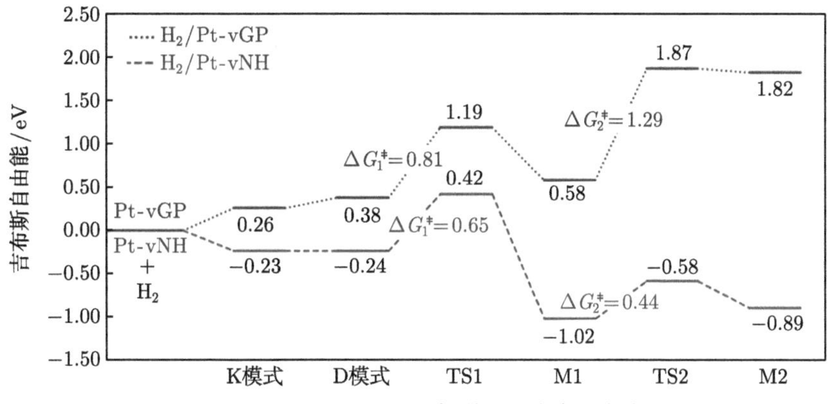

图 14.19　Pt-vGP 和 Pt-vNH 上氢溢出的吉布斯自由能图 (298 K)

在动力学方面，表 14.6 列出了 Pt-vNH 每个反应步骤的计算速率常数 k, Pt-vNH 反应比 Pt-vGP 反应快至少 500 倍。因此，Pt-vNH 体系的氢迁移在热力学和动力学上都有显著的优势。

表 14.6　298 K 下溢出 H 的热力学和动力学计算速率

体系		第 1 次 H 迁移		第 2 次 H 迁移	
		k_1/s^{-1}	K_{eq1}	k_2/s^{-1}	K_{eq2}
有 Pt 原子的体系	H_2/Pt-vGP	0.1	3.4×10^{-4}	1.2×10^{-9}	1.2×10^{-21}
	H_2/Pt-vNH	58.1	1.4×10^{13}	2.8×10^{5}	8.0×10^{-3}
有 Pt_4 团簇的体系	H_2/Pt_4-vNH	3.4×10^{-9}	2.1×10^{-11}	7.6×10^{-9}	2.6×10^{-5}
	$5H_2/Pt_4$-vNH	5.1×10^{-5}	4.1	1.7×10^{-12}	7.5×10^{4}

2）Pt_4-vNH

图 14.20 结果表明 $5H_2/Pt_4$-vNH 中的氢迁移对吉布斯自由能有很大的促进作用。动力学细节所示，每一次氢迁移的吉布斯自由能为 1.0 ~ 1.4eV，迁移速率 $k = 1.7\times10^{-12}\ \mathrm{s}^{-1}$。因此，从热力学角度看，$5H_2/PT_4$-vNH 中的氢迁移是一个有利的过程，但从动力学角度看，反应相对较慢。

图 14.21 结果表明每次氢迁移的过渡态附近都明显看到 Pt—H 键变长、C—H 键缩短。经过两次氢迁移后，Pt_4 上只剩下 8 个 H 原子，金属团簇的电荷 (−0.38e) 与 $4H_2/Pt_4$-vNH 体系中的 Pt 接近 (−0.36e)。因此，Pt 原子为下一次吸附 H_2 做好了准备。

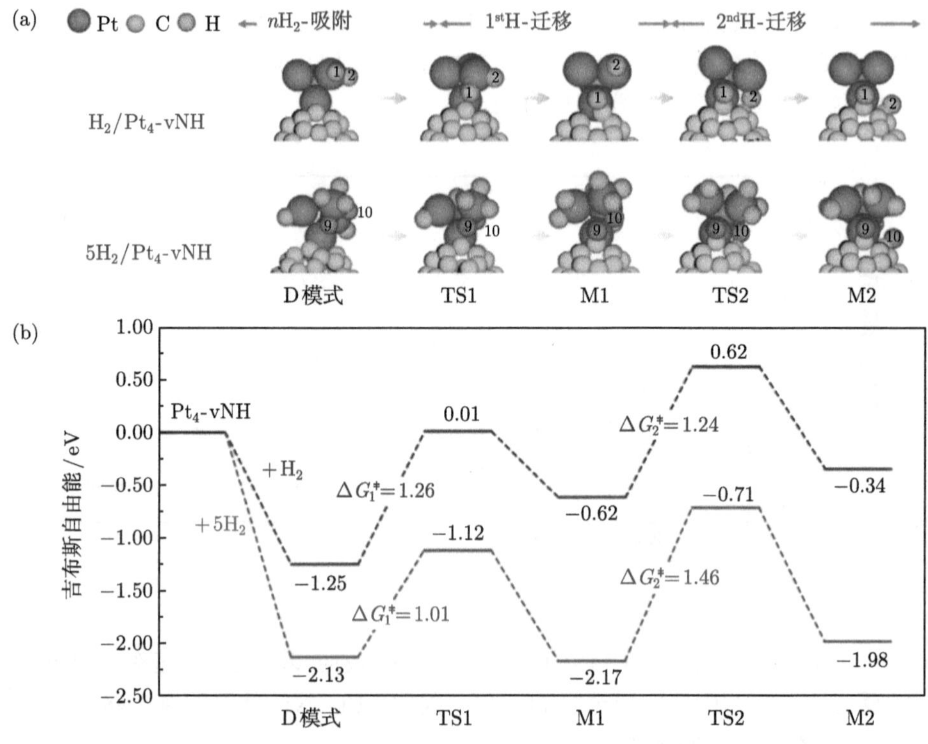

图 14.20　氢在 Pt_4-vNH 上的吸附和溢出机理

(a) 所有反应的几何机构；(b) 反应吉布斯自由能

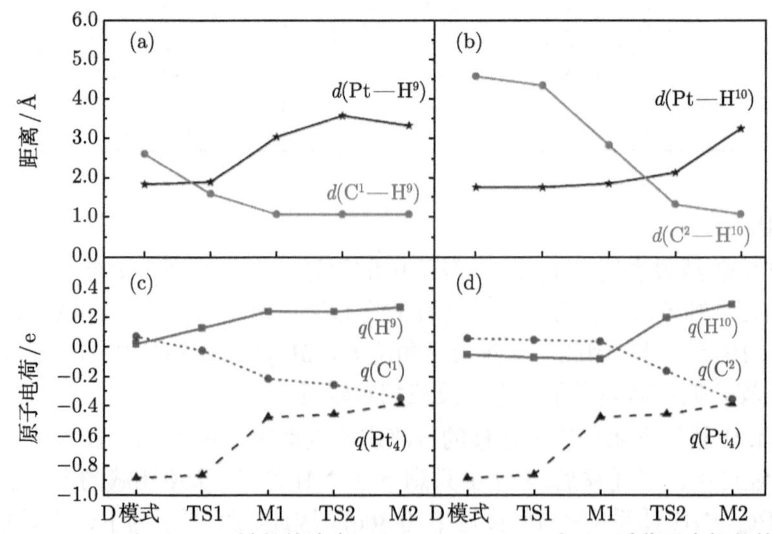

图 14.21　Pt—H 和 C—H 键长的演变，$5H_2/Pt_4$-vNH 上 H 迁移反应相关的原子电荷

表 14.7 表明碳载体的缺陷对氢溢出反应起着至关重要的作用，反应是吸热反应。因此，碳纳米角在储氢方面的应用非常有意义。

表 14.7　比较了碳材料负载材料上氢迁移的吸氢能、势垒和吉布斯自由能

支撑材料	体系	H_2 吸附能 E_{ads}/eV	氢迁移的激活能 ΔE/eV	氢迁移的反应能 [d]/eV
石墨烯	$H_2/Pt-vGP$	−0.10	0.86[a], 1.37[b]	1.27
	$H_2/Pt-GP$		2.6[a]	2.1
	$5H_2/Pt_4-GP$		2.6[a]	1.7
	$5H_2/Pt_4-GP$	−2.8	2.7[a]	2.2
	$6\ H_2/Pt_4-GP$		2.3[c]	2.1
碳纳米管	$6H_2/Pt_4-CNT$		2.0[c]	1.7
富勒烯	H_2/Pt^a-C_{60}	−1.2	1.4[a]	1.0
	$H_2/Pt_{13}-C_{60}$	−1.3	1.6[a]	0.8
碳纳米角	$H_2/Pt-vNH$	−0.42	0.81[a], 0.56[b]	−1.20
	$5\ H_2/Pt_4-vNH$	−4.87	1.20[a], 1.65[b]	−4.41

a 第一次逐步氢迁移的能量势垒。
b 第二次逐步氢迁移的能量势垒。
c 两个氢原子同时迁移的能量势垒。
d 氢迁移的反应能是根据氢迁移前后系统总能量之差计算得到的。

案例启示与总结：量子力学和分子动力学相结合的方法，可开展吸附结构的设计和筛选。对通过计算进行几何优化后的吸附结构的多个性质，包括热力学性质、动力学性质及反应机理的研究，从而揭示不同基底体系中氢的吸附和溢出反应机理。案例涉及 3 个结构的多种性质计算，属于典型的高通量多性能材料计算。

14.2.3　电极材料的层间距研究

以石墨为代表的层状电极材料在离子电池中得到了广泛的研究与应用。相比三维层状材料离子电池电极，其对应的二维材料电极暴露了更多的吸附活性位点，因此常常有更大的离子理论存储容量；裸露的二维材料表面也使得离子迁移时受到的束缚更少，能使离子迁移变快。然而，在自然条件下，这些二维材料会由于范德瓦耳斯相互作用，重新自堆积成三维材料。实际使用二维材料做电极，通常需要通过掺杂、官能团修饰、溶剂化/使用复合阴离子、组装异质结构等技术手段，去不同程度地打开自堆积层状材料的层间距。当然在电池中，层状材料电极的层间距也并不是越大越好，例如，二维材料电极也可能具有相对较弱的离子吸附能力。而之前的实验和理论研究都关注于层状材料层间距扩大前后的性能对比，没有考虑层间距何时会达到最佳效果，对层状材料电极中层间距对性能的影响也缺乏深入的理论探索。

鉴于此，北京大学物理学院吕劲研究员课题组与中国科学院杨小渝研究员课题组合作 [5]，以常见的石墨/石墨烯层状电极为例，依托 MatCloud+ 材料云运用高

通量第一性原理计算系统研究了碱金属离子(Li^+、Na^+、K^+)电池中层状材料电极性能对其层间距的依赖性(图 14.22)。通过综合考虑石墨/石墨烯电极随层间距连续变化过程中的结构、能量、电子学、离子学性能表现,可以找到石墨/石墨烯电极在不同的碱金属离子电池中的最佳层间距,得到的研究结果也可以扩展到其他类

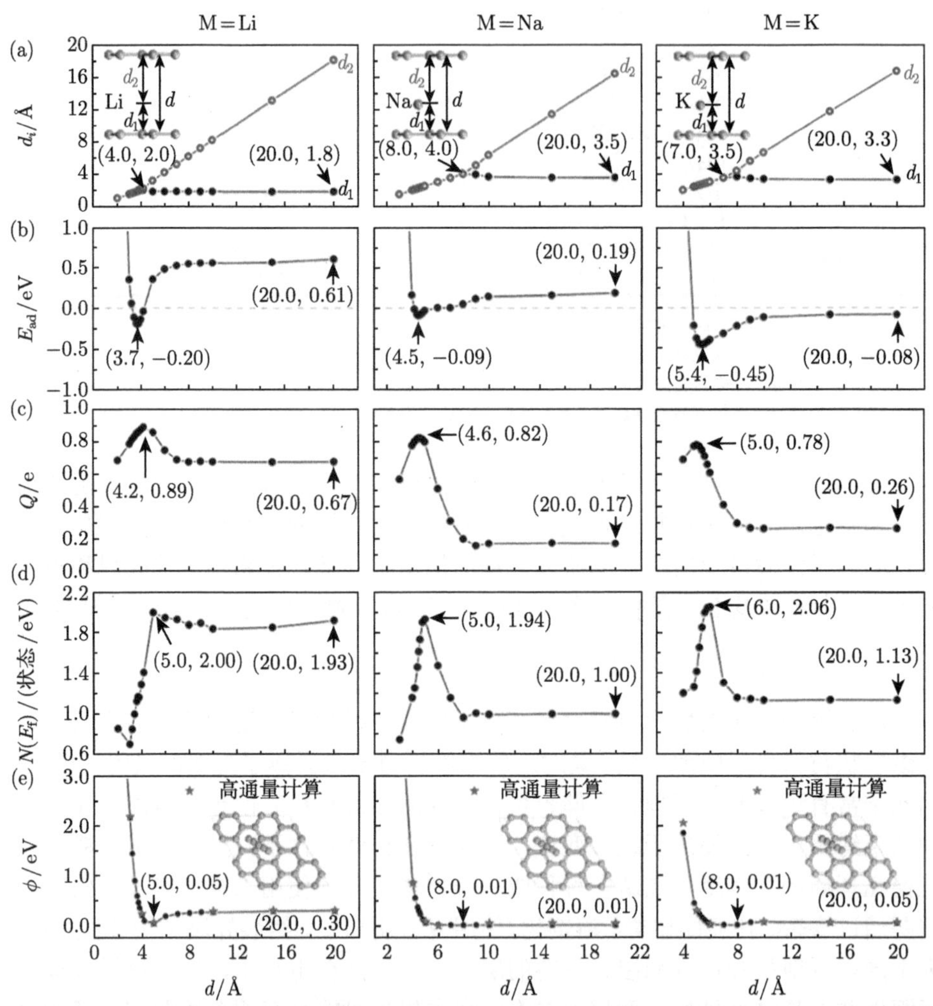

图 14.22 石墨/石墨烯层间距连续变化过程中,(a)碱金属离子在两个碳层间的垂直距离 $d_i(i=1,2)$,(b)吸附能 E_{ad},(c)转移电荷 Q,(d)费米能级处态密度 $N(E_f)$ 和(e)碱金属离子迁移能垒 ϕ。(a)~(d)体系结构为 MC6,(e)体系结构为 MC24,从左至右 M 代表 Li、Na、K。其中红色五角星标记对应高通量计算结果。值得注意的是,离子迁移能垒并没有随着石墨层间距增加而单调减小,而是在 d_1 和 d_2 开始分叉的附近取得最小值

似的层状电极材料，并指导实验选择合适的层间工程技术。基于此，研究者还在 MatCloud+平台上开发了一套高通量计算程序，能够将本工作的研究流程和方法推广到其他层状材料电池体系。

参 考 文 献

[1] Park S S, Won Y S, Choi Y C, et al. Molecular design of organic dyes with double electron acceptor for dye-sensitized solar cell. Energy & Fuels, 2009, 23(4): 3732-3736.

[2] Pan Q, Li S, Duan Y, et al. Exploring what prompts ITIC to become a superior acceptor in organic solar cell by combining molecular dynamics simulation with quantum chemistry calculation. Phys. Chem. Chem. Phys., 2017, 19(46):31227-31235.

[3] Huang Z, Wang Y, Wang D, et al. Influence of transition metals Fe, Co, Ni, Cu and Ti on the dehydrogenation characteristics of $LiBH_4$: A first-principles investigation. Computational and Theoretical Chemistry, 2018, 1133: 33-39.

[4] Rungnim C, Faungnawakij K, Sano N, et al. Hydrogen storage performance of platinum supported carbon nanohorns: A DFT study of reaction mechanisms, thermodynamics, and kinetics. International Journal of Hydrogen Energy, 2018, 43(52): 23336-23345.

[5] Ma J, Yang C, Ma X, et al. Nanoscale, improvcment of alkali metal ion batteries via interlayer engineering of anodes: From graphite to graphene. Nanoscale, 2021, 13(29): 12521-12533.

第 15 章

材料计算、数据、AI案例之金属/合金篇

金属材料在人类社会发展史中有着不可替代的作用和地位，是高新技术发展必不可少的支柱和基础。近年来，航空航天、先进装备制造、新能源、深海技术以及先进交通运输等关键领域的发展对新一代高性能钢铁材料、高温结构材料、先进金属功能和结构材料以及先进金属材料设计、制备加工和服役评价提出了迫切需求。

理论模拟可以基于实验的微观结构模型，先于实验进行材料的性质预测，根据性质预测的结果从而指导实验。人工智能又可以基于已有的理论和实验结果进行数据分析和数据挖掘，挖掘数据背后的规律加速材料设计。

15.1 金属/合金

15.1.1 Mg-Al 合金熔体固液界面结构的分子动力学研究

镁合金零件铸造成型的凝固过程中均存在固液共存状态和固液界面，对镁合金凝固过程中的固液界面结构与特性进行研究，有助于增进我们对 Mg-Al 合金多相凝固组织形成、溶质成分分布、合金相形貌、微观偏析等现象本质的理解 [1]。

本案例 [1] 采用分子动力学方法对 Mg-3%Al 合金熔体中固液界面结构进行了模拟研究。为了研究固液界面法向方向的结构变化，计算了数密度沿界面垂直方向的分布以及晶体原子数在界面垂直方向上的分布情况；通过分析界面附近的径向分布函数研究界面的原子层结构，同时通过分析界面处原子的均方位移和原子扩散系数，探索界面处原子的扩散行为。

1. 模型搭建，获取最优的输入模型

基于固液共存温度下纯 Mg 的晶体结构，用 3%的 Al 来替换结构中的 Mg，得到 Mg-3%Al 合金的晶体结构，此时共有 12000 个原子，并在此基础上构建表面为 Mg(0001) 的固液界面结构。

分子动力学计算时，设定垂直于 (0001) 面为 z 轴，沿 z 轴方向固定其中一半原子。接着升温使另一半原子熔化，使固相和液相各有 6000 个原子。最后整个体系的温度降至 761K，获得如图 15.1 所示的优化后的固液界面模型。

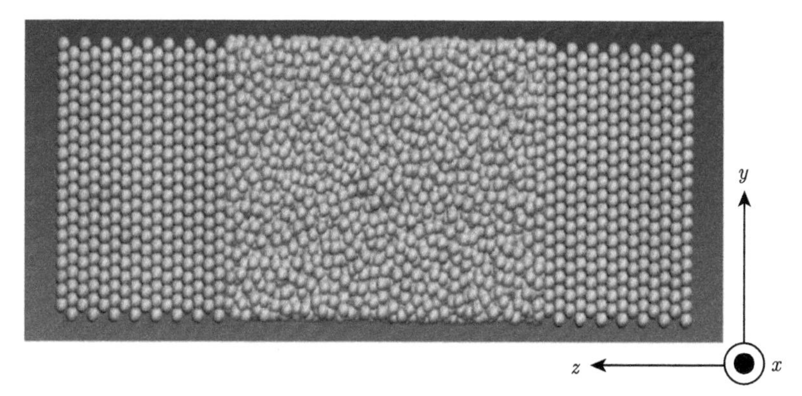

图 15.1　Mg-3%Al 的熔体固液界面模型

2. 数密度分布计算

计算了上述固液界面模型的数密度分布，可知在固体区域呈现出规则的周期振荡，在液相区域，密度分布更为无序，如图 15.2 所示。同时还可以观察到，初始时刻，Mg 原子的数密度分布和总数密度分布，两边波峰都较高，然后向中间逐渐减小，当到达液相区域时，数值就较为平滑。这种情况可能是由于初始时刻原子尚未发生移动，基本都处在同一 z 轴值，所以峰高越窄就越靠近液相，原子的束缚就小得多，峰低且宽。

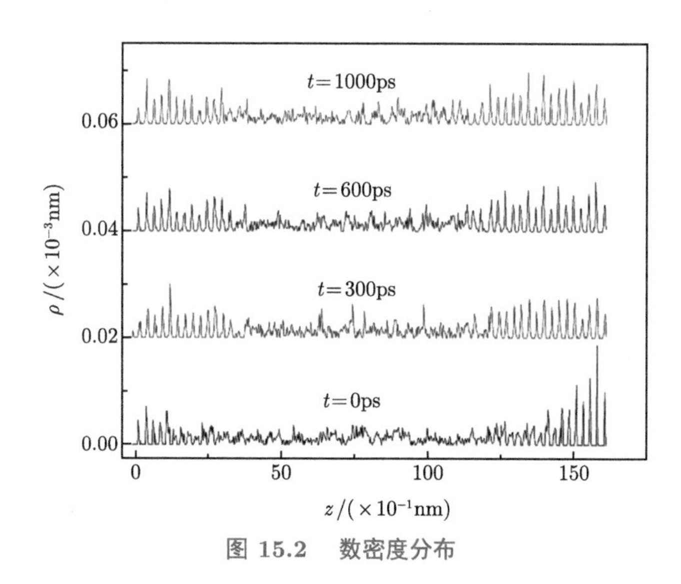

图 15.2　数密度分布

3. 均方位移与扩散系数计算

图 15.3 为 761K 温度下的均方位移与时间关系图。结果表明：区域 1、2、3

均方位移很小，呈现出固相的特征；区域 6、7、8、9、10 的均方位移数值很大，为液相特征；区域 4、5 均方位移逐渐增大，结构特征介于固相和液相之间。图 15.4 为选取的计算均方位移的 10 个区域的总扩散系数，其中横坐标为距 X 轴原点的距离。区域 1、2 和 3 的扩散系数很小，几乎为零，表明这些层是完全有序的晶体结构；从区域 4 开始，扩散系数迅速增大，表明该区域具有熔体结构特征；区域 4、5 则是固液相之间的过渡区域，越靠近液相，扩散系数越大。

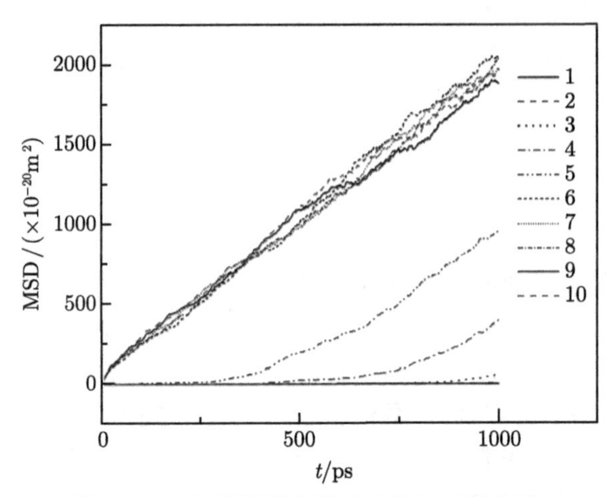

图 15.3　不同区域的均方位移与时间关系

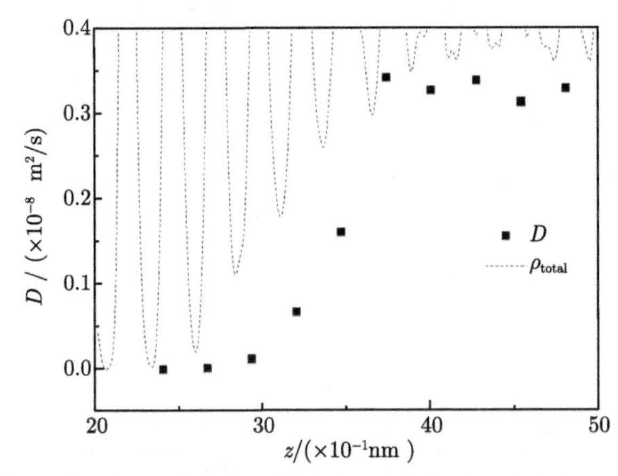

图 15.4　选取的计算均方位移的 10 个区域的总扩散系数，其中横坐标为距 X 轴原点的距离

4. 径向分布函数

在固液界面附近选取五个区域 a, b, c, d, e，即五层原子，对应前面计算均方位移时的区域 1，2，3，4，5，分别计算得到各区域的二维径向函数分布（图 15.5）。

如图 15.5 所示径向分布函数表明 a 层和 b 层的 $g(r)$ 具有典型长程有序的特点，表明这两层具有较完整的晶体结构；c 层和 d 层除了峰的高度不同外，其他与 a、b 两层相似，表明这两层仍然以长程有序为主，但同时也可以看到有序性的强度相较于 a、b 两层明显降低；e 层除开始有几个波峰之外，之后趋于平缓，表现出短程有序、长程无序的特征，这显然是液相的显著特征。这些层数的二维径向分布函数的结果与之前计算扩散系数的结果吻合。

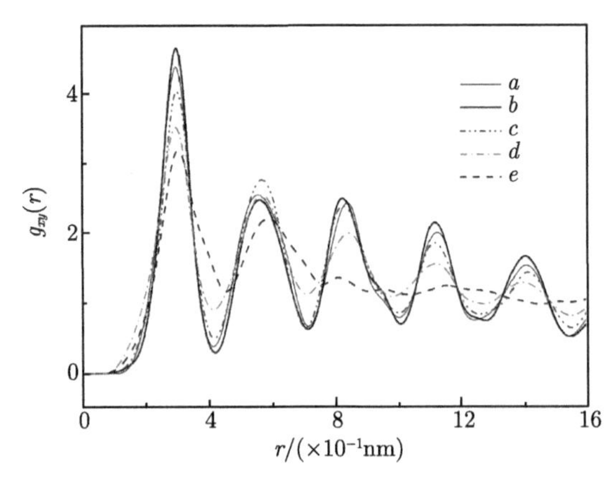

图 15.5　a、b、c、d、e 等五层原子的径向分布函数

案例启示与总结：分子动力学方法可开展合金熔体中固液界面结构的设计和筛选：通过分子动力学模拟，获取优化的合金结构，进而计算优化的合金结构多个性能，研究其固液界面扩散行为。该案例属于材料的多个性能计算。

15.1.2　高通量计算和卷积神经网络预测金属间化合物表面性质

晶体的表面能对于理解实验上相关的表面性质和设计用于多种应用的材料是很重要的。单晶表面能的预测方法和数据集是存在的，但是预测双金属或更复杂表面的性能是目前的一个挑战。其中计算解离能是计算表面能的第一步，因此本案例作者提出了一个通过高通量第一性原理计算和机器学习融合的方法来预测解离能。

表面能计算有 3 个核心挑战：① 计算需求和大的搜索空间会引起昂贵的计算成本。一个切面的弛豫需要用到大真空层里的大超胞，尤其是具有大米勒指数或低对称性的情况下。巨大的搜索空间主要来自于大量势能面的取向。② 选择第一性原理的交换关联泛函和其他参数会影响计算表面的准确性和收敛性能量，这会导致研究之间的差异，同时也不知道哪个表面需要重构。③ 还有一个根本的挑战，来自终止特定表面能的建模（modeling termination-specific surface energies）。对于对称性的表面，可以认为表面的 2 个终止是相等的。对大多数过渡金属化合物来说，解离能会引起非对称的切面。因此计算解离能是减少搜索空间里待计算表面数量的第一步。

卡内基梅隆大学在本案例中 [2]，通过 VASP 计算了包含 36 种元素 47 个空间群组合的 3033 种金属间化合物的解离能。这个数据集形成了一个动态增长数据库的基础。利用该数据库训练了一个晶体图卷积神经网络 (crystal graph convolution neural network, CGCNN)。该 CGCNN 模型能准确预测解离能，平均绝对测试误差为 0.0071eV/Å^2，并且还可以定性地再现纳米颗粒的表面分布，从而预测哪些表面是相对稳定的，为未探索的化学空间提供了定量的预测。

1. 模型搭建

高通量建模生成 3033 种金属间化合物，如图 15.6 所示，在 TiAu 晶体结构的基础上，构建 19 个不同终结面的表面模型，计算其解离能 (57 次 DFT 计算)，研究各种表面的相对稳定性。由于高通量第一性原理计算的耗时较长，需要研究加速的方法，可利用机器学习在给定一组数据的情况下找到一个模型来预测材料特性。本案例结合高通量第一性原理计算和改进的 CGCNN，计算了 36 种元素 47 个空间群组合的 3033 种金属间化合物的解离能，提出了预测金属间化合物表面解离能的工作流程。

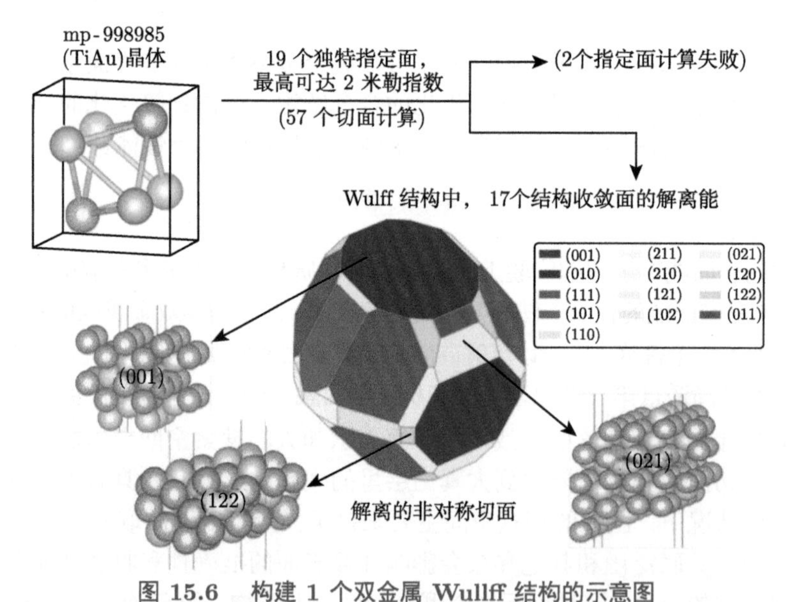

图 15.6　构建 1 个双金属 Wullff 结构的示意图

给定一个 Ti-Au 晶体结构和最大米勒指数 2，计算了 19 个指定面的解离能（57 个 DFT 计算）。其中有 17 个结构收敛，它们被用于构建能说明不同表面相对稳定性的 Wulff 结构

2. 第一性原理计算 + 卷积神经网络

改变薄膜的厚度，搭建了如图 15.7 (a) 所示的三个不同厚度的表面结构，通过 DFT 进行结构优化并计算其体系能量，计算的能量结果通过线性外推得到了给定表面的解离能。对于每个表面，3 个表面结构的总能量数据与原子数的关系用统计模型可拟合成线性关系。图 15.7 (a) 所示的线性相关截距为固有解离能，并同时记录线性拟合的标准误差。最终从数据集中筛选了以下计算结果: 解离能高于 0.03eV/Å^2，以及标准误差高于 0.01eV/Å^2 的数据。

作者将改进的 CGCNN 应用于原子结构，预测了解离能，其方法如图 15.7(b) 所示。图 15.8 结果为对应原子对预测解离能的贡献，通过平均所有原子贡献得到

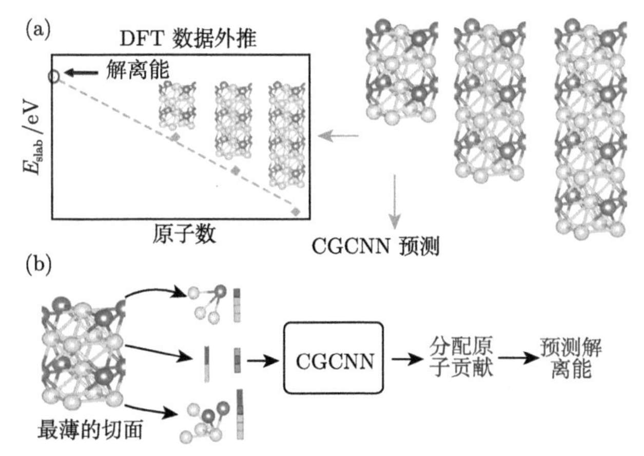

图 15.7 (a) DFT 计算的解离能；(b) CGCNN 预测的方法

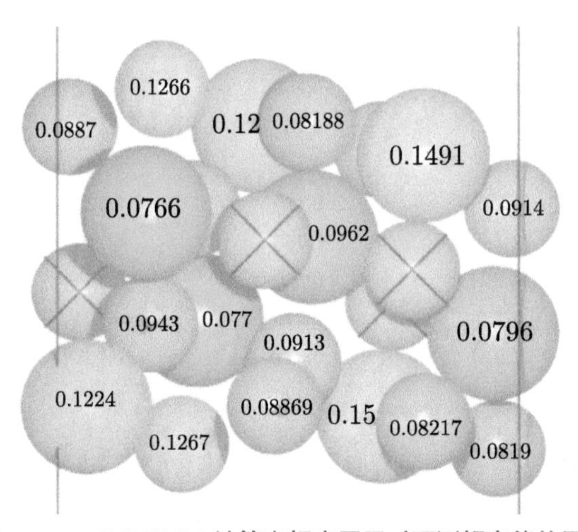

图 15.8 CGCNN 计算出相应原子对预测解离能的贡献

了预测的解离能。紫色原子位于结构表面，解离能是表面原子由于断键产生的欠配位原子而产生的过剩能量，因此未配位的表面原子具有较高的解离能贡献。

使用 CGCNN 进行了两项分析: 随机分配和留一法。该方法将 DFT 数据分为 80%的训练集和 20%的测试集。在用随机分配方法建立了 CGCNN 的预测能力后，采用留一法评价模型对新的、不可见的金属间化合物材料的预测能力。用该方法评价了 3 种不同材料: ① 镍镓 (NiGa, mp-1941)；② 铜铝 ($CuAl_2$, mp-998)；③ 铜金 (CuAu, mp-522)。

3. DFT 的解离能计算

作者计算了包括 36 个元素和 47 个空间组的 3033 个不同的金属间化合物表面结构的解离能，表 15.1 所示为部分结算结果。其中 72%的表面是双金属的，25%的表面是三金属的，3%的表面是单金属的。并将 DFT 计算的解离能与其他文献某些元素化合物的表面能结果进行了比较。3033 个表面中有 3006 个表面原子所受的力小于 0.05eV/Å，有 27 个表面原子所受的力在 0.05 ~ 0.36eV/Å。

表 15.1 DFT 计算的解离能与以往计算研究的比较（部分）

编号	米勒指数	我们的结果 / (eV/Å^2)	材料虚拟实验室 / (eV/Å^2)	其他 DFT 计算 /(eV/Å^2)
mp-127	[1,1,0]	0.0205	0.0140	N/A
mp-23	[1,0,0]	0.161	0.138	0.141[8] ~ 0.152[9]
mp-23	[2,2,1]	0.168	0.136	0.137[8]
mp-30	[1,0,0]	0.106	0.092	N/A
mp-30	[1,1,1]	0.104	0.082	N/A
mp-30	[1,1,0]	0.119	0.097	N/A
mp-30	[2,1,1]	0.122	0.102	N/A
mp-75	[1,0,0]	0.161	0.142	N/A
mp-75	[2,1,1]	0.158	0.146	N/A
mp-75	[1,1,1]	0.159	0.146	N/A
mp-75	[1,1,0]	0.145	0.129	N/A
mp-75	[2,1,0]	0.155	0.140	N/A
mp-75	[2,2,1]	0.160	0.144	N/A
mp-129	[2,1,0]	0.216	0.193	N/A
mp-129	[2,2,1]	0.211	0.191	N/A
mp-129	[1,0,0]	0.222	0.185	0.208[10] ~ 0.240[9]
mp-129	[1,1,0]	0.199	0.175	0.182[10] ~ 0.230[11]
mp-129	[1,1,1]	0.204	0.185	0.202[10] ~ 0.233[9]
mp-129	[2,1,1]	0.212	0.212	0.194[10] ~ 0.224[9]

4. CGCNN 解离能分析

如图 15.9（a）所示，对于随机分配方法 (80:20 分割)，得到的训练误差为 0.0053 eV/Å^2 (MAE) 和 0.009 eV/Å^2 (RMSE)，测试误差为 0.0071 eV/Å^2 (MAE) 和 0.010 eV/Å^2 (RMSE)。图 15.9（b）为生成 CGCNN 模型在 DFT 训练数据数量上的学习曲线。对于每一次 DFT 计算，文章作者使用 5 倍交叉验证获得了误差估计，并计算了估计的平均值和标准偏差。平均绝对误差用这些点表示，而标准差用曲线上的阴影区域表示。

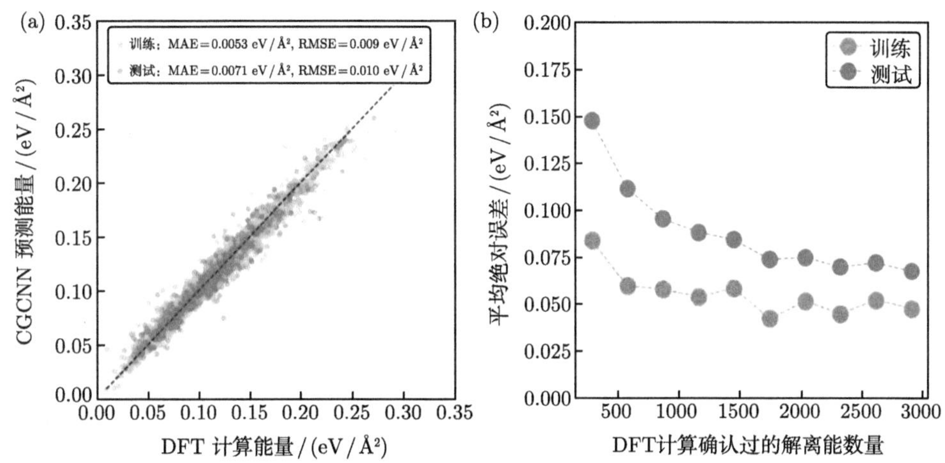

图 15.9　(a) CGCNN 预测的平均能量图 (b) CGCNN 模型在 DFT 训练数据个数上的学习曲线

分析时，文章作者计算了针对训练集和测试集的 CGCNN 预测值和相应 DFT 计算值之间的平均绝对百分比误差（mean absolute percent error, MAPE）。论文作者使用了误差传递和 PBEsol 报告的 8% MAPE 来计算 CGCNN 预测和实验数据之间的 MAPE。表 15.2 的结果显示，即使是最高传播的 MAPE(11%)，其 MAPE 也与表 15.3 中报道的 PBE、SCAN 和 RPA 泛函的 MAPE 有一比或更低。因此，论文作者认为 CGCNN 模型达到了合理的精度。

表 15.2　CGCNN 预测误差的误差统计分析

数据使用	训练数据	测试数据	训练数据 + 测试数据
MAPE/%	4.9	7.1	5.4
传播的 MAPE/%	10	11	10

表 15.3　文献报道各 DFT 泛函表面能的 MAPE 与实验数据

DFT 泛函	SCAN + rVV10	LDAV10	PBEsol	RPA	SCAN	PBE
MAPE/%	5	7	9	11	13	24

留一法被用来预测在训练数据中没有看到的新的金属间化合物组合，图 15.10 和表 15.4 显示了评估的三种成分 (Ni_xGa_y, Cu_xAl_y, Cu_xAu_y) 上的 CGCNN 性能结果。Ni_xGa_y 和 Cu_xAu_y 的 MAE 较随机分配方法的 MAE 较低。Cu_xAl_y 的 MAE 更高，但传递的 MAPE 为 13%，这仍然是相当准确的。

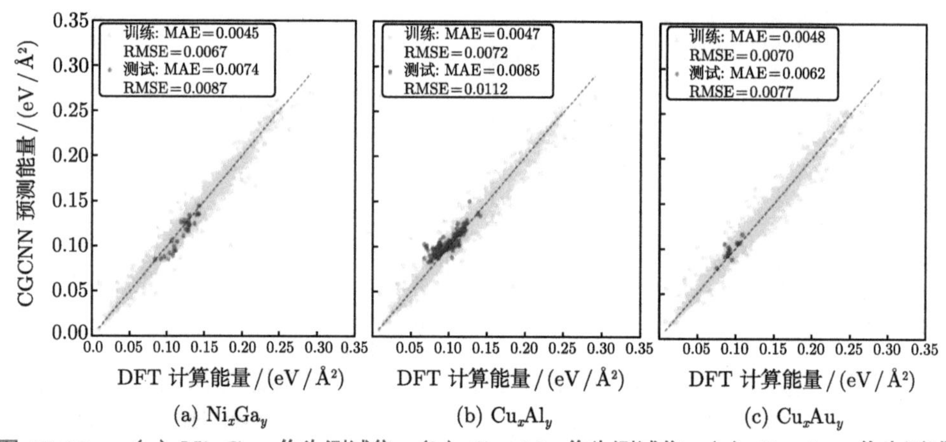

图 15.10　(a) Ni_xGa_y 作为测试集；(b) Cu_xAl_y 作为测试集；(c) Cu_xAu_y 作为测试集的 CGCNN 模型能量预测值与 DFT 计算的能量值比较

表 15.4　CGCNN 的留一法的预测结果

	Ni_xGa_y	Cu_xAl_y	Cu_xAu_y
测试数据的编号	27	107	14
训练数据的 MAE/(eV/Å^2)	0.0045	0.0047	0.0048
训练数据的 RMSE/(eV/Å^2)	0.0067	0.0072	0.0070
测试数据的 MAE/(eV/Å^2)	0.0074	0.0085	0.0062
测试数据的 RMSE/(eV/Å^2)	0.0087	0.0112	0.0077

如图 15.11 所示，对于留一法中的材料 NiGa (mp-1941)、CuAl (mp-998) 和 CuAu (mp-522)，作者仅使用 DFT 结果构建了一组 Wulff 结构，使用 CGCNN 预测构建了一组结构，计算了每个表面的面积分数的 MAE。由 CGCNN 预测的数据创建的 Wulff 结构似乎提供了合理的精度，并且从 DFT 数据创建的 Wulff 结构的上表面与从 CGCNN 预测创建的上表面匹配。作者注意到 DFT 为 NiGa

构建的 Wulff 结构与 Ulissi 等的工作中报道的 Wulff 结构一致（从图 15.11 中可以看出，尽管 CGCNN 有预测误差，但预测的解离能对构造 Wulff 结构是可靠的）。

案例启示与总结：量子力学和机器学习相结合的方法，可开展金属间化合物表面稳定结构的设计和筛选：通过量子力学对不同厚度、不同终结面模型进行模拟，获取用于机器学习的 3033 种金属间化合物训练模型数据，通过机器学习预测解离能及表面相对稳定性，属于典型的高通量材料计算和机器学习相结合的案例。

晶体	NiGa (mp-1941)	CuAl (m-998)	CuAu (mp-522)
面积分数的平均绝对误差	0.0008	0.023	0.096
DFT	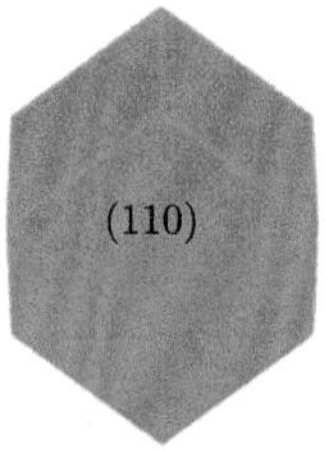 (110)	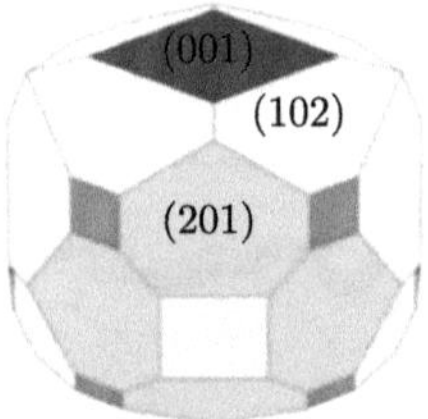 (001) (102) (201)	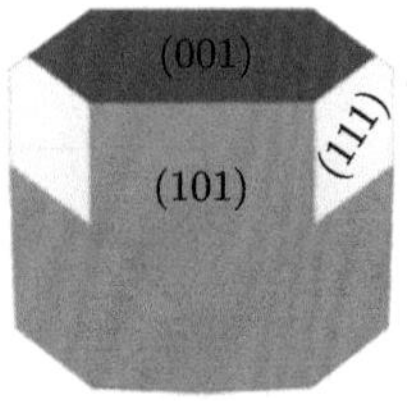 (001) (111) (101)
CGCNN	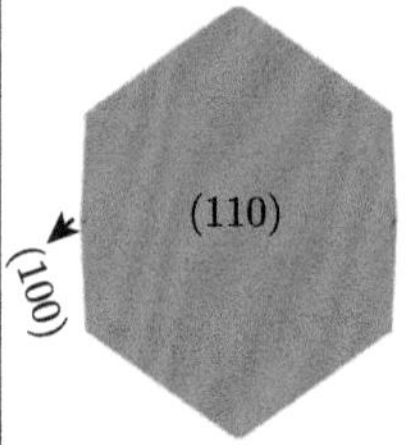 (110) (100)	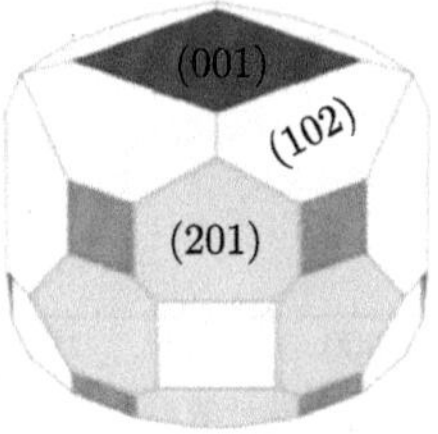 (001) (102) (201)	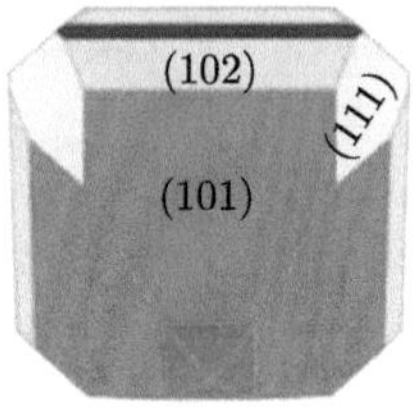 (102) (111) (101)

图 15.11 DFT 计算数据和 CGCNN 预测数据构造 Wulff 结构的比较

15.1.3 基于机器学习深度势的低能 Al 团簇候选者搜索

团簇结构随着尺寸的增长，会发生由气态到液态，再到固态的演化。同时，团簇的几何形状也会发生很大的变化。随着团簇尺寸增大，可能的几何结构数量会随着团簇中的原子数呈指数型增加。因此，搜索团簇低能结构一直是凝聚态、材料和化学领域一个极具挑战性的课题。已有的研究经验表明结构搜索的效果主要受到两个因素的影响：第一个是搜索算法，第二个便是用来计算团簇能量的原子间相互作用势模型。理论上要求势模型既要计算准确度高，还要计算效率高。

块状铝 (Al) 晶体同素异形体的深度势 (deep potential, DP) 模型在许多性能方面表现出优异的性能，包括径向分布函数、声子谱、弹性常数、点缺陷的形成能和表面等。中国科学技术大学物理学院在本案例中 [3]，基于所建立的 DP 模型，对 101 个不同尺寸的 Al 团簇的低能结构进行了广泛的搜索，其中更新了 69 个尺寸的最低能量候选团簇。计算表明机器学习在生成势来描述复杂材料中原子的相互作用方面确实很强大。

1. Al 团簇的深度势计算的训练模型

将已有的九种不同尺寸的 Al 团簇（Al_{10}、Al_{11}、Al_{13}、Al_{19}、Al_{23}、Al_{25}、Al_{26}、Al_{147} 和 Al_{125}）通过分子动力学模拟得到的数据用于模型训练，如图 15.12 所示，显示了模型预测的 Al_{13}、Al_{25}、Al_{56} 和 Al_{125} 结构的每个原子能量。通过与 DFT 计算的结果对比，结果表明 4 个深度势训练模型得到的结果几乎重合，而且与第一性原理结果极度接近。说明深度势训练的预测模型不仅准确，而且表现稳定。

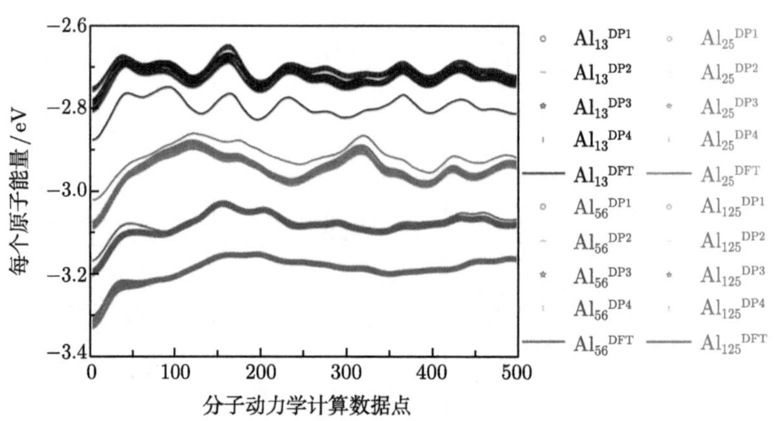

图 15.12　4 种独立训练的深度势模型预测 Al_{13}、Al_{25}、Al_{56} 和 Al_{125} 的每个原子的能量，并与 DFT 给出的能量进行比较

2. 性能预测，Al 团簇的结构筛选

基于前面训练好的深度势预测模型，作者进行了 Al 团簇的搜索。101 种（$n = 23 \sim 123$）从剑桥团簇数据库（Cambridge cluster database, CCD）选出的不同尺寸 Al 团簇结构的低能结构被用来作为参照。表 15.5 给出每种尺寸团簇的最低单原子能量，并列出了搜索到的团簇每个原子的能量减去 CCD 中结构能量的相对值 ΔE。其中，ΔE 为负值说明新搜到的结构比 CCD 结构能量更低。在 101 种尺寸的团簇中，69 种尺寸的团簇都比 CCD 中结构能量更低（ΔE 为负），18 种尺寸的团簇比 CCD 结构的能量小（ΔE 为正，但是 ΔE 小于 0.005 eV/atom)，

14 种尺寸的团簇比 CCD 结构的能量高。

表 15.5　Al_n 团簇 ($n = 23 \sim 123$) 的有关能量

N	E/eV	ΔE/eV	N	E/eV	ΔE/eV	N	E/eV	ΔE/eV	N	E/eV	ΔE/eV
23	−2.600	−0.0025	49	−2.794	−0.0164	75	−2.886	−0.0186	101	−2.912	0.0026
24	−2.604	−0.0064	50	−2.781	0.0011	76	−2.866	*0.0071*	102	−2.913	0.0033
25	−2.586	*0.0216*	51	−2.793	−0.0072	77	−2.882	−0.0051	103	−2.916	0.0014
26	−2.627	*0.0056*	52	−2.799	−0.0084	78	−2.899	−0.0197	104	−2.916	0.0029
27	−2.645	−0.0098	53	−2.793	0.0043	79	**−2.898**	**−0.0202**	105	−2.918	0.0036
28	−2.623	*0.0179*	54	−2.800	0.0036	80	−2.895	−0.0161	106	−2.927	−0.0037
29	−2.672	−0.0128	55	−2.812	−0.0012	81	−2.896	−0.015	107	−2.932	−0.0065
30	−2.642	*0.0175*	56	−2.809	−0.0007	82	−2.894	−0.0125	108	−2.937	−0.0112
31	−2.654	*0.0114*	57	−2.808	*0.0054*	83	−2.895	−0.0120	109	−2.920	*0.0079*
32	−2.690	−0.0123	58	−2.823	−0.0041	84	−2.893	−0.0066	110	−2.923	*0.0067*
33	−2.695	−0.0142	**59**	**−2.847**	**−0.0237**	85	−2.897	−0.0074	111	−2.942	−0.0109
34	**−2.716**	**−0.0265**	**60**	**−2.849**	**−0.0202**	86	−2.898	−0.0075	112	−2.930	0.0020
35	**−2.734**	**−0.0355**	**61**	**−2.855**	**−0.0228**	87	−2.895	−0.0035	113	−2.930	0.0016
36	−2.713	−0.0098	**62**	**−2.863**	**−0.0318**	88	−2.891	0.0039	114	−2.931	0.0029
37	**−2.729**	**−0.0203**	63	−2.852	−0.0176	89	−2.895	0.0002	115	−2.946	−0.0101
38	−2.729	−0.0117	64	−2.852	−0.0148	90	−2.899	−0.0023	116	−2.951	−0.0132
39	−2.735	−0.0060	65	−2.854	−0.0165	91	−2.882	*0.0178*	117	−2.938	0.0010
40	−2.745	−0.0103	66	−2.855	−0.0137	92	−2.887	*0.0144*	118	−2.942	−0.0033
41	**−2.759**	**−0.0234**	67	−2.841	0.0037	93	−2.903	0.0007	119	−2.947	−0.007
42	−2.729	*0.0123*	68	−2.850	−0.0039	94	−2.898	*0.0092*	120	−2.957	−0.0146
43	−2.756	−0.0088	69	−2.857	−0.0059	95	−2.911	−0.004	121	−2.957	−0.0145
44	−2.774	−0.0179	70	−2.842	*0.0107*	96	−2.912	−0.0046	122	−2.955	−0.0115
45	**−2.781**	**−0.0236**	71	−2.870	−0.0148	97	−2.920	−0.0113	123	−2.950	−0.0064
46	**−2.79**	**−0.0235**	72	−2.865	−0.0066	98	−2.917	−0.0066			
47	−2.782	−0.0116	73	−2.871	−0.0110	99	−2.909	0.0026			
48	−2.790	−0.0100	74	−2.882	−0.0193	100	−2.909	0.0038			

注：E 为低能结构的单原子能量（VASP 计算得到）；ΔE 是新发现的低能结构单原子能量与 CCD 中结构的单原子能量相比的相对能量，可见有些团簇的 $\Delta E > 0.005$eV, 有些团簇的 $\Delta E < -0.02$eV。

如图 15.13 所示为部分低能结构示意图。在 CCD 结构中，Al_n（$n = 19$，23，26，29，32，34）的低能构型为多个 13 原子的二十面体相互穿插。文章预测的结构中，Al_{23} 和 Al_{26} 的构型与 CCD 的相同。Al_{29} 和 Al_{34} 的构型虽然也是相互穿插的二十面体，但是二十面体的排列方式与 CCD 给出的完全不同，而文章预测的 Al_{32} 结构是一个双向金字塔构型，对应点群 $D3h$，能量比 CCD 结构的能量低。此外，文章预测的 Al_{54} 低能结构是一个纯粹的 Mackey 二十面体，也与 CCD 的不同。

最后，如图 15.14 所示给出了能量和团簇尺寸的关系图。结果显示随着团簇尺寸增大，能量整体呈下降趋势，并在 FCC 构型的 A_{141}、Al_{108} 和 Al_{116} 处出现局域极小值点。

案例启示与总结：本案例用分子动力学方法，计算了九种不同尺寸的 Al 团簇的能量，并基于得到的数据，训练能量预测模型。该模型预测的能量与 DFT 计算得到的能量几乎一致。在此基础上，利用该深度势模型开展 101 个不同尺寸的 Al 团簇低能结构的设计和筛选。该案例属分子动力学和机器学习相结合的案例。

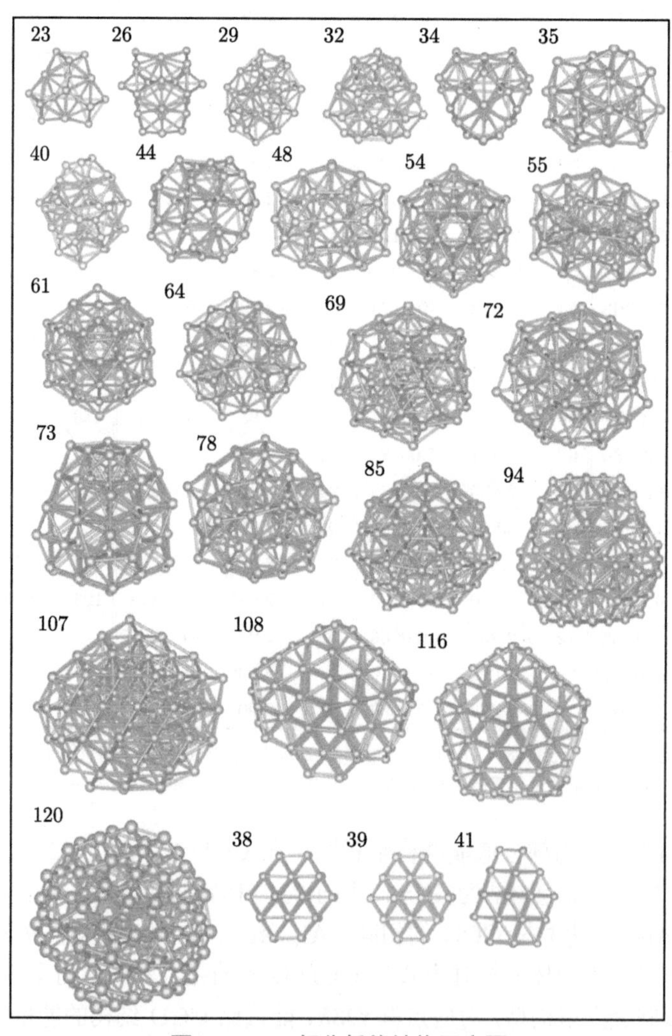

图 15.13　部分低能结构示意图

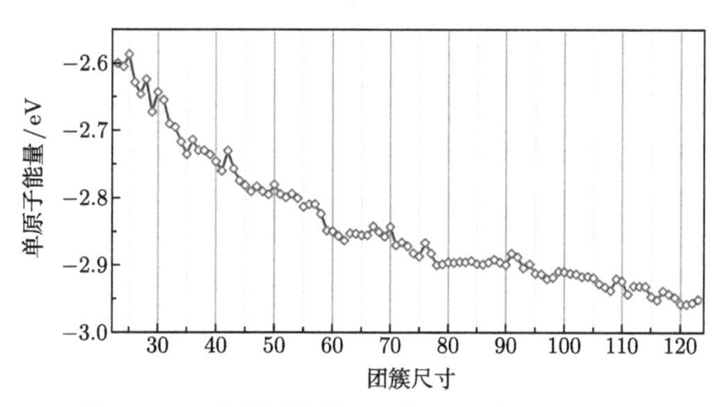

图 15.14　低能结构单原子能量与团簇尺寸关系图

15.2　高 熵 合 金

高熵合金（high-entropy alloys，HEA），是由五种或五种以上等量或大约等量金属形成的合金。高熵合金和以往的合金不同，有多种金属却不会脆化，是一种新的材料。研究发现有些高熵合金的比强度比传统合金好很多，而且抗断裂能力、抗拉强度、抗腐蚀及抗氧化特性都比传统的合金要好。

虽然高熵合金只有 15 年的研究历史，但是由于具有耐火性、磁性、强度/延展性、耐腐蚀性等特性以及独特的成分设计、简单的微观结构、优异的性能而受到广泛关注。然而制约轻质高熵合金发展的因素也很多，主要为理论机制的不完善、制备工艺的不成熟以及生产成本高昂。目前对轻质高熵合金的研究集中在根据现有的理论及生产水平，设计密度低、力学性能优异的新型合金。

15.2.1　金属掺杂 CoFeMnNiX 的高温合金的磁性研究

高熵合金的磁性能对基体合金、合金元素的添加以及由此产生的相晶体结构非常敏感，因此高熵合金的磁性能也受到广泛的关注。前期研究表明在合金中添加不同的元素会产生不同的磁化饱和度值（M_s）；并且一些高度有序晶体结构的合金由于体系的部分元素（例如 Mn）表现出铁磁性而合金中其他原子的磁矩非常小，其中不同的元素占据特定的晶格位置，因此其磁性能与元素类型及其在结构中的占据情况密切相关。

Heusler 合金具有高度有序的晶体结构，因此本案例作者研究构成传统形状记忆型 Heusler 合金元素混合时的磁性行为。为了从根本上理解实验观测，本案例 [4] 先通过第一性原理计算 (VASP)，揭示了所选单相合金在 0 K 温度下的原子、电子的磁结构特征，再使用第一性原理分子动力学 (AIMD) 模拟来帮助分析凝固过程中相的形成，模拟了它们在液体中的原子结构。

1. 磁行为：电子态密度计算

在 CoFeMnNi 结构上用 Cr 和 Al 原子替换 Ni 原子可得到 3 个高熵合金结构，基于此 3 个结构进行磁性计算。图 15.15 为纯 CoFeMnNi 及掺杂结构的电子和磁性质的变化。从图 15.15（a）可以看出，CoFeMnNi 和 CoFeMnNiCr 上下自旋的总电子态密度 (DOS) 比 CoFeMnNiAl 更对称。过渡金属的 d 轨道 DOS 在

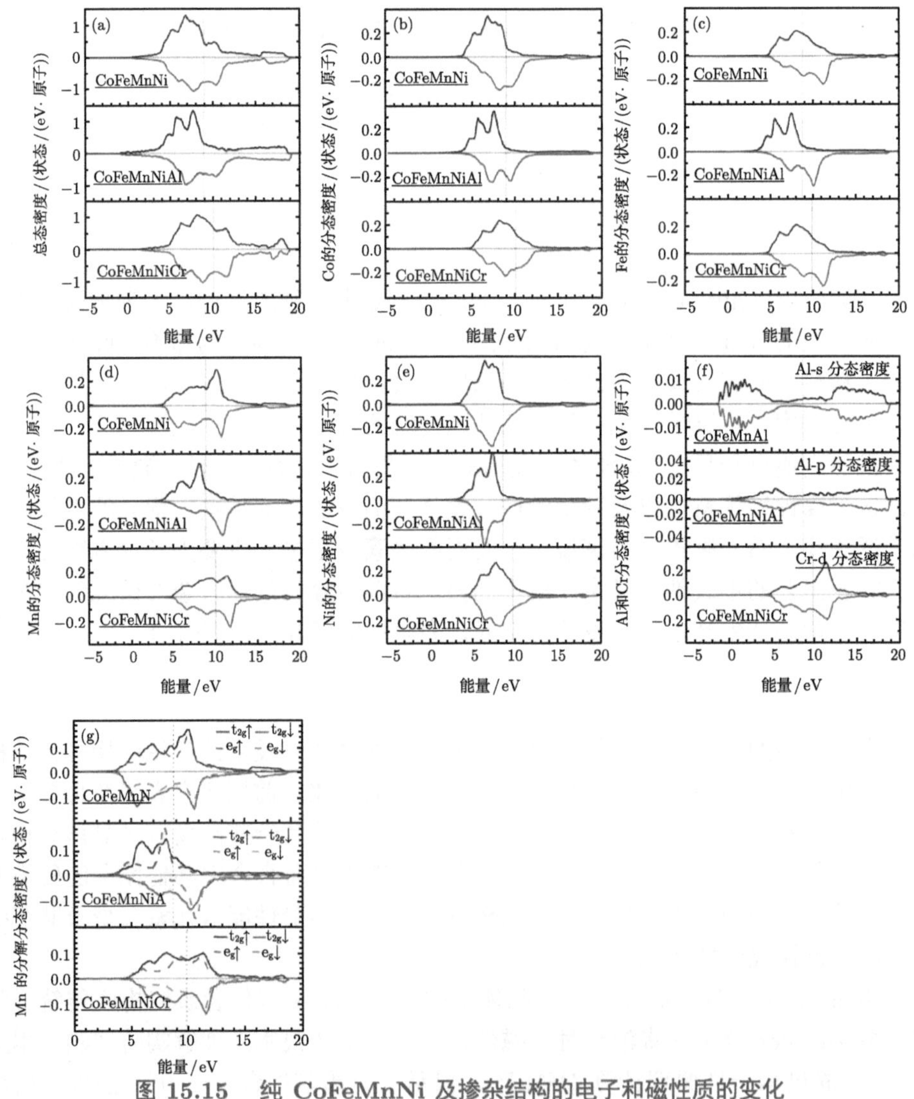

图 15.15　纯 CoFeMnNi 及掺杂结构的电子和磁性质的变化

（a）自旋极化总 DOS；（b）Co-d 的 PDOS；（c）Fe-d 的 PDOS；（d）Mn-d 的 PDOS；（e）Ni-d 的 PDOS；（f）Al-s、Al-p 和 Cr-d 的 PDOS；(g) Mn-d 的轨道分解 PDOS

其物理性质中起着至关重要的作用，因此 Co、Fe、Mn、Ni、Al、Cr 的 d 轨道分态密度（PDOS）分别如图 15.15（b）～（f）所示。结果显示 Al 的加入引起的最显著变化是 Mn 的多数自旋峰从费米能级到费米能级以下的移动，从反铁磁顺序切换引起的铁磁秩序，导致磁化显著增加；费米能级以上的部分 Fe 多数自旋态也在费米能级以下移动，进一步增强了其磁化强度。如图 15.15（b）所示，Cr 的添加导致 Co 自旋态的少数峰从费米能级以上移到费米能级以下，从高自旋态变为低自旋态。Al 和 Cr 的自旋向上和自旋向下的分布是相当对称的，这表明它们对合金磁化的直接贡献是微不足道的。

晶体场可以将 d 轨道分成两组：$t_{2g}(dxy, dyz, dxz)$ 和 $e_g(dz^2, dx^2-y^2)$。图 15.15(g) 为 Mn 的 t_{2g} 和 e_g 的轨道分态密度，结果表明 Cr 的加入对 Mn-d 波段影响不大，Al 的加入显著降低了 Mn-d 波段的宽度，增加了交换分裂，Mn 位点由反铁磁阶变为铁磁阶。

2. 磁行为：单原子局域磁矩的计算

图 15.16 所示为三种合金体系在 0K 温度下预测的单个原子局部磁矩。结果表明对于所有合金体系，Fe 的磁矩比 Co 高，而 Ni 的磁矩接近于零。CoFeMnNi 中 Co、Fe、Ni 表现为类铁磁性，Mn 表现为反铁磁性。Cr 的掺杂对 CoFeMnNi 的整体作用是降低磁矩的大小，导致原子在磁矩中有较大的散射，表明由于 Cr 的加入，磁矩对相邻原子的敏感性。Al 的掺杂减少了 Mn 的下旋次数，从而使合金表现出类铁磁性。

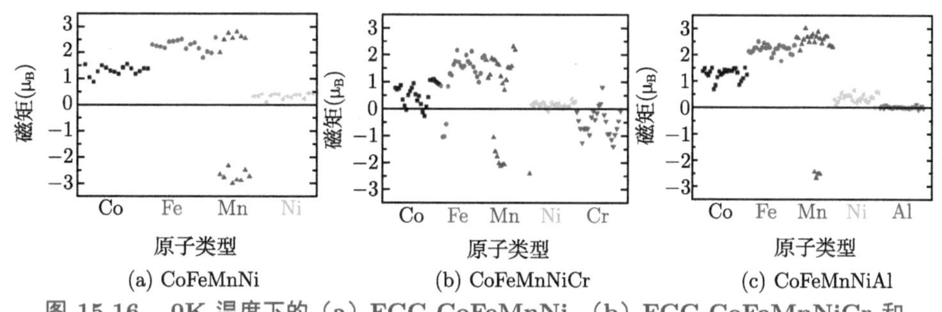

图 15.16　0K 温度下的（a）FCC-CoFeMnNi，（b）FCC-CoFeMnNiCr 和（c）BCC CoFeMnNiAl 中单个原子的磁矩

3. 相的有序无序：径向分布函数的计算

Al/Ga/Sn 和 Co/Fe/Mn/Ni 元素在原子尺寸和化学性质上存在明显的差异，用 Al/Ga/Sn 替换结构中的 Ni 是为了更好地理解凝固过程中的相形成。第一性原理分子动力学模拟的结果表明，Al、Ga、Sn 等元素的加入使液相中出现较强的短期有序，有利于凝固过程中有序相的形成。

案例启示与总结：第一性原理计算和第一性原理分子动力学相结合的方法，可开展高熵合金结构的设计和筛选：通过第一性原理计算模拟，得到所选单相合金在 0 K 温度下的原子、电子的磁结构，之后采用第一性原理分子动力学模拟来帮助分析凝固过程中相的形成。属于典型的多尺度材料计算。

15.2.2 稀铝钼对 FeNiCoCr 基高熵合金层错和孪晶形成的影响

无序晶面缺陷引起的层错是常见的面心立方晶格 (face centered cubic, FCC) 中最重要的滑移机制之一。这些缺陷可以引发孪生，从而增强高熵合金在低温下的力学性能。因此，系统地研究溶质原子引起层错的形成，将有助于理解 FeNiCoCr 基高熵合金的孪晶和相变。

本案例中，香港城市大学作者 [5] 先利用第一性原理方法计算了高熵合金中内因和外因层错以及 HCP 相变的稳定性，然后计算了最小能量路径来量化由于原子面滑移而发生相变的容易程度。最后，通过分子动力学计算，使用均方原子位移 (MSAD) 来量化每个结构中的晶格畸变。

1. 晶格畸变：晶格参数和内聚能的计算

如图 15.17 所示为 FeNiCoCr 的不同滑移平面的结构示意图（分别是面心立方晶格 (FCC)，本征层错 (ISFE) 的面心立方，非本征层错 (ESFE) 的面心立方，两个层错引入面心立方 (PTE)），并搭建相应的理论模型（图 15.18），计算上述不同滑移结构的晶格参数和内聚能（表 15.6）。

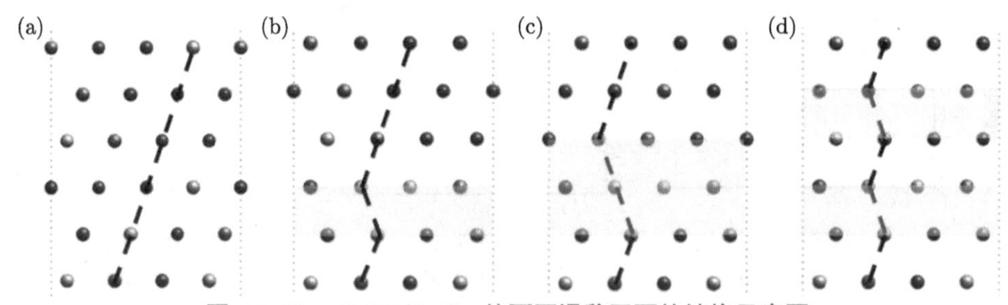

图 15.17 FeNiCoCr 的不同滑移平面的结构示意图

（a）原始面心立方晶格 (FCC)，（b）具有本征层错 (ISFE) 的面心立方，（c）具有非本征层错 (ESFE) 的面心立方，（d）两个层错引入面心立方 (PTE) 形成的密排立方

结果表明在 FeNiCoCr 中添加具有更大的原子和离子半径的 Mo 或 Al 原子都会增加晶格常数，导致不同的晶格畸变方式；钼的原子和离子半径与基体中的 Fe、Ni、Co、Cr 原子相近；铝具有较小的离子半径可能是造成晶格常数降低的原因之一。

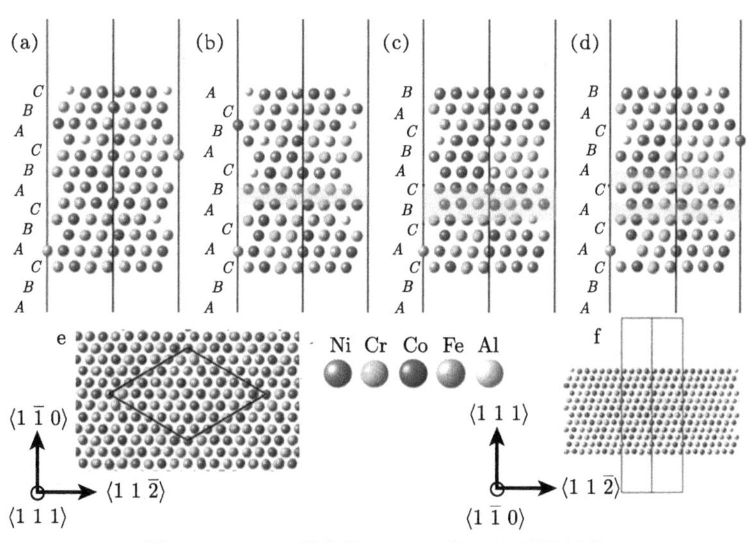

图 15.18　所研究的 HEA 的理论模拟结构

表 15.6　不同 FeNiCoCr 的不同滑移平面的结构的晶格参数和内聚能

结构	FCC		ISF		ESF		HCP	
	Al	Mo	Al	Mo	Al	Mo	Al	Mo
晶格参数/Å	3.4954	3.5104	3.4956	3.5145	3.4970	3.5152	2.4763 4.2461	2.4909 4.0838
内聚能/(eV/原子)	−4.5327	−4.6677	−4.5346	−4.6682	−4.5317	−4.6682	−4.5427	−4.6763

2. 结构稳定性：层错能的计算

表 15.7 表明在低温下，含铝和钼的非固有层错高熵合金结构的 FCC 能量比原始的 FCC 能量更低，结构更稳定。为了检验局部化学环境引起的统计不确定性，文章作者计算了不同原子层滑动引起的堆垛层错能，如表 15.8 所示。结果表明不同层数的 SFE 差异较大，且局部化学环境对层错能的结果有显著的影响。

表 15.7　FCC 和 HCP 相结构的层错能和能量差

结构	γ_{isf}		γ_{esf}		E_{hcp}	
	Al	Mo	Al	Mo	Al	Mo
SFE/(meV/Å)	−2.2	−0.56	1.1	−0.62	−12	−9.6
SFE/(mJ/m^2)	−35	−9	18	−10	−185	−153

表 15.8　Al 和 Mo 掺杂高熵合金的 6 层薄膜结构中不同滑动层引起的堆垛层错能

体系	$Al_{0.36}FeNiCoCr$					
层	1st	2nd	3rd	4th	5th	6th
$\gamma_{isf}/(meV/Å^2)$	−7.0	0.62	0.5	−2.2	−2.1	−4.6
$\gamma_{isf}/(mJ/m^2)$	−112	10	8	−35	−33	−74
体系	$Mo_{0.36}FeNiCoCr$					
层	1st	2nd	3rd	4th	5th	6th
$\gamma_{isf}/(meV/Å^2)$	−1.9	−0.12	−0.37	−0.56	0.56	0.69
$\gamma_{isf}/(mJ/m^2)$	31	−2	−59	−9	9	11

3. 热力学稳定性：吉布斯自由能的计算

如图 15.19 所示给出了 $FeNiCoCrAl_{0.36}$ 高熵合金 FCC 和 HCP 相随温度变化的吉布斯自由能差值，结果表明随着温度的升高，FCC 相比 HCP 相更稳定。

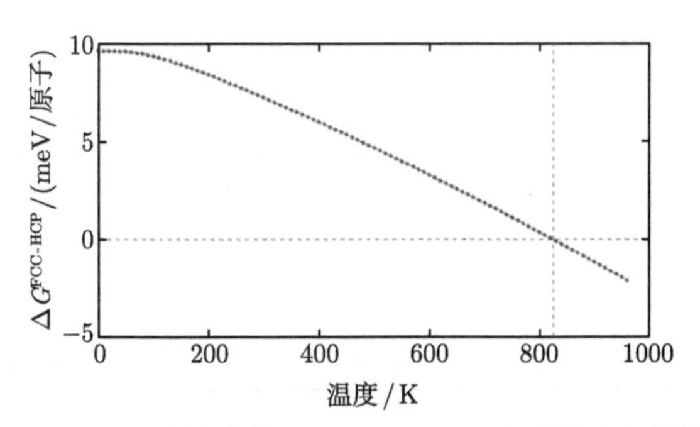

图 15.19　$FeNiCoCrAl_{0.36}$ 高熵合金 FCC 和 HCP 相随温度变化的吉布斯自由能差值

4. 相变难易程度：迁移势垒和活化能的计算

如图 15.20 所示，较高的 ESFE(在 $Al_{0.36}FeNiCoCr$ 中明显，在 $Mo_{0.36}FeNiCoCr$ 中轻微) 表明层错生长形成孪晶可能不是有利的变形方式。相反，这两种样品的 PTE 和能垒都很低，证明了倾向于通过跳过一个原子面而形成一个又一个的平行层错更有可能是孪晶生长的变形路径。

5. 晶格畸变：均方原子位移

开展分子动力学计算，进行均方原子位移分析。如图 15.21 所示，各元素的均方原子位移（mean square atom displacement, MSAD）结果表明固有内错产生后，先前的晶格畸变减小了一定程度，尤其是 Fe 原子，这可能是导致负层错能的因素之一。含 Al 原子的高熵合金与含 Mo 原子的高熵合金相比，其层错引起的晶格畸变的变化也更剧烈，会降低高熵合金的稳定性。因此降低晶格畸变是导致 $Al_{0.36}FeNiCoCr$ 层错能降低的原因。

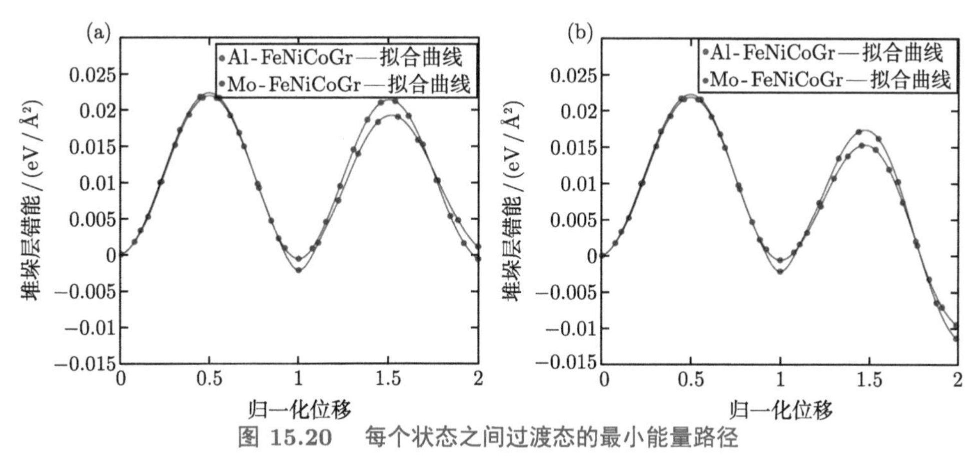

图 15.20　每个状态之间过渡态的最小能量路径

（a）从 FCC 到 ISF 再到 ESF 的能量壁垒；（b）从 FCC 到 ISF 再到 HCP 的能量壁垒

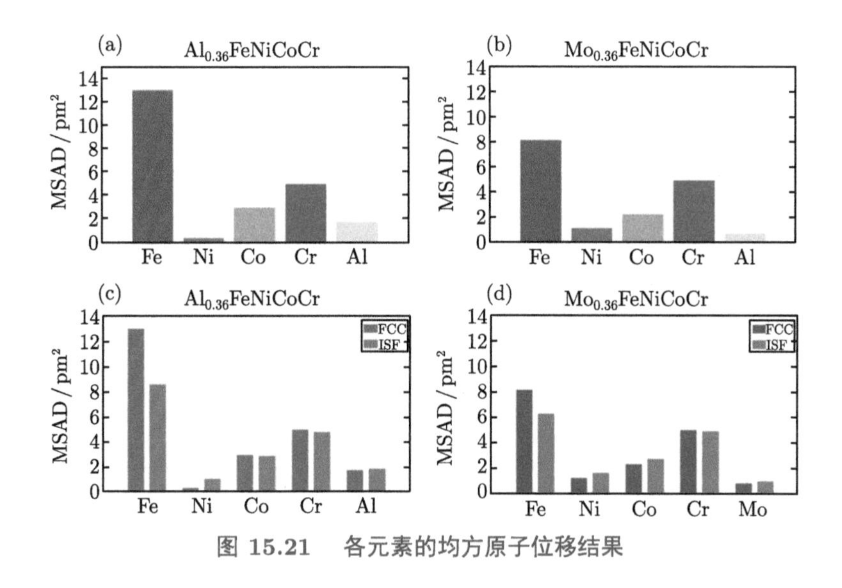

图 15.21　各元素的均方原子位移结果

案例启示与总结：量子力学和分子动力学相结合的方法，可开展高熵合金结构的计算：通过量子力学模拟，获得了不同滑移结构，并基于以上结构进行相变难易程度的计算；通过分子动力学的均方原子位移来量化每个结构中的晶格畸变，属于典型的高通量多尺度、多性能材料计算。

参 考 文 献

[1] 熊朝. Mg-Al 二元合金熔体中固液界面结构与特性的分子动力学研究. 南昌: 南昌大学.

[2] Palizhati A, Zhong W, Tran K, et al. Toward predicting intermetallics surface properties with high throughput DFT and convolutional neural networks. J. Chem. Inf. Model, 2019, 59: 4742-4749.

[3] Tuo P, Ye X B, Pan B C. A machine learning based deep potential for seeking the low-lying candidates of Al clusters. J. Chem. Phys., 2020, 152(11): 114105.

[4] Zuo T, Gao M C, Ouyang L, et al. Tailoring magnetic behavior of CoFeMnNiX (X = Al, Cr, Ga, and Sn) high entropy alloys by metal doping. Acta Materialia, 2017, 130: 10-18.

[5] Yu P, Zhuang Y, Chou J. The influence of dilute aluminum and molybdenum on stacking fault and twin formation in FeNiCoCr based high entropy alloys based on density functional theory. Scientific Reports, 2019, 9(1): 1-8.

第 16 章 材料计算、数据、AI案例之石油化工篇

16.1 催 化 剂

催化技术能够高效率、低成本地利用及转化太阳能，解决能源短缺与环境污染两大社会危机，但绝大多数光催化材料的活性和效率不高，此问题亟待解决。传统的催化剂设计依赖的试错法会消耗大量的时间和人力物力成本。而如今，计算化学的发展为设计催化剂提供了更加理性和高效的方法。密度泛函理论和其他理论方法可以帮助研究者在分子层面确定反应机理，机器学习最近已被应用于各种领域，通过与高通量实验的结合加速新催化剂材料的发现。

16.1.1 铈和铂掺杂钙钛矿催化剂的第一性原理研究

自氨氧化制硝酸工业化生产以来，一直都使用铂网作为催化剂，其性能已相当优异，但是副反应的发生降低了反应活性和选择性。在氨氧化催化反应中，钙钛矿或类钙钛矿材料对氧化氮（NO）具有较高的催化选择性。掺杂是改善催化剂的常用方法之一，但是用于氨氧化催化反应的掺杂钙钛矿催化剂研究较少。

本案例 [1] 讲述了采用醇盐法制备铈和铂掺杂的钙钛矿催化材料，根据表征结果研究材料的结构和性能，基于 CASTEP 第一性原理计算掺杂材料的形成能、吸附能和态密度，并与纯铂进行对比，从理论上解释掺杂材料和铂催化材料的催化性能，进而寻求改善催化材料的性能和设计的途径。

1. 模型搭建：不同掺杂钙钛矿催化剂的模型搭建

如图 16.1 所示，扩建 100 个原子的 $CaTiO_3$ 超胞结构，并搭建终结面为 TiO_2、真空层为 1.5nm 的表面模型。将表面模型中的一个钛原子用铂替换得到 $CaTi_{0.95}Pt_{0.05}O_3$ 的模型，并进一步用铈原子取代一个钛原子，得到 $CaTi_{0.9}Pt_{0.05}Ce_{0.05}O_3$ 模型，共得到 3 个结构。

2. 通过形成能判断掺杂结构的难易程度和稳定性

掺杂取代形成能 (E_{form}) 的公式：$E_{form} = (E_{comp} - E_{CaTiO_3} + \mu_M - \mu_{Ca})/N$

由表 16.1 结果可知，$CaTi_{0.9}Pt_{0.05}Ce_{0.05}O_3$ 的形成能最大，表明形成这个体系的难度最大，与实验上 TEM 分析结果相一致，其稳定性较差。

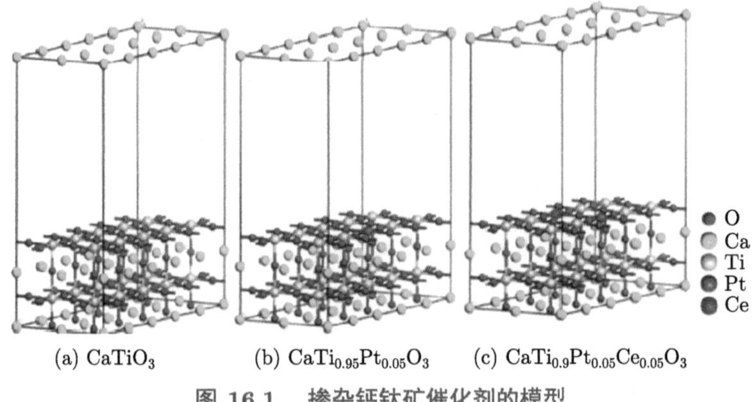

图 16.1 掺杂钙钛矿催化剂的模型

表 16.1 钙钛矿材料的形成能

体系	E_{form} /eV
$CaTiO_3$	0
$CaTi_{0.95}Pt_{0.05}O_3$	1.18
$CaTi_{0.9}Pt_{0.05}Ce_{0.05}O_3$	1.67

3. 掺杂钙钛矿催化剂的电子性质

如图 16.2 所示为掺杂后体系与纯钙钛矿体系的总态密度对比分析图，可知费米能级的两侧有两个尖峰，说明存在“赝能隙”。赝能隙反映了体系成键的共价性强弱，赝能隙越宽，说明共价性越强，掺杂后体系中的共价性降低了，原子之间结合作用变弱，其结果与形成能计算结果、实验中的晶体结构分析结果相一致。

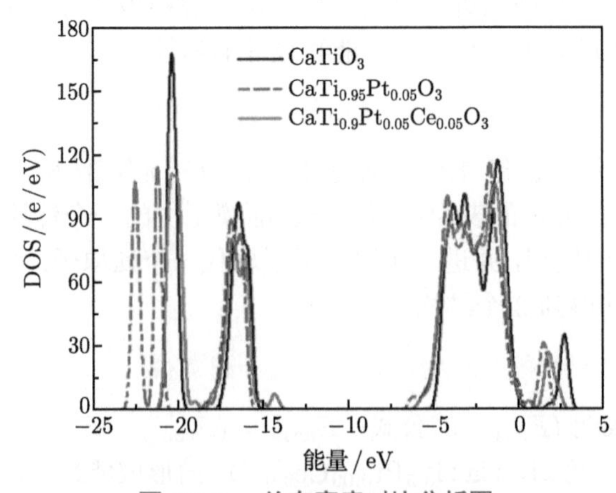

图 16.2 总态密度对比分析图

如图 16.3 所示为 N 和 Pt 的成键图。两个掺杂体系中氮原子的 p 轨道与铂原子的 d 轨道均发生重叠，表明氮原子和铂原子之间杂化成键。在 $CaTi_{0.95}Pt_{0.05}O_3$ 体系中，铂原子的价电子数明显高于处于 $CaTi_{0.9}Pt_{0.05}Ce_{0.05}O_3$ 体系中的铂原子价电子数。态密度右移并且费米能级处的电子数不为 0，表明 $CaTi_{0.95}Pt_{0.05}O_3$ 体系的电子结合能力更强，成键稳定，吸附强度大。

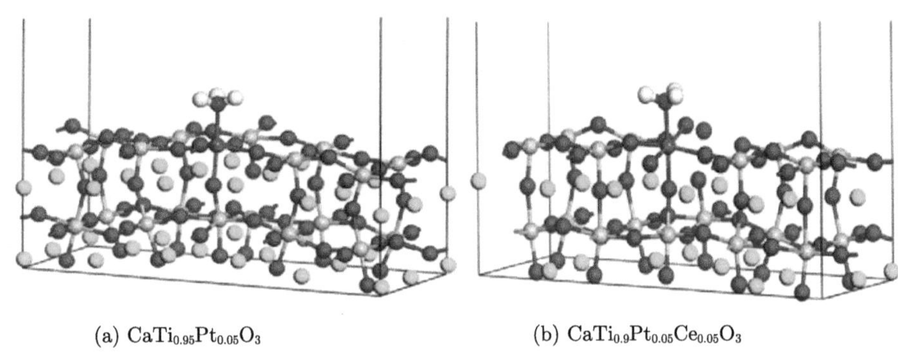

(a) $CaTi_{0.95}Pt_{0.05}O_3$　　(b) $CaTi_{0.9}Pt_{0.05}Ce_{0.05}O_3$

图 16.3　N 和 Pt 的成键图

4. 掺杂钙钛矿催化剂吸附 NH_3 的性质计算

吸附能公式：$E_{\text{ads}} = E_{\text{slab}}^{\text{ads}} - E_{\text{slab}} - E_{\text{tot}}^{\text{ads}}$

搭建如图 16.4 所示的 Pt(111) 面的 NH_3 吸附模型，用吸附公式计算 NH_3 与 Pt(111) 和铂铈掺杂钙钛矿体系的相互作用和吸附能。结果表明，Pt(111) 和 $CaTi_{0.9}Pt_{0.05}Ce_{0.05}O_3$ 的吸附能比较接近而 $CaTi_{0.95}Pt_{0.05}O_3$ 的吸附能最大。因此少量铈的掺杂降低了体系的吸附能，有利于催化材料的吸附和脱附。表 16.2 为对 NH_3 的吸附能计算值。

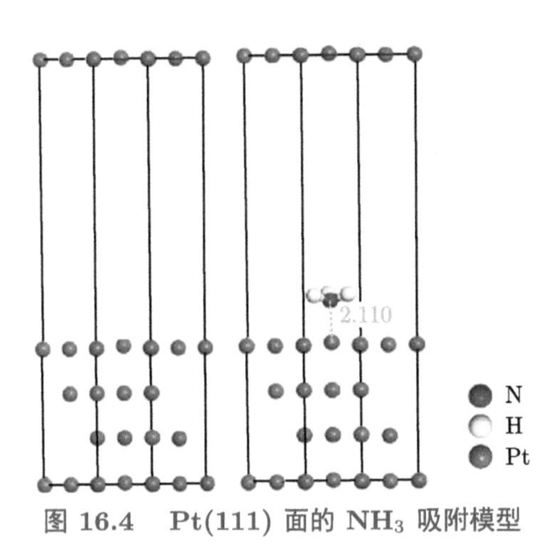

图 16.4　Pt(111) 面的 NH_3 吸附模型

表 16.2 对 NH_3 的吸附能计算值

样本	Δd/nm	E_{ads}/eV
Pt	0.2110	0.72
$CaTi_{0.95}Pt_{0.05}O_3$	0.2112	2.55
$CaTi_{0.9}Pt_{0.05}Ce_{0.05}O_3$	0.2127	0.95

案例启示与总结：量子力学可开展掺杂催化材料的设计和筛选：通过量子力学计算掺杂材料的各个性质（形成能、吸附能和态密度），从而探究掺杂对催化材料性能的影响，设计高催化性能的材料。

16.1.2 单水分子在低折射率金红石型 TiO_2 表面的吸附与分解

在光催化技术中，水不仅可以提供一个反应环境 (因为大多数光催化反应发生在水环境中)，还可以直接或间接地参与光催化反应。TiO_2 是一种典型的常规光催化剂，一直被用作研究光催化机理的原型，从而开发出新型高效光催化剂。因此更好地了解水在 TiO_2 表面的吸附行为和分解过程，有助于进一步开发高效光催化剂。

本案例 [2] 中，作者通过第一性原理计算（CASTEP），系统地研究了水在锐钛矿型 TiO_2 表面 (包括低折射率完美表面、改性 (101) 表面和水/TiO_2 界面) 上的吸附行为，研究结果为进一步开发高效光催化剂提供了一个新的视角。

1. 模型搭建：不同表面不同状态水分子吸附模型的构建

晶体结构可构建不同终结面的表面结构，而每个表面结构根据表面吸附位点的不同，可得到不同的吸附模型。如图 16.5~ 图 16.7 所示为金红石型 TiO_2(110)、(100)、(001) 表面及不同状态水分子的吸附模型。

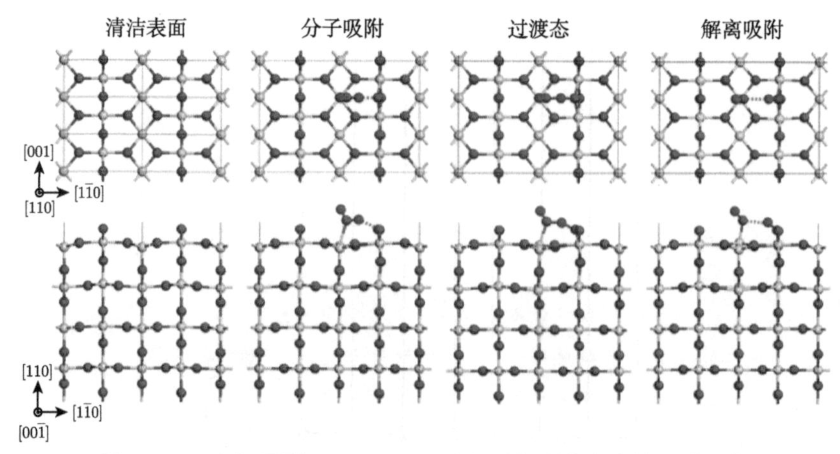

图 16.5 金红石型 TiO_2(110) 表面及不同状态水的吸附形态

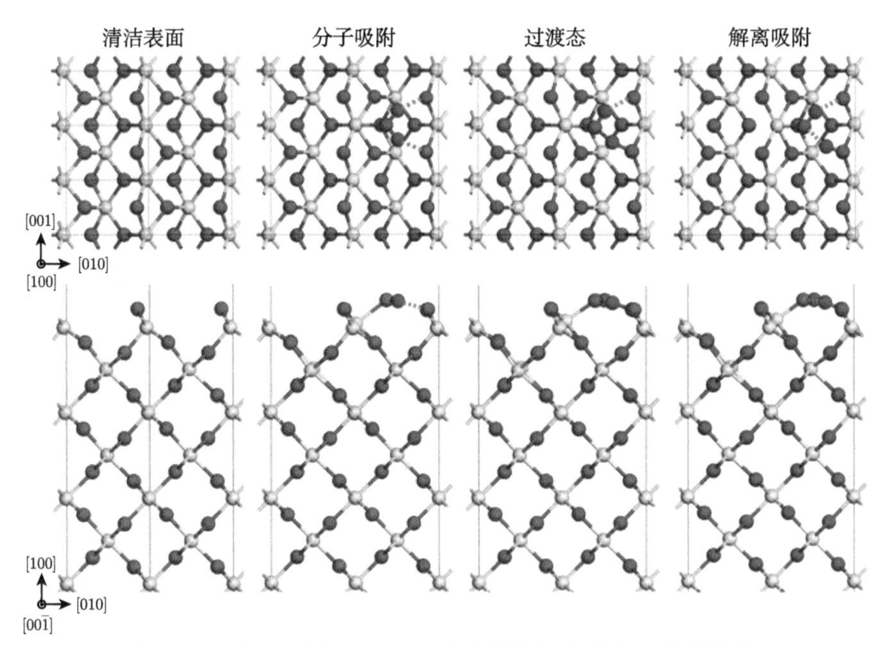

图 16.6　金红石型 $TiO_2(100)$ 表面及不同状态水的吸附形态

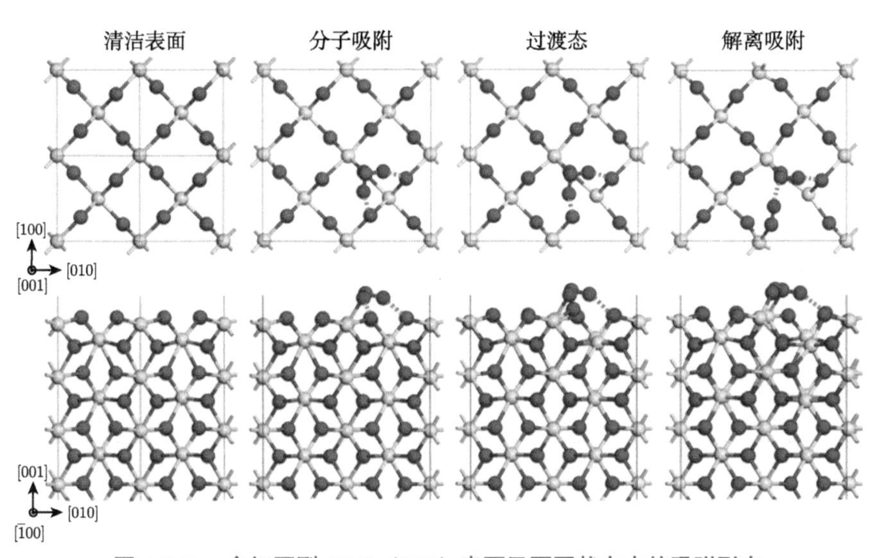

图 16.7　金红石型 $TiO_2(001)$ 表面及不同状态水的吸附形态

2. 过渡态计算：不同表面不同状态水分子吸附模型

如图 16.8 所示，结果表明在 (110) 或 (001) 表面，水的解离吸附是一种稳定的状态，说明这些表面上水的分解反应属于放热反应，而在 (100) 表面上水的分解属于吸热反应。因此，对于水的部分分解，(100) 面反应活性低于 (110) 面，而 (001) 面反应活性最高。

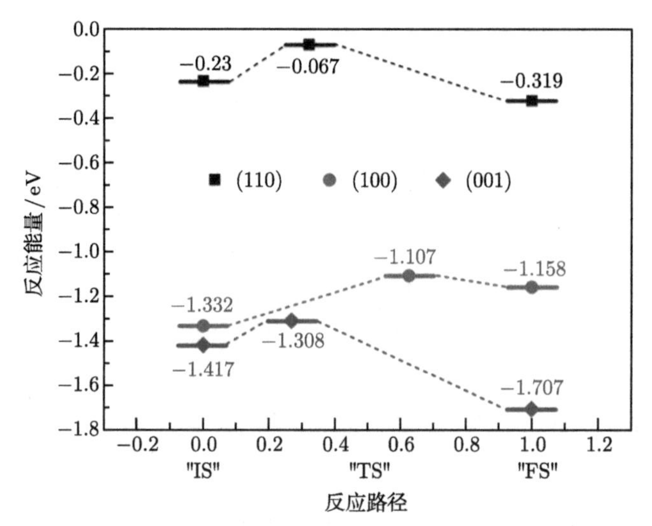

图 16.8　低折射率金红石型 TiO_2 表面水分解反应途径的比较

表 16.3 结果表明 (001) 表面的水分解活化能最小，最终分解产物为两个表面吸附的羟基自由基。由于金红石 (001) 表面较为平坦，与水分子或分解产物的相互作用更强，因此最容易在金红石 (001) 表面进行光催化水分解或光催化反应。

表 16.3　水在低折射率金红石型 TiO_2 表面的活化能和反应能的主要构成

	活化能/eV				反应能/eV			
	E_{act}	E_{diss}	E_{def}	ΔE_{inter}	E_{react}	E_{diss}	E_{def}	ΔE_{inter}
(110)	0.163	1.266	0.734	−1.837	−0.089	5.457	1.947	−7.493
(100)	0.225	0.943	0.918	−1.636	0.174	3.048	1.582	−4.456
(001)	0.109	0.125	0.513	−0.529	−0.290	2.953	1.387	−4.630

注：E_{act} 为活化能；E_{diss} 为水的解离能；E_{def} 为形变能；ΔE_{inter} 为水和表面交互的能量差异；E_{react} 为反应能。

案例启示与总结：通过量子力学模拟，研究了水在锐钛矿型 TiO_2 不同表面、不同吸附位点上的吸附行为，探究催化机理并进一步开发高效光催化剂。

16.1.3　Pt_3 团簇修饰的 Co@Pd 和 Ni@Pd 型氧还原核壳催化剂设计

燃料电池作为一种直接将氢和氧转化为水和废热的发电方式而受到越来越多的关注，在商业贵金属例如 Pt 或 Pd 催化剂下，阴极的氧化还原反应会造成电压损失。高成本的氧还原反应催化剂是燃料电池商业化的一个关键障碍，急需开发低成本、低贵金属含量、高活性和高稳定性的氧化还原反应催化剂。

本案例 [3] 中，作者利用 VASP 第一性原理计算，设计了小尺寸 Pt_3 簇修饰核壳结构 (例如以 Co 或 Ni 为核层，Pd 为壳层) 的模型催化剂。通过计算不同模型的解离、吸附能、d 带中心，预测其氧化还原反应性能，从而设计具有高稳定性和氧化还原反应活性的催化剂材料。

1. 模型搭建：不同催化剂材料的模型搭建

实验结果并未明确 Pt_3 原子团簇是吸附在晶体表面还是进入晶格中。基于这个问题，构建了不同基底表面结构、不同厚度、不同吸附位点的催化剂模型。如图 16.9 所示为不同基底表面结构的吸附模型，如图 16.10 所示为在此基础上改变基底模型的厚度及吸附位点结构的催化剂模型。

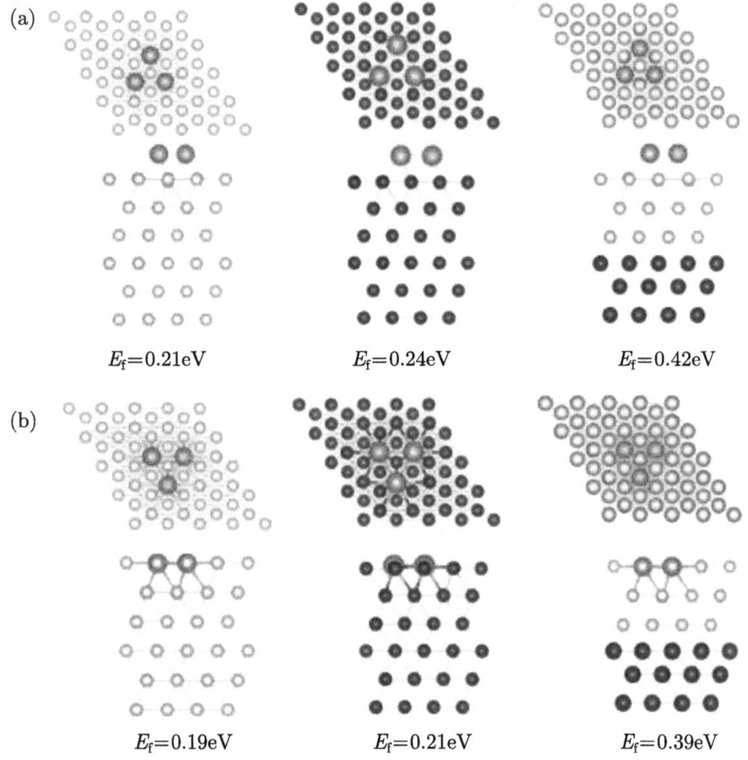

图 16.9　(a) Pt_3^{hcp} 吸附模型，(b) Pt_3/6L-Pd、Pt_3/6L-Co 和 Pt_3/3L-Pd/3L-Co 表面的 Pt_3^{hcp} 取代模型

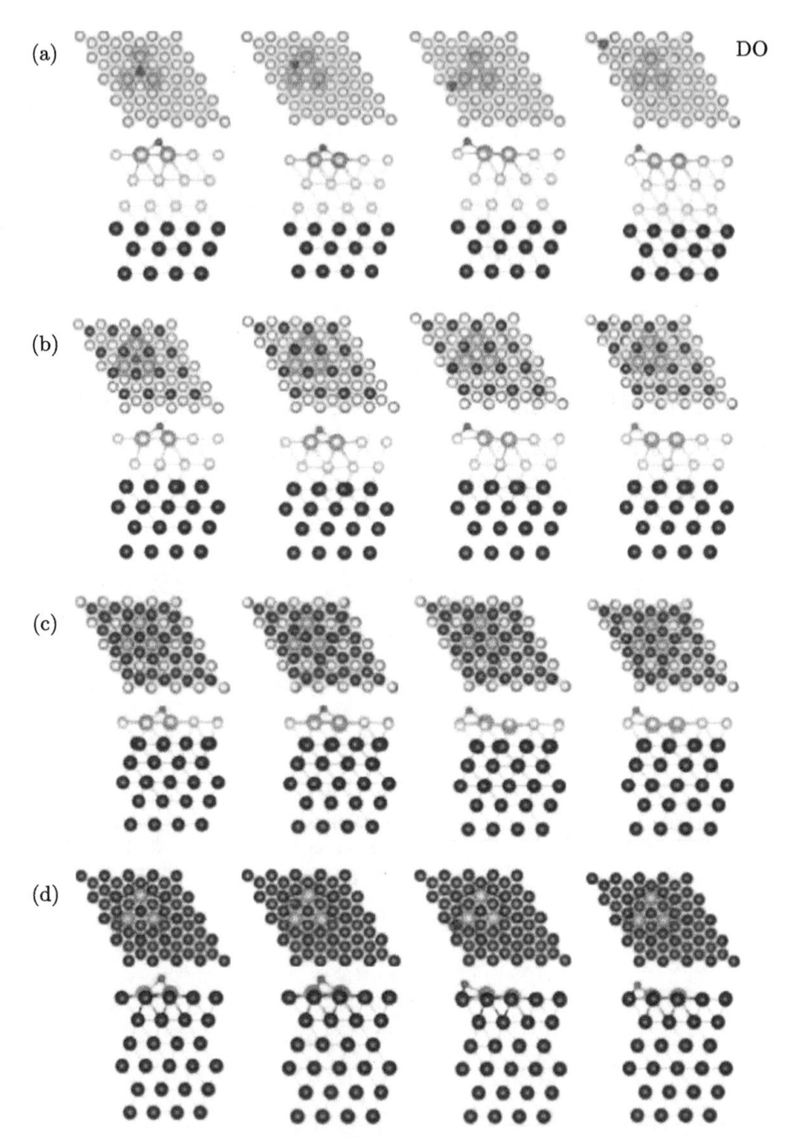

图 16.10　不同 Pd(111) 厚度 Pt_3^{hcp} 取代模型上吸附氧原子的俯视图和侧视图

(a) Pt_3^{hcp}/3L-Pd/3L-Co; (b) Pt_3^{hcp}/2L-Pd/4L-Co; (c) Pt_3^{hcp}/1L-Pd/5L-Co，从左到右分别代表吸附在 Pt_3-h、Pt_2Pd-h、$PtPd_2$-h 和 Pd_3-Co 上的氧原子; (d) Pt_3^{hcp}/6L-Co

2. 稳定性：不同催化材料的吸附能计算

表 16.4 计算了双金属 (Pt_3/Pd 或 Pt_3/Co) 和三金属 (Pt_3/3L-Pd/3L-Co) 表面吸附和取代模型的原子氧吸附能。对于这三种体系，Pt_3/6L-Pd、Pt_3/6L-Co 和 Pt_3/3L-Pd/3L-Co 的 hcp/fcc 吸附模型的原子氧吸附能都比取代模型更负。这些

结果表明，Pt_3 吸附模型比 Pt_3 取代模型对氧气的吸附能力更强。

表 16.4　原子氧在 Pt_3/6L-Pd、Pt_3/6L-Co 和 Pt_3/3L-Pd/3L-Co 体系模型吸附和取代的吸附能

体系	E_{ads}			
	Pt_3^{hcp} ads.	Pt_3^{fcc} ads.	Pt_3^{hcp} subs.	Pt_3^{fcc} subs.
$Pt_3/6\ L-Pd$	−1.45	−1.38	−1.00	−1.27
$Pt_3/6\ L-Co$	−1.29	−1.34	−0.73	−0.80
$Pt_3/3\ L-Pd/3\ L-Co$	−1.46	−1.45	−0.97	−1.22

表 16.5 计算了不同模型体系中不同吸附位的原子氧吸附能，结果表明氧对 Co 或 Ni(111) 表面具有很高的亲和力，Pt_3/6L-Co 和 Pt_3/6L-Ni 双金属催化剂或纯 Co/Ni(111) 表面的氧吸附能为 $-2.3 \sim -2.6$ eV。而 Co 或 Ni 易发生氧化，随后催化剂失活。对于三金属催化剂模型，把 Pd 层看作壳层屏蔽，可以解决催化剂的氧化问题。

表 16.5　不同模型体系对应的不同吸附位的原子氧吸附能

体系		氧占位	E_{ads}			
			$n=0$	$n=1$	$n=2$	$n=3$
Pt_3/nL-Pd/$(6-n)$ L-Co	Pt_3^{hcp}	Pt_3-h	−0.73	−0.58	−0.91	−0.97
	Pt_3^{fcc}		−0.80	−0.57	−1.08	−1.22
	Pt_3^{hcp}	Pt_2X-h	−1.27	−0.73	−1.08	−1.22
	Pt_3^{fcc}		−1.25	−0.58	−0.97	−0.99
	Pt_3^{hcp}	PtX_2-h	−1.84	−0.93	−1.27	−1.36
	Pt_3^{fcc}		−1.80	−0.86	−1.13	−1.18
	Pt_3^{hcp}	X_3-H	−2.39	−0.78	−1.20	−1.29
	Pt_3^{fcc}		−2.27	−0.88	−1.07	−1.13
纯金属	Pt(111)	hcp/fcc	−0.82/ − 1.24			
	Pd(111)		−1.15/ − 1.34			
	Co(111)		−2.63/ − 2.55			
	Ni(111)		−2.26/ − 2.38			

当用少量 Pt_3 修饰的模型催化剂吸附原子氧时，表 16.6 结果表明它们的氧吸附能随吸附位附近 Pt 的数目和 Pd 层厚度的不同而不同。在 Pt 负载量低的情况下，Pt 原子较多的空位对氧的吸附略弱于 Pt 原子较少的空位。氧吸附能的明显变化在于钯层的厚度。纯 Pd(111) 面上的吸附能约为 −1.3eV。当 Co 或 Ni(111) 载体上的钯层较厚时，吸附能可能较弱。相反，最优配置是在载体上只有单层 Pd，不仅在 Pt_3 空位上获得了中等吸附能 (∼ −0.6eV)，而且整个表面的氧吸附能分布也不均匀，<-1eV，平衡了 O-M 生成和 O 的去除/还原的竞争影响。

表 16.6　原子氧在 Pt_3^{hcp}/nL-Pd/$(6-n)$L-Ni($n=1$，2，3) 不同吸附位上的吸附能

体系	氧占位	E_{ads}/eV		
		$n=1$	$n=2$	$n=3$
Pt_3^{hcp}/nL-Pd /$(6-n)$L-Ni	Pt_3-h	−0.53	−0.92	−0.99
	Pt_2 Pd-h	−0.73	−1.11	−1.24
	$PtPd_2$-h	−0.96	−1.39	−1.39
	Pd_3-h	−0.86	−1.15	−1.27

3. d 带中心：催化剂氧化还原反应性能

d 带理论认为，吸附质和过渡金属表面之间的相互作用主要由金属表面的电子结构决定。对于给定的金属和吸附态，d 带中心 (ε_d) 是表征吸附态与表面 s 态和 d 态耦合强度的重要描述符，因此 d 带中心模型可以用于关联催化剂的氧化还原反应性能。如图 16.11 所示，显示了各位点所涉及表面原子的 ε_d 值之间的线性相关性和原子氧吸附在表面不同位置的吸附能。结果显示与 d 带理论一致，d 带中心位置离费米能级越远，氧吸附能越弱。

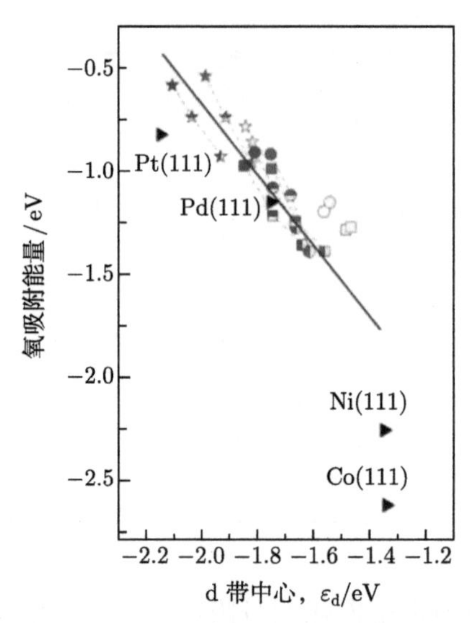

图 16.11　计算了原子氧在相关表面原子上的吸附能随 d 带中心 ε_d 的函数

结合几何分析和 d 带模型表明，低贵金属负载，即 Pt_3/1L-Pd/5L-M (M= Co 或 Ni)，加上一个 Pd 保护层，可以表现出较高的氧化还原反应催化活性。

4. 过渡态：O_2 离解机理

O_2 的吸附有多种可能的位点，桥位被证实是最稳定的。O_2 和两个原子级 O 原子吸附在表面上的几种稳定几何构型已得到探讨，图 16.12 列举了（a）～（c）

Pt_3^{hcp}/1L-Pd/5L-Co 和（e）～（g）Pt_3^{hcp}/1L-Pd/5L-Ni 表面各种可能性的初始状态、过渡状态和最终状态。

图 16.12（d）和 (h) 中，比较 Pt_3^{hcp}/1L-Pd/5L-Co 和 Pt_3^{hcp}/1L-Pd/5L-Ni 的 Pt-Pt、Pt-Pd 和 Pd-Pd 位上的 O-O 与 Pt(111) 上的离解能垒 ΔE，可知 Pt_3^{hcp}/1L-Pd/5L-Co(0.74eV、0.79eV 和 0.87eV) 和 Pt_3^{hcp}/1L-Pd/5L-Ni(0.59eV、0.64eV 和 0.72 eV) 的势垒均小于 Pt(111)(1.07 eV)。这些结果进一步证明了之前提出的具有低贵金属负载量的优化模型催化剂，即 Pd 为单一保护层的 Pt_3/1L-Pd/5L-M(M=Co 或 Ni) 催化剂，具有较高的氧化还原反应催化活性，特别是与 Pt 相比，优化模型催化剂的 O_2 分解步骤的活化能更低。

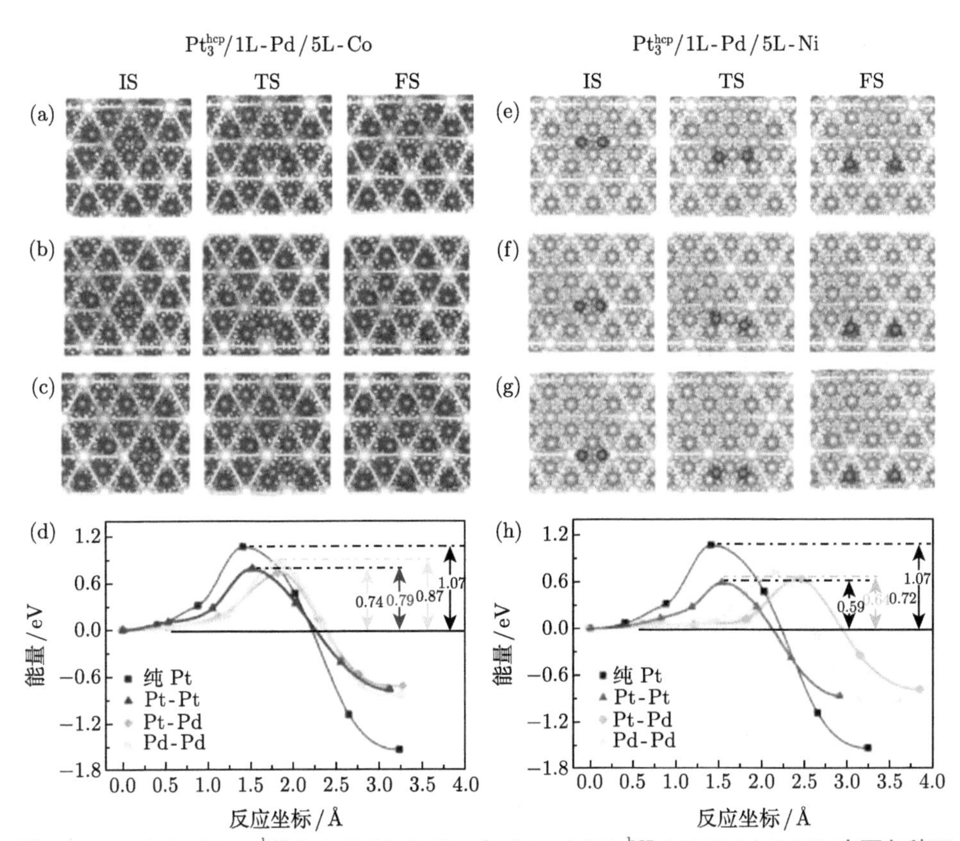

图 16.12　(a)～(c)Pt_3^{hcp}/1L-Pd/5L-Co 和 (e)～(g)Pt_3^{hcp}/1L-Pd/5L-Ni 表面各种可能性的初始状态、过渡状态和最终状态；（d）Pt_3^{hcp}/1L-Pd/5L-Co 表面和 (h)Pt_3^{hcp}/1L-Pd/5L-Ni 表面不同活性中心 Pt-Pt、Pt-Pd 和 Pd-Pd 上 O-O 解离能的能量分布

案例启示与总结：通过量子力学模拟，获取优化的催化剂结构，进而在优化的催化剂结构基础上，开展量子力学的多性质计算模拟，从而设计具有高稳定性

和氧化还原反应活性的催化剂材料，属于典型的高通量材料计算。

16.1.4 用于催化剂设计的机器学习特征工程

过渡金属是引导分子转化的通用催化剂。对于给定的金属，其表面反应性可以通过改变活性位点附近的几何特征 (如配位、应变)、金属配体和外部因素 (如溶剂化) 来调整。随着催化剂设计的层次复杂性增强，对表面金属原子的化学反应性的预测是非常重要的。

催化材料的巨大相空间跨越了结构和组成自由度，为了尽量进行材料筛选，本案例 [4] 中，作者结合量子化学计算（Quantum ESPRESSO 软件包）和机器学习方法（PyBrain 软件包）进行催化剂化学吸附模型设计。机器学习化学吸附模型通过人工神经网络捕获复杂的、非线性的吸附质/底物相互作用，从而实现对催化材料空间的大规模探索。在机器学习化学吸附模型中设计表面原子的数值表示，从而可以方便地预测金属催化剂的表面反应性。

1. 模型搭建：不同终结面的界面模型构建

搭建 4×2×4 二元超胞结构 B@A_{ML}、A-B@A_{ML} 和 A_3B@A_{ML} 以及 4 × 2×5 的三元超胞结构 Cu_3B-A@Cu_{ML}，并构建真空层为 15Å 的（001）终结面表面结构，在此表面结构上进行 CO 的吸附。其中元素 A 和 B 为 Ⅷ 族和 ⅠB 族金属 (Cu、Ag、Au、Ni、Pd 和 Pt)，见图 16.13。

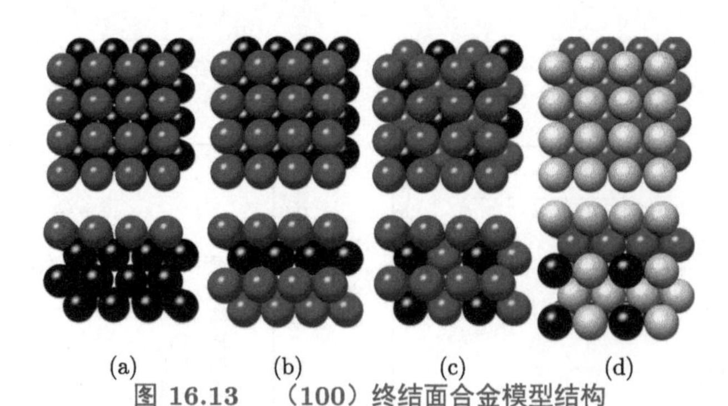

图 16.13 （100）终结面合金模型结构

（a）B@A_{ML}，（b）A-B@A_{ML}，（c）A_3B@A_{ML}，（d）Cu_3B-A@Cu_{ML} 第一行和第二行分别是结构的俯视图和侧视图

2. 机器学习加速催化剂设计的一般策略

机器学习加速催化剂设计方法示意图如图 16.14 所示。该工作流程从材料数据库中从头算吸附能量的数据挖掘开始，并使用体系的几何形状和组成对表面活性位点的数值表示进行标准化。然后将数据集输入人工神经网络，建立催化位点

吸附特性与其数字指纹之间的联系，该模型可以用来筛选大的材料空间，并通过动力学分析找出潜在候选材料。

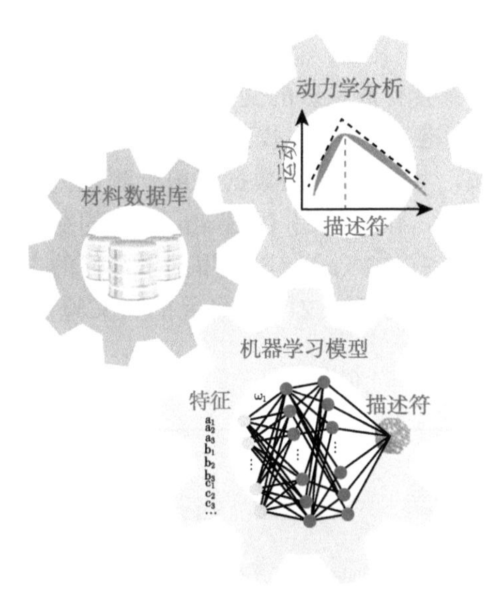

图 16.14 机器学习加速催化剂设计方法示意图

3. 金属表面的数字指纹

机器学习中的特征工程是基于领域知识设计感兴趣系统的数字指纹的过程，开发能够捕获表面原子吸附特性的物理特性是机器学习加速催化剂设计的关键步骤。如图 16.15 所示，作者说明了对化学吸附带理论知识的可用特征。其中几何

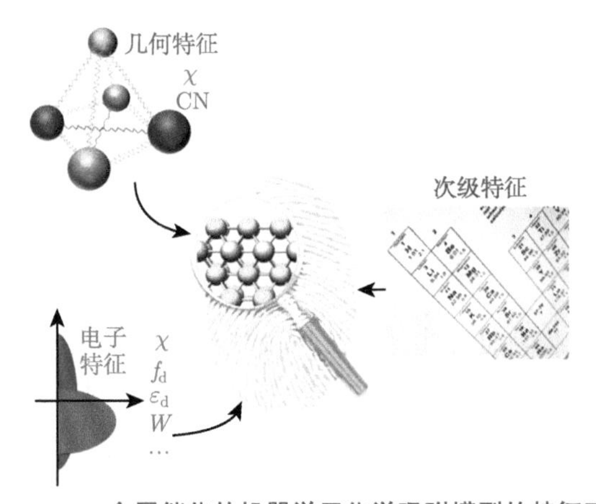

图 16.15 金属催化的机器学习化学吸附模型的特征工程

特征包括：局部电负性和有效配位数; 电子特征包括：局部电负性、d 带填充、中心、宽度、偏态和峰度; 次级特征包括：离子电位、电子亲和和鲍林电负性。

4. 机器学习模型：神经网络结构优化

不同指纹的数值可能会有数量级的变化，因此通常采用特征标准化 (将数字特征的中心缩放到 0，标准差为 1) 来提高基于梯度算法的收敛性。使用 75%的可用数据集作为训练集，其余 25%的数据集用于测试模型。为了确定最适合神经元数量的最优网络结构，作者使用 PyBrain 内置的交叉验证器模块对训练集进行 K 折交叉验证（图 16.16（a））。利用基于几何的主要特征和次要特征进行网络配置。当隐藏层数为 8 时，2 个神经元的交叉验证误差最小（<0.01 eV）（图 16.16（b））。

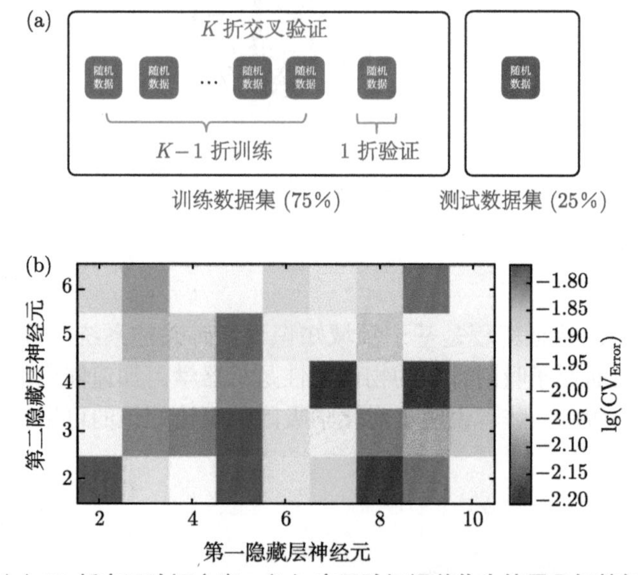

图 16.16　（a）K 折交叉验证方案;（b）交叉验证误差作为使用几何特征和次级特征的神经网络结构的函数

5. 输入特征比较

作者分别使用几何特征、电子特征以及次级特征来比较神经网络的性能。基于几何的输入特征采用 2 个隐层的 8 个神经元和 2 个神经元网络结构进行识别，使基于电子结构的主要特征交叉验证误差最小。重复随机化的数据选择和训练用来避免抽样偏差和过于乐观的误差估计。如图 16.17 所示，基于几何的指纹作为主要特征给出的预测误差 (约为 0.12eV) 与使用电子特征 (约为 0.13eV) 相似。考虑到与 d 带矩相比，基于几何特征的简单性和易于获得体系的几何结构，用机器学习模型描述双金属合金表面反应性趋势的性能是优异的，这也表明纯粹基于几何的局部电负性和配位数可以作为吸附位点在应变和配体工程作用下的局部化学环境变化指标。

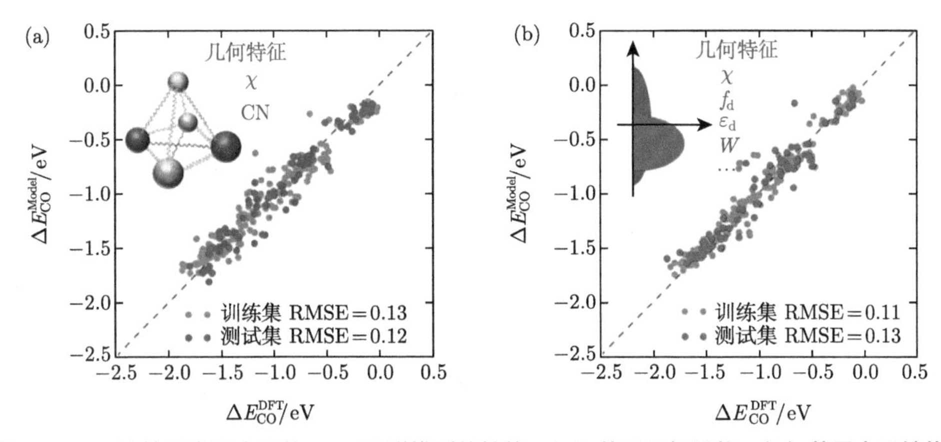

图 16.17　比较了金属表面的 CO 吸附模型的性能：(a) 基于几何形状；(b) 基于电子结构

6. 机器学习模型在催化剂预测中的应用

文章作者以 CO_2 电还原（100）终结面的金属表面作为模型系统来评估神经网络模型的性能。作者利用反应中间体的吸附能与 *CO 的吸附能之间的线性标度关系，计算了 CO_2 电还原过程中关键基本步骤的理论极限电位 C1 和 C2 路径对 CO 吸附能的函数，如图 16.18（a）所示。在 Cu 接近顶部的地方，观察到 C1 和 C2 路径的像火山一样的反应曲线，这对 CO_2 电还原过程中 Cu 在过渡金属中的优越活性表现给出了合理解释。降低 *CO 在 Cu 表面上的结合能 (负性较小)，导致 CO 二聚体作用的负极限电位较小。基于此分析，最优催化剂在阴影区域应具有理想的 *CO 吸附能，即比在 Cu(100) 上弱 0~0.2eV。

为了评估具有几何特征的神经网络模型在催化剂设计中的适用性，文章作者用所有可用的双金属数据集训练神经网络模型，来预测第二代核–壳合金上的 CO 吸附能 (Cu_3B-A@Cu_{ML})。这种类型的合金在四层合金表面 (如 Cu_3B) 沉积了一层 Cu 金属原子，另一层客金属 A 作为它们之间的缓冲层。这种类型的合金在设计上表现出了很大的灵活性，这是由于对应变和配体效应的潜在利用，以调整过渡金属的反应性。作为一个简单的测试，文章作者展示了模型预测的 CO 结合能在这类合金子集 (Cu_3B-Ni@Cu_{ML} 和 Cu_3B-Rh@Cu_{ML}) 中作为 DFT 计算结果的函数。从图 16.18（b）可以看出，神经网络预测的 CO 吸附能与 DFT 计算的 CO 吸附结果相当吻合 (网络训练中重复随机采样 16 次，平均 RMSE 为 0.1eV)。

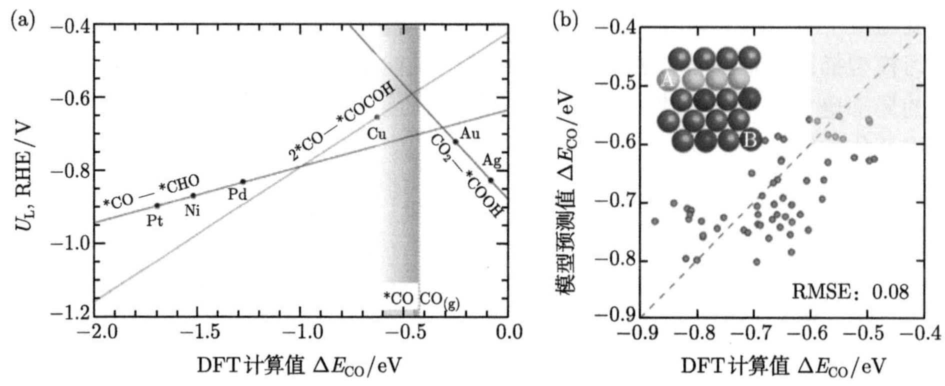

图 16.18 (a) 作为 CO 吸附能的函数；(b) 机器学习模型与 DFT 计算的 CO 吸附能量的对比

案例启示与总结：通过量子力学模拟，获取机器学习用于吸附模型的训练模型数据，包括描述符和最终性能。通过机器学习探究吸附质/基体相互作用，从而实现大量催化材料的性能预测，属于高通量材料计算融合机器学习的案例。

16.2 密封圈材料的抗老化性能研究

16.2.1 背景

丙烯腈-丁二烯橡胶 (NBR)、偏氟乙烯系氟橡胶 (FKM)、聚醚醚酮橡胶 (PEEK) 是目前密封圈的常用材料。这种类型的合成聚合物通常对油、燃料和其他化学品具有耐受性，因此广泛用于汽车、航空工业中的燃油处理软管、储氢罐的密封件、索环等的制造。然而，聚合物材料在热、氧、光等条件下容易发生老化现象，导致其形状、颜色和拉伸强度发生不可逆的变化，从而严重影响其长期使用性能。因此，有必要研究材料的老化机理，以更合理地预测其使用寿命。

对于储氢罐的密封圈来说，在各种外部条件中，氢气和温度是影响老化的关键因素。目前，实验上为了得到材料的老化机理，一般通过一些经典分析技术，例如，热解气相色谱–质谱 (GC-MS)、热重结合傅里叶变换红外光谱 (TGA-FTIR)、热重结合气相色谱–质谱（TGA-GC-MS）等来识别老化机制。然而，橡胶材料的老化过程涉及许多复杂的化学反应，仅通过实验表征无法在原子水平上阐明老化机理。因此可以采用计算模拟方法从微观角度来阐述密封圈材料的老化机理。

16.2.2 MatCloud+模拟 3 类材料的抗老化性能

我们可以基于反应力场 (ReaxFF) 的分子反应动力学（molecular reaction dynamics, MRD) 模拟开展 3 类材料的抗老化研究。在 ReaxFF 中，原子是动态连接的，由原子键序的实时计算决定。因此，可以很好地描述键的形成和解离的过程。ReaxFF 已成功应用于各种反应系统，如聚合物、化石燃料、含能材料、小分子燃烧和过渡金属催化。

在该项研究中，利用 MatCloud+设计了分子动力学工作流模板，通过高通量计算，模拟在无 H_2 和有 H_2 环境下，3 类材料在达到平衡状态后，以 100K/ps 的加热速率从 300K 加热到 3800K，持续时间为 35ps，在 3 类材料分别升温到 3800K 状态后，分别研究：① 产物随时间的变化，可以得到分解过程中每种产物最开始产生、开始分解的温度以及最终产物是什么；② H_2 的加入对每种材料分解温度、分解过程、最终产物的影响；③ 对三种材料耐高温性能及对 H_2 分子的敏感性作对比。通过“高通量 + 分子动力学”方式，开展 3 类材料的分子动力学模拟，比传统方式减少人工干预达 90%。图 16.19 所示的是“高通量 + 分子动力学”模拟在无 H_2 和有 H_2 环境下，PEEK 热解过程中产物随时间的关系。

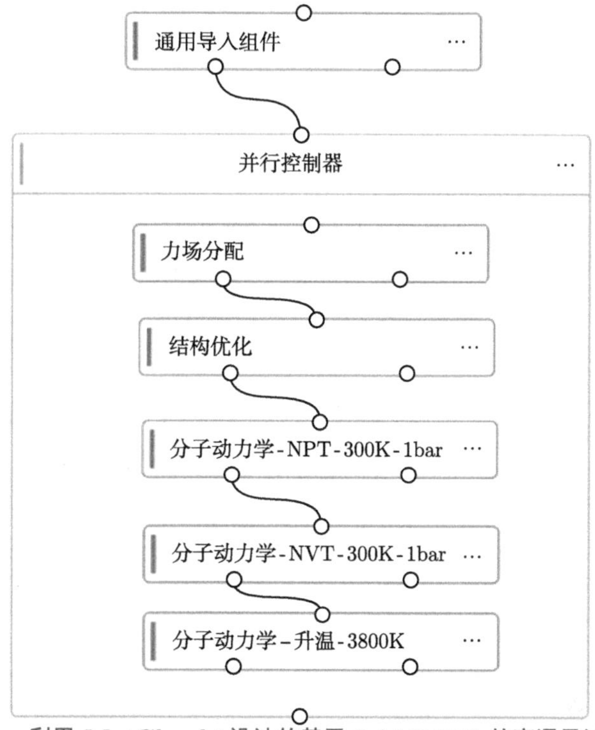

图 16.19　利用 MatCloud+设计的基于 LAMMPS 的高通量计算工作流

材料在几何优化达到平衡状态后，以 100K/ps 的加热速率从 300K 加热到 3800K，持续时间为 35ps。在升温到 3800K 状态后，研究产物随时间的变化；H_2 的加入对每种材料分解温度、分解过程、最终产物的影响；以及对三种材料耐高温性能及对 H_2 分子的敏感性作对比

16.2.3 结果和讨论

1. NBR 的 ReaxFF 分子动力学模拟

为了了解 NBR 的热解过程，以 100K/ps 的加热速率将平衡后的体系温度从 300K 提高到 3800K。在 ReaxFF 模拟过程中共检测到 18 种分子类型共 54 个分子，包括一些不稳定的中间体和稳定的最终产物。反应物 NBR 的降解特性和主要降解产物的形成曲线与时间的关系如图 16.20 所示。

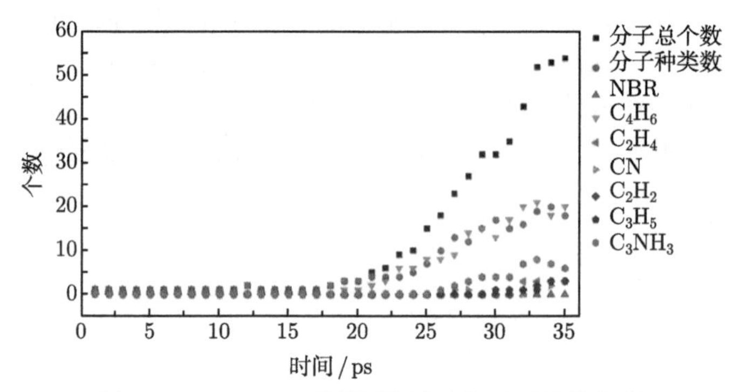

图 16.20　NBR 热解过程中产物随时间的关系

从图 16.20 中可以看到 NBR 分子在 18ps，即 2100K 时开始分解。NBR 分子的完全消耗大约需要 2ps 完成。在模拟过程中，在分解的初始阶段发现丁二烯（C_4H_6）、丙烯腈（C_3H_3N）是主要的降解产物。这表明最初的分解位置是通过主聚合物链的断裂发生的。当进一步加热时，还形成环状化合物，例如乙烯基环己烯（1,3-丁二烯的二聚体）以及环己-3-烯甲腈。这表明在较高温度下，直链自由基缓慢地转化为环状结构。

如图 16.21 所示为 H_2 环境下 NBR 的热解过程，可以发现加入 H_2 之后分解开始仍以 C_4H_6 的产生为主，即不会对 NBR 分热解过程产生影响。但是开始分解的温度相比于无 H_2 环境时有所升高，为 22.5ps 即 2550K。图 16.22 展示了热解之后两种体系下的最终结构。

2. PEEK 的 ReaxFF 分子动力学模拟

反应物 PEEK 的降解特性和主要降解产物的形成曲线与时间的关系如图 16.23 所示。在 ReaxFF 模拟过程中共检测到 5 种分子类型共 8 个分子，包括一些不稳定的中间体和稳定的最终产物。从图 16.23 中可以看到 PEEK 分子在 22.5ps，即 2550K 时开始分解。可以发现 PEEK 热解之后的最终产物为 H_2O、CO 以及环状产物，并且在模拟结束之后发现体系中仍存在 $C_{79}H_{53}O_8$ 原子数多的大链产物，这表明在较高温度下，PEEK 链的分解以小分子的脱离为主。

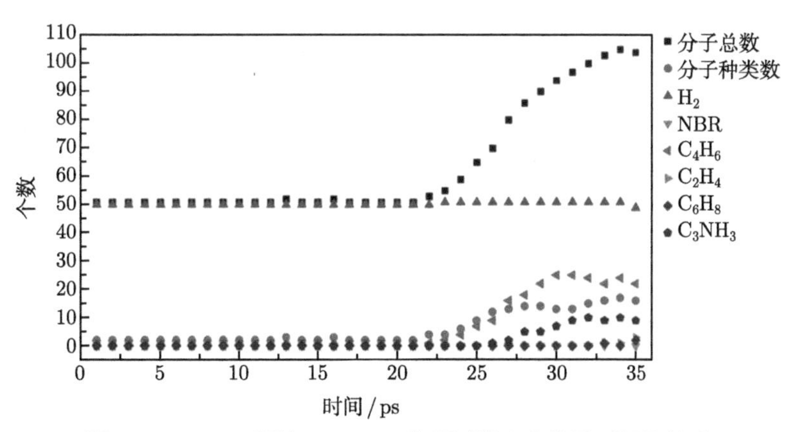

图 16.21　H_2 环境下 NBR 热解过程中产物随时间的关系

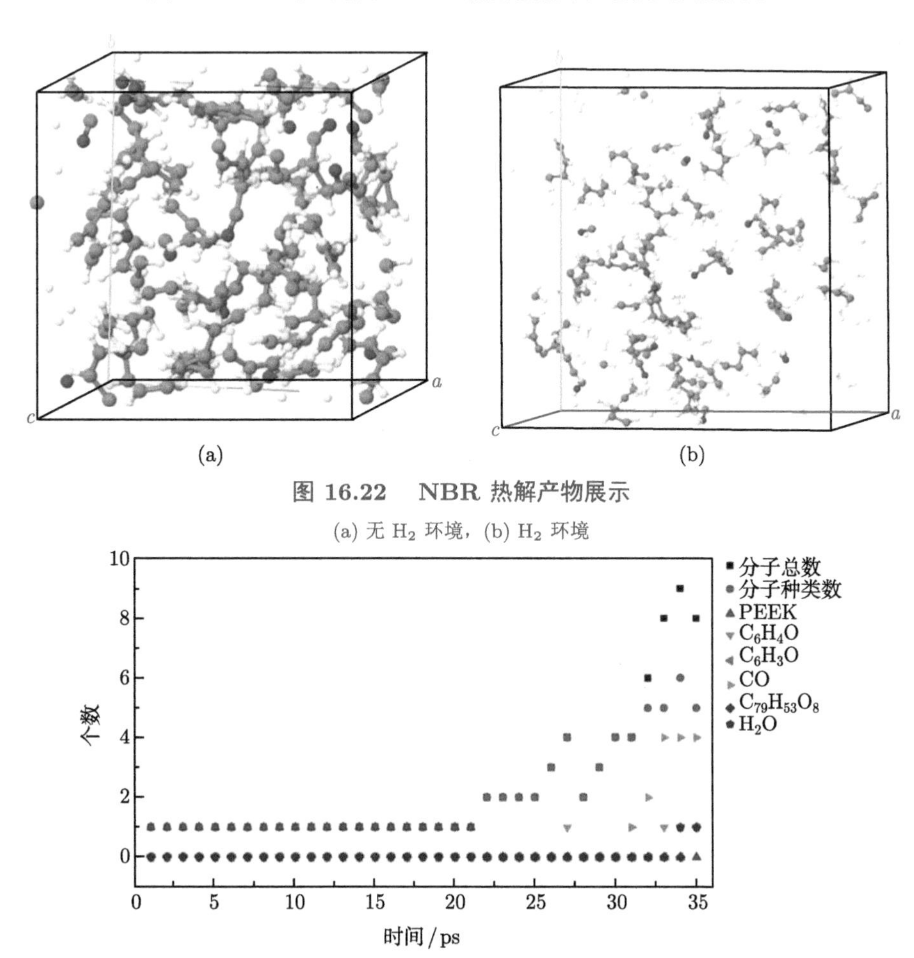

图 16.22　NBR 热解产物展示

(a) 无 H_2 环境，(b) H_2 环境

图 16.23　PEEK 热解过程中产物随时间的关系

图 16.24 为 H_2 环境下 PEEK 的热解特性和主要降解产物的形成曲线与时间的关系图。从最终产物种类来看，H_2 的加入使最终的分子链更短一些，并且可以明显地看出 H_2 参与了 PEEK 的分解过程，因为 H_2 的数量减少了。图 16.25 展示了热解之后两种体系下的最终结构。

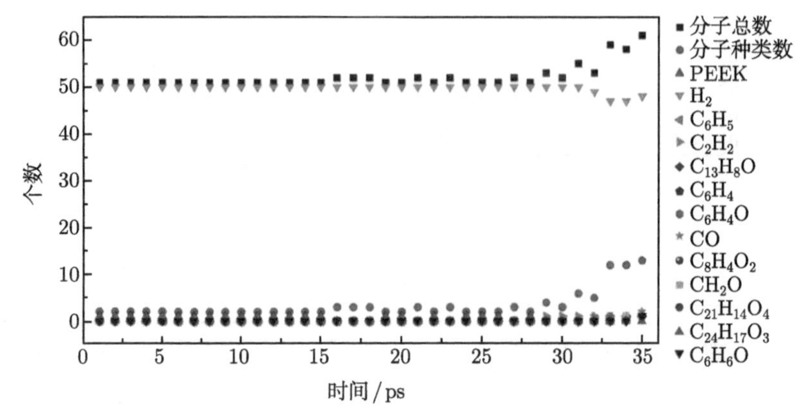

图 16.24　H_2 环境下 PEEK 热解过程中产物随时间的关系

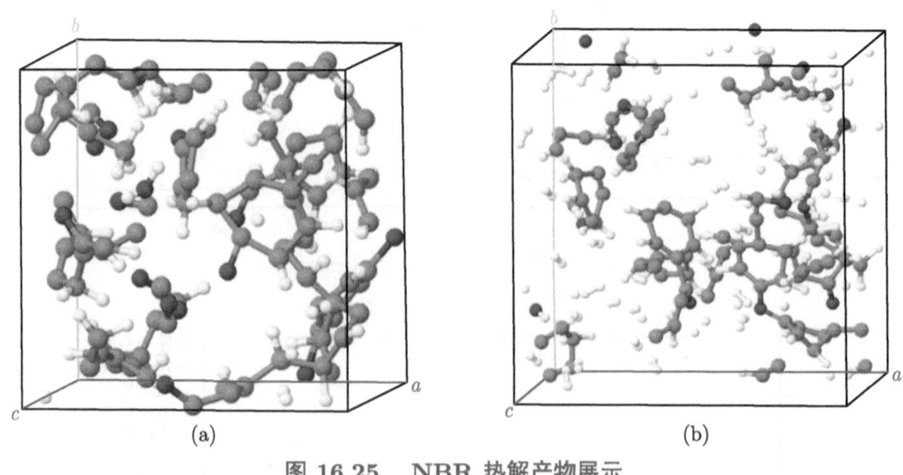

图 16.25　NBR 热解产物展示

(a) 无 H_2 环境，(b) H_2 环境

3. FKM 的 ReaxFF 分子动力学模拟

反应物 FKM 的降解特性和主要降解产物的形成曲线与时间的关系如图 16.26 所示。为了更好地分析最终产物，我们从 29ps 开始展示，可以看到 FKM 的热解温度在 30.2ps 即 3320K。在 ReaxFF 模拟过程中共检测到 11 种分子类型共 12 个分子，包括一些不稳定的中间体和稳定的最终产物。其中 F 原子在最终

产物中占比较高，说明 FKM 热解过程主要从 F 原子的解离位置开始，之后发生 CC 键的断裂。如图 16.27 所示为 H_2 环境下 FKM 的热解特性和主要降解产物的形成曲线与时间的关系图。与 PEEK 相同，H_2 也会参与 FKM 的热解过程，并且一部分 H_2 与从主链上脱离出来的 F 原子生成了 FH 分子。H_2 也会加速 FKM 的分解，因为与无 H_2 氛围时会产生长链不同，加入 H_2 之后生成的都是低 C 产物。如图 16.28 所示，展示了两种环境下 FKM 的结果页面，可以发现 H_2 环境下热解之后的体系中存在很多的 FH 分子。

案例启示与总结：从该案例可以看到，分子动力学计算也可以采用高通量计算筛选的方法：设计一个分子动力学高通量计算工作流，可一次性开展 3 种材料的分子动力学计算，比传统方法更加高效。

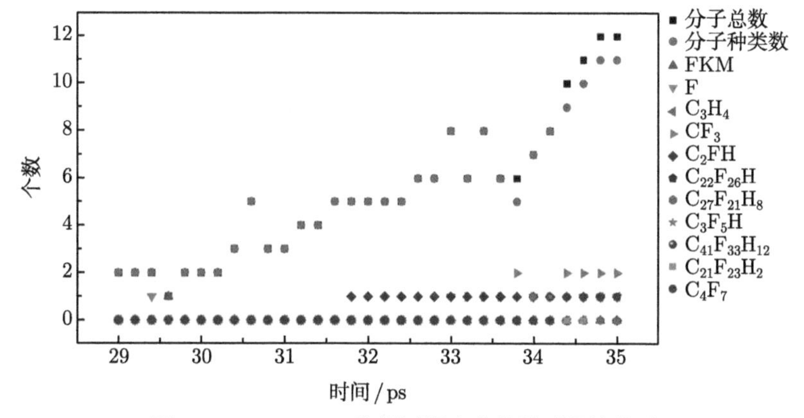

图 16.26 FKM 热解过程中产物随时间的关系

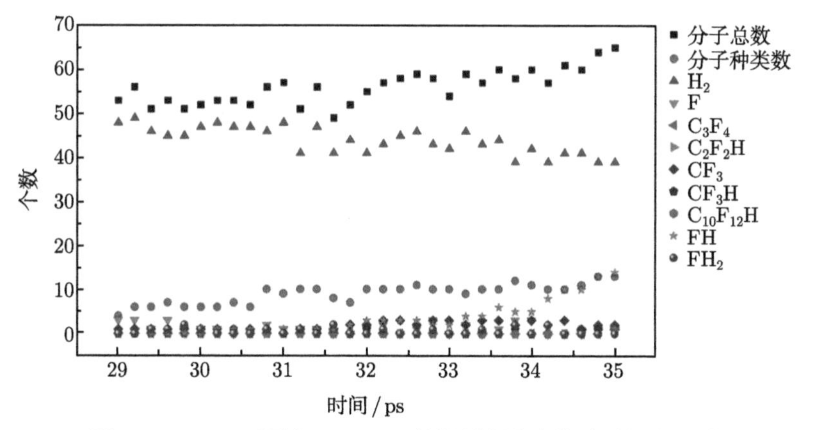

图 16.27 H_2 环境下 FKM 热解过程中产物随时间的关系

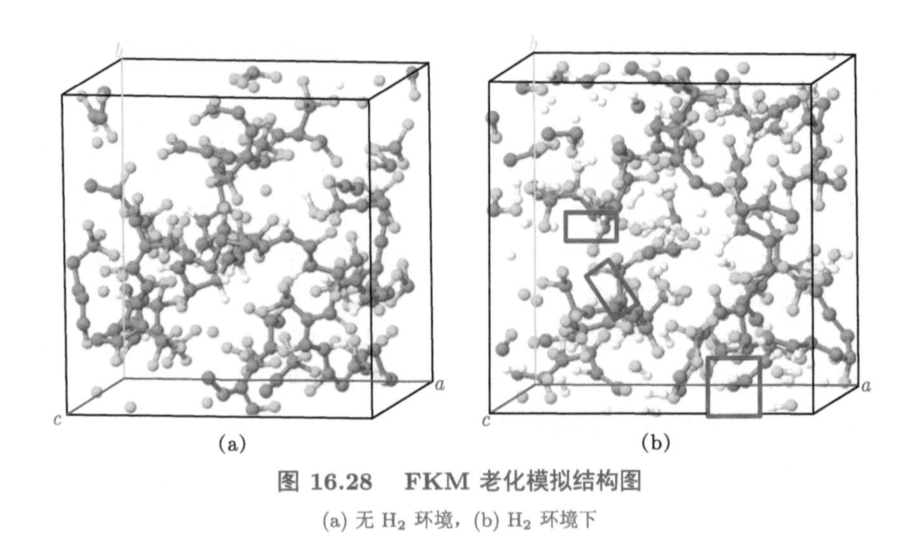

图 16.28 FKM 老化模拟结构图

(a) 无 H_2 环境，(b) H_2 环境下

16.3 分子动力学模拟研究醋酸丁酸纤维素加入增塑剂

塑料与橡胶同属于高分子材料，主要由碳和氢两种元素组成，另有一些含有少量氧、氮、氯、硅、氟、硫等原子，其性能特殊，用途也特别。胶黏剂是一种通过界面的黏附和内聚等作用，能使两种或两种以上的制件或材料连接在一起的天然或合成的、有机或无机的一类高分子材料。胶黏剂作为高分子材料的一种，其老化过程和塑料与橡胶等其他类型高分子近似，主要是受到环境中光、热、氧及化学介质等的影响而发生内部结构的改变，进而引起材料外观、物理性能等方面的劣化而老化，从而丧失其功能和使用价值。因此需要设计性能高的塑料、橡胶及黏结剂产品。

醋酸丁酸纤维素 (CAB) 是一种广泛应用于聚合物黏结炸药 (PBX) 的黏结剂，然而与 CAB 结合的 PBX 的力学性能通常很差，使得装药边缘容易开裂。为了改善这些情况，在聚合物黏结炸药中加入增塑剂，以降低其软化温度 (T_S) 和玻璃化转变温度 (T_g)，提高塑性，改善力学性能和不敏感性。然而，不同增塑剂对含 CAB 黏结剂的 PBX 性能的影响尚不清楚。

该案例 [5] 采用分子动力学计算方法，对 CAB 与不同增塑剂的相容性进行了研究，综合考虑这些 CAB/增塑剂体系的溶解度参数、结合能、分子间自由基分布函数、力学性能，为 CAB 黏结剂的后续修改和 CAB 黏结剂的 PBX 配方设计提供了指导和参考。

1. 模型搭建：不同 CAB/增塑剂模型的构建

在 CAB 黏结剂的基础上加入如图 16.29 所示的不同的增塑剂分子结构，构建如图 16.30 所示的不同 CAB/增塑剂体系的非晶态模型。

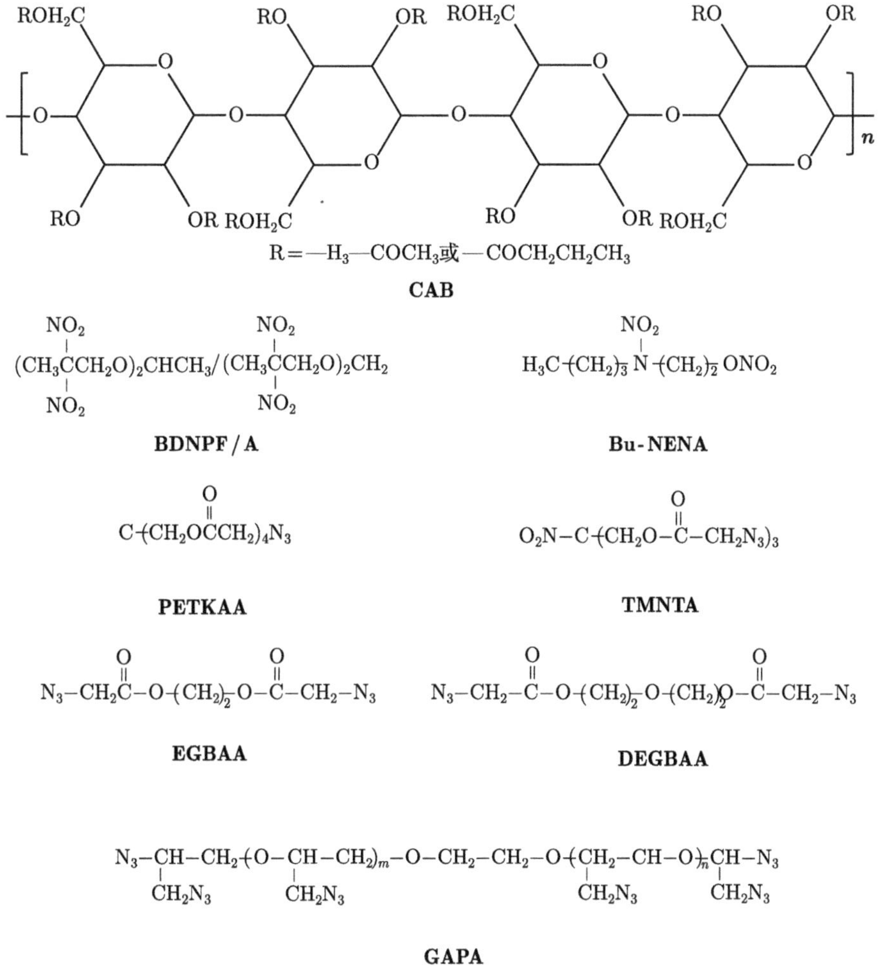

$R=—H_3—COCH_3$或$—COCH_2CH_2CH_3$

CAB

$(CH_3C(NO_2)_2CH_2O)_2CHCH_3/(CH_3C(NO_2)_2CH_2O)_2CH_2$

BDNPF / A

$H_3C{+}(CH_2)_3 N(NO_2){+}(CH_2)_2 ONO_2$

Bu-NENA

$C{+}(CH_2OC(=O)CH_2)_4N_3$

PETKAA

$O_2N-C{+}(CH_2O-C(=O)-CH_2N_3)_3$

TMNTA

$N_3-CH_2C(=O)-O{+}(CH_2)_2O-C(=O)-CH_2-N_3$

EGBAA

$N_3-CH_2-C(=O)-O{+}(CH_2)_2O{+}(CH_2)_2O-C(=O)-CH_2-N_3$

DEGBAA

$N_3-CH(CH_2N_3)-CH_2{+}(O-CH(CH_2N_3)-CH_2)_m-O-CH_2-CH_2-O{+}(CH_2-CH(CH_2N_3)-O)_n CH(CH_2N_3)-N_3$

GAPA

图 16.29　不同 CAB/增塑剂体系的分子结构

2. 动态平衡：温度–时间曲线和能量–时间曲线的计算获取

对 CAB/增塑剂非晶模型的几何结构，通过分子动力学，进行了结构优化得到的动态温度–时间曲线和能量–时间曲线，如图 16.31 所示。当动态温度和动态能量波动小于 5%时，模拟可以达到平衡态。在模拟过程中，动态能量看起来几乎是恒定的，但随着时间的推移，它会发生轻微的变化，这就是所谓的老化。

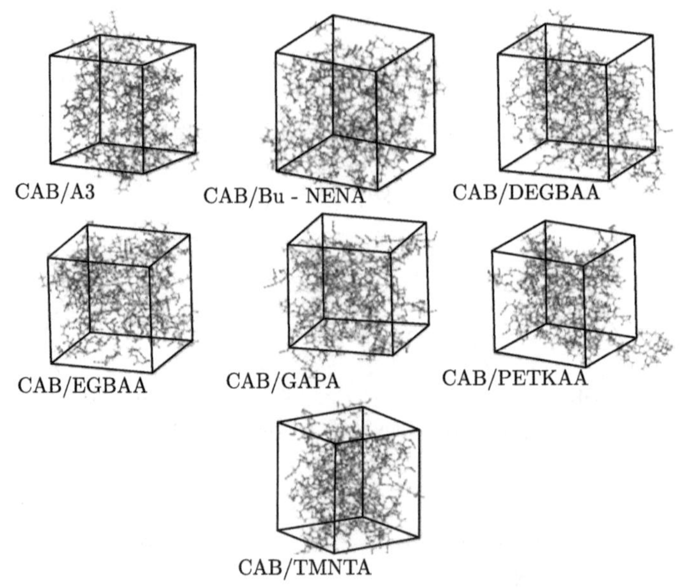

图 16.30 不同 CAB/增塑剂体系的非晶模型

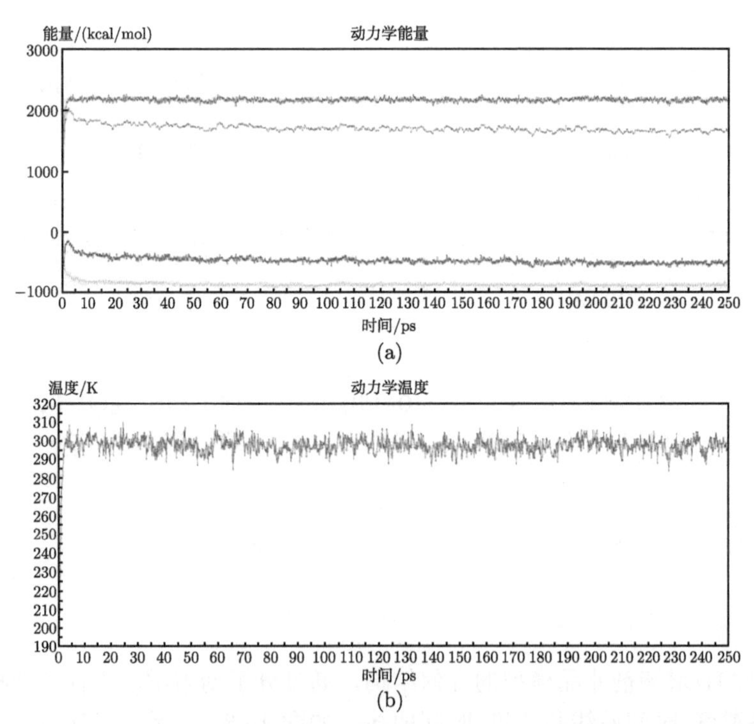

图 16.31 分子动力学模拟的动态能量–时间（a）和温度–时间（b）曲线

（a）中的红色、浅蓝色、深蓝色和绿色曲线表示动能、总能量、势能和非键合能

3. 径向分布函数的计算：评价不同组分的相互作用（兼容性）

如图 16.32 所示，结果表明 CAB/增塑剂的径向分布函数均低于增塑剂的径向分布函数，但在 0~6.00Å 范围内均高于 CAB，说明 CAB 与增塑剂的相容性不太好；当距离大于 12.47Å、12.94Å 和 14.09Å 时，CAB/BU-NENA、CAB/

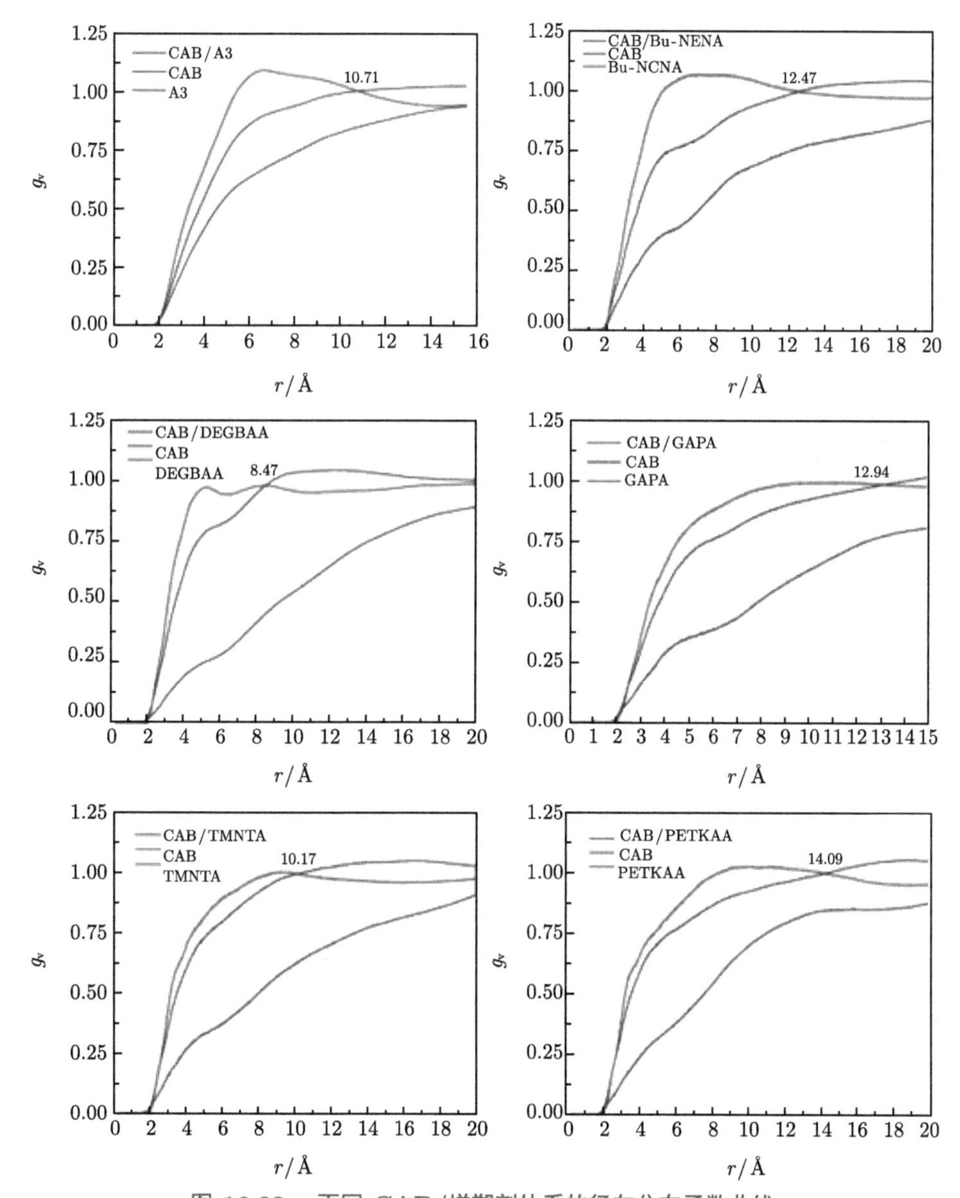

图 16.32　不同 CAB/增塑剂体系的径向分布函数曲线

GAPA 和 CAB/PETKAA 的径向分布函数曲线均高于相应的增塑剂，说明这些增塑剂与 CAB 不相容；当距离大于 10.71Å、8.47Å 和 10.17Å 时，CAB/A3、CAB/DEGBAA 和 CAB/TMNTA 的径向分布函数曲线均高于相应的增塑剂，说明这些增塑剂与 CAB 是相容的。上述结果表明，CAB/A3、CAB/DEGBAA 和 CAB/TMNTA 的兼容性优于 CAB/GAPA、CAB/Bu-NENA 和 CAB/PETKAA。

4. 溶解度参数的计算：用于评价相溶性

表 16.7 列出了 CAB 和各增塑剂的溶解度参数 (δ_{MD})，以及通过分子动力学模拟得到的 CAB 与不同增塑剂溶解度参数 ($|\delta_{\mathrm{MD}}|$) 的差异。结果表明 CAB 与 A3 增塑剂、GAPA 增塑剂、DEGBAA 增塑剂和 Bu-NENA 增塑剂的 $|\delta_{\mathrm{MD}}|$ 值均不超过 3.55，说明这些增塑剂与 CAB 相容。而 CAB 与 EGBAA、TMNTA 和 PETKAA 的 $|\delta_{\mathrm{MD}}|$ 值均大于 6.00，说明这些增塑剂不适合 CAB 的塑化。

表 16.7　CAB 与各增塑剂的溶解度参数 (δ_{MD}) 及 CAB 与不同增塑剂的溶解度参数各自的差异 ($|\Delta\delta_{\mathrm{MD}}|$)

增塑剂种类	$\delta_{\mathrm{MD}}/(\mathrm{J}^{1/2}\cdot\mathrm{cm}^{-3/2})$	$\|\Delta\delta_{\mathrm{MD}}\|/(\mathrm{J}^{1/2}\cdot\mathrm{cm}^{-3/2})$
CAB	17.29	0
A3	20.01	2.72
GAPA	20.56	3.27
EGBAA	23.59	6.20
DEGBAA	18.72	1.43
TMNTA	24.55	7.26
Bu-NENA	20.84	3.55
PETKAA	23.30	6.01

5. 结合能的计算：用于评价稳定性

E_{bind} 越大的体系兼容性越好。因此表 16.8 结果表明 CAB/A3 是最不兼容的系统，而其他的 CAB/增塑剂体系为兼容体系。

表 16.8　CAB 与不同增塑剂之间的结合能 (E_{bind}) 和单位质量结合能 (E'_{bind})

体系	E_{valence}/(kcal/mol)	E_{vdw}/(kcal/mol)	E_{elect}/(kcal/mol)	E_{bind}/(kcal/mol)	E'_{bind}/(kcal/g)
CAB/A3	0	−448.44	−149.96	598.40	0.71
CAB/GAPA	0	−565.11	−116.36	681.47	0.91
CAB/PETKAA	0	−596.22	−157.32	753.55	1.08
CAB/EGBAA	0	−578.03	−144.21	722.25	2.03
CAB/Bu-NENA	0	−550.03	−115.85	665.88	2.03
CAB/TMNTA	0	−600.74	−153.22	753.96	1.25
CAB/DEGBAA	0	−562.56	−138.11	700.67	1.65

6. 力学性能的计算

含能材料的力学性能对其爆炸产品的安全性和储存性能有很大的影响。体模量 (K)、剪切模量 (G)、泊松比 (Poisson's ratio)、杨氏模量 (E) 等常用来描述含能材料的力学性能。表 16.9 列出了通过分子动力学模拟得到的 CAB/增塑剂体系的力学性能参数。结果表明 CAB/Bu-NENA 的体积模量 (K) 最大，表明其断裂强度最高；CAB/Bu-NENA 的泊松比和 K/G 值最大，说明其延展性和形成性最好；CAB/Bu-NENA 体系的杨氏模量 (E) 也较大，表明其抗变形能力也较高。根据上述模拟力学性能可知，CAB/Bu-NENA 的力学性能最好，其次是 CAB/A3 和 CAB/GAPA。CAB/DEGBAA 的力学性能最差。

表 16.9　CAB/增塑剂的力学参数

体系	K/GPa	G/GPa	K/G	μ	E/GPa
CAB/A3	2.32	0.86	2.70	0.34	2.29
CAB/GAPA	2.50	0.78	3.20	0.36	2.13
CAB/DEGBAA	1.54	0.91	1.70	0.25	2.27
CAB/Bu-NENA	5.23	0.89	5.87	0.42	2.53
CAB/TMNTA	2.53	1.02	2.49	0.32	2.69
CAB/PETKAA	2.26	1.34	1.68	0.25	3.36
CAB/EGBAA	2.24	0.83	2.69	0.33	2.22

案例启示与总结：采用分子动力学方法可开展聚合物黏结的设计：通过分子动力学模拟，获取优化的 CAB/增塑剂体系结构，进而在优化的结构基础上开展溶解度参数、结合能、分子间自由基分布函数、力学性能等分子动力学计算, 用于进行老化、成分兼容性、成分相容性、体系稳定性以及力学性能的评价。

参 考 文 献

[1] 刘欣, 韩非, 申倩倩. 铈和铂掺杂钙钛矿催化剂的第一性原理研究. 贵金属, 2019, 40(2): 7.

[2] Zhao Z. Single water molecule adsorption and decomposition on the low index stoichiometric rutile TiO_2 surfaces. J. Phys. Chem. C, 2014, 118: 4287-4295.

[3] Zhuang Y, Chou J P, Liu P Y, et al. Pt_3 clusters decorated Co@Pd and Ni@Pd model core-shell catalyst design for oxygen reduction reaction: A DFT study. Journal of Materials Chemistry A, 2018, 6(46): 23326-23335.

[4] Li Z, Ma X, Xin X. Feature engineering of machine-learning chemisorption models for catalyst design. Catalysis Today, 2017, 280: 232-238.

[5] Wang W, Li L, Jin S, et al. Study on cellulose acetate butyrate/plasticizer systems by molecular dynamics simulation and experimental characterization. Polymers, 2020, 12(6): 1272.

第 17 章

材料计算、数据、AI案例之复合材料篇

17.1 背　　景

复合材料是材料科学领域近几十年来的一个研究热点，是一种由两种或两种以上材料结合制成的新型材料，既可以保持各组分材料原有的一些优良性能，又能彼此补偿获得更加优异的性能 [1]。连续长纤维增强复合材料是制作复合材料结构件的主要材料，高强度、高模量纤维是理想的承载体。其中，复合材料层合板是由若干个单层板按照一定的次序叠加黏合形成，而单层板又由基体材料和增强材料复合而成 [2,3]。因此，改变组成单层板的基体材料、增强材料或其所占的体积分数，或者改变层合板的铺层结构，都会使层合板具有不同的力学性质。这样就可以根据实际需求对基体材料、增强材料、体积含量、铺层结构进行选择，对层合板的性能进行设计和优化 [2]。本案例 [4] 讲述了基于高通量多尺度计算筛选的方法，通过宏观有限元计算，开展复合材料层合板设计。

若要对某复合材料层合板进行理论设计：已知其尺寸、受力情况及力学性能要求（例如，要求纵向拉伸强度大于 XMPa），如何组合纤维和增强材料、设计铺层结构，以获得满足要求的层合板？一般情况下，可以采用多尺度计算模拟的方法，即先通过复合材料介观力学，分析预测由纤维和基体组成的单层板的力学性能，再通过有限元模拟仿真计算由单层板组成的层合板的性能。要想获得符合力学性能要求的层合板，需要在所有可能的组合中不断重复以下过程。

（1）获得单层板的力学性能数据：在数据库中选择要使用的纤维和基体材料，并确定纤维体积含量，使用复合材料细观力学模型计算由其组成的单层板的性能；

（2）定义层合板铺层结构：确定铺层数量以及铺层材料、铺层角度和铺层厚度；

（3）有限元建模：选取单元类型、定义材料属性、定义失效准则、建立几何模型、划分网格、施加边界约束、加载求解等；

（4）结果分析：获取结果，并判断此结果是否满足预期的性能要求，即模拟得到的纵向拉伸强度是否大于 XMPa；

如果不满足要求，则需要重复进行（1）、（2）、（3）、（4）的操作，即重新进行上述设计、建模、计算和分析的过程。这种“选择材料—单层板设计—复合材料建模—有限元计算—分析”重复过程，不仅需要每次进行重复的建模操作，也

需要对每次得到的结果进行分析、判断、记录和整理。这些重复性的工作十分烦琐复杂，大大降低了新材料研发的效率。

此外，在复合材料的研究过程中，会积累大量的实验数据（例如某种纤维的强度、模量、测试条件等），因此需要构建复合材料数据库对这些数据进行分门别类的收集、整理、存储包括纤维、增强材料、单层板和层合板在内的数据信息。更重要的是，该数据库要具有信息再加工能力，为仿真模拟提供科学有效的数据支撑，以支持复合材料层合板的设计。

17.2　多尺度计算模拟方法

对于复合材料单层板设计，其本质是构建不同材料组分（纤维、基体）组合的单层板，再用力学性能预测模型计算各个单层板的力学性能，最后再对计算结果进行筛选。因此，单层板力学性能预测模型是单层板设计的基础。同样地，对于复合材料层合板设计，需要构建层合板力学性能预测模型，这是层合板设计的基础。如图 17.1 所示，说明了复合材料层合板力学性能计算和设计的区别与联系。接下来将分别对单层板力学性能预测和层合板力学性能预测进行介绍。

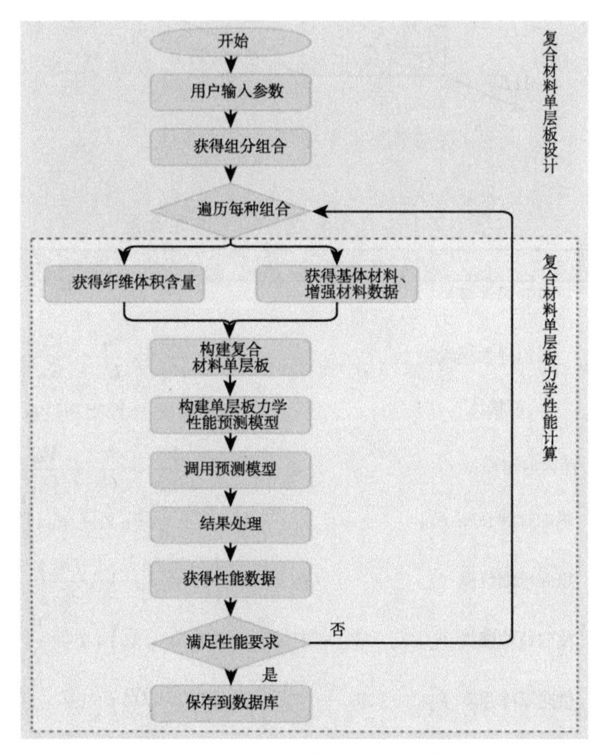

图 17.1　基于多尺度高通量计算筛选的复合材料层合板设计流程

17.2.1 基于介观的单层板力学性能预测

单向纤维增强薄板是将单向纤维嵌入到基体材料中，是复合材料中最简单的元件（图 17.2）。使用介观力学分析方法预测单向板的力学性能，可以采用理论或半经验方法预测其强度或模量特性。对于模量的预测，其发展较为成熟，其中一种较为简单的模型被称为复合材料混合定律，基本思想如下：对于单向连续纤维增强复合材料，其弹性模量、泊松比等性能均符合混合定律，即对纤维性能和基体性能进行加权求和，将其作为该复合材料的性能，纵向弹性模量、横向弹性模量、泊松比、面内剪切模量的性能预测见表 17.1 的编号 1 ~ 4。对于强度的预测，由于一定的简化假设，其性能与成分特征之间的数学模型有一定程度的不可靠性，纵向拉伸强度、纵向压缩强度、横向拉伸强度、横向压缩强度、剪切强度的性能预测模型见表 17.1 中的编号 5 ~ 9。

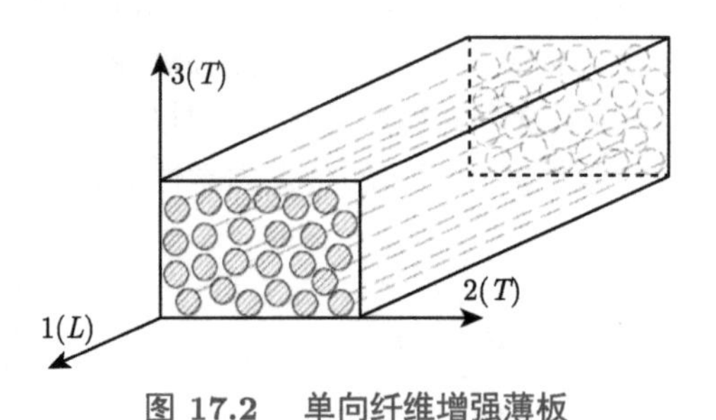

图 17.2　单向纤维增强薄板

表 17.1　基于介观力学的性能计算

编号	力学性能	公式	备注
1	纵向弹性模量	$E_{\mathrm{L}} = E_{\mathrm{f}}V_{\mathrm{f}} + E_{\mathrm{m}}V_{\mathrm{m}}$	
2	横向弹性模量	$\dfrac{1}{E_{\mathrm{T}}} = \dfrac{V_{\mathrm{f}}}{E_{\mathrm{f}}} + \dfrac{V_{\mathrm{m}}}{E_{\mathrm{m}}}$	
3	泊松比	$\nu_{\mathrm{L}} = \nu_{\mathrm{f}}V_{\mathrm{f}} + \nu_{\mathrm{m}}V_{\mathrm{m}}$	
4	面内剪切模量 G_{LT}	$\dfrac{1}{G_{\mathrm{LT}}} = \dfrac{V_{\mathrm{f}}}{G_{\mathrm{f}}} + \dfrac{V_{\mathrm{m}}}{G_{\mathrm{m}}}$	
5	纵向拉伸强度 F_{Lt}	$F_{\mathrm{Lt}} = F_{\mathrm{ft}}V_{\mathrm{f}} + F_{\mathrm{mt}}V_{\mathrm{m}}$	
6	纵向压缩强度 F_{Lc}	$F_{\mathrm{Lc}} = 2F_{\mathrm{f}}\left[V_{\mathrm{f}} + (1-V_{\mathrm{f}})\dfrac{E_{\mathrm{m}}}{E_{\mathrm{f}}}\right]$	经验公式 [5]
7	横向拉伸强度 F_{Tt}	$F_{\mathrm{Tt}} = F_{\mathrm{mt}}\left[1 + \left(V_{\mathrm{f}} - \sqrt{V_{\mathrm{f}}}\right)\left(1 - \dfrac{E_{\mathrm{m}}}{E_{\mathrm{f}}}\right)\right]$	经验公式 [6]
8	横向压缩强度 F_{Tc}	$F_{\mathrm{Tc}} = F_{\mathrm{nx}}\left[1 + \left(V_{\mathrm{f}} - \sqrt{V_{\mathrm{f}}}\right)\left(1 - \dfrac{E_{\mathrm{m}}}{E_{\mathrm{f}}}\right)\right]$	经验公式 [7]
9	剪切强度 F_{LTs}	$F_{\mathrm{LTs}} = F_{\mathrm{ms}}\left[1 + \left(V_{\mathrm{f}} - \sqrt{V_{\mathrm{f}}}\right)\left(1 - \dfrac{G_{\mathrm{m}}}{G_{\mathrm{f}}}\right)\right]$	经验公式 [8]

17.2.2　基于宏观有限元的层合板力学性能预测

ANSYS 软件是一款大型通用有限元分析软件，融结构、流体、电场、磁场等分析于一体，在航空航天、土木工程、机械制造等领域应用广泛。ANSYS 公司也提供了学生版，可以免费使用。ANSYS 学生版相较于 ANSYS 商业版，其主要区别在于：最多支持两个内核进行并行；网格划分后的节点/单元数有上限，结构物理支持最多 128K 节点/单元，流体物理最多支持 512K 单元/节点。因此选择了 ANSYS 学生版开展本研究工作。

使用 ANSYS 进行复合材料刚度、强度分析的典型步骤包括选择单元类型、定义材料属性、定义失效准则、建立几何模型、划分网格、设置边界条件、加载、求解、结果处理等，具体内容如下。

1. 选择单元类型

ANSYS 为复合材料结构分析提供了 7 种单元类型，分别是 SHELL99、SHELL91、SHELL181、SOLID190、SOLID46、SOLID186、SOLID191，可根据分析类型和所需的计算结果来选择单元类型。

2. 定义材料属性

有两种方法可以用来定义材料层的配置：第一种方法由下到上一层层定义材料层的配置，包括铺层材料、铺层厚度、铺层方向等；第二种方法通过定义表示宏观力、力矩与宏观应变、曲率之间相互关系的本构矩阵建立。

3. 定义失效准则

失效准则用于判断在所加载荷下各层是否失效。对于正交各向异性材料，ANSYS 支持 Tsai-Wu 失效准则、最大应力失效准则、最大应变失效准则三种失效准则，也可以编写程序采用其他准则来判断。

4. 建立几何模型

可以使用 ANSYS 直接绘制几何模型，也可以通过专门的建模软件建立几何模型，再导入 ANSYS 中。

5. 划分网格

划分网格是为了将结构模型实现离散化，把求解域分解成可得到精确解的适当数量的单元。一般来讲，增加网格数量可以提高计算精度，但是同时也会增大计算规模；而在应力集中处，为了反映数据变化规律，需要采用比较密集的网格。

6. 设置边界条件、加载

在 ANSYS 中，常见的载荷包括集中力或力矩、位移边界条件、分布力、体积力（重力、磁场力）等，可以施加在实体模型或有限元模型上。

7. 求解

在求解之前一般需要先指定求解类型，包括 Static、Model、Harmonic、Transient、Spectrum、Eigen Buckling、Substructuring。

8. 结果分析和计算结果查看

ANSYS 计算后可得到在当前载荷下 X 方向的应力和应变，进而可以计算 Hashin 失效准则的值，判断材料是否失效。如果没有失效，则继续增加载荷，直到失效破坏。计算结果一般以云图的方式显示应力、应变、位移等信息，也可以将结果以图片的形式或以文件的形式保存下来。

ANSYS 参数化设计语言（APDL），是一种解释性文本语言，包含 1000 多条 ANSYS 命令，有顺序、选择、循环及宏等结构。用户可以利用 APDL 组织 ANSYS 命令，编写参数化的用户程序，实现上述复合材料有限元分析的全过程。本研究选用 APDL 语言进行参数化建模和求解，以便根据用户输入的参数构建 APDL 代码，自动生成命令流文件。生成的 APDL 命令流文件如图 17.3 所示。

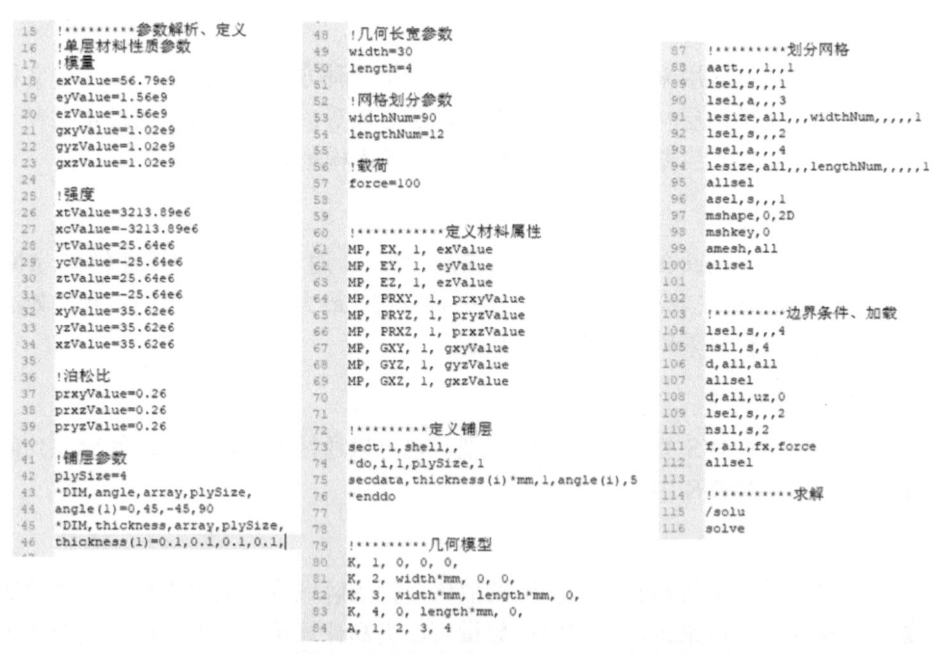

```
15  !*********参数解析、定义
16  !单层材料性质参数
17  !模量
18  exValue=56.79e9
19  eyValue=1.56e9
20  ezValue=1.56e9
21  gxyValue=1.02e9
22  gyzValue=1.02e9
23  gxzValue=1.02e9
24
25  !强度
26  xtValue=3213.89e6
27  xcValue=-3213.89e6
28  ytValue=25.64e6
29  ycValue=-25.64e6
30  ztValue=25.64e6
31  zcValue=-25.64e6
32  xyValue=35.62e6
33  yzValue=35.62e6
34  xzValue=35.62e6
35
36  !泊松比
37  prxyValue=0.26
38  prxzValue=0.26
39  pryzValue=0.26
40
41  !铺层参数
42  plySize=4
43  *DIM,angle,array,plySize,
44  angle(1)=0,45,-45,90
45  *DIM,thickness,array,plySize,
46  thickness(1)=0.1,0.1,0.1,0.1,

48  !几何长宽参数
49  width=30
50  length=4
51
52  !网格划分参数
53  widthNum=90
54  lengthNum=12
55
56  !载荷
57  force=100
58
59
60  !***********定义材料属性
61  MP, EX, 1, exValue
62  MP, EY, 1, eyValue
63  MP, EZ, 1, ezValue
64  MP, PRXY, 1, prxyValue
65  MP, PRYZ, 1, pryzValue
66  MP, PRXZ, 1, prxzValue
67  MP, GXY, 1, gxyValue
68  MP, GYZ, 1, gyzValue
69  MP, GXZ, 1, gxzValue
70
71
72  !*********定义铺层
73  sect,1,shell,,
74  *do,i,1,plySize,1
75  secdata,thickness(i)*mm,1,angle(i),5
76  *enddo
77
78
79  !*********几何模型
80  K, 1, 0, 0, 0,
81  K, 2, width*mm, 0, 0,
82  K, 3, width*mm, length*mm, 0,
83  K, 4, 0, length*mm, 0,
84  A, 1, 2, 3, 4

87  !*********划分网格
88  aatt,,,1,,1
89  lsel,s,,,1
90  lsel,a,,,3
91  lesize,all,,,widthNum,,,,,1
92  lsel,s,,,2
93  lsel,a,,,4
94  lesize,all,,,lengthNum,,,,,1
95  allsel
96  asel,s,,,1
97  mshape,0,2D
98  mshkey,0
99  amesh,all
100 allsel
101
102
103 !*********边界条件、加载
104 lsel,s,,,4
105 nsll,s,4
106 d,all,all
107 allsel
108 d,all,uz,0
109 lsel,s,,,2
110 nsll,s,2
111 f,all,fx,force
112 allsel
113
114 !*********求解
115 /solu
116 solve
```

图 17.3　解析用户参数生成的 APDL 命令流代码片段

对于复合材料层合板的计算设计，需要重复求解某项力学性能，每次求解一般包括上述单元选择、材料参数定义等过程。但是，在这些重复的操作中，唯一变化的是铺层材料、铺层角度、铺层厚度和铺层数量，仅涉及材料参数定义和材料铺层

定义两部分。因此，本研究预定义了有关单元、失效准则、网格、约束加载和计算的 APDL 命令流；然后程序在运行过程中自动解析用户输入的参数，动态生成有关材料参数定义、材料铺层定义和几何模型建立的 APDL 命令流。这样，将两者进行组合，即可形成完整的 APDL 命令流，完成一次 ANSYS 的力学性能求解。

此外，本研究目前提供了纵向拉伸强度和纵向拉伸模量的计算工作流，如果用户有其他力学性能计算的需求，可以提供对应性能计算的 APDL 命令流，我们可以通过定义 APDL 模板方便快速地构建代码，实现该性能计算工作流，以完成层合板其他性能的计算优化。

值得说明的是，本研究最初在建立 ANSYS 模型时，考虑复合材料层合板是整体失效的，这样计算的误差较大。而实际上，层合板是逐层失效的，需要进行循环计算，即首先计算各铺层所承担的应力和应变，判断是否有单层已经破坏，然后剔除破坏层再重新建模进行计算，不断循环此过程直至所有单层均破坏 [2]。为此，我们参考了有关建模方式和 APDL 代码 [2]，对代码重新进行了优化，计算精度得到了较大提升。

17.3 基于高通量计算筛选的层合板复合材料设计

17.3.1 支撑高通量计算筛选的层合板复合材料数据库架构

影响复合材料层合板力学性能的因素包括铺层材料、铺层角度、铺层厚度和铺层数量，而铺层材料（复合材料单层板）又受组分材料（纤维和基体材料）及纤维体积含量的影响。如果改变各个影响层合板性能的因素，即可生成性能各异的材料组合。这样，对每种材料组合，采用多尺度建模的方式（即先对复合材料单层板进行力学性能计算，获得单层板数据后，再对复合材料层合板进行力学性能计算），利用力学性能预测模型获得其力学性质；然后根据用户需求在所有数据中进行筛选，获得最佳的、符合要求的材料数据，这就对复合材料层合板进行了设计。因此，完成复合材料层合板的设计可拆解为以下两项任务。

（1）对复合材料单层板进行计算设计。目的是采用高通量计算筛选的方法自动生成不同材料组分和不同纤维体积含量的单层板，求解其力学性能，并进行筛选，从而返回最优的或满足用户性能要求的包括组分及性能在内的结果数据。

（2）对复合材料层合板进行计算设计。目的是在单层板计算设计的基础上，采用高通量计算和筛选的方法，生成各种可能的复合材料层合板，并进行力学性能的求解和筛选，实现自动流程化地开展不同材料成分（纤维、基体）组合和不同铺层组合的复合材料层合板设计，返回最优的或满足用户力学性能要求的包括铺层结构（例如，各个铺层的角度、厚度、材料等）及性能在内的结果数据。

数据库是完成上述工作的基础，同时要求构建的数据库不仅可以提供材料数据的存储、访问，也要为复合材料性能预测、计算设计提供服务。一个复合材料数据库的设计如图 17.4 所示。

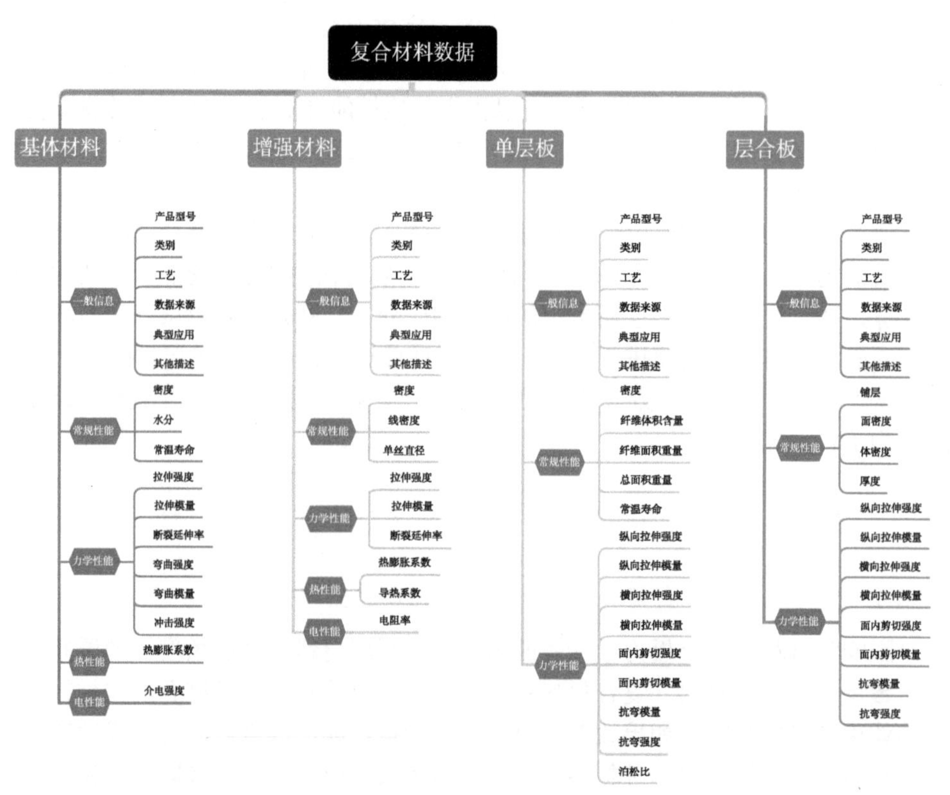

图 17.4　复合材料数据字段汇总

17.3.2　基于高通量计算筛选的单层板计算设计

对于复合材料单层板设计任务，用户可在基体材料数据库和增强材料数据中添加相应数据，假设选择的基体材料为 $r_1, r_2, r_3, \cdots$（组成基体材料集合 R），选择的增强材料为 $f_1, f_2, f_3, \cdots$（组成增强材料集合 F），设定增强纤维体积含量为 $v_1, v_2, v_3, \cdots$（组成纤维体积含量集合 V），那么共会生成 P 种复合材料层合板，P 的计算如下。

$$P = |R| \times |F| \times |V|$$

这样就可以根据这 P 种不同的复合材料单层板构建 P 个复合材料介观力学分析模型，计算求得每种单层板的力学性能，然后再按用户对力学性能的要求进行筛选，最终返回所有满足条件的结果数据。

17.3.3　基于高通量计算筛选的层合板计算设计

如图 17.5 所示，对于复合材料层合板高通量计算设计，用户指定铺层总数为 N，每层可选择的角度为 $a_1, a_2, a_3, \cdots$（组成角度集合 A），可选择的厚度为 $h_1, h_2, h_3, \cdots$（组成厚度集合 H），可选择的材料为 $m_1, m_2, m_3, \cdots$（组成材料集合 M），则会产生 P 种不同的单层；进一步地，如果只考虑铺层是对称的情况，则这 P 单层可以组合成 C 种不同的层合复合材料结构，P 和 C 的计算公式分别如下。

$$P = |A| \times |H| \times |M|$$

$$C = \begin{cases} \dfrac{N}{2} \times P^{\frac{N}{2}}, N\%2 = 1 \\ \dfrac{N}{2} \times P^{\frac{N}{2}}, N\%2 = 0 \end{cases}$$

这样就可以根据这 C 种不同的复合材料层合板构建 C 个 ANSYS 有限元模型，仿真模拟求得每种层合板的力学性能，然后再按用户对力学性能的要求进行筛选，最终返回所有满足条件的结果数据。

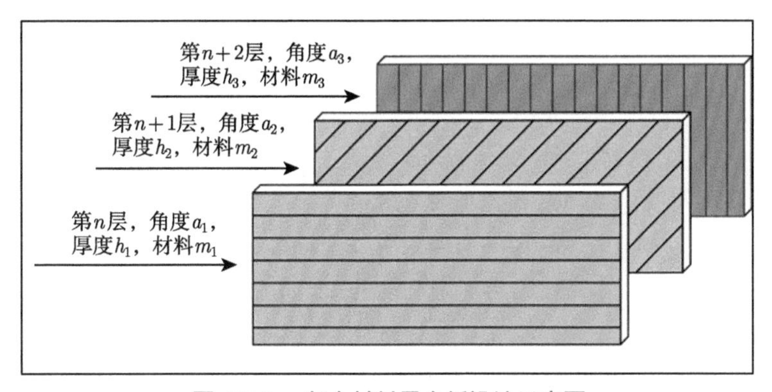

图 17.5　复合材料层合板设计示意图

17.4　应用案例

17.4.1　案例设计

通过高通量计算筛选，寻找纵向拉伸强度大于 2000MPa，纵向拉伸模量大于 30 GPa 的复合材料层合板。本案例指定层合板的总层数均为 12，各层厚度均为 0.1mm，各层材料的力学性能数据如表 17.2 所示，各铺层角度的取值为 0°、45°

或 90°，共可构建 729 种不同的铺层组合。因此，我们构建了一个工作流来完成计算筛选的工作（图 17.6）。该工作流需要构建 729 种不同铺层组合的复合材料层合板，计算其纵向拉伸强度和纵向拉伸模量，并筛选出符合性能要求的层合板。

表 17.2 复合材料单层板力学性能数据

分类	力学性能	数值	单位
刚度	纵向弹性模量	56.7	GPa
	横向弹性模量	1.56	GPa
	泊松比	0.26	—
	剪切模量	1.02	GPa
强度	纵向拉伸强度	3213	MPa
	纵向压缩强度	3213	MPa
	横向拉伸强度	25.6	MPa

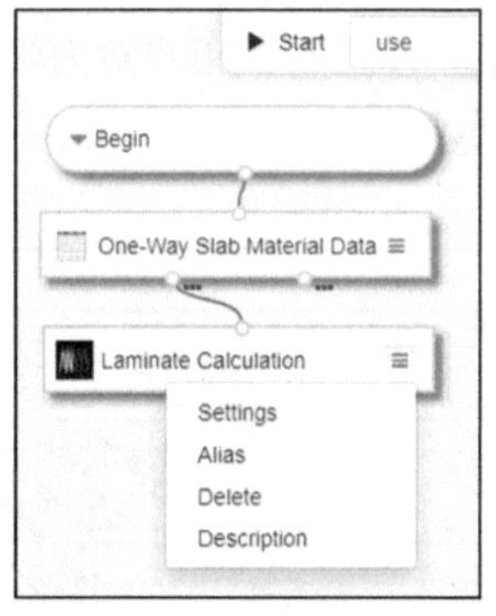

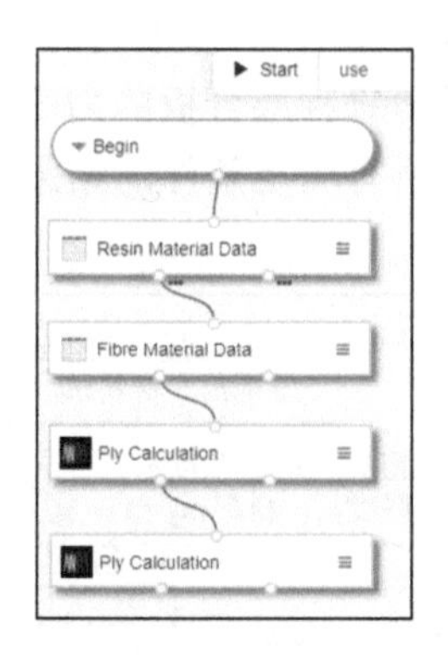

图 17.6 基于 MatCloud 宏观有限元计算的高通量计算筛选工作流

17.4.2 结果分析

该工作流共计算了 729 种不同复合材料层合板的纵向拉伸强度和纵向拉伸模量，为了更直观地表示角度变化对层合板性能的影响，工作流还绘制了每个角度下，随着该角度铺层数量的增加，其性能的变化趋势。如图 17.7 所示，随着 0° 铺层数量的增加，纵向拉伸强度和纵向拉伸模量在逐渐增加，而随着 45° 和 90° 铺层数量的增加，纵向拉伸强度和纵向拉伸模量在逐渐降低，此变化趋势也符合日常认知，这也验证了本工作的可行性与可信度。

更重要的是，通过直观地观察图中的变化趋势、强度和模量、对应角度及其铺层数量，用户可以方便地确定满足需求的铺层组合情况，指导复合材料配方设计。例如，该示例中用户要求样件的纵向拉伸强度大于等于 2000MPa，纵向拉伸模量大于等于 30GPa。因为 45° 和 90° 铺层数量的增加会导致强度和模量的下降，因此可以首先确定 0° 铺层的最少层数。从图 17.7 的第一幅图上可以看出，当纵向拉伸强度大于 2000MPa、纵向拉伸模量大于 30GPa 时，0° 铺层的最少层数为 8 层，这样其余 4 层就可以在 0°、45°、90° 铺层中任选。

此外，该工作流也根据用户需求对这 729 种样件进行了筛选，共选择出 73 种纵向拉伸强度大于等于 2000MPa、纵向拉伸模量大于等于 30GPa 的铺层组合。

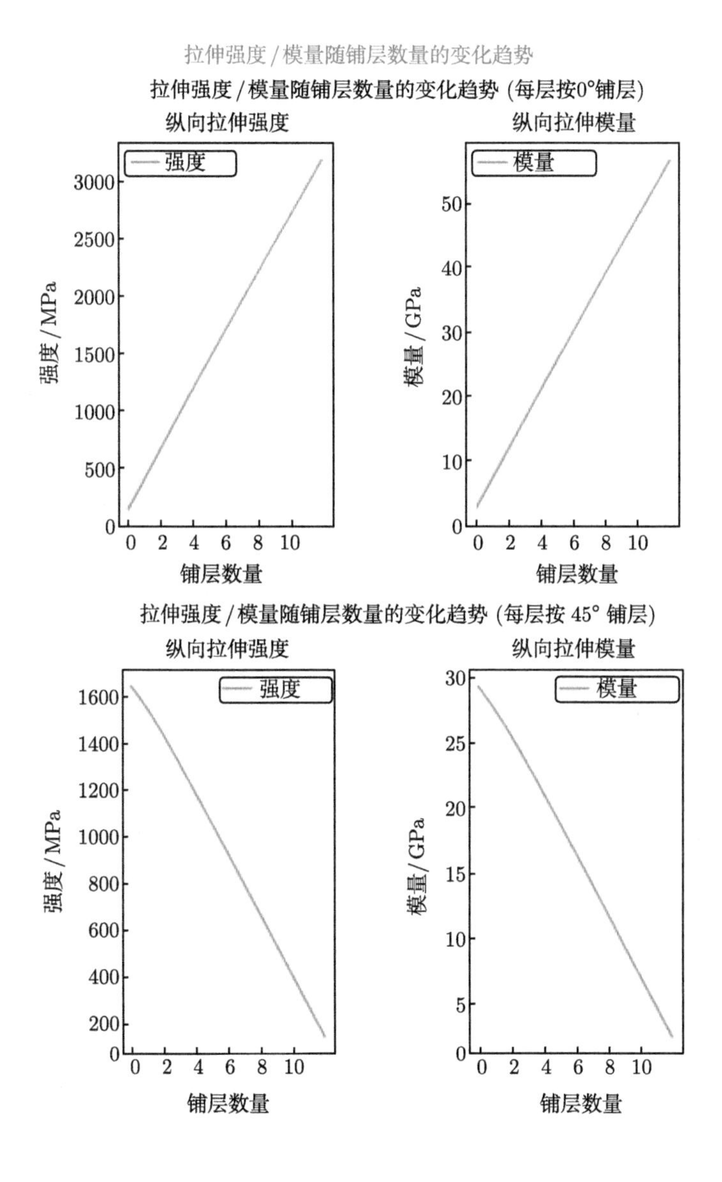

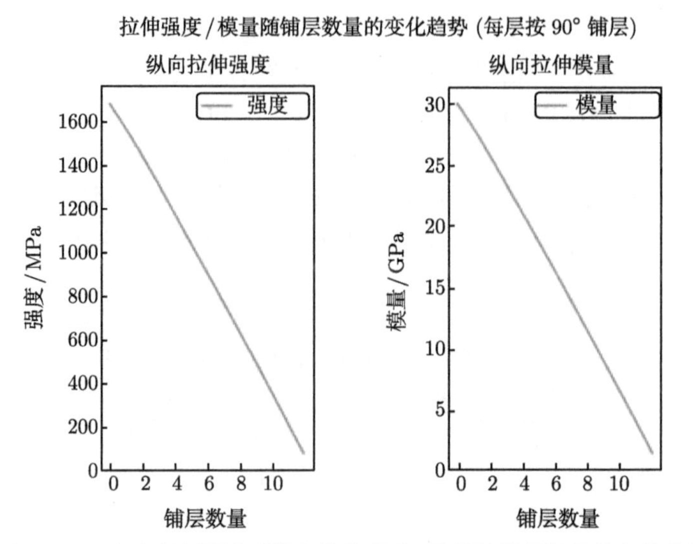

图 17.7 复合材料层合板纵向拉伸强度/模量随铺层数量的变化趋势

17.4.3 高通量计算筛选设计带来的收益和价值提升

复合材料层合板计算设计工作流从铺层设计、APDL 命令流生成、ANSYS 调用，到结果提取、保存与分析均为自动运行。用户首先拖拽组件构建该工作流；然后选择材料，配置铺层角度、厚度等参数，并设置待设计样件要满足的性能；接着启动该工作流；最后等待工作流运行完成即可查看结果。若把上述每个步骤记作一次人工操作，那么完成总共 729 种样件计算，大约需要 10 次人工操作，从参数设置到运行结束，共耗时大约 180min。用户参数设置以及工作流所协同的操作，覆盖了有限元计算模拟所涉及的选择单元类型、定义材料属性、定义失效准则、建立几何模型、划分网格、施加边界约束、加载求解以及结果分析等。

如果用传统的方式开展 729 种样件的计算筛选，则针对每种组合的层合板，均需选取单元类型、定义材料属性、定义失效准则、建立几何模型、划分网格、施加边界约束、加载求解、结果分析等步骤。若把上述每个步骤记作一次人工操作，那么处理每个层合板都至少需要 8 次操作，则完成计算这 729 个层合板共需 $729 \times 8 = 5832$ 次人工操作。在实际测试中，针对一个层合板，完成上述过程约需耗时 5min，则完成 729 个层合板的计算筛选，共大约耗时 $729 \times 5 = 3645$min。

因此，采用高通量计算筛选，与传统方式相比将会有 20 倍效率的提升，人为操作次数约变为原来的 1/580，如图 17.8 所示。而且值得说明的是，对比传统方式，随着待计算样件数量的增加，时间消耗和人工操作次数的减少就会更加显著，并且仿真数据也会进入数据库中。

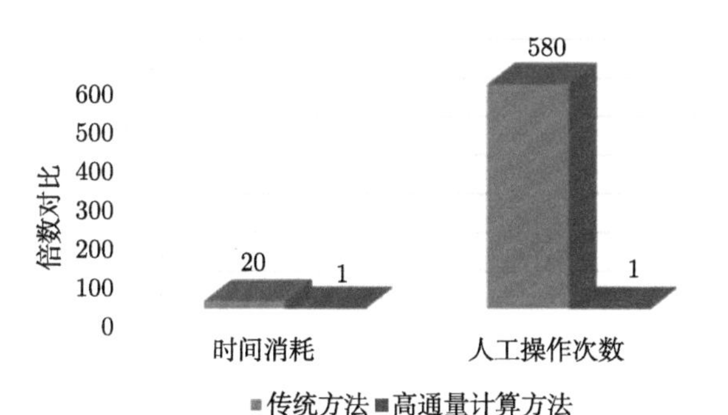

图 17.8　层合板设计传统方法与高通量方法的对比

参考文献

[1] 沈真, 史有好, 李国明. 复合材料共享数据库. 新材料业, 2012(2): 11-14.

[2] 程巍. 基于 ANSYS 的复合材料层合板强度预测. 上海: 东华大学, 2017.

[3] Marsden W, Warde S. Data Management for Composite Materials. GRANTA, 2010.

[4] 董继平. 复合材料层合板计算设计的高通量计算筛选模块研发. 北京: 中国科学院计算机网络信息中心, 2022.

[5] Daniel I, Ishai O. Engineering Mechanics of Composite Materials. 2nd ed. New York: Oxford Univ. Press, 2006.

[6] Barbero E J. Introduction to Composite Materials Design. 2nd ed. Boca Raton: CRC Press, 2011.

[7] Weeton J W, Peters D M, Thomas K L. Engineer's guide to composite materials. ASM Internat., 1986.

[8] Stellbrink K K. Micromechanics of Composites. Munich: Hanser Publishers, 1996.

第 18 章 材料计算、数据、AI案例之新型功能材料篇

有机发光二极管 (organic light-emitting diode，OLED) 具有结构薄、功耗低、分辨率高、自发光等特点，与传统显示技术相比具有许多无可比拟的优势，逐渐成为未来显示的新趋势。自 1987 年发明以来，有机发光二极管以其低工作电压、高亮度的商业应用潜力引起了工业界和业界的极大关注。1992 年，Gustafsson 等制造了第一个柔性 OLED 器件，具有开创性意义，并引发了新的研究热潮。此后，随着磷光发射体和 TADF 发射体的出现和发展，以及制造技术的飞速发展，柔性 OLED 逐渐走向成熟。

在人们健康水平不断提高、电子技术不断进步的今天，能够承受机械应变要求的柔性 OLED 正逐渐普及。目前，柔性 OLED 器件已经成功地展示了其在显示器、照明和医疗领域的广泛应用。对于完全柔性的 OLED 器件，承受机械应变（主要包括弯曲、拉伸和重复折叠）的能力至关重要。

此外，良好的透光性、导电性、表面附着力和一致性、化学稳定性以及低成本的大规模生产也是必不可少的要求。为了制作完全柔性的 OLED 器件，人们在基于发射极的衬底、电极、封装以及相应的制造方法等方面进行了大量的研究。

对于光物理性质的分子设计或控制，理论分析和预测是非常重要的。在此背景下，密度泛函理论 (DFT) 及其含时密度泛函理论 (TD-DFT) 是理论预测有机电子材料基态和激发态性质的有力工具。

18.1 聚合物光电材料的光学性能表征

小分子材料和聚合物都可作为有机发光二极管的材料，其中，短链有机 π 共轭分子的研究已经成为最有趣的课题之一。分子内的非共价相互作用直接导致共轭链的平面性或刚性。为有机发光二极管设计高发射率和稳定的蓝色发射器仍然是一个挑战，目前通过分子内电荷转移增强、引入合适取代基和设计新分子结构等来解决该问题，已见报道。

案例 1 以 Monastir 大学材料物理化学实验室的高效蓝色有机电致发光器件线性 π 共轭环戊二噻吩二聚体电学和光学性质的第一性原理计算和含时第一性

原理计算研究为例，来说明材料计算、数据、AI 在有机发光二极管设计中的应用 [1]，其中模拟方法采用 Gaussian 09，SILVACO。

1. 模型构建

噻吩衍生材料在有机电磁场中表现出高性能，这是由于硫原子的强极化性导致了分子内的非共价相互作用，文章作者对以环戊二噻吩（cyclopentadithiophene，CPDT）为单体的有机共轭二聚体的光学和电学性质进行了理论分析，该二聚体的基态和第一激发态几何构型得到了完全优化（图 18.1）。

作者首先利用 DFT 计算了前三个跃迁的垂直激发能和振子强度，第二步，用 TD-DFT 方法模拟了它们各自状态下的吸收光谱和发射光谱，如图 18.2 所示。

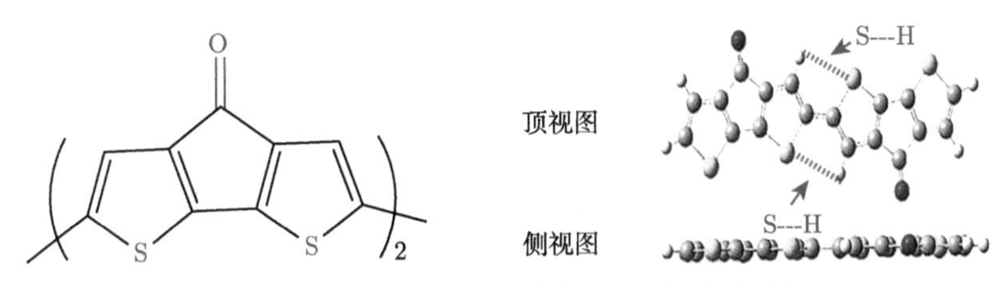

图 18.1　CPDT 二聚体分子结构（左）与优化结构（右）

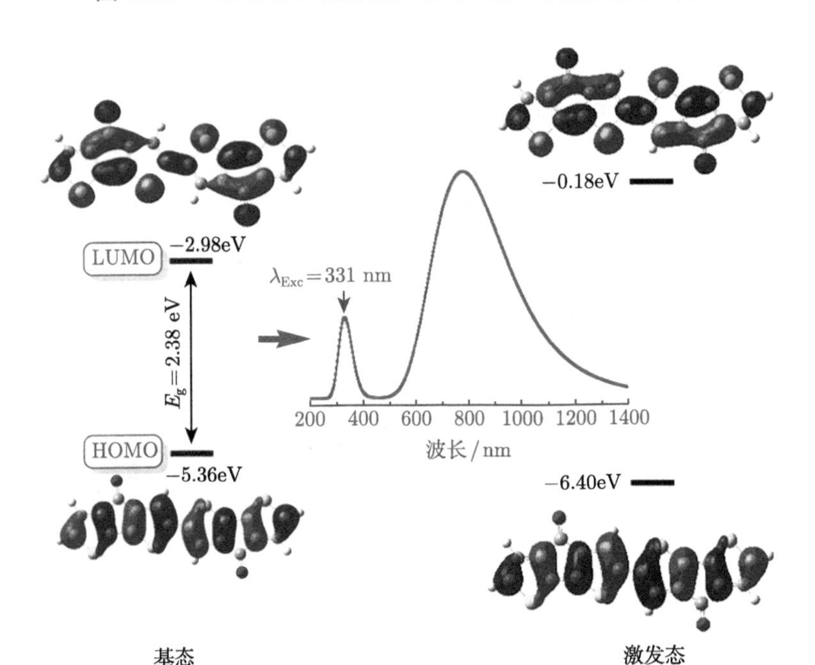

图 18.2　在优化的 CPDT 二聚体的基态和激发态下，计算了前线分子轨道在中间部分，绘制了模拟的电子激发谱

2. 几何结构和电子结构

分子的平面结构由分子内的 S—H 非共价键相互作用形成平面构型。这些相互作用导致共轭链产生刚性，从而改善了 π-电子离域。标记的 S—H 相互作用之间的短接触在 2.93Å（基态）~2.89Å (激发态) 范围内，这比 S 和 H 的范德瓦耳斯半径之和（3.00Å）要小得多。

化合物的 HOMO 与 LUMO 分别为 −5.36eV 和 −2.98eV，计算得到的光能隙约为 2.38eV。其能级强烈依赖于共轭链中电子离域的程度，而离域程度受主链构型的影响。

3. 前线分子轨道

HOMO 的电子密度 (除羰基 (C=O) 外) 独立分布在整个主链上，LUMO 的电子密度是离域的整体共轭分子，HOMO 轨道从基态到激发态的相位变化意味着分子内电荷转移可以有效发生。

4. 分子静电势

分子静电势 (molecular electrostatic potential，MEP) 提供了一种利用电子密度来理解分子相对极性的描述符。因此，为了预测该化合物的亲电和亲核攻击位置，在第一性原理计算优化后的几何构型上进行了 MEP 模拟（图 18.3）。MEP 的负区（红色）仅集中在氧原子周围，与亲电反应有关。其余部分阳性位点占主导地位，与亲核反应有关。因此从 FMO 和 MEP 的综合结果来看，CPDT 二聚体可以归类为中间供体，羰基可以归类为稳定内电荷转移的电子受体链段。

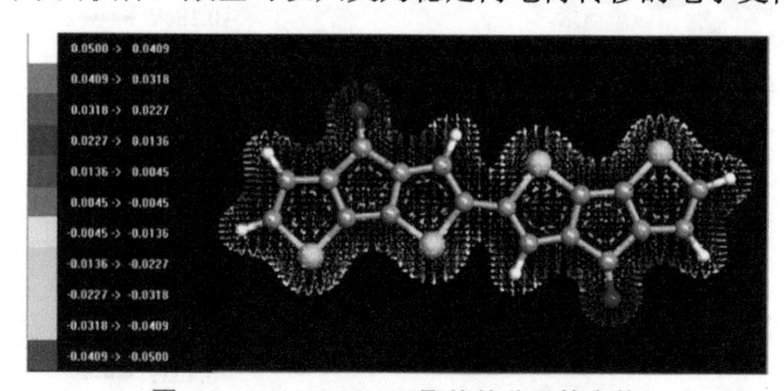

图 18.3　CPDT 二聚体的分子静电势

5. 光吸收和发射性质

CPDT 二聚体在吸收光谱和发射光谱中都由三个不同的光学带组成。第三个光学吸收峰归因于内电荷转移，其分析积分 (A)（analytical integration）受激发的影响很大（图 18.4)，这表明内电荷转移效率成为光学性能相关的关键参数。最高的峰由 $\pi \rightarrow \pi*$ 跃迁贡献，对应于 372nm 处的吸收峰。吸收光谱显示，从扩展

的 π 共轭的 CPDT 骨架中产生了一个大的吸收峰，具有高度的平面性，这表明发生了高效的内电荷转移过程，内电荷转移特征是由噻吩到羰基的电子离域引起的。得到的发射光谱位于蓝光区，最大发射波长为 419nm。最大发射峰由第一激发态到基态的 $\pi* \to \pi$ 跃迁贡献。

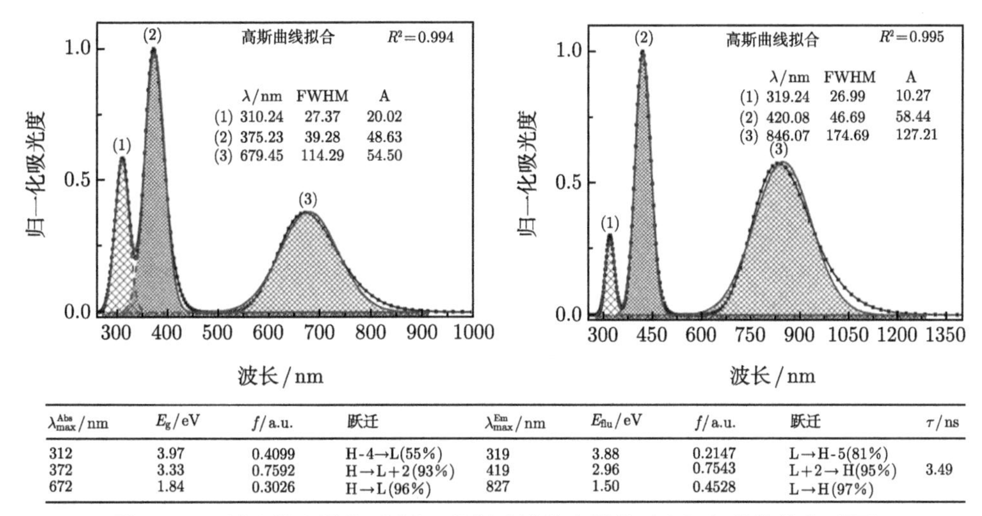

λ_{max}^{Abs}/nm	E_g/eV	f/a.u.	跃迁	λ_{max}^{Em}/nm	E_{flu}/eV	f/a.u.	跃迁	τ/ns
312	3.97	0.4099	H-4→L(55%)	319	3.88	0.2147	L→H-5(81%)	
372	3.33	0.7592	H→L+2(93%)	419	2.96	0.7543	L+2→H(95%)	3.49
672	1.84	0.3026	H→L(96%)	827	1.50	0.4528	L→H(97%)	

图 18.4　拟合的光吸收（左）、发射光谱的高斯峰（右）和具体信息（下）

上图中的 FWHM 和 A 分别是半峰全宽和分析积分

6. 分子内电荷转移特性

重组能 (λ) 是评价有机材料电荷迁移率性能的一种手段。文章作者计算了阳离子态、阴离子态和中性态的重组能。由于空穴和电子的低重组能，CPDT 二聚体具有很高的电荷转移能力。为了加强电荷载体的传输，需要调整关键的电子参数，即电离电势（ionization potential，IP）和电子亲和势（electron affinity，EA），以获得更好的效率。低的 IP(5.09eV) 和高的 EA(3.24eV) 表明的化合物具有良好的捕获空穴和电子的性能（表 18.1）。

表 18.1　空穴、电子传输的重组能（eV），电离电势（IP）和电子亲和势（EA）

λ_1	λ_2	λ_3	λ_4	λ_{hole}	$\lambda_{electron}$	IP	EA
0.155	0.155	0.182	0.321	0.311	0.503	5.09	3.24

18.2　机器学习预测发光性能

本案例是南开大学化学学院利用机器学习预测有机荧光材料发射波长和量子产率 [2]。

研究背景：有机荧光材料对于生物研究和材料科学极其重要，需要预测荧光团的最大吸收/发射波长 ($\lambda_{em}/\lambda_{abs}$)，含时密度泛函理论 (TD-DFT) 是实现这一目标的最流行方法。然而，由于物理模型包含的各种近似，精确度较为粗糙，且计算量随着分子尺寸的增大而迅速增加。因此，发展一种高效率、高精度的预测光物理性质的新方法，对新型有机荧光材料的设计和筛选具有重要的现实意义。该研究建立了溶剂化有机荧光染料数据库，并开发了用于预测最大发射/吸收波长和光致发光量子产率（photo luminescence quantum yield，PLQY）的高效机器学习模型，从而提供了可靠而有效的潜在方法进行高通量筛选。

1. 描述符和机器学习算法对预测发射波长和吸收波长的重要性

如图 18.5（a）所示，显示了从文献中收集的吸收/发射波长的统计数据（大于 4000 个分子、大于 8000 个波长数据），数据主要包括商业荧光染料和近年来报道的具有荧光活性的新型有机分子（图 18.5（b））。大多数发射波长分布在 400~700nm 的范围内（蓝色到近红外）。因为具有更长发射波长的荧光染料有利于在生物成像中的应用，近年来被广泛地合成。

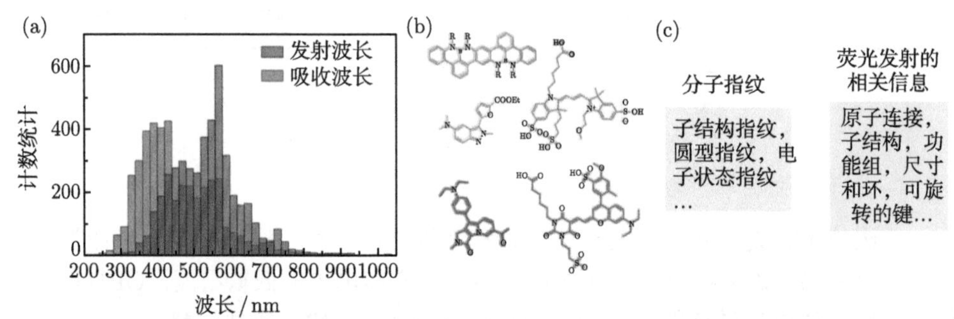

图 18.5　（a）溶剂化有机荧光材料的最大吸收波长和最大发射波长在数据库中的分布；（b）数据库中的选择性有机染料；（c）特征描述

为了开发机器学习模型，作者从选择分子和溶剂描述符开始。分子描述符是机器学习的基础，因为它将分子信息转化为计算机可读的数据。分子指纹是分子描述符的子类，它的主要特点就是不涉及任何量子力学计算，因此在材料的高通量筛选中具有高的应用潜力。为了更好地区分溶剂，使用 $E_T(30)$ 和其他四个经验尺度的组合作为溶剂描述符。

文章作者研究了各种指纹，其中大部分是从 PaDEL-Descriptor 获得的[3]，包括 MACCS（166 位）、PubChem（881 位）、Substructure（子结构指纹，Laggner 官能团的 SMARTS 模式，614 位）、EState（电子状态指纹，E-State 片段，79 位）、CDK（化学开发套件指纹，1024 位）和 CDKex（化学开发套件指纹和扩展指纹，2048

位）。摩根环形指纹是由 Rdkit 生成的，大小为 2048 位，半径为 2。E-CDKex_sub 指纹由 Padel 直接生成的，它将 CDK 指纹和扩展指纹与 E-States 指纹和 substructure 指纹结合。E-MACCS_sub 是 MACCS、E-States 指纹和 substructure 指纹的结合。EMorgan_sub 是 Morgan 指纹、E-States 指纹和 substructure 指纹的组合。

文章作者使用最大似然算法来实现精确预测。在比较了随机森林 (RF)、支持向量机 (SVM)、核岭回归 (KRR)、多层感知器 (MLP)、K 近邻 (KNN)、光梯度增强机器 (LightGBM) 和梯度增强回归树 (GBRT) 等多种模型后，通过预测吸收波长和发射波长的平均绝对误差 (mean average error, MAE) 来比较这些机器学习模型的预测能力。对于每个测试，随机选择 10%的数据作为测试集，其余的作为训练集。

如图 18.6 所示，结果表明在各种机器学习模型中，LightGBM 和 GBRT 产生的结果最好（MAE 最小）。在分子指纹方面，基于键的子结构指纹，MACCS 和 PubChem 的结果较差，这是因为这些特征是基于有限结构列表中某些子结构的存在。两种流行的环形指纹，CDK 和 Morgan 显示出了更好的效果，这表明用原子邻域来表示分子结构对模型的准确性是有益的。

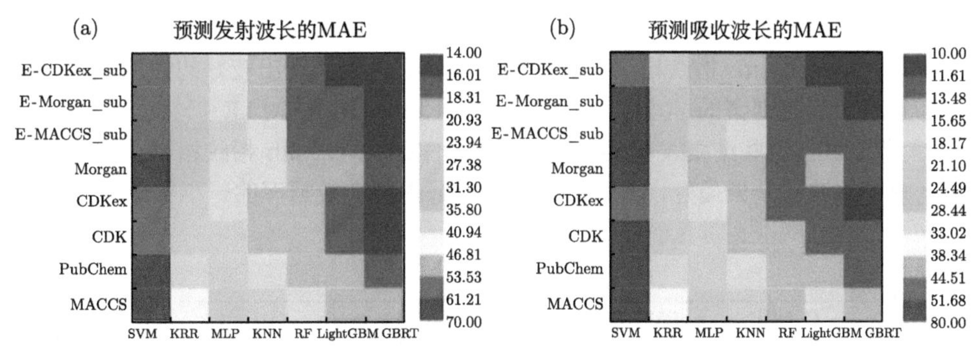

图 18.6 在以不同描述符为输入的不同机器学习模型的测试集中的（a）发射波长和（b）吸收波长的 MAE

在 Glorious 等最近的研究中，证明了多指纹特征（multiple fingerprints features, MFF）作为复合输入分子描述符的好处 [4]。然而，由于 MFF 的极端长度（超过 70000 位），计算成本的增加限制了其应用。文章作者提出了分子组合描述与感兴趣现象直接相关的特征指纹可以使预测更有效果。因此，文章作者将三个特征 (CDK、Morgan、MACCS) 与 E-状态特征和字结构特征 (存在和数量) 结合起来，被称为 E-CDKex_sub、E-Morgan_sub、E-MACCS_sub 指纹。最终，多个相关指纹特征的复合输入都改善了机器学习模型的性能。其中，使用 GBRT 算法和采用 E-CDKex_sub 特征时得到了最低的 MEA 和最大的决定系数 R^2（表 18.2）。这些结果表明，具有多个相关指纹特征的复合输入可以提高机器学习模型的性能。在文章中，E-CDKex_sub 和 E-Morgan_sub 指纹被证明是在所有指纹中再现发射和吸收波长方面最有效的。

表 18.2 选定算法和特征的性能

算法	指纹	发射（λ_{em}）平均绝对误差/nm	发射 R^2	发射 RMSE/nm	吸收（λ_{abs}）平均绝对误差/nm	吸收 R^2	吸收 RMSE/nm
LightGBM	E-CDKex_sub	16.66 ± 0.95	0.927 ± 0.014	26.10 ± 2.15	12.07 ± 0.95	0.954 ± 0.011	22.01 ± 2.76
LightGBM	E-Morgan_sub	17.67 ± 0.95	0.921 ± 0.011	27.28 ± 1.88	12.93 ± 0.68	0.953 ± 0.010	22.71 ± 2.42
GBRT	**E-CDKex_sub**	**14.09 ± 0.56**	**0.938 ± 0.009**	**23.76 ± 1.61**	**10.46 ± 0.95**	**0.960 ± 0.008**	**20.91 ± 2.45**
GBRT	E-Morgan_sub	14.95 ± 0.95	0.937 ± 0.010	24.57 ± 1.73	11.11 ± 0.89	0.958 ± 0.011	21.42 ± 3.05

注：每种算法和指纹组合的结果。平均为 50 次重复测试。对于每次重复，90%的数据被随机选择用于训练，其余用于测试。

在几个机器学习模型上测试了对训练集大小的依赖性（图 18.7）。GBRT 算法和 E-CDKex_sub 指纹相结合在不同训练集规模下表现出较好的性能。即使将训练集减少到数据集的 40%，GBRT/E-CDKex_sub 的 MAE 仍然小于 20 nm，R^2 大于 0.90。这些结果表明 GBRT 算法和 E-CDKex_sub 指纹相结合预测有机荧光分子的波长效果最好，其中训练集可能只占整个数据库的一小部分。

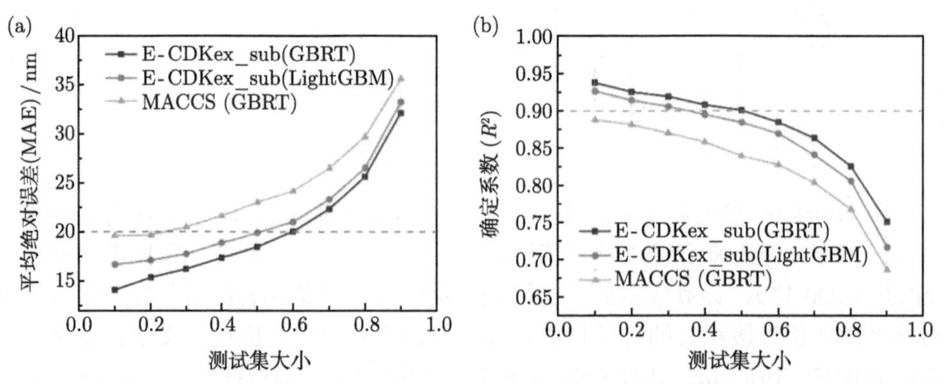

图 18.7 （a）平均绝对误差和（b）确定系数随不同组合的测试集比例的变化而变化

2. 利用机器学习研究材料的光致发光量子产率（PLQY）

数据库中收集了大约 3000 种用不同溶剂测得的 PLQY 数据，使用了 LightGBM 模型及 E-CDKex_sub 指纹特征进行预测。然而尽管获得了可接受的 0.85 的相关系数 (r)，但如图 18.8（a）所示，非对角数据点显示了预测结果的不确定性，这限制了该模型在解决实际问题中的适用性。

为了寻求比回归器更高的可靠性，作者改用分类器模型。首先，探讨了二进制分类器的性能。实验 PLQY 的中位数（0.25）被用作将数据库分为两组的阈值。此阈值也适用于实际应用。LightGBM /E-CDKex_sub 分类器的性能由图 18.8（b）中的混淆矩阵描述，准确度达到了 86.8%。精度对组数（n）的依赖性在图 18.8（c）中给出，当 $n = 3$ 时，总体精度保持在合理水平（73.7%）。

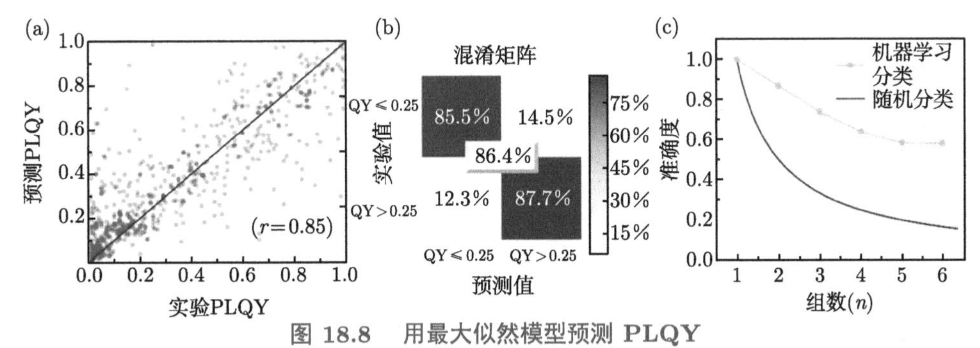

图 18.8　用最大似然模型预测 PLQY

（a）PLQY 实验值与 LightGBM 预测值之间呈线性相关，相关系数 $r = 0.85$，完全正相关用实心对角线表示；（b）测试集上 LightGBM 分类器的性能（从数据库中随机选择 10%的数据点）；（c）精度与 E-CDKex_sub 的 LightGBM 模型得到的组数 (n) 的关系

3. 机器学习模型和含时密度泛函计算的荧光波长值比较

机器学习模型预测值和含时密度泛函计算的发射波长的比较，如表 18.3 所示。

就整体性能而言，机器学习模型的 MAE 低于含时密度泛函计算（ML 为 0.200eV，TD-DFT 为 0.237eV）。为了进一步提高机器学习模型对与训练集相似度较低的分子的鲁棒性，测试了将不属于测试集的类似结构纳入训练集的效果，提供了 12 个具有相似骨架的特征分子，结果 MAE 降至 0.141eV。更新后的机器学习模型表现出的性能优于含时密度泛函计算（MAE 分别为 0.142eV 和 0.149eV），但是用时却比含时密度泛函计算短得多（图 18.9）。

如图 18.10 所示，对比了用机器学习方法（红点）和含时密度泛函计算得到的垂直发射能，机器学习方法的 MAE 较小，但相关系数较差。误差最大的化合物是 3（即 4-二羟基-2H-色烯-2-酮），其 Lewis 结构与真实结构的差异较大。当

表 18.3　机器学习模型预测和含时密度泛函计算的发射波长的比较

数据集	分子	λ_{em} 的范围	ML 预测值 MAE/eV	MAE/eV	TD-DFT 计算值	文献
大荧光染料	12 个 BODIPY-花青	600~850 nm	0.121 ± 0.006	0.350	TD-M06-2X/6-311+G(2d,p)/LR-PCM//TD-M06-2X/6-31G（d）/LR-PCM	[5]
	11 个 D-Π-A 染料	470 ~ 650 nm		0.100	TD-ωB97X-D/6-31+G(d,p)/LR-PCM//TD-CAM-B3LYP/6-31G（d）/LR-PCM	[6]
	11 个罗丹明衍生物	530 ~ 600 nm		0.155	TD-B3LYP-D/6-31+G(d,p)/CPCM	[7]
小荧光染料	9 个取代的苯并噁二唑酶	370 ~ 500 nm	0.197 ± 0.016	0.308	TD-PBE0/6-31+G（d）/SS-PCM	[8]
	我们的数据集中包含 12 个相关分子		0.141±0.020			
	49 种香豆素	350~500 nm	0.234±0.017	0.280	TD-PBE0/6-31+G（d）/LR-PCM	[9]
	8 种香豆素从测试集随机移动到训练集		0.142±0.005			
	24 个 1，8-萘二甲酰亚胺	350~550nm	0.220±0.018	0.160	TD-PBE0/6-31+G（d）/LR-PCM	[10]
	将 4 个萘二甲酰亚胺从测试集随机移动到训练集		0.149±0.010			
总体	116 种有机荧光材料（原始训练集）		0.200±0.005	0.237		
	104 种有机荧光材料（增强训练集）		0.144±0.006	0.228		

训练集只增加了几个在结构上与测试集相关的分子时，机器学习模型表现出比含时密度泛函计算好得多的性能（图 18.10（b））。

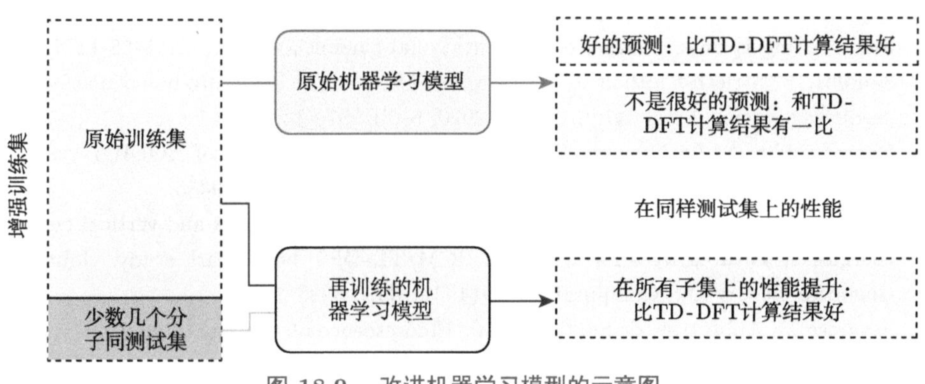

图 18.9　改进机器学习模型的示意图

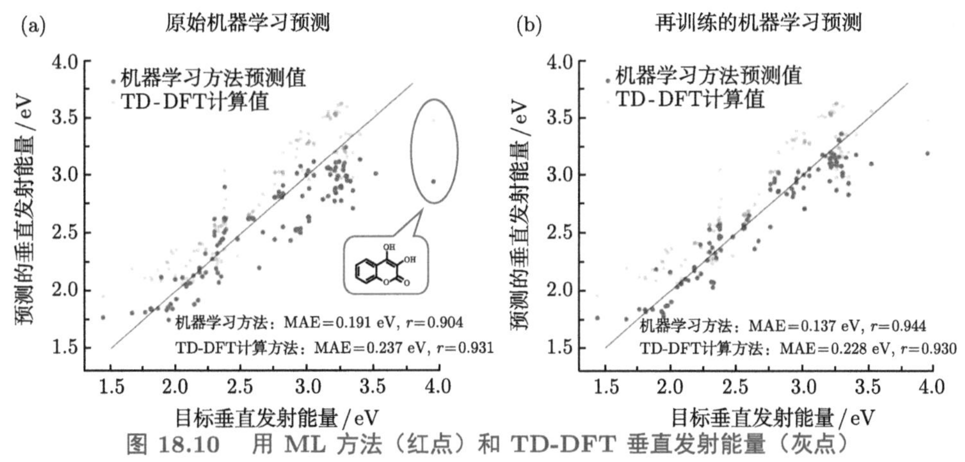

图 18.10　用 ML 方法（红点）和 TD-DFT 垂直发射能量（灰点）

给出了利用（a）原始数据集和（b）扩充数据库获得的结果。蓝线给出了完全正相关 ($r = 1$)，以供参考

案例启示与总结：通过对 TD-DFT 和 ML 模型的比较，可以得出以下结论：① ML 模型在大多数情况下都能以与 TD-DFT 相同的精度预测波长；② ML 模型的效果可以通过引入少量与测试集结构相关的分子来改进。

参考文献

[1] Zaier R, Hajaji S, Kozaki M, et al. DFT and TD-DFT studies on the electronic and optical properties of linear π-conjugated cyclopentadithiophene (CPDT) dimer for efficient blue OLED. Optical Materials, 2019, 91: 108-114.

[2] Ju C, Bai H, Liu R, et al. Can Machine Learning Be More Accurate Than TD-DFT? Prediction of emission wavelengths and quantum yields of organic fluorescent materials, 2020.

[3] Yap C W. PaDEL-descriptor: An open-source software to calculate molecular descriptors and fingerprints. Journal of Computational Chemistry, 2011, 32: 1466-1474.

[4] Sandfort F, Strieth-Kalthoff F, Kühnemund M, et al. A structure-based platform for predicting chemical reactivity. Chem., 2020, 6(6): 1379-1390.

[5] Charaf-Eddin A, Le Guennic B, Jacquemin D. Excited-states of BODIPY-cyanines: Ultimate TD-DFT challenges? Rsc. Advances, 2014, 4: 49449-49456.

[6] Bernini C, Zani L, Calamante M, et al. Excited state geometries and vertical emission energies of solvated dyes for DSSC: A PCM/TD-DFT benchmark study. Journal of Chemical Theory and Computation, 2014, 10: 3925-3933.

[7] Savarese M, Aliberti A, de Santo L, et al. Fluorescence lifetimes and quantum yields of rhodamine derivatives: New insights from theory and experiment. Journal of Physical Chemistry A, 2012: 116: 7491-7497.

[8] Brown A, Ngai T Y, Barnes M A, et al. Substituted benzoxadiazoles as fluorogenic probes: A computational study of absorption and fluorescence. Journal of Physical Chemistry A, 2012, 116: 46-54.

[9] Jacquemin D, Perpète E A, Scalmani G, et al. Time-dependent density functional theory investigation of the absorption, fluorescence, and phosphorescence spectra of solvated coumarins. Journal of Chemical Physics, 2006, 125(6): 164324.

[10] Jacquemin D, Perpète E A, Scalmani G, et al. Absorption and emission spectra of 1,8-naphthalimide fluorophores: A PCM-TDDFT investigation. Chemical Physics, 2010, 372: 61-66.

注释说明汇集表

表 1　关键英文缩略词

缩略词	英文名称	中文名称
ACL	access control list	访问控制列表
ACM	access control matrix	访问控制矩阵
AIMD	*ab initio* molecular dynamics	第一性原理计算分子动力学
API	application programming interface	应用程序接口
CAD	computer aided design	计算机辅助设计
CAE	computer aided engineering	计算机辅助工程
CAM	computer aided manufacturing	计算机辅助制造
CALPHAD	calculation of phase diagram	相图计算
CASL	The Consortium for Advanced Simulation of Light Water Reactors	轻水反应堆先进仿真联盟
CDD	charge density difference	电荷密度差
CUDA	compute unified device architecture	计算统一设备架构
CGMD	coarse grained molecular dynamics	粗粒化分子动力学
CEP	cleaning energy project	清洁能源项目
CEIMM	Center of Excellence on Integrated Materials Modelling	集成材料建模卓越中心
CGCNN	crystal graph convolution neural network	晶体图卷积神经网络
COHP	crystal orbital Hamiltonian population	晶体轨道哈密顿布居
CPPS	cyber-physical production system	信息物理生产系统
CI-NEB	climbing image nudged elastic band	爬坡微动弹性带
CNH	carbon nanohorn	碳纳米角
DAC	discretionary access control	自主访问控制
DFT	density functional theory	密度泛函理论
DPD	dissipative particle dynamics	耗散粒子动力学
DOS	density of states	态密度
DMSP	data mining structure predictor	数据挖掘结构预测
EGI	European grid infrastructure	欧盟网格基础设施
ELF	electron localization function	电子局域函数
EOS	equation of state	状态方程
FCC	face centered cubic	面心立方晶格
GCLP	grand canonical linear programming	巨正则线性规划
GGA	generalized gradient approximations	广义梯度近似
GPU	graphics processing unit	图形处理单元
GRDF	generalized radial distribution function	广义径向分布函数
GUI	graphic user interface	图形用户界面
HEA	high-entropy alloys	高熵合金
HTS	high throughput screening	高通量筛选
ICME	integrated computing materials engineering	集成计算材料工程
ICMSE	integrated computational materials science and engineering	集成计算材料科学与工程

续表

缩略词	英文名称	中文名称
KMC	kinetic Monte Carlo	动力学蒙特卡罗
LPSO	long-period stacking ordered	长周期堆垛有序
MAPE	mean absolute percent error	平均绝对百分比误差
MAE	mean average error	平均绝对误差
MD	molecular dynamics	分子动力学
MEP	molecular electrostatic potential	分子静电势
MPI	message passing interface	消息传递接口
MFF	multiple fingerprints features	多指纹特征
MGI	material genome initiative	材料基因组计划
MEDE	materials in extreme dynamic environments	极端动态环境中的材料
MRD	molecular reaction dynamics	分子反应动力学
NEB	nudged elastic band	微动弹性带
NIST	National Institute of Standards and Technology	国家标准与技术研究所
NPU	neural network processing unit	神经网络处理单元
OLED	organic light-emitting diode	有机发光二极管
OpenMP	open multi processing	开放多处理
ORNL	Oak Ridge National Laboratory	(美国) 橡树岭国家实验室
PCE	power conversion efficiency	功率转换效率
PLQY	photo luminescence quantum yield	光致发光量子产率
PRDF	partial radial distribution function	偏径向分布函数
QMC	quantum Monte Carlo	量子蒙特卡罗
QSPR	quantitative structure-property relationship	定量结构–性质关系
qHTS	quantitative high throughput screening	定量高通量筛选
QM/ML	quantum mechanics/machine learning	量子力学/机器学习
RDF	redial distribution function	径向分布函数
ReaxFF	reactive force field	反应力场
RBAC	role based access control	基于角色的访问控制
SaaS	software as a service	软件即服务
SBIR	small business innovation research	小企业创新研究
SMC	statistical Monte Carlo	统计蒙特卡罗
SMILES	Simplified molecular-input line-entry system	简化分子线性输入规范
SSL	secure socket layer	安全套接层
TADF	thermally-assisted delayed fluorescence	热辅助延迟荧光
T_g	glass transition temperature	玻璃化转变温度
TD-DFT	time-dependent density functional theory	含时密度泛函理论
TPU	tensor processing unit	张量处理单元
TMS	The Minerals Metals & Materials Society	(美国) 矿物、金属和材料协会

表 2　主要中文关键词

中文名称	英文全称
半经验模型	semi-empirical model
包装器	wrapper
编译	compile
编译器	compiler
表示矩阵	representation matrix

续表

中文名称	英文全称
并发嵌套均质化	concurrent nested homogenization
不确定性	uncertainty
布朗动力学	Brownian dynamics
材料理性设计	materials by design
材料图谱	materials cartography
材料指纹	materials fingerprint
差异性	diversity
超级计算机	supercomputer
沉淀演化模型	precipitation evolution model
沉积和涂层	deposition and coating
成型	forming
顶位	top
动态密度泛函理论	dynamic density functional theory
动态优先级	dynamic priority
多分辨率连续介质理论	multi-resolution continuum theory
多级有限元法	multi-level finite element method
多体张量表示	many-body tensor representation
多物理场自由能表示	multiphysics free energy representation
分子建模	molecule builder
高分子建模	polymer builder
高通量材料集成计算	integrated high-throughput materials simulation
高通量材料计算驱动引擎	high-throughput materials simulation engine
高通量计算	high-throughput computing
高通量计算环境	high-throughput computing environment
高通量虚拟筛选	high-throughput virtual screening
高性能计算	high performance computing
高应变率	high strain rate
光敏剂	photosensitizers
核	core
赫尔德方法	Hölder means
横向伸缩 (缩进缩出)	scale in/scale out
后处理	post-processing
候选空间	candidates space
化学空间	chemical space
基因	gene
基因组	genome
基因组学	genomics
基于微观力学的均匀化方法	micromechanics-based homogenization method
集群计算	cluster computing
集群作业管理系统	cluster job management system
计算机耦合相图和热化学	computer coupling of phase diagrams and thermochemistry
计算集群	computing cluster
尖锐界面模型	sharp interface model
键序参数	bond-orientational order parameter
降阶模型	reduced order model
角傅里叶级数	angular Fourier series

续表

中文名称	英文全称
节点	node
结构描述符	structure descriptor
结构特征	structure feature
结构系统	structural system
进程	process
经验模型	empirical model
晶格玻尔兹曼	lattice Boltzmann
晶格气体建模	lattice gas modelling
晶体建模	crystal builder
晶体塑性	crystal plasticity
晶体塑性有限元方法	crystal plasticity finite element method
径向分布函数	radial distribution function
静态结构因子	static structure factor
静态优先级	static priority
空间尺度	length scale
库仑矩阵	Coulomb matrix
扩散界面模型	diffuse interface model
离散位错动力学	discrete dislocation dynamics
理论模型	theoretical model
链接	link
链接器	linker
量子力学/机器学习	quantum mechanics/machine learning
蒙特卡罗–波茨方法	Monte Carlo-Potts method
描述符	descriptor
内部状态变量模型	internal state variable model
帕累托优化	Pareto optimal
平均场密度泛函方法	mean field density functional method
奇异值分解	singular value decomposition
桥位	bridge
染料敏化太阳能电池	dye-sensitized solar cell
热处理	heat treatment
热固性建模	thermoset builder
声子计算	phonon calculations
时间尺度	time scale
使用有限元的并发原子连续方法	concurrent atomistic-continuum approach with finite element method
数据标注	data labelling
数据脱敏	data masking
特征	feature
体异质结	bulk heterojunction
同态加密	homomorphic encryption
统计体元的直接数值模拟	direct numerical simulations on statistical volume element
团簇模型	cluster model
微观结构敏感相场连续介质法	microstructure-sensitive phase field continuum method
微观结构演化和材料响应	microstructural evolution and materials response
未标注数据	unlabeled data

续表

中文名称	英文全称
沃罗努瓦多面体	Voronoi polyhedron
无定形建模	amorphous builder
线程	thread
相场方法	phase field
相场晶体 (方法)	phase field crystal
谐波或准谐波理论	harmonic or quasi-harmonic theories
信息化基础设施	e-infrastructure
序列无约束极小化	sequential unconstrained minimization technique
穴位	hollow
依赖于时间的金兹堡–朗道	time-dependent Ginzburg-Landau
有机液流电池	organic-based flow battery
有序金属合金	ordered metallic alloys
元胞自动机	cellular automata
元素特征	element feature
云原生	Cloud native
知识图谱	knowledge graph
主动学习	active learning
纵向伸缩 (向上/向下伸缩)	scale up/scale down